광전자공학

박문수 · 정종욱 · 장행종 · 손영윤 공저

도서출판 상학당

머 리 말

광전자공학은 광학(Optics)과 전자공학(Electronics)의 합성어로서 광학과 전자공학의 복합기술 분야이며, 광산업은 빛의 고유한 성질을 이용하여 기술적으로 개발함으로써 제품화하는 산업 분야로 빛의 생성, 전환, 제어, 응용 등의 기술혁신을 활용하는 지식기반 산업이다.

1970년대 레이저의 개발로부터 반도체공정기술, 전자응용기술의 발전으로 고속광소자 들이 급속하게 개발됨으로써 광기술 및 제품은 통신, 정보처리, 정보저장, 정밀가공, 계측, 의료, 우주과학, 방위산업, 오락 등 다양한 산업 분야에 응용 또는 활용되고 있다.

이 책은 제1장에서 빛의 성질과 레이저의 발생에 대하여 설명하고, 제2장에서 반도체의 제조공정과 화합물반도체의 특성을 설명하였다.

제3장에서는 반도체의 에너지 밴드, 발광과 흡수특성, PN 접합의 광특성 및 LED와 레이저 다이오드의 구조와 종류별 발파과장을 다루고, 소자의 구동회로를 설명하였다.

제4장에서는 가시광용, 적외광용, 자외광용, 레이저광용 등 여러 가지 파장대별 수광소자의 종류와 구조, 광검출 원리 및 특징, 활용에 관한 내용을 설명하고, 제5장에서는 광통신용 광섬유의 종류별 특징과 전송특성, 그리고 광섬유 제조법을 설명하였다. 제6장에서는 광통신 시스템 및 광랜, FTTH 등 응용기술을 설명하였다.

제7장에서는 광능동소자와 광수동소자의 종류별 특성 및 활용법에 관해 설명하고, 제8장에서는 각종 광전자 응용기술 및 활용예를 설명하였다.

이 책이 광전자 기술에 관한 기본 지식과 실무능력을 갖추고자 하는 사람들에게 좋은 지침서가 될 수 있기를 기대한다.

끝으로, 더욱 좋은 책이 될 수 있도록 앞으로 지속적인 보완을 하도록 할 것이며, 이 책을 출간할 수 있도록 힘써 주신 도서출판 상학당 관계자 여러분께 진심으로 감사드리는 바입니다.

저자 일동

차 례

■ 제4장 수광소자 ⊸ 143

■ 제5장 광섬유 ⊸ 181

■ 第6장 광통신 ⊸245

■ 第7장 광수동 · 광능동소자 ⊸285

제 1 장

빛과 레이저

제1절 빛

1. 빛의 성질

가. 호이겐스 원리

(1) 파면의 전파(Propagation)법칙

바다에서 파도가 밀려오는 것을 관찰해보면 파의 높은 부분, 즉 마루를 이루는 곡선이 그 형태를 조금씩 바꾸면서 움직이는 것을 알 수 있다. 파동의 마루를 이어준 곡선 혹은 곡면을 파면이라 한다. 이 파면이 시간에 따라 그 다음 파면을 형성하는 원리는 17세기의 호이겐스(C. Huygens)에 의해 발견되었다. 호이겐스는 빛을 파동으로 보고 빛이 굴절이나 반사의 법칙을 설명하였으며 "파면의 각 지점들이 구면파를 발생시키는 파원이 되고, 무수히 많이 생기는 이 구면파가 겹쳐서 만드는 그 포락선이 다음 파면을 형성한다"고 주장하였다.

[그림 1-1]은 점파원에서 나오는 파면이 그 다음 파면을 형성시키는 과정을 보여주고 있다. 주황색의 굵은 선으로 표시한 파면에서 무수히 많은 점들이 다른 점파원이 되어 각각 파란색 2차 파면을 만들어내고 이 2차 파면이 다음 파면을 계속해서 형성해 나간다.

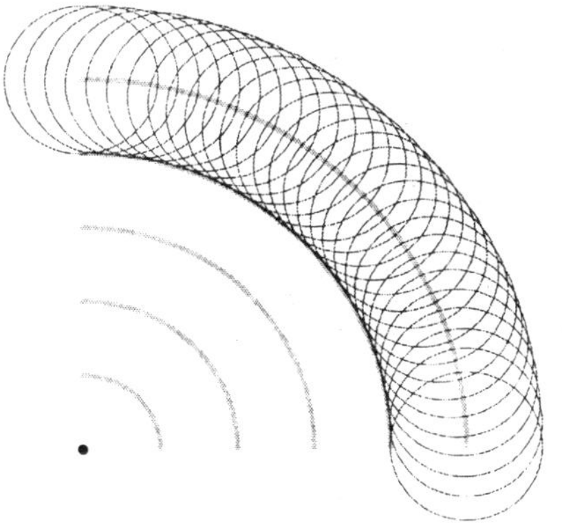

[그림 1-1] 호이겐스 원리에 의한 구면파의 전파

(2) 프레넬-키르히호프의 수정 원리

호이겐스 원리는 임의의 모양 파면이 그 다음 파면을 형성하는 형태를 추측하거나, 파의 진행속도가 다른 지역으로 들어갈 때 굴절하는 형태와 파동의 회절을 설명하는데 좋은 수단을 제공하기는 하지만 점파원은 사방으로 동일한 세기의 파동을 만들므로 파면의 진행방향에 반대되는 방향으로도 파동이 생겨나야 하는 부분을 설명할 수 없다는 문제점을 가지고 있어서 프레넬(A. J. Fresnel)과 키르히호프(K. Kirchhoff)는 파동방정식을 이용하여 더 정확한 방법으로 이 호이겐스 원리를 검증하고 이를 수정하였다. 이를 호이겐스-프레넬-키르히호프 원리라고 한다. 이 원리는 파원이 파면 진행방향과 이루는 각도(Θ)에 따라 파의 세기가 다르다는 것 말하고 있다. 파면이 형성하는 파원은 구면파를 만들어내기는 하지만 파가 진행하는 방향으로 가장 강하고 그 반대 방향으로는 진폭이 0인 파동을 만들어낸다. 그 상대적인 파동의 세기는 $\frac{1+\cos\theta}{2}$으로 나타낸다.

[그림 1-2]는 파면에 수직한 방향으로 2차 파가 가장 강하게 형성되는 프레넬-키르히호프의 법칙을 잘 보여주고 있다. 비록 호이겐스 원리가 근사식에 불과하지만 진행방향과 크게 벗어나지 않는 방향으로는 파동의 세기가 거의 같으므로 굴절, 반사, 간섭, 회절 등 파동의 여러 현상을 설명하는데 매우 유용하다.

[그림 1-2] 호이겐스 원리의 수정

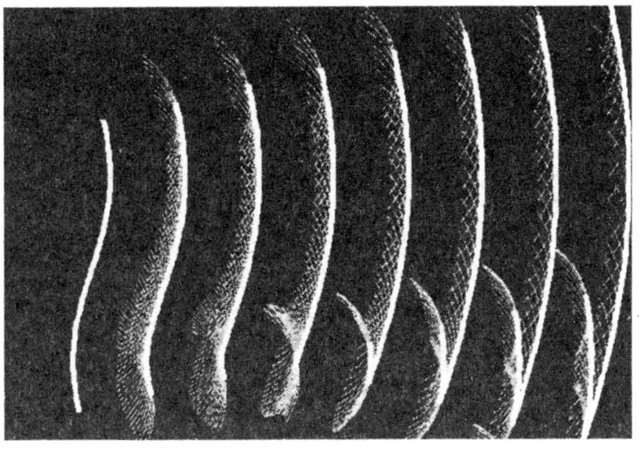

[그림 1-3] 호이겐스-키르히호프 법칙에 의한 파면의 전파과정

[그림 1-3]은 호이겐스 원리를 따라 그 다음 파면을 형성시키고 있다. 노란색 굵은 곡선은 한 순간의 파면을 나타내고 있으며 이 파면의 각 지점들이 만들어 내는 구면파가 시간이 지남에 따라 커져서 그 다음 파면을 형성하는 것을 보여주고 있는데 파면에 수직인 파가 제일 강하게 생겨난다.

나. 굴절의 법칙

파동이 다른 매질 속으로 들어가서 속도가 달라지면 진행방향이 변하게 된다. 이는 호이겐스 원리에 의해 파면에 생성된 구면파가 매질 속에서 속도가 달라져 구면파들이 만드는 포락선 방향이 꺾어지기 때문이다. [그림 1-4]에서 검은색으로 표현된 파면은 핑크색 화살표로 표시한 파면에 수직한 방향으로 진행하다가 파의 진행속도가 달라진 매질 속으로 진입하고 있다. 여기서 n_1, n_2로 표시된 굴절률은 파의 진행속도와 다음과 같은 관계를 가지고 있다. 빛일 경우 기준속도 ν_0는 진공에서 빛의 속도 c로서 매질 굴절률은 1보다 큰 값을 가지고 있다.

$$\nu_1 = \frac{\nu_0}{n_1}, \quad \nu_2 = \frac{\nu_0}{n_2} \qquad (1\text{-}1)$$

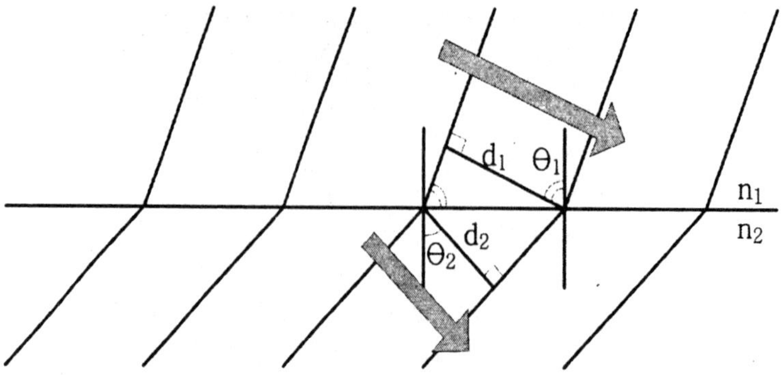

[그림 1-4] 파면을 진행시켜 분석해 본 굴절 법칙

[그림 1-4]에서 검은색으로 표현한 d_1, d_2는 같은 시간동안 파동이 진행한 거리로 이는 각 매질에서의 진행속도에 비례하므로 굴절률에 반비례하게 된다. 따라서 서로 마주 붙어 있는 두 직각삼각형이 공통의 빗변을 가지고 있으므로 다음과 같은 비례관계를 유도할 수 있다.

$$\frac{\sin\theta_1}{\sin\theta_2} = \frac{\nu_1}{\nu_2} = \frac{n_2}{n_1} \qquad (1\text{-}2)$$

식 (1-2)를 스넬의 법칙이라 하며, 굴절이 일어나는 정도가 두 매질의 굴절률 비에만 의존하고 각 굴절률에는 무관하다는 것을 말해주고 있다. 굴절률의 비, 즉 n_1/n_2를 상대 굴절률이라 한다.

다. 광선과 빛의 전파

(1) 광 선

빛 역시 파동이므로 넓은 범위에 퍼져 있는 파면이 앞에서 설명한 호이겐스 원리에 의하여 전파되는 것이다. 그러나 우리가 일상생활에서 보는 빛은 줄기를 가지고 진행하는 듯이 보인다. 아침 햇살이 나뭇가지 사이로 비출 때 그 빛은 직선으로 된 가닥을 따라 진행하는 것처럼 보이고 플래시를 비추면 어둠 속으로 빛의 선이 그어지는 것처럼 보이는 것에서 광선의 개념을 알 수 있다. 특히 레이저인 경우 그 빛줄기가 가늘어서 마치 단 하나의 광선이 있는 것으로 생각할 수 있다. 이처럼 파동에 대하여 파면이 나아가는 방향을 정의할 수 있듯이 모든 종류의 파동에 대해서도 이같은 광선의 개념을 도입할 수 있다. 특히 빛일 경우에는 그 빛의 진로에 놓여 있는 물체 규모에 비하여 파장이 월등히 짧아서 회절 효과가 거의 나타나지 않을 때는 이 광선 개념을 유용하게 쓸 수 있다.

그러나 파장이 긴 전파, 음파와 같은 경우에는 회절 효과가 커져서 이런 "광선" 개념을 거의 사용하지 않는다. 빛일 때도 회절이 나타나는 조건에서는 이를 적용하기 곤란하므로 광선은 근사적인 개념이라고 할 수 있다. 빛의 파동은 다른 파동과 마찬가지로 에너지를 전달하는 방향이 바로 광선 방향이다. 이는 우리가 햇살이 비칠 때 밝음이나 따뜻함이 그 빛살을 따라서 전달되는 듯한 느낌을 갖는 것으로 추측해 볼 수 있다. 이 에너지는 파면에 수직한 방향으로 흐르게 된다(비등방성 매질에서는 그렇지 않을 수 있다).

호이겐스의 원리로부터 파동으로 빛의 전파를 이해하는 것보다 이 광선의 진행 형태를 이해하고 빛이 전파되는 것을 이해하는 것이 편리한 경우가 많다. 이런 관점에서 렌즈, 거울 등에서 빛의 반사와 굴절을 다루어 이를 응용한 기기를 이해하는 분야를 기하광학이라 한다.

(2) 빛의 전파

[그림 1-5]는 파면과 광선의 관계를 보여주고 있다. 그림에서 파란색 바탕은 굴절률이 1이고, 녹색의 점으로 표시된 부분은 굴절률이 1.5이며, 빛을 반사하는 포물면경이나 거울의 경우 청색점으로 표시하였으며, 굵은 노란선으로 표현한 파면과 붉은선으로 표시한 광선이 전파되어 가는 모습을 보여주고 있다.

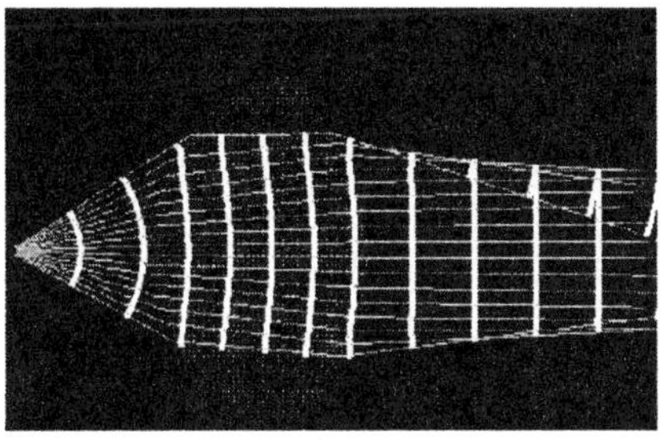

[그림 1-5] 파면과 광선의 전파

라. 반사의 법칙

(1) 페르마의 원리에 의한 반사 법칙 해석

광선이 거울에서 반사될 때 택하는 경로는 페르마의 원리로 찾아낼 수 있다. 아래 [그림 1-6]은 거울에서 반사되는 수많은 가상 경로 중에서 가장 시간이 짧게 소요되는 경로를 표시한 것이다.

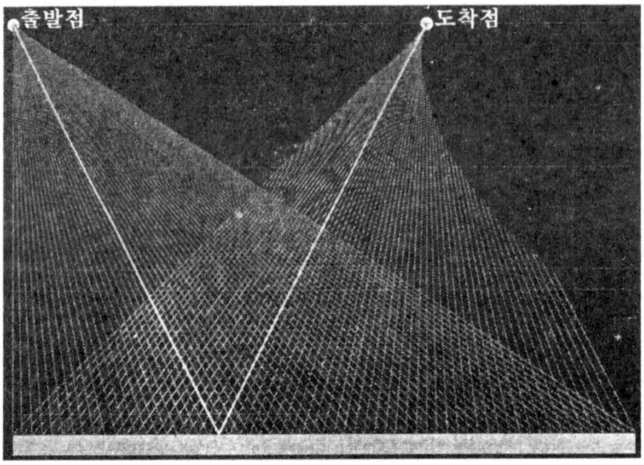

[그림 1-6] 페르마 원리에 의한 반사 법칙

[그림 1-6] 아래에 거울이 수평으로 놓여 있고, 위 왼쪽에 있는 출발점에서 나온 빛이 거울에 반사하여 위 오른쪽 도착점으로 가는 경우 선택된 빛의 경로를 알아보자. 거울면 한 점을 향해서 출발한 여러 개의 가상 경로를 통하여 광선을 보내서 그 중 가장 빨리 도달할 수 있는 한 경로를 택하는 과정을 보여주고 있다. 이 중 가장 빠른 경로를 분홍색 선으로 나타냈고 이것이 바로 실제의 광로가 된다.

[그림 1-6]과 같이 여러 경로를 탐색해 본 결과 입사각과 반사각이 같은 조건으로 반사가 일어나는 것을 쉽게 확인할 수 있는데 이를 반사 법칙이라 한다. 페르마 원리로 이 법칙을 증명할 수 있다. 거울을 대칭면으로 하여 도착점을 거울 뒤에 복사시켜 놓으면 광선이 거울에 입사할 때나 반사된 후에는 같은 매질을 통과하므로 출발점과 도착점의 복사 지점을 직선으로 이어준 경로가 바로 광로가 된다.

(2) 반사의 법칙

광선이 거울을 만나면 그 표면에서 광선이 반사되어 나온다. 거울의 표면에는 알루미늄 등 금속막이 입혀져 있는데 이 빛이 가지고 있는 전기장이 금속 내부에 전류를 흐르게 하고 그 전류가 다시 전자기파로서 빛을 방출하는 것이다. 거울에 의해 빛이 반사되는 원리를 파면으로 해석한 호이겐스의 원리나 앞에서 모의실험을 통하여 알아본 것처럼 빛을 선으로 해석하는 페르마 원리로 쉽게 알아낼 수 있다.

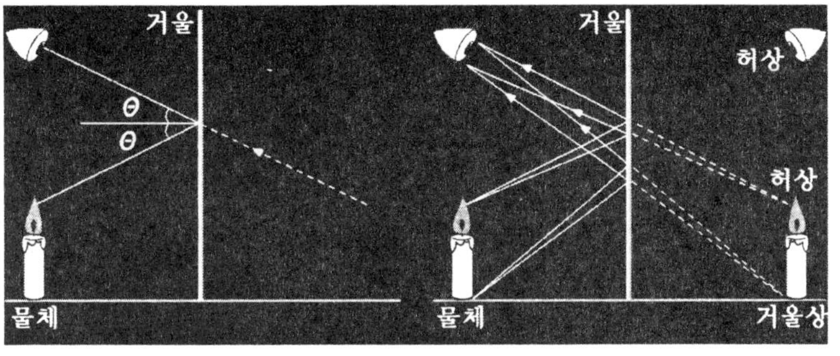

[그림 1-7] 거울에 의한 빛의 반사

광선이 거울에 진입하면 반사 법칙에 의해 빛이 반사되며 반사가 일어날 때 광선의 입사각과 반사각은 정확하게 일치하게 되는 것을 반사의 법칙이라 한다. 그리고 광선이 굴절되는 상황에서도 그 일부분은 반사된다. 투명한 거울이나 물에서도 우리 얼굴이 비치는 것을 볼 수 있다.

특히 뒤쪽이 어두운 유리나 깊은 호수에서라면 마치 거울처럼 모습을 선명하게 볼 수 있게 된다. 이는 매질 경계에서 반사 법칙에 따라 빛의 일부분이 반사되기 때문으로 이런 현상을 내부반사라 한다. 이 현상은 빛이 가지고 있는 전기장과 자기장이 매질에서 전자기 법칙에 따라 행동한 결과로 프레넬 방정식으로 잘 정리되어 있다. 이 식에 따르면 유리일 경우 100% 수직으로 입사(입사각이 0)한 빛 중에서 굴절하는 빛이 96%이고 4%가 반사된다. 물일 경우에는 약 2%가 반사되고 이것이 바로 우리 얼굴을 비쳐 보이게 하는 빛의 밝기가 된다. 입사각이 0에서 점점 커지면 반사하는 빛 비율도 점점 커져서 유리일 경우 입사각이 80°에서 50% 이상이 반사된다. 호수에 비스듬히 비춰지는 하늘이 상당히 밝은 것은 이 때문이다.

그러나 굴절 법칙을 만족할 수 없는 상황에서 빛은 100% 전반사된다. 상대 굴절률 $n = \frac{n_2}{n_1}$이 1보다 작은 경우는 스넬의 법칙을 만족하는 굴절각이 존재하지 않는 경우가 생긴다. 즉 입사각 sin 값이 n보다 큰 경우(즉 $\sin\theta_1 > n$)에는 $\sin\theta_1$이 1보다 커져서 굴절각 θ_1이 존재하지 않는다. 이와 같은 경우에는 굴절이 전혀 일어나지 않으므로 입사한 빛이 100% 반사되어 나가게 되고 이를 전반사라 한다. 전반사가 일어나는 조건의 입사각을 임계각(θ_c)이라 하고 다음 식을 만족한다. 유리 속에서 공기로 나가는 경우(상대 굴절률 $n = 1/1.5$) 임계각은 약 41.8°이다.

$$\sin\theta_c = n \tag{1-3}$$

마. 프레넬 방정식

그 근거가 명확하지 않는 호이겐스 원리나 페르마 원리로 반사나 굴절 현상을 해석하였다. 그 후 19세기 후반에 들어서자 빛이 전자기 파동이라는 것이 알려지고 나서야 이들에 대한 근본적인 접근을 할 수 있게 되었다. 파동으로서 빛은 맥스웰 방정식을 따르고 매질의 경계를 만났을 때 전기장과 자기장이 만족해야 하는 경계조건을 이 파동 방정식에 부과하여 반사와 굴절 법칙뿐만 아니라 이들 반사광과 굴절광을 세기에 대해 정확하게 계산할 수 있게 되었다.

[그림 1-8]은 두 매질이 평면을 경계로 하여 만나고 있고 위 매질에서 비스듬하게 입사하는 평면파가 경계를 지나서 되돌아 나오는 평면파 및 아래 매질로 침투해 들어가는 평면파로 나누어지는 것을 보이고 있다. 녹색으로 표현한 매질의 경계면에 평면파 빛이 입사하여 반사하고 굴절한다. 각 파면은 대표적으로 두 개만 그렸으며 파의 진행방향을 나타내는 파벡터를 검은색 화살표로 표시하였다. 물론 입사파가 평면파라고 해서 반사하거나 굴절하는 파동이 평면파일 것이라는 생각하는 것은 좀 비논리적이지만 이렇게 취급하는 것이 전자기적인 요구를 충족하기 때문에 이 가정을 문제없이 사용할 수 있다.

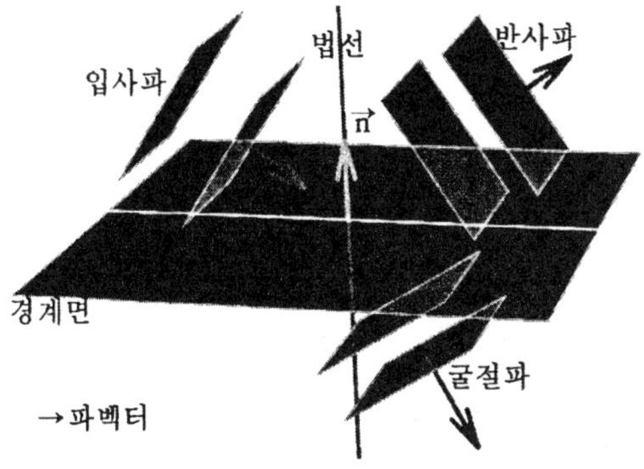

[그림 1-8] 평면파의 반사와 굴절

바. 무지개의 원리

(1) 무지개

데카르트(R. Descartes)는 무지개를 이해하기 위하여 [그림 1-9]에 보인 것과 같이 물방울에 입사하는 수천 개의 광선을 작도로 추적하였다. 데카르트는 스넬과는 별도로 굴절 법칙을 발견하였고 이 법칙을 이용하여 무지개에 대한 설명을 명확히 한 최초의 사람이 되었다. 이보다 먼저 13세기에 살았던 철학자 베이컨은 다른 장소에 있는 관측자가 각기 다른 무지개를 보게 되고 이 무지개는 태양방향에서 약 42° 벌어진 고깔(원추)모양을 이룬다는 것을 관측해 내기도 하였다.

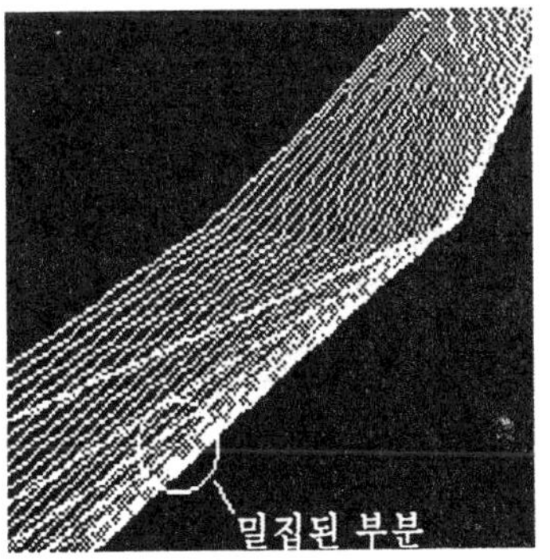

[그림 1-9] 데카르트의 작도

[그림 1-10] 발트해의 무지개

이 무지개가 대기 물방울에 의한 것이라는 사실은 1304년에 검증되었고, 1635년 데카르트에 의해 베이컨의 관측을 증명할 수 있게 되었다. 그러나 무지개가 여러 색의 띠를 가진 것을 증명해 보인 사람은 뉴턴(I. Newton)으로서 빛의 본성을 설명하고 프리즘 실험을 통하여 빛이 여러 색의 요소를 합친 것이라는 사실을 밝혀냈다.

(2) 빛의 분산

물을 비롯한 모든 물질은 빛 파장별로 그 굴절률이 다르다. 이 때문에 여러 파장이 섞여 있는 빛이 매질 속에서 굴절하게 되면 파장별로 다른 각으로 굴절되어 빛이 성분별로 분리된다. 무지개가 아름다운 색으로 분리되는 것도 바로 빛이 물에 의해 분산되는 현상 때문이다.

[그림 1-11]에서 구형 물방울 속에 빨강색부터 보라색까지 모든 색요소가 다 섞여 있는 백색광인 태양 빛이 입사하여 굴절되는 것을 보여주고 있다. 이 때 물방울 각각의 다른 부분으로 입사한 빛은 서로 다른 각도로 굴절과 내부반사를 거쳐서 되돌아 나온다. 물방울에 균등하게 비쳐진 광선은 먼저 물방울에 진입할 때 굴절된다. 그리고 굴절된 빛은 물방울 경계를 만나서 굴절되어 나가는 빛과 내부반사를 하는 빛으로 나눠질 것이다(물방울로 진입할 때 그 표면에서 일부 반사되는 빛이나 물방울 속에서 1차로 굴절되어 나간 빛은 제외). 이렇게 부분적으로 반사한 빛은 굴절 법칙에 의해 다시 물방울 밖으로 나오면서 상당히 넓은 범위에 걸친 각으로 퍼져 나오게 된다(즉 굴절→내부반사→굴절되는 빛이 무지개를 만들며 전반사는 관여하지 않는다. 원형의 물질에 진입한 빛은 경계를 벗어날 때 당연히 굴절되어 나가는 조건을 충족한다.

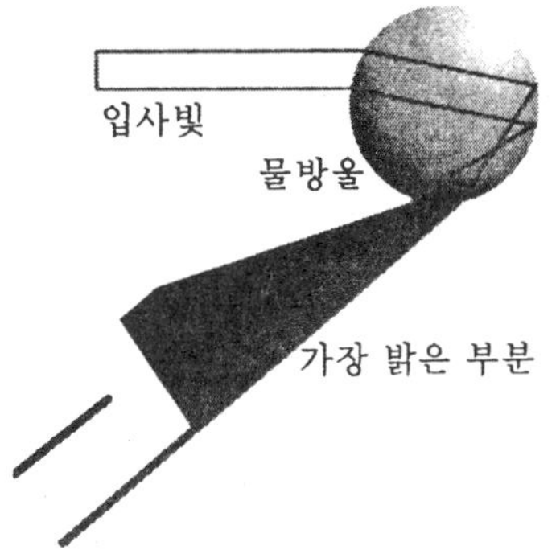

[그림 1-11] 무지개의 형성 원리

작도를 해보면 첫 단계에서의 굴절각이 두 번째 단계의 입사각이 되고, 두 번째 굴절각은 바로 처음의 입사각과 같다). 한 색채에 대하여 이렇게 넓은 각도로 균등하게 빛이 퍼진다면 무지개처럼 선명하게 원호를 그리는 모습을 볼 수 없지만 다행히 [그림 1-11]에서 보는 것처럼 그 꺾인 각(편위각)이 제일 작은 광선 주위로 빛이 많이 밀집하게 된다. [그림 1-11]에서 "가장 밝은 부분"을 형성하게 되는 것이 바로 이 때문이다.

이처럼 밀집되는 것을 알아내기 위하여 데카르트는 수천 개의 광선을 이용한 작도를 했고 이 밀집된 빛의 방향을 정확하게 계산하였다.

이렇게 밝은 부분을 형성하는 편위각도 굴절률에 따라 달라진다. 굴절률이 1.333인 노란색일 때는 편위각이 42°22'가 되고 이보다 굴절률이 작은 (1.3311) 붉은색인 경우에는 42°22'가 된다. 물방울 전체로 입사한 빛에 의해서 편위된 붉은색 빛은 물방울 대칭현상에 의해 [그림 1-12]처럼 햇빛이 오는 방향을 축

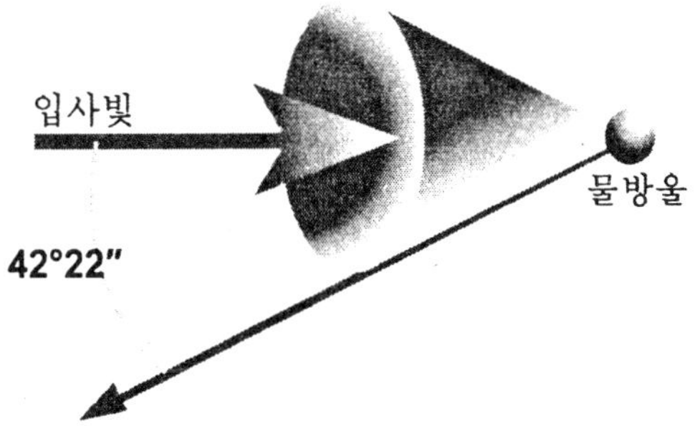

[그림 1-12] 물빙울과 입사하는 빛의 대칭현싱에 의한 무지개 생성 원리

으로 42°22' 정도의 원뿔을 그리게 되고 그 원뿔면 방향으로 가장 밝은 빛이 나가게 되지만 실제로는 원뿔 안쪽으로도 중심축에 접근할수록 조금씩 붉은 빛이 꺾여 나간다.

[그림 1-13]에서는 각기 다른 원뿔을 만드는 노랑, 파랑의 빛을 한 지점에서 관측하는 개념을 무지개 공간분포로 나타내고 있다.

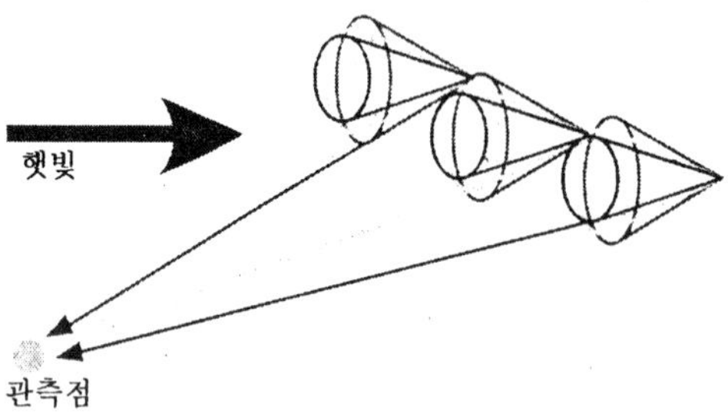

[그림 1-13] 무지개의 공간분포

공중에 무수히 많은 물방울이 퍼져 있을 때 해를 등지고 햇빛이 비추는 쪽을 쳐다본다면 그 관측자는 [그림 1-14]와 같이 42°22'의 각을 이루는 커다란 원을 만날 것이다. 실제로 이 원은 관측자 눈 바로 앞에서부터 아주 멀리 있는 물방울에서 나오는 빛이 겹쳐져 상당한 깊이를 가지고 있으나 항상 같은 방향이기 때문에 그저 멀리 있는 원처럼 관측하게 된다([그림 1-13]은 이해를 돕기 위한 단순한 도형에 불과하다). 입사하는 빛의 진행방향을 축으로 한 대칭성 때문에 무지개는 원호의 모습으로 보인다. 지상에서는 하늘이 있는 부분에만 무지개가 생기지만 하늘 높이 올라가면 완전한 원형의 무지개를 볼 수 있다.

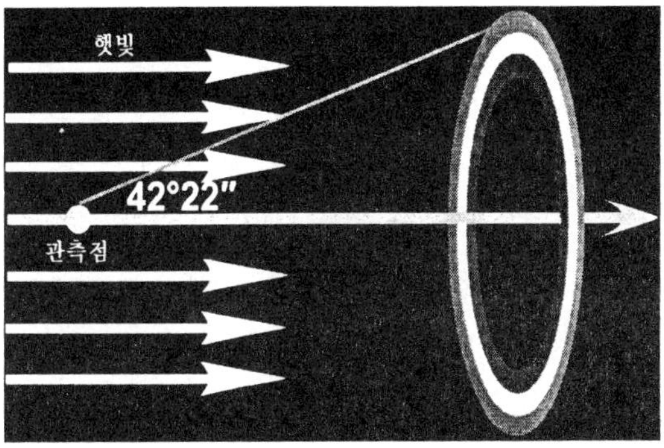

[그림 1-14] 원호를 그리는 무지개

사. 빛과 색

(1) 색

물체의 색은 모양과 더불어 사람이 바깥세상의 사물을 알아보는데 중요한 역할을 한다. "우리는 어떻게 색을 느낄 수 있을까?" "물체가 고유의 색을 가진 것처럼 보이는 이유는 무엇일까?" 물체에 빛이 비추는 상황에 따라 색이 달라져 보이는 것이나 빛이 없으면 색도 없어지는 것으로 보아 색은 빛과 밀접한 관계가 있음을 알 수 있다. [그림 1-15]는 빨강, 노랑, 파랑의 삼원색과 이들을 조합하여 만들어 낼 수 있는 색이다. 이 삼원색을 기본색이라 하고 이들이 1:1로 조합되어 만드는 색을 이차색, 이차색이 1:1로 조합하여 만들어지는 색을 삼차색이라 한다.

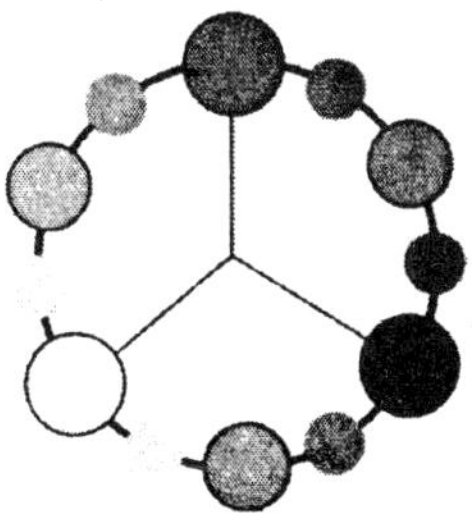

[그림 1-15] 색의 삼원색

(2) 빛의 분해

빛을 아래 [그림 1-16]처럼 프리즘에 비추거나 비온 뒤 무지개를 보면 빨주노초파남보 7색으로 나누어지는 것을 보면 백색광인 태양빛이나 불빛 속에 많은 색의 요소를 가지고 있음을 알 수 있다. 파동으로서 빛이 파장이나 진동수에 따라 물질에서 빛의 속도가 달라지기 때문에 프리즘이나 물방울에 의해 빛은 파장별로 분해가 되고 이 파장이 바로 색을 결정한다고 할 수 있으며 물질의 굴절률이 파장(진동수)에 의존하는 것을 분산이라 한다.

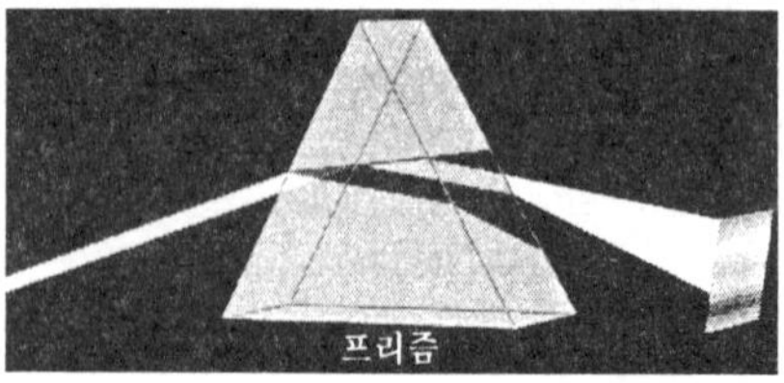

[그림 1-16] 프리즘에 의한 빛의 분산

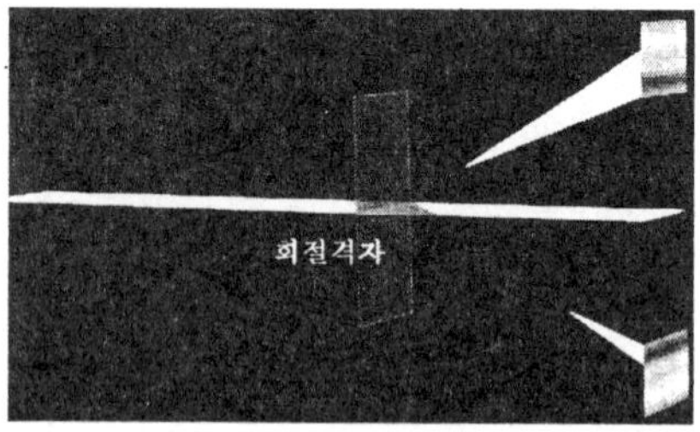

[그림 1-17] 회절격자에 의한 빛의 분광

유리를 삼각기둥 형태로 만들어 빛을 비추면 파장에 따라 꺾어지는 각도가 달라져 [그림 1-16]처럼 무지개 색이 보인다. 이 프리즘은 유리의 빛의 분산특성을 이용한 것이다. 분산을 이용한 프리즘으로도 빛의 파장을 측정할 수 있지만 빛의 회절을 이용한 회절격자로 파장을 더 정밀하게 측정할 수 있다. 회절각과 회절격자 틈 간격으로 파장을 표현할 수 있어 유리의 분산특성을 알아야 하는 프리즘의 경우보다 더 직관적이고 정확하다([그림 1-17] 참조).

(3) 가시광선

우리 눈은 빛의 파장에 따라 색을 다르게 인식하지만 파장이 일정한 범위를 벗어나게 되면 빛을 감지하지 못한다. 대체로 파장이 400nm~700nm 범위의 빛을 특정한 색으로 잘 느낄 수 있어 이를 가시광선이라 한다. 좁은 의미로서 빛은 우리가 인지할 수 있는 가시광선을 말하고, 넓은 의미로는 파장에 관계없이 전자기파 전체를 말한다. 가시광선은 그 빛을 약하게라도 느끼는 파장 영역인 380~780nm로 넓게 잡기도 한다. 가시광선의 파장범위는 태양에서 나오는 흑체복사의 주요한 파장 범위와 일치한다. 이는 태양이 지구 생명체 발생과 생명 유지의 원천이 된다는 사실과 밀접하게 관련되어 있다. 표면온도가 약 5000°C인 태양 빛은 우리가 잘 느낄 수 있는 가시광선 영역에서 강하고 그 주변(자외선 및 적외선) 영역에서는 밝기가 어두워지지만 온도를 높이면 전체적인 밝기도 세어지고 주 영역이 자외선쪽으로 이동한다.

2. 빛의 편광

가. 편 광

빛은 그 속성이 전자기 파동으로서 전기장과 자기장이 진동하면서 전파되는 것이다. 이때 전기장이나 자기장은 서로 직교하면서 진행방향에 수직으로 진동하므로 횡파 특성을 갖는다. 횡파는 한 방향으로 진행하는 파동이더라도 진동방향은 그 진행방향에 수직한 평면상에 놓여 있게 되어 벡터 성격을 갖게 된다. 이런 파동 진동이 그 평면상의 특정 방향에 놓이게 되는 것을 편광이라 하고 그때의 진동방향을 편광방향이라 한다. 빛일 경우에는 전기장과 자기장이 같은 평면상에 있지만 서로 수직으로 진동하므로 물질에 더 큰 영향을 주게 되는 전기장이 진동하는 방향을 편광방향으로 삼는다. 빛은 다른 파동과 달리 길이가 짧고 무수히 많은 파동열차(Wave Train)가 모여서 형성된 것이므로 하나하나의 편광이 어떻게 집합되어 있는가를 고려해야 하므로 통계적으로 편광상태를 말한다. 실제로 최소 단위 빛은 특정한 방향으로 편광되어 있겠지만 집단인 경우에는 보통 대다수 빛이 특정한 편광상태에 있을 때 편광되었다고 한다.

나. 빛의 전파

[그림 1-18]은 z방향으로 전파되는 빛의 전기장과 자기장 모습을 보여주고

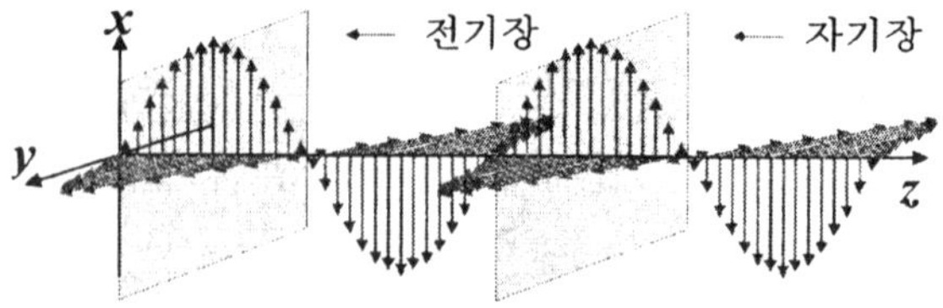

[그림 1-18] 빛의 전기장과 자기장

있다. 전기장은 진행방향과 수직으로 진동할 수 있어 x-y 평면방향으로 진동할 수 있다. 그림의 처음 상태에서는 전기장이 x방향으로 진동하고 있고 이 방향은 조절가능하다. [그림 1-18]에서 하늘색으로 표시한 자기장은 항상 전기장 및 진행방향과 수직을 이루고 전기장-자기장-진행방향이 오른손 좌표계를 형성하게 된다. 더구나 자기장의 크기도 전기장의 크기와 비례하므로 빛의 전기장 상태가 결정되면 자기장은 하나로 결정된다. 이에 따라 빛의 편광상태를 묘사할 때는 자기장 상태를 나타내지 않아도 된다.

위와 같은 양상으로 빛이 전파되는 이유는 전자기장이 맥스웰 방정식을 만족하기 때문이고, 빛이 이 전자기 파동의 일종이기 때문이다. 따라서 전파, X선, 감마선 등 다른 종류의 전자기파도 당연히 빛의 편광 특성을 가지고 있다. 또한 파동의 중첩 원리에 의해 여러 편광상태가 조합된 형태의 편광도 나타날 수 있다.

다. 편광판

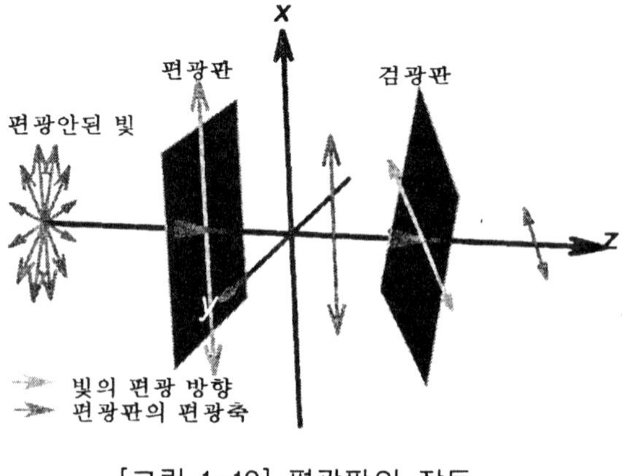

[그림 1-19] 편광판의 작동

편광상태가 무질서하게 섞여 있는 "편광 안된 빛"에서 특정 방향으로 먼저 편광된 빛을 선택적으로 투과시키는 광학기구를 편광판(Polarizer)이라고 한다. 이러한 물질은 여러 가지 종류가 있으나, 대체로 한 방향으로 먼저 편광된 빛을 선택적으로 흡수하거나 굴절시켜 버려서 그 방향에 수직한 빛만을 통과시키기 때문에 편광판 역할을 하게 된다. 이때 선택적으로 통과시키는 방향을 편광축이라 하는데 편광축 성분을 전부 투과시키고, 수직성분을 전부 차단시키면 이상적인 편광판이 된다.

빛의 편광방향을 전기장 진동방향으로 하고, 편광판은 전기장을 편광축에 평행한 성분만 통과시키게 된다. 따라서 편광축에 대해 θ각으로 들어오는 선편광 빛에 대해 입사하는 전기장 진폭을 E_{io}라 하면 편광판을 통과하는 전기장 E_{tho}는 편광축 성분이 되어

$$E_{tho}(\theta) = E_{io}\cos\theta \qquad (1\text{-}4)$$

가 되고 빛의 밝기는 진폭의 제곱에 비례하므로 식 (1-5)와 같이 나타낼 수 있고 이 식을 투과 밝기의 식이라 하며 말루스의 법칙이라고 한다.

$$I(\theta) = I(O)\cos^2\theta \qquad (1\text{-}5)$$

여기서 $I(\theta)$는 투과한 빛의 밝기이고, $I(O)$는 입사한 빛의 밝기, 즉 투과한 빛이 $\theta = 0$에서의 밝기이다. 원래 말루스는 이 관계를 빛의 전자기파 성질이 규명되기 훨씬 이전인 1809년에 발견하였다. 이는 빛의 파동량이 성분으로 분해되기도 하고 합성되기도 하는 벡터 성질을 가지고 있다는 것을 처음으로 확인시켜 준 것이다.

라. 산란된 빛의 편광

태양에서 방출되는 원래의 빛은 거의 편광되어 있지 않다. 그러나 하늘을 편광판으로 관측하면 방향에 따라 부분편광, 혹은 선편광되어 있는 것을 알 수 있다. 이는 [그림 1-20]에서 보인 것처럼 대기의 공기 분자가 태양빛을 산란시켜 이 산란된 빛이 그것을 쳐다보는 방향에 따라 편광이 달라지기 때문이다.

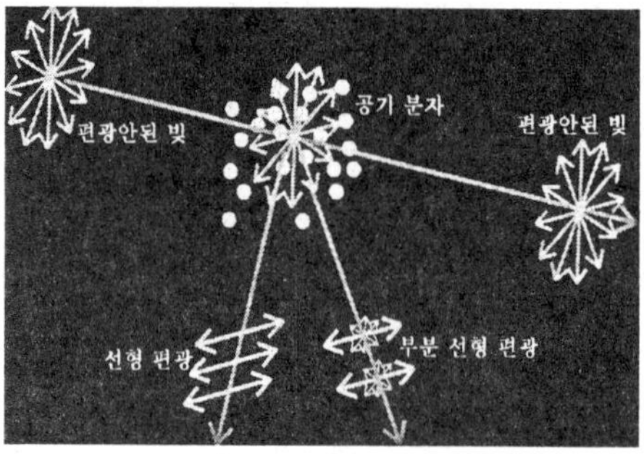

[그림 1-20] 공기분자에 의해 산란된 빛의 편광

[그림 1-21]은 중심, 즉 좌표의 원점 부근에서 빛이 산란될 때 시야에 따라 공기 분자의 쌍극자 진동이 달라져 보이는 모습을 보여주고 있다. 쌍극자 진동의 정도는 그 방향에 따라 다르게 보이는데 이것이 그 방향에서 관찰할 수 있는 편광상태가 되므로 화면 좌표계에서 xy 평면상에서는 언제나 선편광된 빛이 관측되고 z축 방향에서는 원래의 빛과 같이 전혀 편광되지 않은 빛이 관측된다. 그러나 그 외의 방향에서는 한 방향으로 편광이 강세를 보이긴 하지만 제멋대로의 편광도 약하게 섞여 있는 편광상태가 관측된다. 이렇게 특정한 편광과 편광 안된 빛이 섞여 있는 것을 부분편광이라고 한다. 하나의 예로서 사진촬영기법 중 편광필터를 이용하는 법이 널리 알려져 있다. 편광필터를 렌즈 앞면에 부착하고 그 편광축을 적절히 돌려 하늘의 명암대비를 극명하게 하여 깊은 맛을 주는 사진을 촬영할 수 있고, 쇼윈도 내부를 촬영할 때 유리에서 반사되는 쓸데없는 빛을 제거하기도 한다.

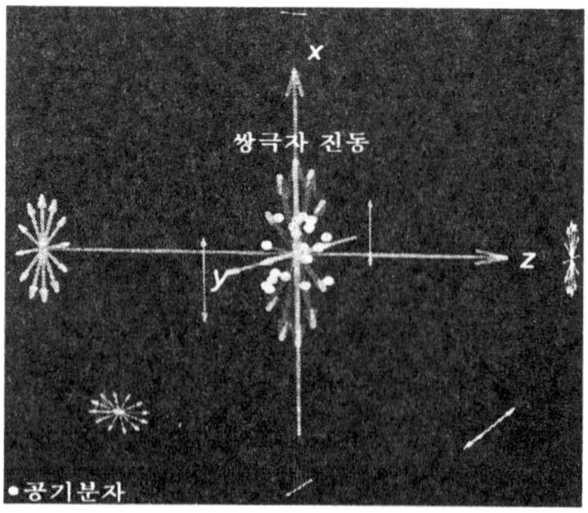

[그림 1-21] 산란된 빛의 편광상태

마. 복굴절

물질 속에서 빛이 전파될 때 빛의 전기장과 물질 속 전자가 상호작용을 하게 된다. 한 지점에서 빛의 전기장은 진동을 하므로 전자도 덩달아 같은 진동수로 진동하여 새로운 전기장 진동을 유발한다. 무수히 많은 원자, 분자의 전자가 내는 빛과 원래의 빛이 합성되어 물질 속에서는 새로운 속도, 새로운 진폭으로 빛이 전파되는 것이다. 따라서 물질 속을 진행하는 빛의 속도 등과 같은 특성은 물질 속에 있는 전자 결합상태에 따라 달라진다. 그 물질이 결정을 이루고 있으면서, 결정의 구조에 특별한 방향성이 없다면 빛이 전파되는 속력도 방향에 상관없이 일정할 것이다. 이런 결정으로는 소금 결정과 같은 입방구조(Cubic Structure)가 있다.

소금의 Na와 Cl은 [그림 1-22]에서 보듯이 정육면체 각 꼭지점에 Na^{+}와 Cl^{-}이 교대로 들어 있는 것으로서 전기적 특성이 방향에 관계없는 등방성(Isotropic) 물질이고 광학 특성도 등방성이다. 한편 유리나 물과 같이 결정을 이루고 있지 않는 경우에도 원자나 분자 배열이 제멋대로이기 때문에 대부분 등방성 물질이 된다.

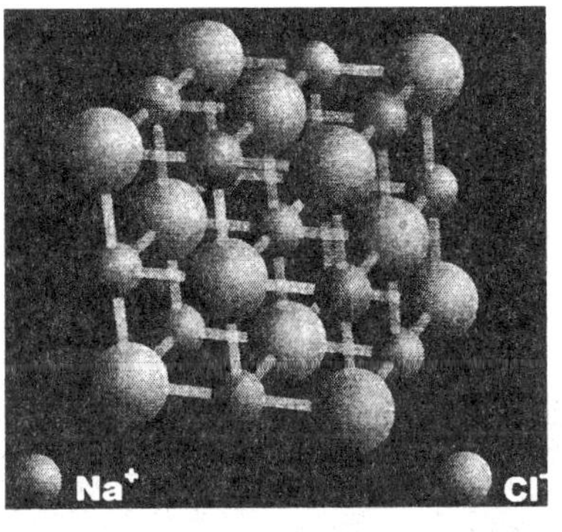

[그림 1-22] 소금 결정

그러나 결정체로서 그 모양이 비대칭이라면 빛의 진행방향, 빛의 편광상태에 따라 전파속도가 달라진다. 이것은 원자들이 대칭으로 배열되어 있지 않아 결정을 이루는 전자나 원자의 진동도 운동방향에 따라 진동 양상이 다르게 나타나기 때문이다. 이런 물질은 한 방향으로 진행하는 빛에 대해 두 가지 편광상태의 속도가 다른 값으로 주어진다. 이런 현상을 복굴절(Birefringent)이라 하고 이런 특성을 갖는 결정을 복굴절체라 한다.

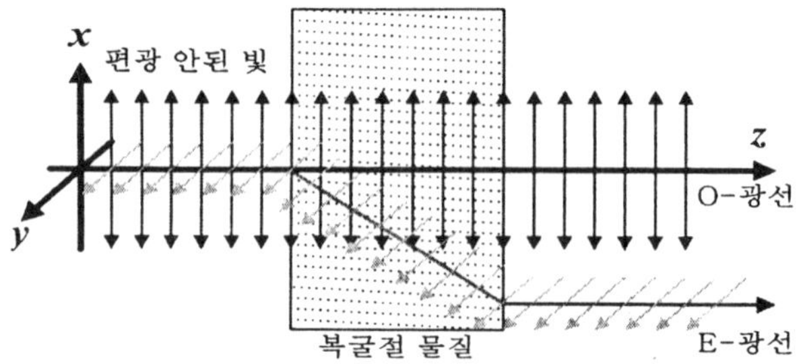

[그림 1-23] 복굴절 물질을 통과하는 빛

[그림 1-23]은 복굴절 물질 하나가 빛을 두 갈래로 굴절시키는 것을 보여주고 있다. 이 결정은 광축(Optic Axis)이라 하는 하나의 축에 대해 대칭으로 되어 있어 그 방향에 수직한 편광상태의 빛이 동일한 속도를 가지게 된다. 이러한 복굴절체를 단축성 결정이라 한다. [그림 1-23]에서는 편광상태에 따라 진행속도가 두 방향으로 달라져 굴절되는 빛의 경로와 편광상태를 보여주고 있다. 여기서 정상적인 굴절 법칙을 따르는 빛을 정상광선(O-광선 : Ordinary Ray), 비정상적인 굴절을 하는 빛을 이상광선(E-광선 : Extraordinary Ray)라 한다.

이와 같은 단축성 복굴절체의 대표적인 물질로 방해석을 들 수 있다. 이 결정은 [그림 1-24]에 보인 바와 같이 꼭지각 102°, 또는 78°로 되어 있어 직육면체가 찌그려져 있는 모습을 하고 있기 때문에 편광상태에 따라 빛의 진행속도 차가 가장 큰 물질이 되고 광축에 대해 120° 회전할 때 모양이 일치하는 대칭성이 있다.

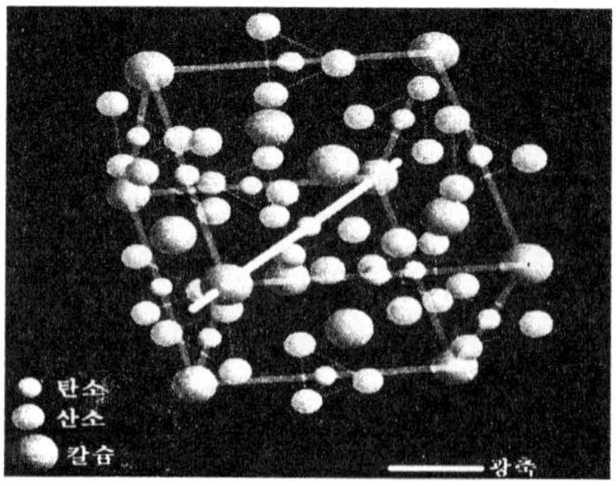

[그림 1-24] 방해석 결정의 원자 배열

바. 광축의 성질

(1) 편광방향이 광축에 수직인 모든 빛은 동일한 속도를 갖는다. 따라서 그 광축 방향으로 진행하는 빛은 편광방향에 무관하게 동일한 속도를 가지기 때문에 복굴절 현상을 볼 수 없다(등방성 결정).

(2) 결정이 한 축을 중심으로 대칭성이 있을 때, 그 대칭축이 광축이 되는 단일 방향 광축을 가지고 있다(단축성 물질).

(3) 아무런 회전 대칭성도 없이 결정이 형성된 경우는 광축이 두 개 형성되지만 정상적인 굴절 법칙을 따르는 정상 광선은 있을 수 없다. 이런 물질은 각기 다른 세 개의 굴절률 값을 가진다(쌍축성 결정).

사. 광활성

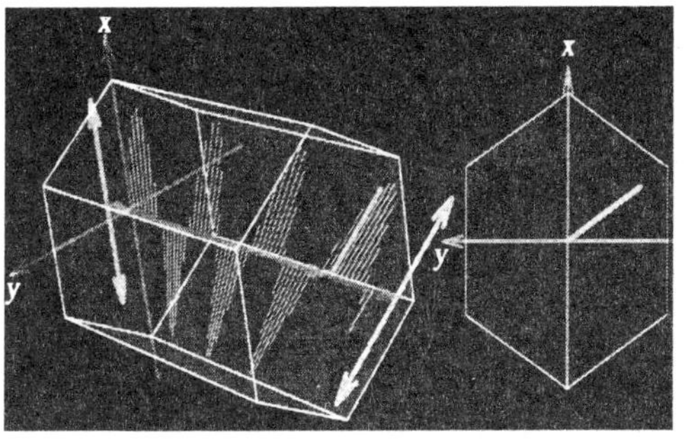

(a) 우선성(dextrorotatory)

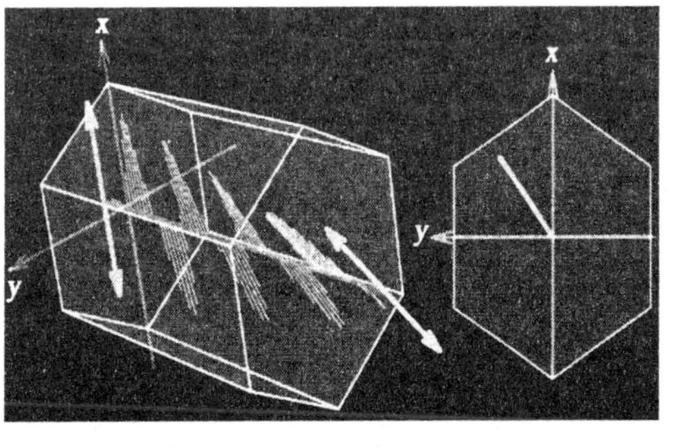

(b) 좌선성(levorotatory)

[그림 1-25] 광활성 물체에서 편광면의 회전 모양

어떤 물질은 선편광 빛이 들어 왔을 때 이의 편광방향을 연속해서 회전시키는 성질을 광활성(Optical Activity)이라고 한다. [그림 1-25]는 이들 물질에서 빛의 편광이 회전하는 모습을 보여주고 있다. [그림 1-25] (a)는 파가 진행함에 따라 그 선편광의 방향이 시계방향으로 회전하고 있다. 빛의 편광상태는 빛을 마주보고 받아들이는 입장에서 그 회전이나 진동방향의 방향을 결정하므로 이 경우에는 우선성이라 한다. 그리고 [그림 1-25] (b)는 물체가 이런 행동과 거울대칭으로 편광방향을 변화시킨 것으로 좌선성이라고 한다.

광활성의 한 예로 결정 모양에 따라 좌선성과 우선성을 가지는 수정에서 좌선성의 수정과 우선성의 수정은 그 원자조성은 같지만 결합상태가 거울을 보는 형태로 서로 좌우 대칭인데 이런 좌우대칭 결정(Enantiomorph)은 대부분이 그 상에 따라 좌선성과 우선성 둘 다 광활성이 되지만 결정을 이루지 못하는 수정은 비활성이 된다.

아. 유도광학 효과

물질에 전기장이나 자기장 또는 변형을 가하면 그 결정의 대칭성이 변경되어 복굴절을 띄지 않는 물질이 복굴절 물질로 되기도 하고, 비활성 물질이 활성 물질이 되기도 한다. 전기장에 의해 결정의 광학적 성질이 변하는 것을 전기광학 효과(Electro-Optic Effect)라 하며 자기장에 의한 것을 자기광학 효과(Magneto-Optic Effect)라 하고 변형에 의해 광학적 성질이 변하는 경우를 광탄성(Photo-Elasticity)이라 한다.

자. 패러데이 효과

활성과 복굴절이 되지 않는 물질은 등방성 결정이나 분자결합에 질서가 없는 비결정 물질이다. 이런 물질에 자기장을 걸어 주면 그 자기장 방향으로 진행하는 빛이 활성화 되는 것을 1845년 패러데이(M. Faraday)가 발견하였다. [그림 1-26]은 패러데이 효과를 이용한 광 아이솔레이터(Optical Isolator)를 보여주고 있다.

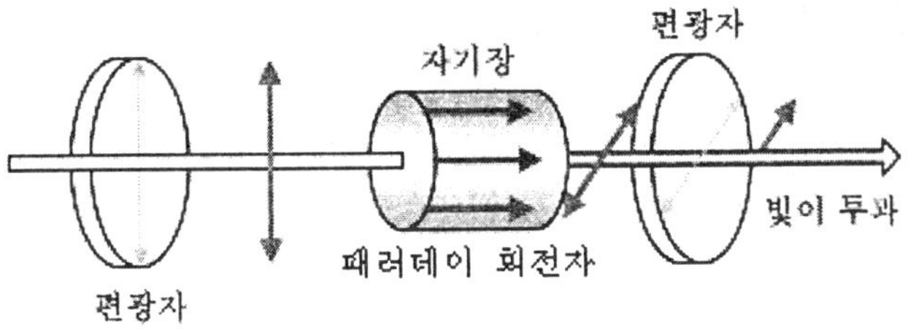

[그림 1-26] 광아이솔레이터에서 빛이 투과되는 현상

[그림 1-26]의 왼쪽에서 오른쪽으로 진행하는 빛은 편광판에 의해 수직으로 편광된 빛이 통과하여 패러데이 회전판(Faraday Rotator)에 진입한다. 이 회전판은 자기장이 그림처럼 걸려있을 때 편광면이 좌로 45°회전(빛의 진행방향 쪽에서 봤을 때)하도록 자기장과 길이가 조정되어 있어 그림처럼 45°로 선편광된 빛이 동일 방향의 편광축을 가진 출구 편광판을 그대로 통과한다.

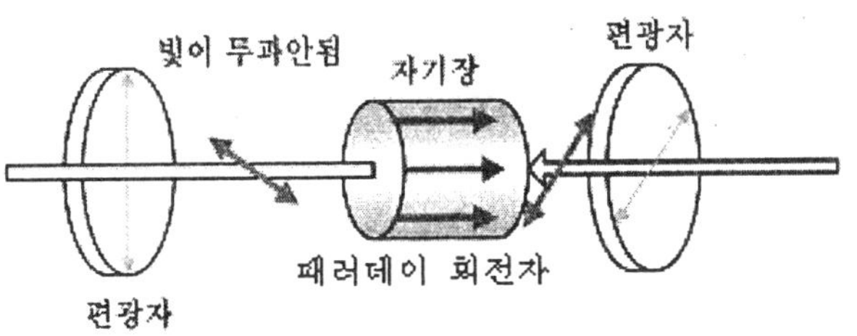

[그림 1-27] 광아이솔레이터에서 빛이 차단되는 현상

반대로 [그림 1-27]의 오른쪽에서 왼쪽으로 진행하는 빛은 편광판에 의해 45° 기울어진 선편광 빛이 되어 패러데이 회전판에 진입하면 이 회전판에 의해 편광면이 다시 왼쪽으로 45° 회전하여 수평방향의 선편광이 된 빛은 편광축이 수직인 왼쪽 편광판을 전혀 통과할 수 없게 된다.

차. 케르 효과

등방성 물질에 전기장을 걸어주면 그 전기장을 광축으로 하는 복굴절 물질이 되고 정상광선과 비정상광선의 굴절률 차이는 전기장의 제곱에 비례한다.

카. 액정에서의 전기-광학 효과

액정(Liquid Crystal)은 마치 긴 여송연 담배 모양의 분자 결합상태를 하고 있고 이것이 놓인 방향에 질서가 있어 결정으로 취급하지만 그 놓인 위치가 액체처럼 이동할 수 있는 특징을 가지고 있고 다음과 같은 3가지 종류가 있다.

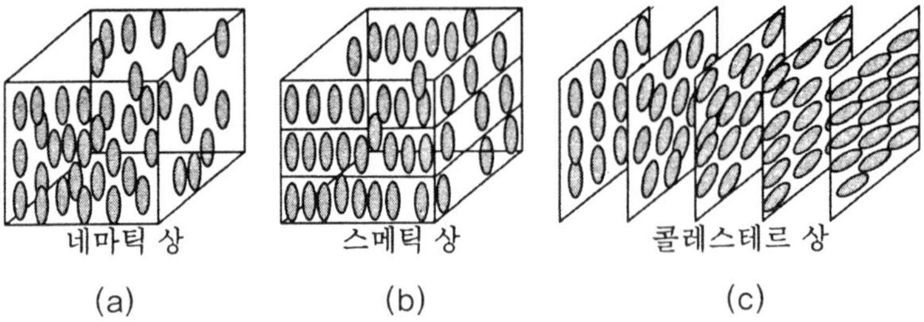

[그림 1-28] 액정의 3가지 종류 형태

(1) 네마틱 상(Nematic phase)

[그림 1-28] (a)처럼 방향이 한 방향이지만 각자 위치는 자유로이 변할 수 있다.

(2) 스메틱 상(Smectic phase)

네마틱 상처럼 각 분자의 방향은 한 방향이지만 각자 위치는 평면상으로만 움직일 수 있고 이렇게 움직일 수 있는 평면이 여러 개 층층이 쌓여 있다.

(3) 콜레스테르 상(Cholesteric phase)

방향이 연속적으로 변하여 나선모양으로 배치되어 있다. 콜레스테르 상의 액정은 기본적으로 광활성을 가지고 있다. 이 액정에 전기장을 걸어주면 액정 분자가 전기장 방향으로 배열하기 때문에 활성 현상이 없어진다. 이처럼 전기장에 의해 편광특성이 다양하게 변화되는 성질을 이용하여 액정 표시장치(LCD : Liquid Crystal Display)를 만들 수 있다.

타. 자기 케르 효과

자성체가 자화되면 광활성을 띄게 되는 현상을 자기 케르 효과라 한다. 이 효과를 이용한 것에 광자기 기록장치가 있다.

파. 액정 표시장치(LCD)

[그림 1-29]의 액정은 보통 상태에서 활성화되어 있다. 오른쪽에서 편광되지 않은 자연광이나 조명광이 있을 때 표면의 편광판을 통과하여 선편광 상태가 된다. 이 선편광된 빛은 전압이 걸려있지 않은 액정을 통과하면 빛의 편광상태가 90° 회전하기 때문에 거울 앞의 편광축이 수직인 편광판을 통과하여 거울에서 반사되어 되돌아 올 수 있다. 그러나 [그림 1-30]처럼 전압이 걸려있으면 거울 앞의 편광판을 통과하지 못하여 반사되는 빛을 볼 수 없다.

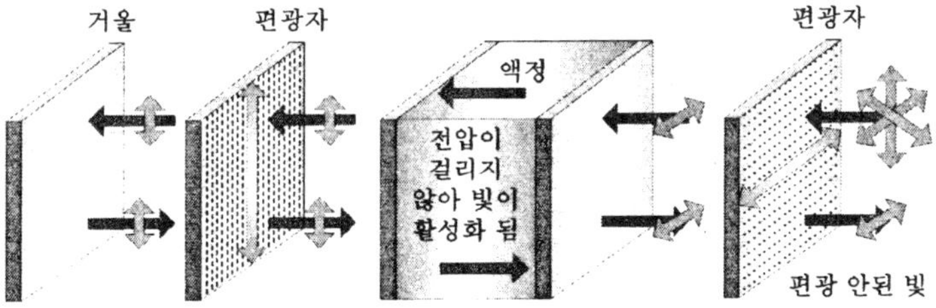

[그림 1-29] 거울에서 반사되는 빛을 볼 수 있는 액정

LCD판을 사이에 두고 여러 형태의 전극을 만들어 숫자나 글씨, 그림 등을 표현할 수 있으며 여러 색의 필터를 배치하여 색채를 표시하는 등 다양한 용도로 이용되고 있다.

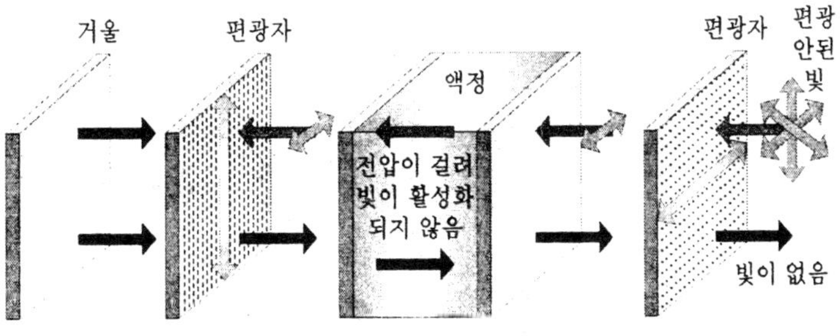

[그림 1-30] 거울에서 반사되는 빛을 볼 수 없는 액정

하. 광자기 기록장치(MOR : Magnet Optic Recorder)

다음 그림들은 광자기 디스크에 데이터를 기록하고 다시 이로부터 신호를 읽어 내는 원리를 보여주고 있다. 자성체가 발려져 있는 디스크에 자기장이 걸려 있다. 그러나 상온에서는 그 자성체가 자극을 바꿀 수 있을 정도의 온도보다 낮아서 기록된 패턴이 계속 유지되지만 임의의 위치를 레이저로 순간 가열하면 자성체가 걸려 있는 자기장에 자기쌍극자가 재배열하게 된다.

[그림 1-31]처럼 디스크는 회전을 하고 레이저가 장치된 헤드는 디스크 위에서 나선운동을 하므로 원판 각 부위에 시시각각의 데이터를 기록할 수 있게 된다. 기록된 디스크로부터 신호를 읽어 낼 때에는 자기 케르(Kerr) 효과를 이용한다. 이는 자화된 물질이 광활성을 띠게 되는 것을 말한다.

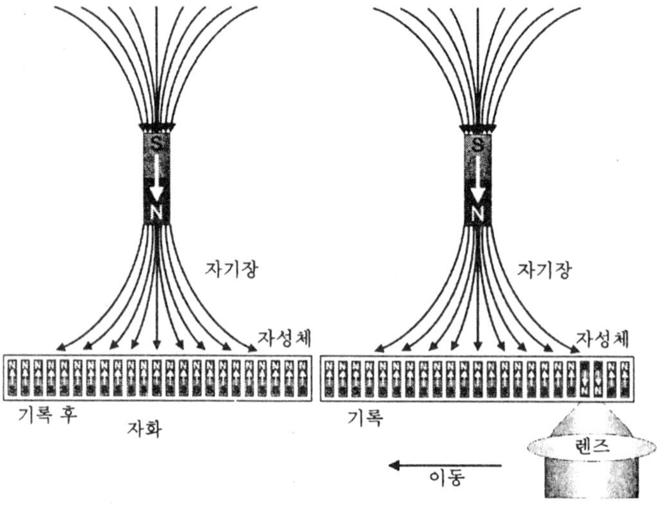

[그림 1-31] 광자기 기록장치의 기록 원리

(a) 기록 후 자화 패턴 (b) 기록된 자성체

[그림 1-32] 레이저에 의해 자화된 패턴과 자성체 모양

[그림 1-32]에서 보는 것처럼 레이저 빛이 자성체에 반사되어 나올 때 그 자극방향에 따라 편광상태가 달라지는 패턴을 검광판을 통하여 측정하는 것이다. [그림 1-33]에서 신호가 기록된 자성체의 자화 방향에 따라 케르 회전각이 달라지므로 광측정기로 들어오는 신호는 기록된 디지털 신호와 일치하게 된다.

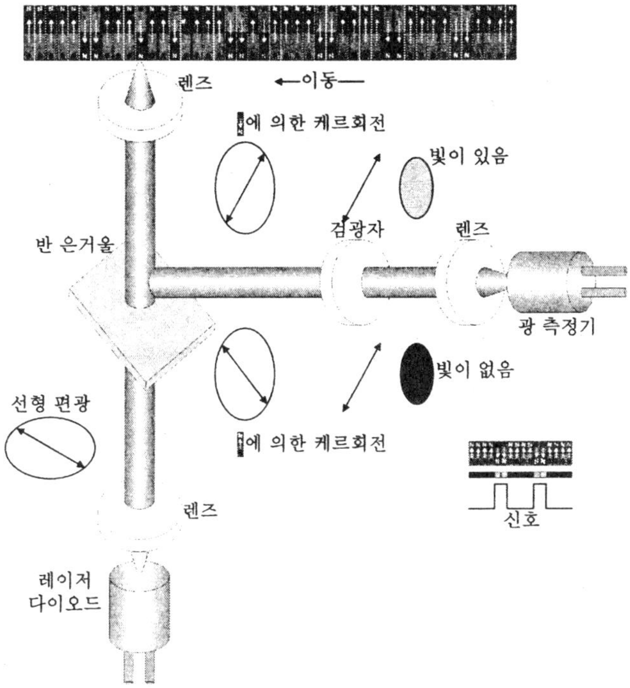

[그림 1-33] 광자기 기록장치의 재생 원리

3. 빛의 간섭

가. 빛의 간섭

19세기 초 영(T. Young)에 의해 빛의 파동설이 다시 부각될 때 증거로 삼은 것이 빛의 간섭현상이었다. 뉴턴 링(Newton's Ring)이라 하는 빛의 간섭 예가 입자론 주창자인 뉴턴에 의해 일찍이 발견되었지만 그로부터 150년에 가까운 세월이 지난 후 영은 이에 대해 파동설로 정확한 해석을 할 수 있었고, 아울러 유명한 이중슬릿 실험을 하였다. 이후 프레넬, 프라운호퍼 등에 의해 여러 가지 간섭과 회절현상이 관찰되어 빛의 파동설은 증명되었다.

빛의 파동은 진폭의 제곱인 밝기가 명암의 차이로 나타나 직접 눈으로 볼 수 있기 때문에 공간적인 분포를 관찰할 수 있다. 따라서 간섭 결과도 공간에 간섭무늬(Fringe) 형태로 뚜렷이 나타고 파장이 극히 짧아 개별적인 파형을 측정하기 어렵지만 간섭무늬 규모는 눈에 보일 정도로 크게 나타나서 빛의 파동 성질을 연구하는데 중요한 도구가 된다.

두 개의 빛이 합성되어 생기는 간섭으로는 가간섭성인 두 파를 만드는 조건에 따라 영의 간섭, 마이켈슨 간섭, 마하젠더 간섭 등이 있고 빛의 본성에 대한 연구, 빛의 파장 측정, 물질의 광학적 성질 측정 등에 널리 활용되고 있다. 특히 최근에는 레이저를 이용한 수준 높은 가간섭성 빛을 쉽게 만들 수 있어 거리의 정밀 측정 등 산업 분야에 응용되고 있다.

한편 두 개 이상의 파동이 만드는 간섭, 무한개의 파동이 만드는 간섭도 특이한 간섭무늬를 만들게 된다. 빛일 경우 두 개의 거울 사이를 왕복한 여러 파들이 합성되어 만드는 파브리-페로 간섭, 비눗방울 등 얇은 막이 만드는 박막 간섭 등이 있다.

나. 파동과 빛의 간섭

간섭은 파동이 가지고 있는 일반적인 현상이지만 빛의 간섭은 보통 파동에 비해 몇 가지 차이가 있다.

첫째, 다른 파동과 달리 빛은 파형을 인위적으로 조절하기 곤란하고 가간섭성 빛을 만드는 것이 힘들다.

빛은 원자나 분자가 그 에너지 준위사이의 전이에 의해 발생하므로 양자역학적인 현상과 관련되어 있다. 따라서 물질로부터 빛이 나오는 것은 다분히 확률적이어서 빛발생을 의도하는 대로 조작하는 것은 거의 불가능하다. 반면에 수면파나 줄의 파동 등 대부분의 파동은 이를 적절히 제어할 수 있기 때문에 가간섭성 파동을 만들기 쉽다. 일반적으로 라디오파, 간단히 전파라고 부르는 전자기 파동은 그 본성이 빛과 같지만 이를 만드는 것은 전자공학적인 회로로 가능하고 따라서 꼬리에 꼬리를 물고 이어지면서 일정한 진동수를 가진 파를 만들기 쉽다. 그러나 빛의 경우에는 비록 동일한 물질에서 동일한 진동수의 빛을 발생시켜도 한 원자가 빛을 내는 시간이 10~9초 이내인 극히 짧은 순간이고 한 줄기 빛이 지속되는 길이는 불과 수 cm 이내이다.

둘째, 스크린 상에서 간섭 결과가 관측된다.

빛이 투명한 물질을 통과할 때는 거의 반응을 하지 않으므로 빛이 지나가는 상황을 알기 힘들다. 드라이아이스 등으로 연기를 피워서 빛이 산란되게 한 다음 공간 분포를 알 수는 있지만 간섭 결과는 멀리 스크린을 놓고 이 위에 형성되는 곡면 상의 밝고 어두운 무늬로 관측하게 된다.

셋째, 수백 nm나 수 ㎛ 규모의 위치 차이에 의해 간섭이 생긴다.

간섭 효과가 가시적으로 잘 나타나는 상황은 파동의 위치 차이가 그 파장의 크기와 비교할 정도가 되어야 한다. 따라서 수백 nm의 가시광인 경우 파원의 위치가 수 파장에서 수십 파장 정도까지 차이가 날 때 간섭무늬를 눈으로 볼 수 있게 된다. 이런 성질을 이용하여 미소 변위나 위치를 정밀하게 측정할 수 있다.

다. 간섭과 회절

회절은 파동이 진행하는 경로 상에 장애물이 놓여 있더라도 이를 우회하여 그림자 영역에 빛이 미칠 수 있는 현상을 말하지만 우회하는 여러 파동들이 만나서 이루는 간섭현상을 말하기도 한다. 따라서 회절을 간섭으로부터 구분하는 것은 불가능하다. 즉 우리가 보통 "간섭"과 "회절"이라 하는 것은 원래 의미인 회절현상에 의해 진행방향이 다르게 우회하는 여러 파동들이 만나서 나타나는 간섭 현상이 공간에 특이한 무늬를 형성하는 것을 말한다.

그러나 관례적으로 간섭이라 할 때에는 각 파동의 위상차가 불연속으로 되어 있을 때를 말하고, 회절은 위상차가 연속적으로 변하는 경우를 말한다. 유한개의 파동이 만나는 경우를 간섭, 무한개의 파동이 만나는 경우를 회절이라 하기도 하지만 이는 정확한 표현이 아니다.

[그림 1-34] 간섭과 회절무늬

박막의 간섭은 박막 속을 반사하고 투과하는 무한히 많은 빛이 만난 결과이지만 간섭이라 하기 때문이다. 간섭과 회절이 같은 물리적인 현상이기는 하지만 그 결과로 생기는 무늬는 뚜렷한 차이가 있다. 보편적으로 간섭무늬는 넓은 범위에 걸쳐 그 강약 정도가 별로 변하지 않으나 회절 무늬는 주변부로 갈수록 점차 어두워진다. 오른편 위 사진은 명암이 반복되고 있는 간섭무늬이고, 아래 것은 중심에서 가장자리로 갈수록 무늬의 밝기가 점차 어두워지는 회절무늬이다.

라. 위상자

여러 가지 조화진동이 합해져서 만드는 복합진동을 계산하는 일은 역학, 전자공학, 파동학, 광학 등 여러 영역에서 나온다. 특히 각 조화진동의 진동수가 동일한 경우에 합성된 진동도 역시 같은 진동수를 갖는 조화진동인데 이 합성 진동의 진폭이나 위상은 각 진동의 진폭이나 위상과 관련이 있다.

전자공학에서 교류전류가 저항이나 콘덴서, 코일에 걸리는 교류회로의 경우 합성된 전압을 계산할 때 이러한 계산을 쉽게 하기 위하여 복소수를 도입하거나, 이 복소수 개념을 보다 쉽게 도식화 한 위상자(페이저 : Phasor)법을 쓴다. 위상자는 복소수로 표현한 파의 복소진폭을 말하는데 이는 2차원 벡터공간에서 벡터로 볼 수 있고 파의 합성을 이 벡터 공간에서 벡터 합성과 같이 취급할 수 있다.

어떤 물리량이 다음처럼 시간에 따라 변하고 있다고 하자. 이 물리량 E는 용수철에 매달린 물체 운동이거나 교류전류 또는 조화파동이 분포된 영역 한 지점에서의 파동량일 수 있다.

$$E(t) = E_0 \sin(\omega t + \epsilon) \tag{1-6}$$

여기서 E_0는 진폭이고 ω는 진동수, ϵ은 위상이다.

하나의 조화진동에서 그 진폭과 위상을 극좌표에서 크기와 편각으로 한 벡터로 대표시켜 나타내면 여러모로 편리한데 이 벡터를 위상자라 한다. [그림 1-35]에서 위상자의 정의와 두 위상자가 합성되는 원리를 보여주고 있다. 여러 조화진동이 합성된 결과는 위상자를 꼬리에 꼬리를 물게 이어 붙이는 방식으로 쉽게 계산할 수 있다.

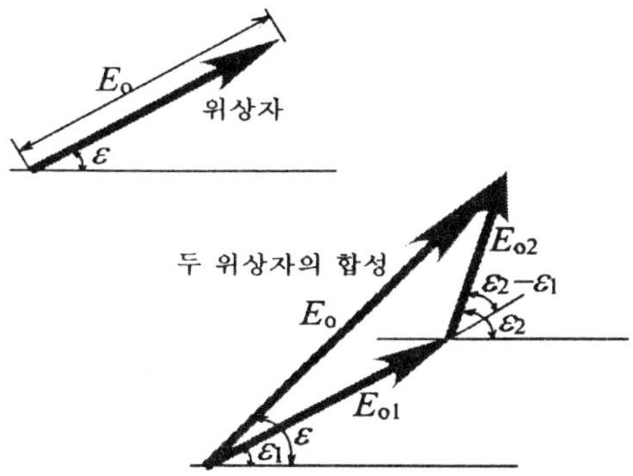

[그림 1-35] 위상자의 합성 원리

마. 이중슬릿 간섭

(1) 영의 간섭

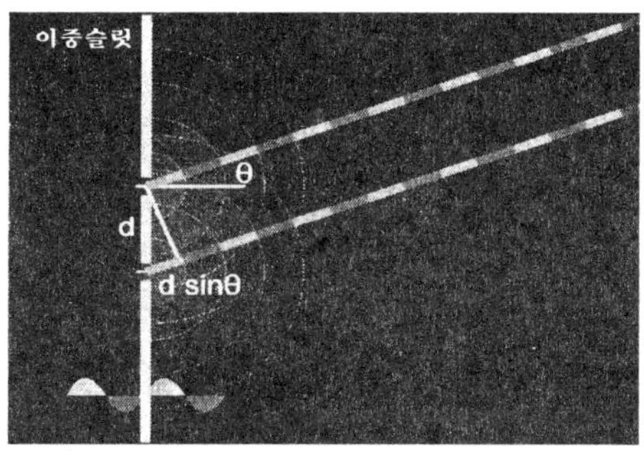

(a) 각도 : 20, 파장 : 40, 간격 : 50

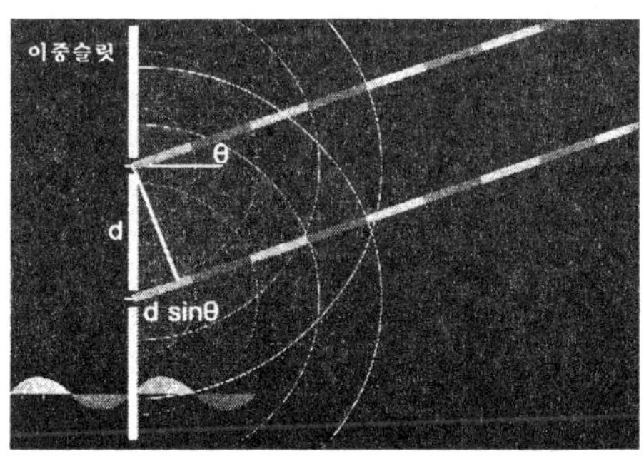

(b) 각도 : 20, 파장 : 70, 간격 : 80

[그림 1-36] 이중슬릿 간섭의 원리(단위 : °, nm, ㎛)

빛의 본성이 파동일 것이라는 예측을 직접 확인시켜 주는 최초의 실험이 1801년 영(T. Young)에 의해 이루어졌다. 영의 이중슬릿 간섭 실험은 빛이 파동이라는 것을 밝혀 주었을 뿐만 아니라 그 파장까지도 측정한 점에서 역사적 의미가 크다.

입사한 평면파가 두 슬릿에 입사하여 각 슬릿에서부터 구면파로 퍼져나간다. 이때 특정한 θ방향의 먼 지점에서 만나게 될 두 파동의 위상관계를 살펴보면 두 파동이 합성되어 어떤 밝기를 하게 될지 계산할 수 있다.

(2) 이중슬릿 간섭의 해석

앞에서 위상자 방법으로 이중슬릿 간섭의 결과를 간단하게 예측해 볼 수 있었다. 이 경우 위상차 값이 2π를 주기로 하여 합성된 결과가 같은 형태로 거듭되어 스크린 상에서 밝고 어두운 무늬가 계속해서 나타나는 것을 알 수 있다. 이것이 빛의 회절무늬와는 다른 특징이 된다(실제로 빛의 가간섭 길이 효과 때문에 스크린 중앙에서 벗어나 경로차이가 가간섭 길이보다 커지면 간섭성이 떨어지게 되고 간섭무늬는 가장자리로 가면 밝고 어두운 무늬의 차이가 줄어들어 무늬가 희미해지게 된다).

바. 박막의 간섭

(1) 반사파의 위상변화

파동이 진행을 하다가 매질의 경계면을 만나게 되면 일부분은 투과하지만 일부분은 반사되어 오던 길을 되돌아 나간다. 경계면을 통과할 경우에는 보통 위상변화가 없지만 반사되는 경우에는 조건에 따라 파동 진행에 지연이 일어날 수 있다. 이 지연에 의해 위상이 변하게 되고, 줄의 파동이나 관의 음파에서 특이한 정상파를 만들게 된다. 이러한 현상은 빛일 경우 두 파 이상의 반사파가 어우러져서 간섭으로 나타나기도 한다.

위상변화가 일어나는 근본적인 이유는 경계면에서 파동이 경계조건을 만족해야 하기 때문인데 위상변화 값의 범위는 $-180°$~$180°$까지로 빛이 전반사할 때에는 이 모든 값을 다 가질 수 있지만 보통은 180°이거나 0°이다. 빛일 경우에는 경계면에서 전기장과 자기장이 만족해야 하는 조건 때문에 굴절률이 큰 영역으로 진입하면서 반사되는 경우 위상이 180° 변화되게 된다. 이를

"소한 곳에서 밀한 곳으로 반사할 때 위상이 180° 변한다."고 말하기도 한다. 그러나 소, 밀은 물질의 밀도를 말하는 것이 아니고 물질의 굴절률 크기에 따른 것으로 대체로 물질의 밀집된 정도가 큰 경우 굴절률이 크기 때문이다.

한편 막대에 줄 한쪽 끝을 고정하고 반대쪽에서 흔들어 줄 때 막대에서 반사하는 줄 파동은 위상이 180° 변화되는데 이는 막대 고정부에 줄이 진동하지 못하게 고정되어 있기 때문에 생기는 현상으로 일종의 경계조건이라 할 수 있다.

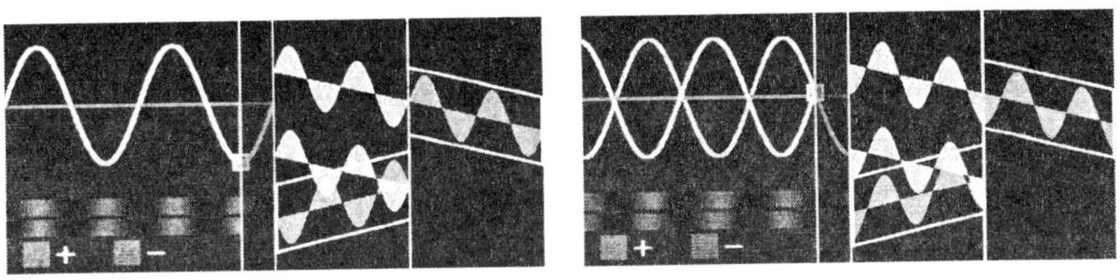

(a) 0° 위상차일 때

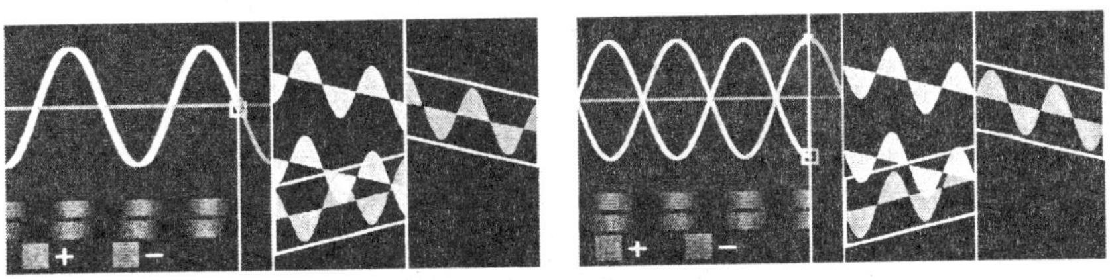

(b) 180° 위상차일 때

[그림 1-37] 매질의 경계면에서 파동의 반사와 위상변화

(2) 박막에서의 반사와 간섭

두 매질이 서로 경계를 이루고 있을 때 빛을 수직으로 비추면 경계면을 거울면으로 하여 일부 빛이 수직으로 반사되고 나머지 일부분은 투과할 것이다. 이 경우 반사되는 빛이나 투과되는 빛은 한 가지밖에 없어서 간섭의 효과가 나타나지 않지만 세 매질이 만나 경계면이 두 개가 된다면 각 경계에서 반사되는 두 줄기 이상의 빛은 상대적인 위상에 따라 보강간섭이나 소멸간섭을 하게 된다. 간섭 정도는 가운데 매질(막)의 두께와 굴절률, 반사가 일어날 때의 위상변화에 따라 달라진다. 특히 가운데 매질(막)의 두께가 동일하지 않고 위치에 따라 차이가 있다면 간섭 정도가 달라서 얼룩무늬 형태의 특이한 간

섭무늬를 볼 수 있다. 빛의 간섭성 한계 때문에 가운데의 매질의 두께는 파장 값의 몇 배 이내이어야 하므로 물에 기름이 얇게 막으로 덮여져 있거나 유리에 투명한 막을 얇게 입힌 경우 등 박막(Thin Film)인 경우에 간섭 효과를 잘 관측할 수 있다.

"두 파의 간섭"에서 파의 위상차가 0°이면 보강간섭이 되어 가장 밝아지고, 위상차가 180°이면 소멸간섭이 되는 것을 알아보았다. 박막 양쪽 경계면에서 반사되는 두 광파의 상대적 위상차는 두 경계에서 각 위상 변화 차이 값과 함께 또는 안쪽 매질에서 반사되는 파동일 경우 박막을 왕복하는 거리만큼 지연이 일어나게 되어서 생겨나는 위상 차이 값이 더해져서 정해진다.

두 번째의 요인은 박막 두께와 파장에 따라 민감하게 변한다. 박막에 백색광이 비추면 그 빛의 여러 파장 중에서 몇몇 색은 보강간섭을, 다른 색은 소멸간섭을 하여 보강간섭을 하는 색들이 합성되어 특별한 색을 띄게 된다.

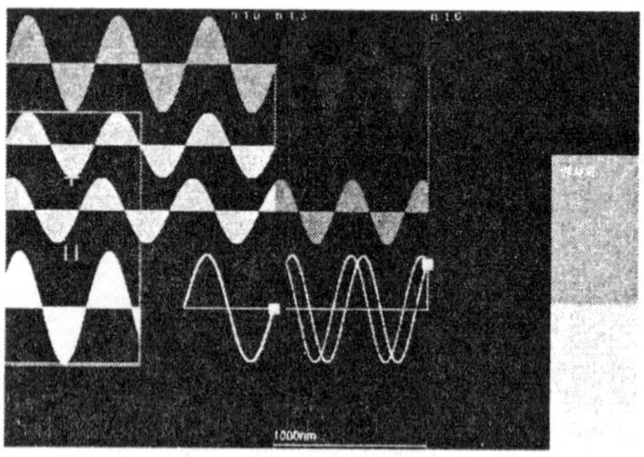

(a) 실행 전

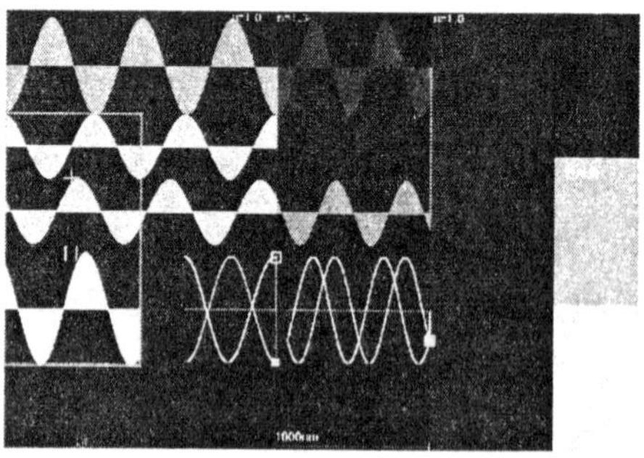

(b) 실행 후

[그림 1-38] 박막에서 빛의 간섭 모의실험

아래에 굴절률이 다른 세 개의 층으로 구성된 매질이 있다(굴절률은 초기에 각각 n=1.0, n=1.3, n=1.0으로 주어져 있고, 변경시킬 수 있다). 매질의 두께나 빛의 파장을 변화시키면서 일차 면과 이차 면에서 반사되는 빛이 어떻게 합성되는지를 살펴보자.

[그림 1-38]에 보인 바와 같이 매질의 두 경계에서 반사되는 두 파동이 서로 간섭하는 것을 보여주고 있다. 그림에서는 공기-필름-공기층으로 되어 마치 비누막이나 얇은 셀로판의 경우와 유사하고 화면 오른편 중앙부분의 반사파나 입사파는 실제로 빛을 관측할 때의 색채와 밝기를 보였다.

사. 다중 간섭

이제까지는 두 개의 광속이 만드는 간섭에 대해서 관심을 가졌었다. 그러나 앞에서 취급한 박막의 간섭 상황을 면밀히 살펴본다면 박막의 처음 경계에서 반사되는 광속과 두 번째 경계에서 반사되는 광속뿐만 아니라 비록 점차 약해지기는 하지만 박막 내부에서 많은 내부반사를 거친 빛이 여기에 더해질 수 있다는 것을 알 수 있다. 이런 모든 광속이 다 관여하여 나타나는 현상을 다중 간섭(여러겹 간섭, 다중 광속 간섭 : Multiple Interference)이라고 한다.

4. 빛의 회절

가. 단일슬릿 회절

(1) 회 절

폭이 좁고 긴 틈을 만들어 단색 빛을 비추게 되면 틈의 각 부분을 통과하는 빛이 멀리 진행하면서 서로 간섭되어 위치에 따라 밝고 어두운 무늬가 생긴다. 이러한 효과를 볼 수 있도록 좁고 길게 틈을 만든 광학장치를 슬릿(slit : 실틈)이라 한다. 슬릿 폭이 좁다면 호이겐스 원리에 의해 그곳으로부터 거의 동일한 하나의 구면파가 생겨 나가게 되고 빛은 방사상으로 넓게 퍼지되 특이한 간섭무늬를 볼 수 없을 것이다.

그러나 슬릿 폭이 빛의 파장에 비하여 클 때에는 슬릿을 통과하는 빛이 슬릿에서의 위치에 따라 위상이 달라지고 이의 간섭 효과가 나타날 것이다. 이 경우는 연속적으로 위상차이가 있는 빛이 무수히 많이 합해지게 되어 이를 특별히 회절이라 하고 무늬 형태는 간섭무늬와는 다른 양상을 띤다.

(2) 위상자에 의한 단일슬릿 회절해석

연속적인 위상차 빛을 무수히 합하는 방법으로 위상자 방법을 쓰면 매우 직관적으로 회절을 이해할 수 있다. [그림 1-39]는 틈의 폭이 b인 단일 슬릿을 통과하는 빛을 보여주고 있다.

폭을 가지고 있는 틈을 분할할 때 적분 원리를 이용해서 무한히 작은 영역으로 나누어 각 파형을 합성해야 하지만 빛의 파장에 비하여 작은 폭정도로 나누어도 효과를 충분히 볼 수 있다. 위상자 방법은 유한개의 위상이나 밝기가 다른 빛을 합성하는 것을 직관적으로 이해할 수 있기 때문에 적은 개수로부터 시작하여 개수를 늘여나가면 회절 결과를 정확하게 계산할 수 있게 된다. [그림 1-39]에서는 각 분할된 영역을 통과한 여러 줄기 빛이 평행으로 나아가 멀리 있는(혹은 볼록렌즈에 의해 집속되어) 스크린의 한 점(중심선과 θ 만큼 기울어진)에 모이는 것을 보여준다. 즉 단일슬릿에서 빛이 통과하는 부분을 2~30등분하여 각 부분을 통과하는 빛의 위상차 관계를 보여주고 있다. 이렇게 연속적으로 열려 있는 창을 통과하는 파의 회절을 다룰 때는 이를 유한한 구역으로 나누어 나중에 이 구역을 무한히 작게 줄여서 해석할 수 있다. 화면 아래에 인접한 두 광선의 경로차를 분홍색 선으로 나타내었고 이 길이가 두 광선의 위상차를 결정하게 된다.

[그림 1-39] 단일슬릿 회절에서 틈의 분할

앞에서 분할된 각 영역에서 나오는 각 광선이 서로 위상차를 가지고 있다는 것을 살펴보았다. 서로 같은 간격으로 나누었기 때문에 각 광선의 세기는 서로 동일하고, 또한 인접한 광선과 위상차이가 일정함을 알 수 있다. 따라서 이들을 위상자로 표현하면 모두 크기가 같고 기울어진 각도를 같은 간격으로 주면 쉽게 합성을 해 낼 수 있다. 이들을 꼬리에 꼬리를 물게 하여 이어주면 정다각형과 비슷하게 합성됨을 알 수 있다.

[그림 1-40]에서 0으로 표기한 것은 슬릿 면에 수직인 평행광선으로 나가게 되어 스크린 중앙에 도달하게 되는 10개 빛이 합성된 형태를 보여주고 있다. 모든 광선이 다 같은 광학적 경로를 가지고 있기 때문에 같은 위상을 가지게 되어 그 위상자를 나열하면 그림처럼 일직선이 되고 합성된 위상자는 열배 크기를 가진다. 따라서 이 경우가 합성된 상황에서 가장 크게 되어 회절 중심점이 가장 밝게 빛나게 된다. 만일 한 구간에서 빛의 밝기를 1이라 한다면 이 빛의 밝기는 위상자 길이의 제곱인 100의 밝기를 가지게 된다.

[그림 1-40]에서 5로 표기한 것은 스크린 중앙에서 약간 벗어난 위치로 비치는 10개의 빛들은 인접한 빛과 일정한 위상 차이를 가지게 된다. 이 그림에서는 인접한 빛이 5° 틀어져 위상 차이를 가지고 있기 때문에 위상자를 합성하면 그림처럼 5°씩 자꾸 꼬부라져 휘어진 형태가 된다. 여기서 많은 수로 분할하였다면 이 위상자가 중첩된 형태는 원호가 되고 이 원호 길이는 0°의 직선 길이와 같을 것이다.

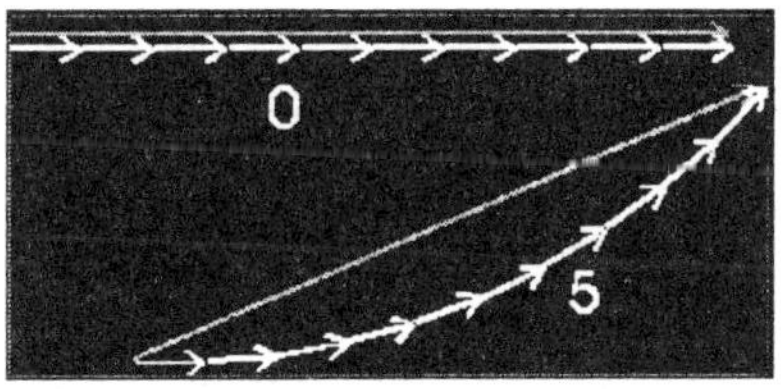

[그림 1-40] 위상차이가 각각 0°, 5°인 10개 파의 합성

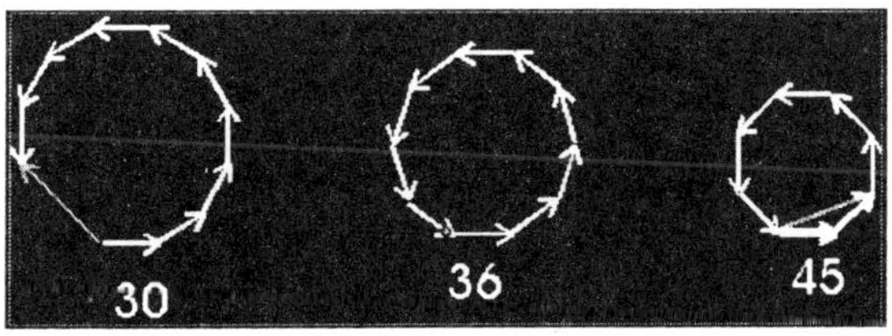

[그림 1-41] 위상차이가 각각 30°, 36°, 45°인 10개 파의 합성

[그림 1-41]은 인접한 빛이 서로 30°, 36°, 45°의 위상차를 가지고 있다. 36°인 경우는 열 개가 합성되어 출발점으로 되돌아 온 모습이다. 이 경우에는 빛이 서로 모두 소멸되어 스크린에서 가장 어두운 무늬를 만들게 되며 이보다 위상이 커지게 되면 한 바퀴 돈 이후에 또다시 새로운 원호를 그리게 되어 점차 밝아질 것이다. 그러나 총 원호의 길이는 일정하므로 합성된 위상자의 크기는 앞에서의 경우와 비해 많이 줄어 있다.

나. 원형 구멍 회절

(1) 원형 구멍 회절 해석

렌즈에 의해 집속되는 빔은 대개의 렌즈가 원형이므로 초점면에 도달하는 빛은 원형 구멍의 회절상이 된다. 따라서 이 회절은 광학기기를 이해하는데 대단히 중요하다. 이 회절상이 점이 아니고 원판 모양을 이루기 때문에 상이 뚜렷하지 않게 되는 원인이 된다. 광학기기에서 조리개가 원형 구멍 역할을 하게 되며 망원경처럼 조리개가 없는 경우에는 대물렌즈 자체가 구멍으로 작용한다. 원형 구멍의 경우에는 단일슬릿 회절에서처럼 위상자 방법을 적용하기가 곤란하다. 이는 위상차가 일정하게 주어지는 영역이 동일한 면적이 아니어서 위상자 합성 도형이 복잡해지기 때문이다. 여기서는 단일슬릿 회절 해석에서 다루었던 것과 같이 프라운호퍼 회절공식을 적용하도록 한다.

[그림 1-42]에서 보는 것처럼 반경 R인 원형 구멍에 빛이 입사하여 θ방향으로 나가는 평행광선이 볼록렌즈에 의해 초점면에 집속된다. 이 그림에서 나타낸 것처럼 y축을 θ방향으로 향하는 광선과 구멍의 수직축이 공통으로 놓인 평면 위에 있도록 한다.

여러 평행광선이 θ방향으로 초점에 도달할 때는 오직 y값에 따라 광로를 달리하기 때문에 그림에서 보는 것처럼 y~y+dy 사이에 놓인 띠는 광로가 같아진다. 따라서 구멍을 x축에 평행한 좁은 띠로 분할하면 손쉽게 광량을 계산할 수 있다.

[그림 1-43]은 중심 밝기를 1로 했을 때의 밝기분포 그래프로서 중심이 가장 밝고, ρ=3.83 부근 밝기가 0이 되는 지점이 나타난다. ρ=5.14 부근에 2차 밝은 무늬가 나타나는데 이 밝기는 0.0175이다. 다음 ρ=7.02 부근의 밝기가 0이 되고, ρ=8.42 부근에서 3차 밝은 무늬가 나타나는데 그 밝기는 0.0042이다

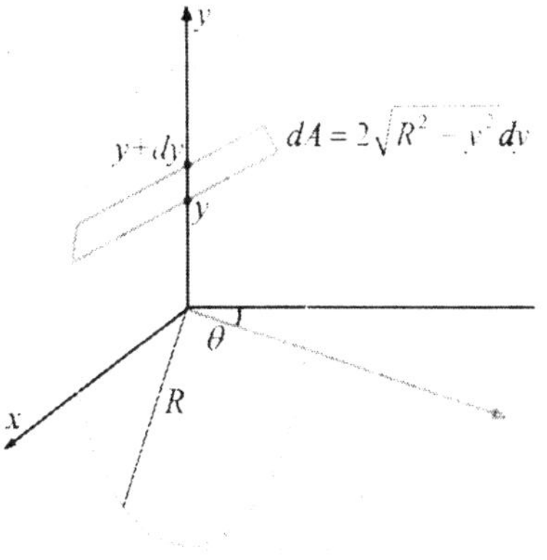

[그림 1-42] 반경 R인 원형 구멍에서의 회절 도해

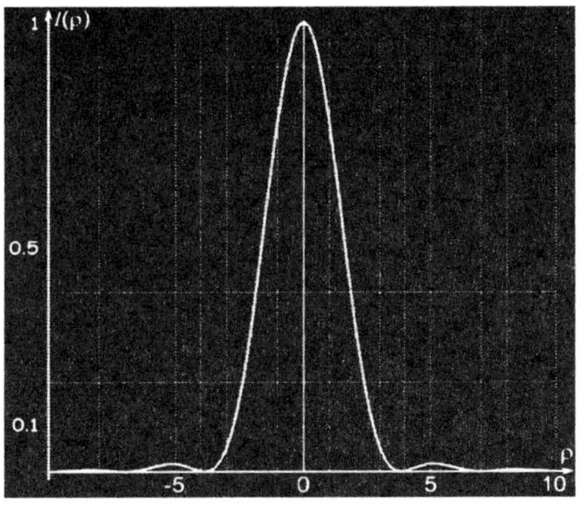

[그림 1-43] 원형 구멍 회절의 밝기 분포

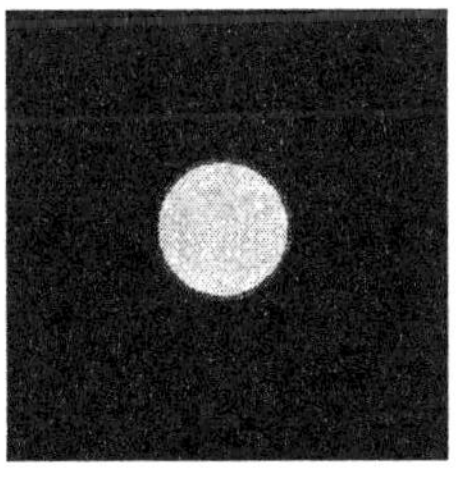

[그림 1-44] 원형 구멍 회절무늬

[그림 1-44]는 원형 구멍 회절무늬의 실제 모양을 보여주고 있다. 실제 2차나 3차 무늬는 적정 노출에서 잘 보이지 않으므로 노출량을 증가시켜 고차무늬도 볼 수 있게 하였다. 노출이 1보다 커지면 중심부근에서는 노출과다가

된다. 한편 파장을 변화시키면 무늬를 이루는 원의 테두리 반경이 파장에 반비례하는 것을 관찰할 수 있다.

(2) 에어리 원판

원형 구멍은 광축에 대하여 회전대칭이므로 실제 회절무늬는 원형의 테두리를 이루게 된다. 1차 피크는 에어리 원판(Airy Disk)이라 부르는 원판 형태를 하고 있고 중앙이 가장 밝다. 2차 이상은 원형의 고리형태가 된다. 따라서 구멍의 크기가 커지거나 파장이 짧아지면 회절무늬가 줄어들어 회절의 일반적인 형태를 보여준다. 이 에어리 원판은 결상계의 기본적인 분해한계를 설명하게 되는 중요한 개념이다.

제2절 레이저

1. 빛의 양자론

가. 빛의 속성

우리가 사물을 알아볼 수 있는 과정은 사물로부터 나오는 빛을 눈으로 관측하는 것이다. 빛은 어떻게 우리 눈으로 사물을 인식하게 하는 것일까? 빛은 어떠한 성질을 가지고 있을까? 이것은 아마 가장 오래된 자연에 대한 의문일 것이다.

물체나 다른 사람이 서있는 것을 알 수 있고 내가 여기 있는 것을 알 수 있는 이 빛이 없었다면 어떨까? 빛이 비록 눈에 보이지만 이것이 물체를 알아보게 하는 매개체로서 역할을 하게 되므로 그 자체에 대해 알기는 좀처럼 쉬운 일이 아니었다. 빛이 기본적으로 직진한다거나 속도가 매우 빠른 것 같다는 등의 성질들은 쉽게 알 수 있지만 이것이 모래알이나 공처럼 알갱이로 되어 있는가, 아니면 파도처럼 넘실대면서 진행하는 파동으로 되어 있는가? 등의 기본적인 속성에 대한 질문에 답하기 위하여 많은 자연과학자, 철학자들이 연구해왔다. 그런데 이 고민에 대한 답이 하나씩 제시될 때마다 자연계에 대한 이해가 새로워졌고 이 빛은 빛만의 문제가 아니라 자연 질서를 이루는데 결정적인 역할을 한다는 것을 알게 되었다. 바로 이 우주는 빛과 물체의 조화로 운행되는 것이다.

나. 빛의 입자론

빛의 속성에 대한 뉴턴(I. Newton, 1642~1727)의 처음 생각은 충만된 에테르라는 매질을 빛이라는 작은 입자가 떨게 한다는 것이었다. 붉은 색은 긴 진동을, 푸른빛은 짧은 진동을 한다는 비교적 입자성과 파동성을 같이 포함한 이론을 주장하다 시간이 흐름에 따라 빛이 입자라는 입장으로 기울게 되었다. 일상생활에서 볼 수 있는 파동은 쉽게 퍼져 버리는데 빛은 비교적 정확하게 직진한다는 사실이 파동성을 점점 멀리하게 만들었던 것이다.

이와 비슷한 시기에 호이겐스(C. Huygens, 1629~1695)는 파동성을 주장했는데 이로부터 굴절, 반사 법칙을 검증할 수 있었고, 빛의 편광현상도 발견했지만 뉴턴의 권위 때문에 빛이 입자라는 학설은 거의 150년 동안 흔들리지 않았다.

다. 빛의 파동론

1800년대에 들어와서 빛이 파동일 수밖에 없는 새로운 현상들이 속속 관측되었다. 빛의 간섭, 회절, 물속에서 빛의 속도 등에 대한 실험결과를 해석하기 위하여 빛은 파동일 수밖에 없다는 것이었다. 1860년대 맥스웰(J. C. Maxwell, 1831 ~ 1879)이 빛은 전기장과 자기장이 교대로 출렁이는 것이라는 것을 증명하고부터 빛에 대한 전모가 파악된 듯이 보였다.

라. 빛의 새로운 입자론

20세기가 되기 전 파동으로 설명되지 않는 실험결과들이 새롭게 발표되었다. 즉 물체가 가열될 때 내는 빛의 색분포(흑체 복사)와 빛을 받은 금속이 방출하는 전자 에너지 분포(광전효과)에 대한 실험은 전혀 새로운 빛의 성질이었다. 독일의 플랑크(M. Planck, 1858~1947)는 “물체가 내거나 받아들이는 빛 에너지는 진동수에 비례하는 에너지 값의 배수이다”는 제안을 하여 흑체 복사에 대한 해석을 하였고 아인슈타인(A. Einstein, 1879~1955)은 과감히 “빛은 입자로서 운동량과 에너지가 파장과 진동수에 의존한다”는 제안을 하여 광전효과를 설명하였다. 비록 뉴턴의 단순한 입자설과는 거리가 멀지만 없어진지 50여년 만에 아인슈타인에 의해 빛의 입자설이 부활되었다.

마. 빛의 이중성

도대체 빛은 입자인가? 파동인가? 논의는 다시 원점으로 돌아간 것처럼 보이지만 이 두 학설은 공존하기 곤란한 성질이므로 더 혼란에 빠질 수 있다. 그러나 입자로 해석해야 하는 명백한 증거도 충분하고, 파동으로 해석해야 하는 명백한 증거도 충분하다. 따라서 이 두 성질을 다 가지고 있다고 해야 하므로 파동과 입자가 공존할 수 있는 그림을 그려야 했다. 구슬이나 전자 등 명백한 입자 또한 파동 성질을 가지고 있다는 양자 개념이 나타나고부터 새로운 그림을 그릴 수 있게 되었다. 즉 양자역학이 빛과 물체를 망라하여 그 속성을 설명할 수 있는 통일된 이론인 것이다.

바. 빛의 양자론

빛이 양자로 되어 있다는 새로운 시각은 빛을 새롭게 이용할 수 있도록 해주었다. “물질은 밴드로 형성된 에너지 준위를 가지고 있고, 이 준위를 넘나들 때 그에 상당하는 빛을 낸다”는 양자역학의 기본원리는 양자광학이라는 새로운 분야를 탄생시켰고 이는 21세기에 전자공학을 대신할 새로운 학문인 광공학으로 발전되고 있다.

2. 레이저

가. 개념

(1) 특 징

(가) 유도방출에 의해 증폭된 빛이다

레이저는 들뜬 원자나 분자를 외부에서 자극시켜 장단(결)이 잘 맞아 있는 빛을 큰 증폭률로 증폭하여 방출한 빛을 말한다. 이 레이저(LASER)는 Light Amplification by the Stimulated Emission of Radiation의 머리글을 따서 만들어진 합성어로서 "복사의 자극방출에 의한 빛의 증폭"을 뜻한다.

(나) 레이저는 직진성이 강하다

보통 빛은 렌즈를 써서 아주 가늘게 만들 수 있지만 곧 크게 퍼져 버린다. 그러나 레이저는 좁고 긴 관을 수만번 왕복한 빛이기 때문에 멀리까지 뻗어나갈 수 있는 상태로 만들어지므로 거의 퍼지지 않고 직진하게 된다.

(다) 레이저는 한 가지 색을 가지고 있는 순수한 빛이다

보통 빛은 여러 가지 파장, 즉 여러 가지 색의 빛이 섞여 있다. 비교적 순수한 빛이랄 수 있는 네온사인 등과 같은 방전에 의한 빛도 원자 운동에 의한 도플러 효과로 약간의 파장 폭을 가지고 있지만 레이저는 양쪽 거울 속에서 잘 뛰놀 수 있는 공명 상태인 빛을 방출하므로 거의 단일 파장을 갖는 순수한 빛을 방출하게 된다.

(라) 레이저는 결이 잘 맞아 있는 강력한 빛이다

우리 주위의 보통 빛은 마치 수많은 북을 제멋대로의 장단으로 치는 경우처럼 서로 연결되지 않고 짧은 파동이 수없이 모여 있다. 그러나 레이저는 많은 북을 일정한 장단에 맞춰 치는 것처럼 수많은 파동이 서로 정확하게 잘 겹쳐져서 매우 강력한 밝기를 가지고 있다.

(2) 빛의 흡수와 방출

위대한 물리학자인 아인슈타인은 1917년 레이저 발진에서 중요한 자극방출(유도방출) 개념을 포함하여 원자에서 빛의 흡수와 방출에 대한 이론을 발표한 후 40여년 뒤에야 레이저의 이용 가능성이 열렸다.

(3) 메이저(복사의 자극방출에 의한 마이크로파 증폭, Maser : Microwave Amplification by the Stimulated Emission of Radiation)

전기장이 걸려있는 암모니아 에너지 레벨은 쌍극자 모멘트(Dipole Moment)가 놓인 방향에 따라 두 개의 에너지 준위를 갖고 그 에너지 차는 약 24㎓의 마이크로파에 해당한다. 높은 에너지 준위에 있는 암모니아 분자들을 모아준 후 이를 일시에 자극 방출시키면 결이 일치된 강력한 마이크로파가 방출된다.

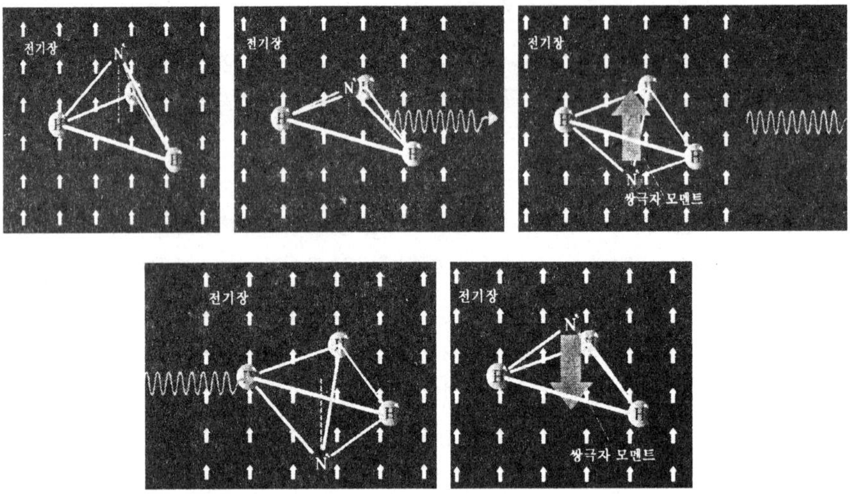

[그림 1-45] 암모니아로부터 마이크로파가 발생하는 과정

암모니아는 피라미드 구조를 하고 있는데, N원자가 자리한 꼭지점 반대 방향으로 쌍극자 모멘트(녹색 화살표)가 생기는 극성분자이다. 전기장이 걸리면 쌍극자 모멘트는 전기장과 나란한 방향으로 배열하려고 하므로 이 쌍극자 모멘트가 전기장과 반대방향으로 놓여있을 때 최대의 위치 에너지를 갖는다. 따라서 그 에너지 차와 같은 에너지를 갖는 마이크로파를 받으면 쌍극자 모멘트가 전기장과 반대방향으로 놓인 높은 에너지 상태가 되고, 이 상태에서 다시 마이크로파를 방출하면서 낮은 에너지 상태로 되돌아가므로 암모니아는 N원자가 H로 이루어진 삼각형을 통과하여 뒤집히는 진동을 한다.

[그림 1-46]은 걸려있는 전기장에 대해 두 개의 서로 다른 상태로 암모니아가 분리되고 높은 에너지 상태인 것이 메이저 공동 속으로 들어가 메이저를 발진하는 구조를 보여주고 있다.

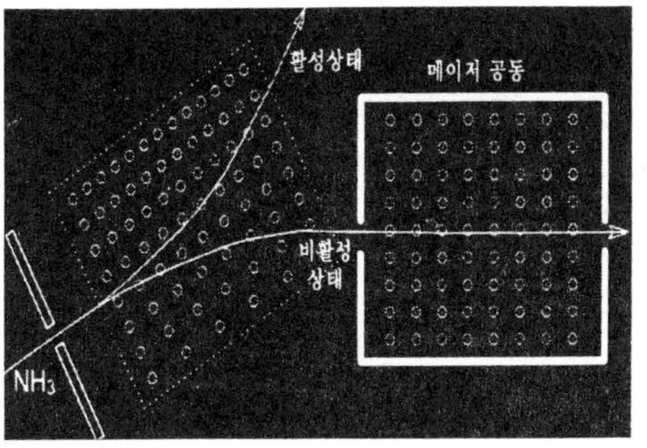

[그림 1-46] 암모니아 메이저의 구조

암모니아를 분리하는 전기장은 위쪽으로 갈수록 세기가 강해지고 에너지가 낮은 상태(활성상태)는 위쪽으로 힘을 받고, 반대로 에너지가 높은 상태(비활성상태)는 아래쪽으로 힘을 받으며 아래쪽으로 편향된 높은 에너지 상태의 암모니아는 전기장이 균일하게 걸려있는 메이저 공동(Maser Cavity) 속으로 들어간다. 이 공동은 이 암모니아에서 방출되는 마이크로파 진동수에 대해 공명을 일으킬 수 있도록 설계되어 있고 이 자극에 의해 방출되는 마이크로파를 급속히 증폭하게 된다.

나. 원 리

(1) 빛과 물질의 상호작용

(가) 유도방출이라는 새로운 형태의 상호작용

아인슈타인은 보어 가설에서 빛과 원자의 상호작용 두 가지, 즉 유노흡수, 자발방출에 유도방출이라는 새로운 개념을 도입하여 레이저의 중요한 기초 원리를 알아냈다.

(나) 자발방출(Spontaneous Emission)

자발방출은 보어 가설에서 처음 제안되었던 것으로 원자가 높은 에너지 상태에 있다가 낮은 에너지 상태로 내려가면서 그 차이에 해당하는 빛을 스스로 방출하는 것을 말하며 이 빛의 방출은 임의(Random)로 일어난다.

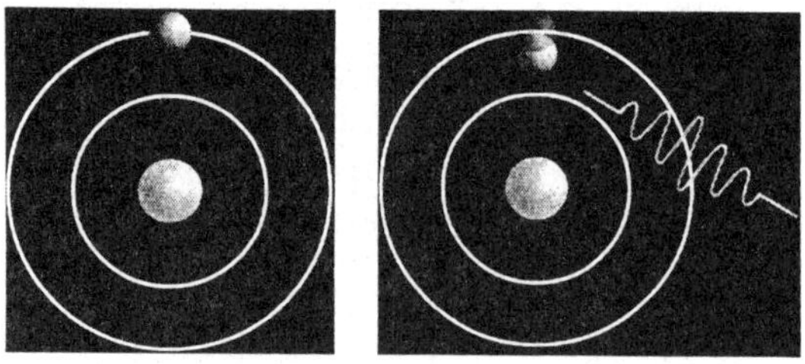

[그림 1-47] 자발방출

[그림 1-47]에 보인 바와 같이 높은 에너지 상태에 있는 원자가 외부의 아무런 도움 없이 스스로 빛을 방출하면서 낮은 에너지 상태로 떨어지는 것을 말한다.

(다) 유도방출(Stimulated Emission)

유도방출은 원자가 높은 에너지 상태(들뜬상태 : 여기상태)에 있다가 외부의 빛에 자극을 받아서 빛을 방출하는 것을 말한다. 이때 자극을 시킬 수 있는 빛은 방출될 빛과 파장이 같아야 한다. 이 경우 방출될 빛은 자극시킨 빛과 결이 맞고 자극방출이라고도 하며 이 과정은 빛을 증폭할 수 있다.

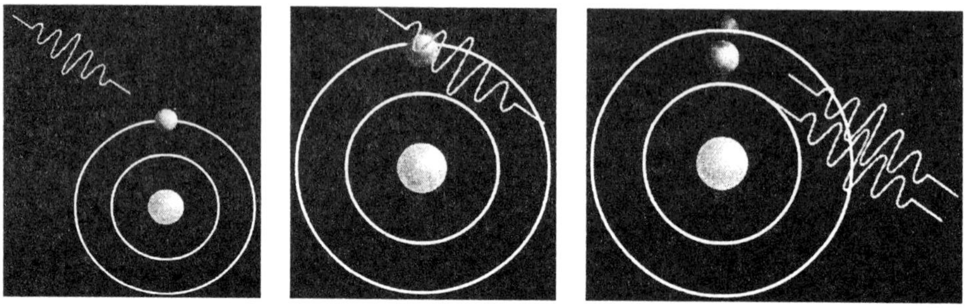

[그림 1-48] 유도방출

(라) 유도흡수(Stimulated Absorption)

유도흡수는 자발방출과 함께 보어 가설에서 처음 제안되었던 것으로 낮은 에너지 상태의 원자가 빛을 흡수하여 높은 에너지 상태로 전이하는 것을 말한다. 이 경우 그 에너지 차와 같은 빛이 입사하여야 한다.

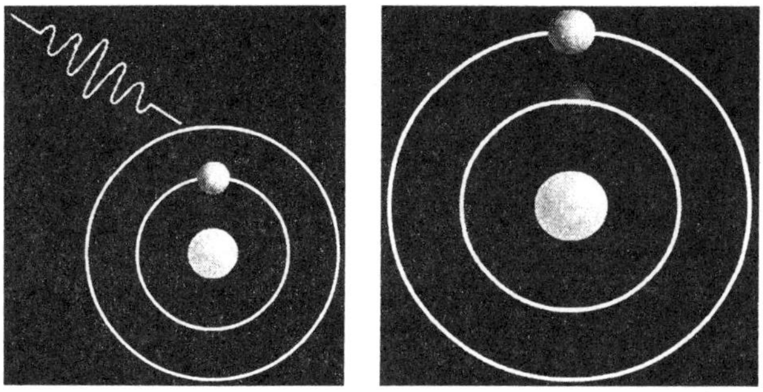

[그림 1-49] 유도흡수

(2) 열적 평형상태

(가) 정상온도에서는 많은 원자들이 낮은 상태로 놀고 있다

많은 원자가 모여 있는 기체, 고체, 액체 등과 같은 물질은 그것을 구성하는 개개 원자의 일부분이 높은 에너지 상태(들뜬상태 : 여기상태)에 있지만 거의 대부분은 여전히 기저상태에 머물고 있다. 온도가 올라가면 들뜬상태의 원자가 점차 많아지기는 하지만 여전히 기저상태에 있는 원자 개수는 많다. 극단적으로 온도가 무한대로 되면 비로소 모든 에너지 준위에 있을 가능성이 같아진다. 한편 역전이 가능하기는 하지만 음수의 온도가 있다면 열적인 평형상태에서 이런 일은 일어날 수 없다.

[그림 1-50]에서 원자들은 여러 에너지 상태로 있을 수 있지만 그 분포는 온도에 의해 결정된다. 온도가 높아지면 높은 에너지 상태로 갈 가능성이 커지지만 물리적으로 의미있는 +온도에서나 낮은 에너지 상태에 더 많은 원자들이 있게 된다.

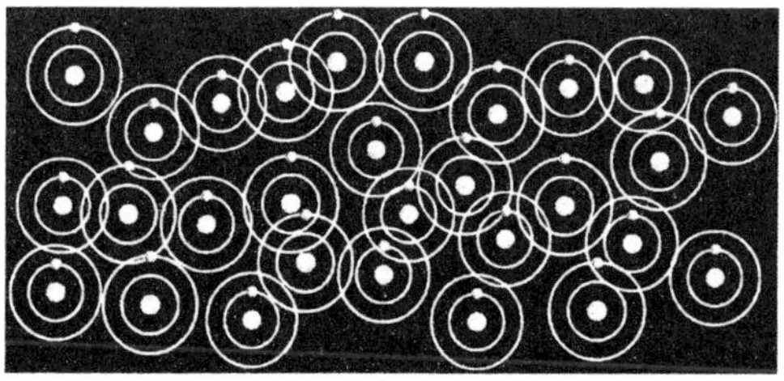

[그림 1-50] 원자들의 열적 평형상태

(나) 정상적인 상태에서는 거의 전부가 자발방출한다

보통 광원이 내는 빛에서 자발방출과 유도방출 정도를 쉽게 열적인 평형조건에서 계산해 볼 수 있었다. 형광등이나 네온사인, 백열전등 등과 같은 보통 광원일 경우 유도방출하는 빛의 비율은 전체의 10^{-10}보다 큰 값을 가져 대부분이 자발방출하므로 방출방향이나 위상이 제멋대로인 빛을 방출한다.

다. 여러 레이저

(1) 실제의 레이저

(가) 밀도반전이 가능한 매질이 있어야 한다

레이저가 비록 원자나 분자의 에너지 준위를 이용하기는 하지만 그 매질이 역전시킬 수 있는 조건에 합당한 3~4개의 에너지 준위를 가지고 있어야 한다. 이를 레이저 매질이라 하는데 이러한 매질로는 기체 원자의 네온, 아르곤, 크립톤, 기체 분자의 이산화탄소, 불화수소, 질소 등이 있다. 한편 고체일 경우에는 $CaWO_4$, $Y2O_4$, $SrMoO_4$, LaF_3, YAG, 유리 등의 모체에 있는 일종의 불순물인 Nd_3^+, HO_3^+, Gd_3^+, Tm_3^+, Er_3^+, Pr_3^+, Eu_3^+ 등이 레이저 매질로 사용되고 있다. 반도체, 액체도 레이저 매질의 조건을 충족하는 것이 많다.

(나) 효율적으로 펌핑할 수 있는 방법이 있어야 한다

레이저 매질에서 실제로 밀도 반전을 실현할 수 있는 효율적인 펌핑 방법이 있어야 한다. 이를 위해서는 레이저 매질의 온도나 압력 등을 적당한 조건에 맞추거나 펌핑의 매개역할을 할 수 있는 다른 매질을 같이 섞어 두어야 할 때도 있다.

(다) 레이저 발진이 가능한 적정 공진기를 만들어야 한다

레이저 매질에 적당하고, 효율적으로 발진시킬 수 있는 공진기가 만들어져서 그 내부에 그 매질을 가두어 둘 수 있어야 하고 만들어진 레이저의 내부 에너지 감소율이 적어서 레이저가 증폭될 수 있는 조건을 만족해야 한다.

(2) 루비 레이저

1960년 메이먼(Theodore H. Maiman)이 최초로 발진에 성공한 이 레이저는 루비를 사용하였다. 최초의 레이저에 사용한 루비는 0.05%의 Cr_2O_3를 불순물

로 가지고 있는 Al_2O_3의 결정체였다. 순수한 Al_2O_3는 무색투명하여 가치가 없지만 크롬이 적당한 농도로 Al에 치환하여 들어가 박히게 되면 이것이 색중심(Color Center) 역할을 하여 맑고 투명한 붉은 색을 띄어 보석으로서 가치를 가지게 되는데 이것을 루비라고 한다.

[그림 1-51] 메이먼

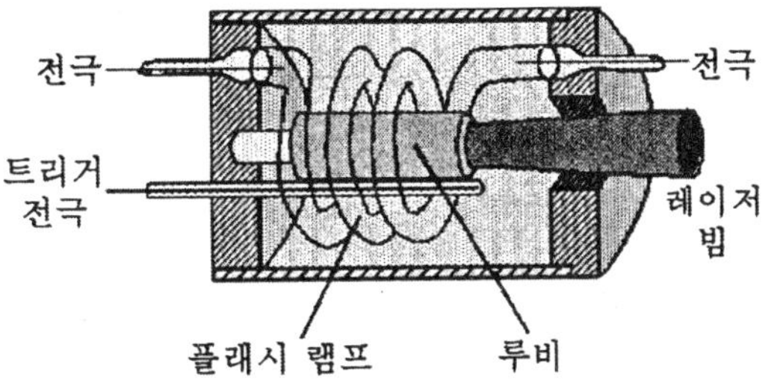

[그림 1-52] 루비레이저의 구조

루비레이저는 [그림 1-52]에 보인 바와 같은 구조로 되어 있는데 루비 막대의 주변에 기체방전 등을 둘러싸서 섬광을 만들어주면 루비가 여기 되어 가로방향으로 레이저 빛이 나오게 된다.

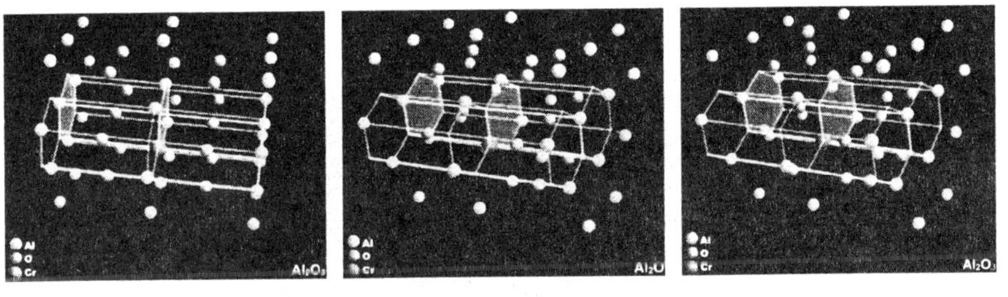

[그림 1-53] 루비 결정의 모양

루비는 투명한 Al_2O_3의 Al 대신에 크롬이 미량 치환되어 만들어진 결정체이다. Al_2O_3는 [그림 1-53]처럼 결정의 기본 단위가 육각기둥 모양을 하고 있고 각 육각형 모서리에 교대로 알루미늄이, 그 중심에 산소가 하나씩 배치되어 있다. 육각형 한 변의 길이와 높이는 각각 47.58nm, 129.1nm로 되어 있다. 그림에서는 붉은색 알루미늄 자리에 녹색 크롬 원자가 자리잡고 있는 것을 볼 수 있다. 루비의 경우 알루미늄을 치환한 크롬이 붉은색의 영롱한 색채를 띠게 하여 보석이 되었다.

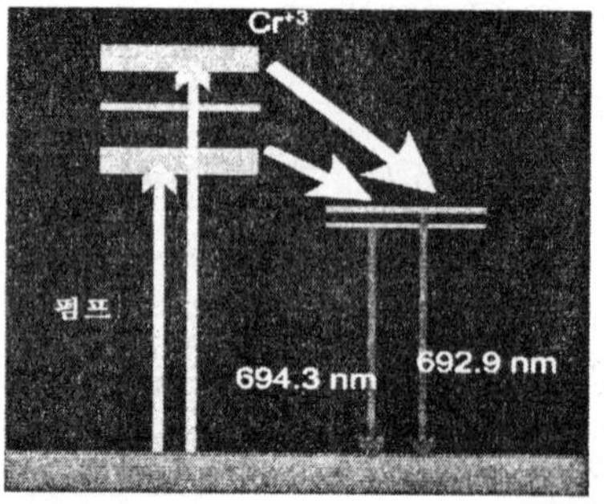

[그림 1-54] 루비의 에너지 준위

[그림 1-54]는 루비속의 크롬 +3가 에너지 준위이다. 결정을 이루고 있으므로 펌핑이 일어나는 준위는 띠를 이루고 있고, 3준위 레이저의 작동 원리로 694.3nm와 692.9nm 파장의 붉은 빛 레이저가 나오고 섬광에 의해 펌핑되어 순간적으로 레이저 발진이 일어나는 펄스형의 레이저를 방출한다. 이 레이저는 플라즈마 진단이나 홀로그래피 제조에 쓰인다.

라. 레이저 공진

(1) 빛의 공명상태

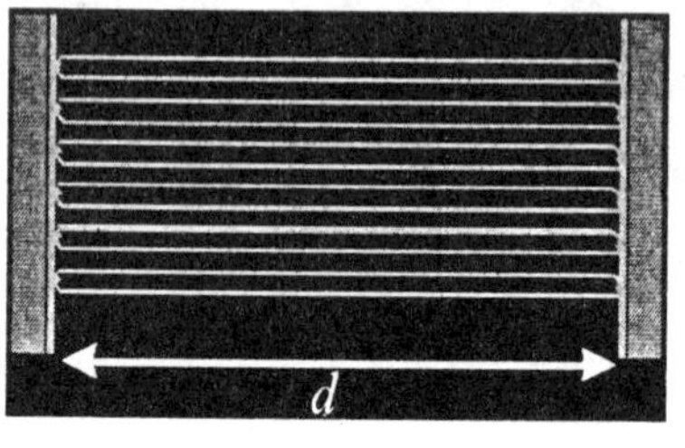

[그림 1-55] 선형거울로 만들어진 레이저 공진기

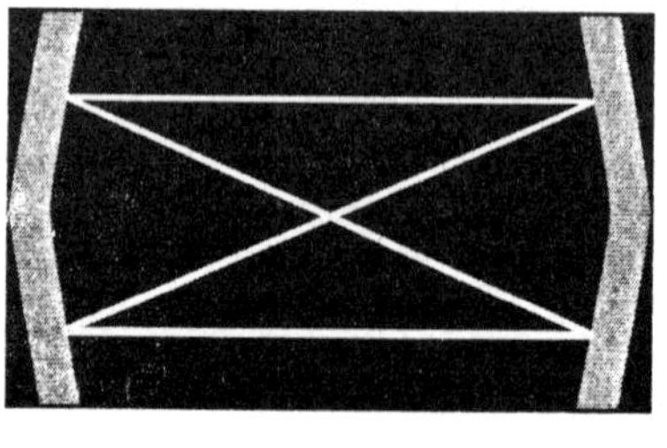

[그림 1-56] 오목거울로 만들어진 레이저 공진기

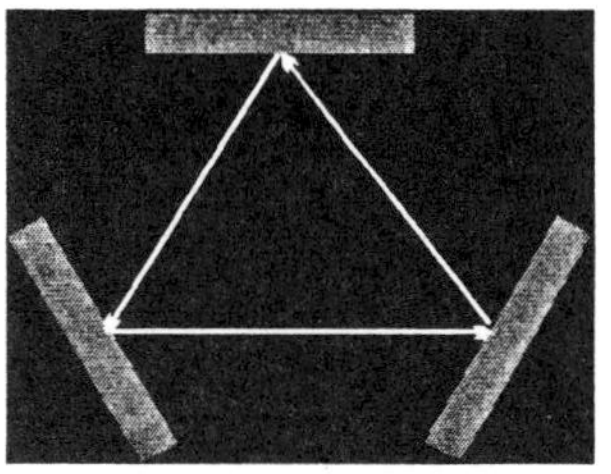

[그림 1-57] 세 개의 선형거울로 만들어진 레이저 공진기

레이저 매질에서 초기에 자발적이거나 유도방출된 빛의 대부분은 특별한 방향성이 없어 사방으로 퍼져나가 버린다. 이 빠져나간 빛을 매질 속으로 되돌려 아직 들뜬상태로 있는 원자나 분자를 자극시켜 유도방출을 계속 일으켜야 한다. 이를 위하여 양쪽에 거울을 배치하여 계속 되돌려 보낼 수 있도록 하는데 이를 레이저 공진기라고 한다. 이 공진기는 일종의 파브리-페로 에탈론이라 할 수 있는데 레이저 빛은 그 구조 속에서 공명상태에 있는 빛이 부분적으로 빛을 투과하는 한쪽 거울을 통하여 조금씩 빠져나오는 것이라 할 수 있다.

(2) 세로방향 진동 모드

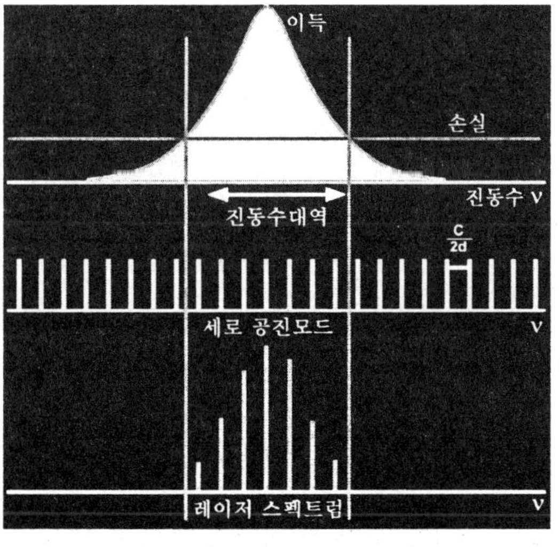

[그림 1-58] 레이저의 세로방향 진동 모드

공진기 거울 사이의 거리를 d라고 하면 그 사이에서 반사되는 정상파는 c/2d의 정수배 진동수를 가질 수 있기 때문에 일정한 $\Delta v=c/2d$ 간격으로 무수히 많은 모드가 존재할 수 있지만 공진기 내부 레이저 매질의 원자 방출 스펙트럼 진동수가 특정한 값을 가지고 있어서 좁은 대역의 빛만 증폭이 이루어진다. 기체 레이저 1m일 경우 Δv=150MHz이다. 한편 이득이 손실보다 큰 진동수 대역은 보통 이보다 수~수십배 정도 커서 레이저 스펙트럼은 아주 날카로운 수~수십개 선스펙트럼을 가지게 된다.

마. 펄스 레이저

(1) 이득 스위칭(Gain-Switching)

루비 막대를 감싸고 있는 플래시램프를 짧고 강력한 섬광으로 발광시켜 루비의 크롬 원자를 들뜨게 함에 따라 순식간에 이루어진 점유자수의 역전 상태는 짧은 펄스 레이저 빛을 방출하고 원래로 돌아가 버린다. 플래시 램프에는 충전과 방전을 할 수 있는 축전기가 달려 있어 약간의 시간이 흐르면 방전에 의해 플래시 램프가 다시 터질 수 있는 정도의 전하가 축전기에 모이는 동작을 하는 루비레이저는 펄스형의 빛으로 펌핑을 하여 매우 짧은 시간에 강력한 빛을 내게 하는 펄스 레이저의 일종이다.

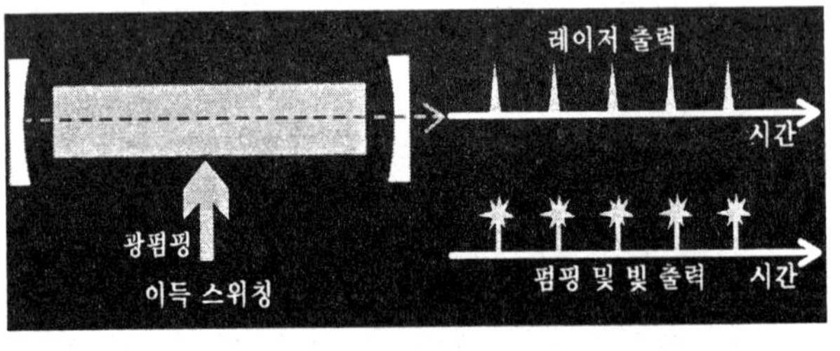

[그림 1-59] 이득 스위칭에 의한 펄스 레이저

(2) 큐 스위칭(Q-Switching)

레이저는 매질의 손실과 같은 임계값으로 일정 비율 이상이 점유자수 역전 상태에 다다르면 비로소 레이저 발진이 시작된다. 한 발진주기당 부분손실률의 역수를 그 공진기의 Q값이라 한다. 손실률이 작을수록 Q값이 커지고 발진

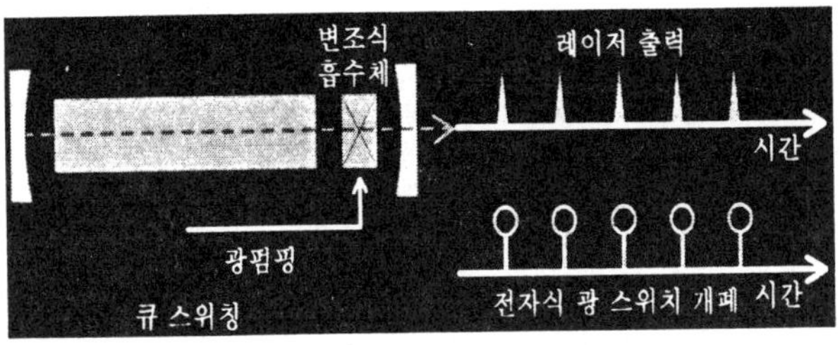

[그림 1-60] 큐 스위칭에 의한 펄스 레이저

이 시작하는 임계값의 역전비율이 작아진다. 높은 일률을 갖는 펄스 레이저는 레이저 발진이 시작되자마자 들뜬상태가 곧 소멸되어 버린다. 이 발진을 지연시켜 더 높은 밀도에 이르게 될 때 비로소 발진을 진행시킬 수 있는 스위치를 광경로상에 설치하여 더 짧고 강력한 펄스를 만들 수 있다.

[그림 1-60]에서 공진기 내부의 전자식 셔터에 의해 빛을 차단하여 발진이 성장하지 않도록 하고 있다가 짧은 시간동안 셔터를 열어서 공진을 시키면 순간적으로 여기된 대부분의 원자가 레이저 발진에 가담하여 매우 강력한 펄스를 내게 된다.

바. 홀로그래피

(1) 홀로그래피의 특성

(가) 파면의 정보를 기록한다

1947년 영국의 과학자 데니스 게이버(Dennis Gaber)는 전자현미경에서 전자의 물질파 파면(Wave Front)에 대한 정보를 필름 면에 기록하여 이를 전자보다 만 배 이상의 파장을 가지고 있는 가시광선으로 재생하여 전자현미경 배율을 획기적으로 높일 수 있을 것이라는 원리를 제안하였다. 그 당시에는 레이저가 나오기 이전이었으므로 가시광원으로서 파장이 546.1nm인 저압 수은등의 초록빛을 이용하였으나 재생파를 입사파로부터 완전히 분리하기에 불편한 점이 많아서 크게 주목받지는 못하였지만 게이버의 발상은 물체의 영상을 명암으로만 기록하는 통상적인 사진술과 전혀 다르게 물체에서 방출되는 빛의 파면에 대한 정보를 필름에 기록하는 혁신적인 것이다. 그래서 게이버는 이렇게 기록된 필름을 홀로그램(Hologram)이라 불렀다. 홀로그램에서 다시 그 파면을 재생하면 완벽하게 그 물체로부터 퍼져나가는 것과 같은 빛을 만들어

낼 수 있어 물체가 실제 그대로 있는 것처럼 보인다. 이런 기술을 홀로그래피라 한다.

1961년 He-Ne 레이저가 나온 후 간섭성이 뛰어난 빛을 이용한 오늘날의 홀로그래피가 미국의 레이스(E. Leith)에 의하여 재발견되었다. 그 후 계속해서 새로운 형태의 홀로그래피가 속속 발표되었으며 이를 응용한 신기술들이 개발되어 1960년대의 과학계를 흥분시켰다.

(나) 입체의 모습을 볼 수 있다

홀로그래피 기술로 파면의 정보를 기록한 사진인 홀로그램을 촬영할 수 있는 조건으로 물체를 배치한 다음 이 물체를 없애면 홀로그램 너머로 상이 나타난다. 이 상은 마치 창문 밖으로 경치를 볼 때 시야를 바꾸면 창문 밖에 펼쳐진 물체의 상대적 위치가 변하듯이 입체로 보이게 되어 가려졌던 부분이 보이기도 하고 보이던 부분이 가려지기도 한다.

(2) 회절격자와 홀로그램

회절격자는 평면유리나 오목한 금속판에 다수의 평행선을 동일 간격으로 새긴 것으로 이것에다 빛을 비추면 투과 또는 반사된 빛이 파장별로 나누어서 그 스펙트럼을 얻을 수 있다. 이 회절격자(평면유리로 만들어진)에 평행으로 입사한 빛들은 금이 그어진 곳에서는 흡수가 되거나 산란하여 버리고 금이 그어지지 않은 좁은 틈으로 들어오는 빛은 통과한다. 그러나 통과한 빛은 그대로 직진하지 않고 호이겐스 원리에 의하여 회절되어 원기둥 형태로 퍼져나간다. 이때 이웃하는 틈으로 통과한 빛과 광로 차이가 파장의 정수배로 되는 조건이라면 서로 보강간섭이 일어나서 빛이 강해지나, 광로차이가 파장의 정수배가 아닐 때에는 소멸하여 버린다. 따라서 보강간섭이 일어나는 조건이 성립하는 어떤 특정한 방향으로만 빛이 밝게 비추어지고, 그 조건은 그 빛의 파장에 따라 달라지기 때문에, 여러 파장의 빛이 섞여 있을 때에는 프리즘에서처럼 파장별로 분리된다.

[그림 1-62]에서 d간격으로 평행한 슬릿(slit)을 가지고 있는 회절격자의 왼쪽에서 평면파가 들어와 회절격자를 통과한 후 몇 갈래 평면파로 나누어져 진행하는 것을 보여주고 있다. 회절격자 틈을 통과한 빛들은 서로 간섭하여 이웃한 빛과 광로차가 파장의 정수배로 되는 조건에서 보강간섭 현상이 나타난 세 가닥 평면파가 서로 다른 각도로 진행하고 있다.

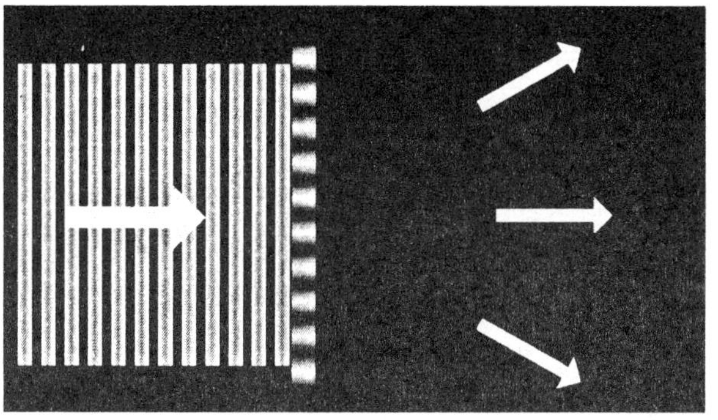

[그림 1-61] 회절격자와 홀로그램

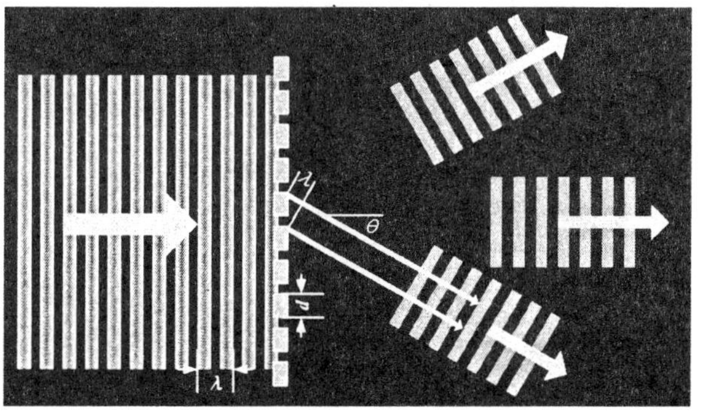

[그림 1-62] 회절격자

오른편으로 그대로 진행하는 파는 그 정수 $n=0$인 경우이고, 아래쪽으로 진행하는 파는 $n=1$, 위쪽으로 진행하는 파는 $n=-1$인 경우이다. 한편 홀로그램 오른편에서 홀로그램을 보면 실제로 보이지 않는 다른 평면파를 관측할 수 있기 때문에 광원이 아주 멀리 있는 것 같은 허상을 볼 수 있다. 보통 회절격자가 틈으로 되어 있고 그 틈으로는 전부 통과시키고, 막힌 부분에서는 전부 흡수하는 것과 달리 사진 필름 투과율이 연속적으로 변하면서 같은 주기로 진행하고 있을 때도 회절격자처럼 작용한다.

사. 홀로그래피의 응용

(1) 일상생활에서의 응용

홀로그래피는 우리 주위에 흔치 않은 것 같지만 실상 그 원리를 응용한 기기나 물건들이 더러 있다. 신용카드나 인증서, 고액화폐 등에는 홀로그램을 붙여서 복사나 위조가 어렵도록 하고 있다. 신용카드에 붙어 있는 홀로그램은 반사형으로 자연광을 사용한다. 자연광의 홀로그램은 단색광을 비추면 더욱 선명한 상을 볼 수 있다([그림 1-63]).

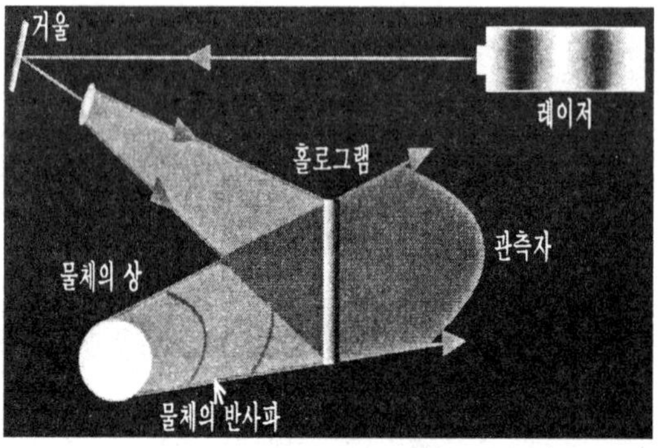

[그림 1-63] 홀로그램 원리

자연광(백색광)에서 투과형 홀로그래피는 투과해서 나타나는 물체의 상보다 다른 파장으로 인한 회절이 강하기 때문에 보기에 어려움이 있다. 그러나 반사형이라면 빛의 파장을 선택적으로 결정할 수 있기 때문에 이런 문제를 쉽게 해결할 수 있다.

그 예로서 반투명 홀로그래피의 아래쪽에 푸른색 판이나 붉은색 판을 두면 반사되는 빛도 그에 따라 푸른색과 붉은색으로 되기 때문이다. 물론 다른 파장을 가진 빛의 회절로 인하여 상이 흐려지거나 위치에 따라 다양한 변화를 하지만 입체상을 육안으로 확인할 수 있다. 신용카드용 홀로그래피는 대량으로 생산해야 하기 때문에 주로 프레스를 이용해서 홀로그래피 패턴을 찍어내듯이 복사하게 된다([그림 1-64]).

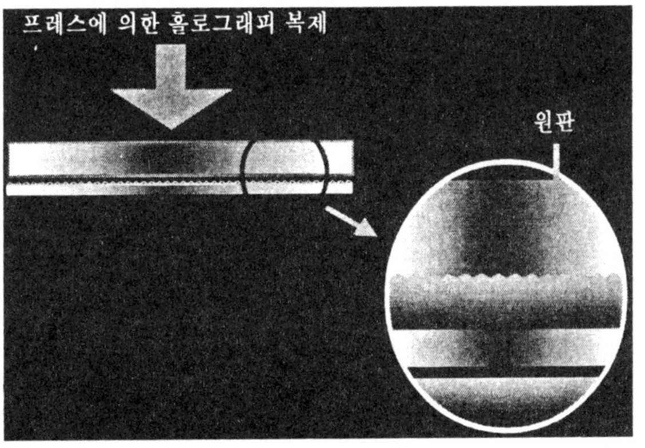

[그림 1-64] 홀로그래픽의 복제

(2) 렌티큘러판을 이용한 스티커

홀로그램의 원리와는 다른 것이지만 양쪽 눈으로 보이는 상을 다르게 하여 입체상을 느끼게 하는 빙법이 여러 가지 있다. 그 중에 렌티큘러판이 있는데 이는 과자나 아이들 장난감에 부착되어 있는 스티커로 표면에 볼록한 면이 나란하게 배열되어 있어 빛의 굴절에 의해 각각의 눈에 다른 그림이 보이도록 한 것이다. 이 두 가지 다른 그림으로서 오른쪽과 왼쪽의 눈이 관측하는 물체의 그림으로 했다면 우리는 입체로 인식하게 된다. 한편 전혀 다른 그림들을 부착해 놓으면 보는 방향에 따라 그림이 계속 바뀌는 신기한 느낌을 갖도록 하기도 한다.

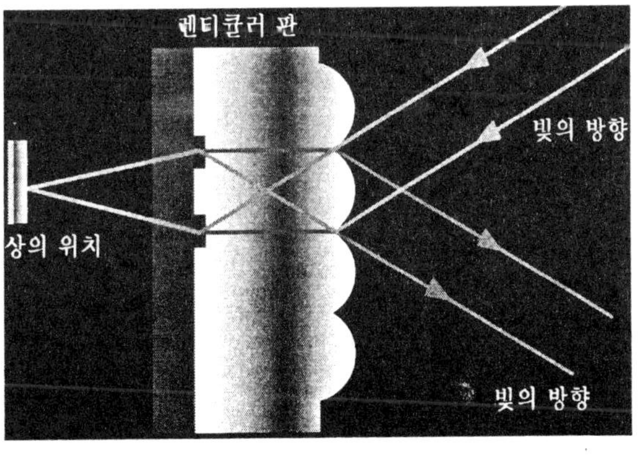

[그림 1-65] 렌티큘러판

(3) 홀로그래피 광학소자

홀로그래피는 조명광원의 위치에 따라서 재생상의 위치와 크기가 변하기 때문에 점광원을 기록한 홀로그램을 물체의 반사광으로 조명하면, 렌즈나 프리즘과 같은 광학소자로서의 기능에 새로운 기능이 가해진 소자로 이용이 가능하고 그 사용 예로 항공기에 홀로그래피 소자가 사용되고 있다.

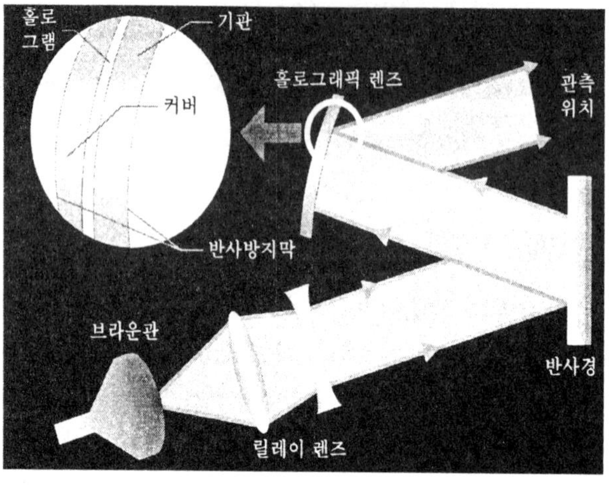

[그림 1-66] 홀로그래피 광학소자의 구조

제 2 장

광반도체

제1절 반도체

1. 반도체 제조공정

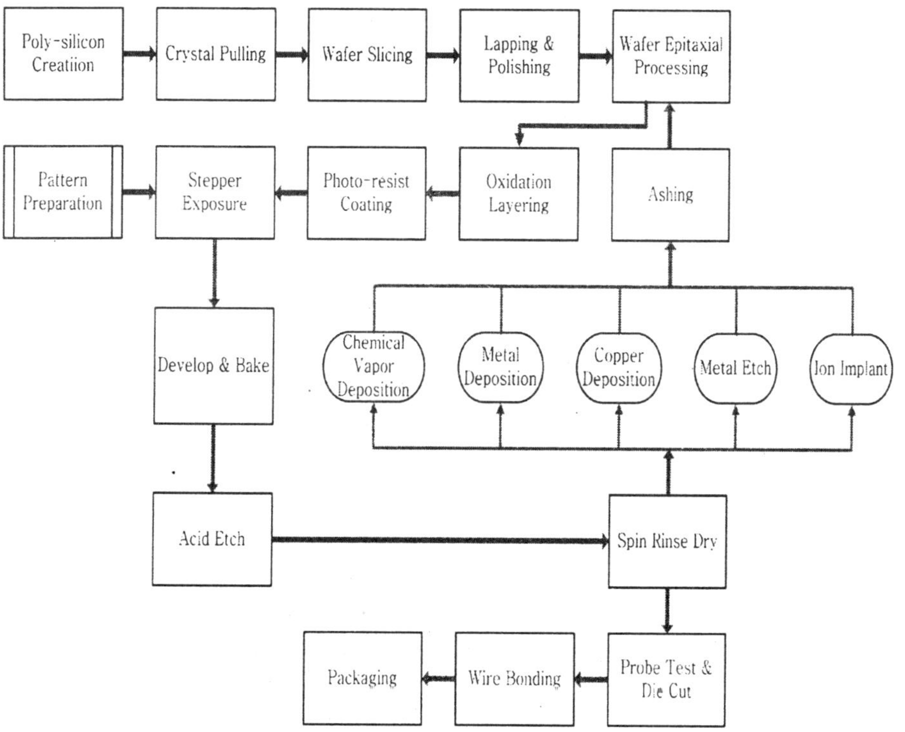

[그림 2-1] 반도체 제조공정 순서

2. 각 공정별 개요

가. Poly-Silicon Ingots

(1) 다결정의 실리콘을 만든다.

(2) 수소가스를 섞어 다결정 실리콘을 만든다.

(3) 금속 심지의 표면 위에 다결정 실리콘을 성장시킨다.

(4) 다결정 실리콘으로 인고트(Ingot)를 만든다.

(5) 다결정 실리콘은 불규칙적인 격자배열로 반도체소자에 적합한 전기적 특성을 갖지 않아서 이를 "Crystal Pulling"이라는 과정을 통해 단결정으로 만들어야 한다.

[그림 2-2] 다결정 실리콘 인고트

나. Crystal Pulling

(1) 진공 도가니 속에 고순도 다결정 실리콘을 넣고 1400°C 온도로 녹인다.

(2) 불순물 등의 오염을 막기 위해 불활성 기체인 아르곤 가스를 넣어준다.

(3) 용융체 속에 단결정 실리콘으로 된 "Seed(씨앗)"를 살짝 담갔다가 천천히 돌려가며 꺼내 "Seed"와 똑같은 결정방향을 갖는 단결정 실리콘 인고트로 식어 굳어지게 된다.

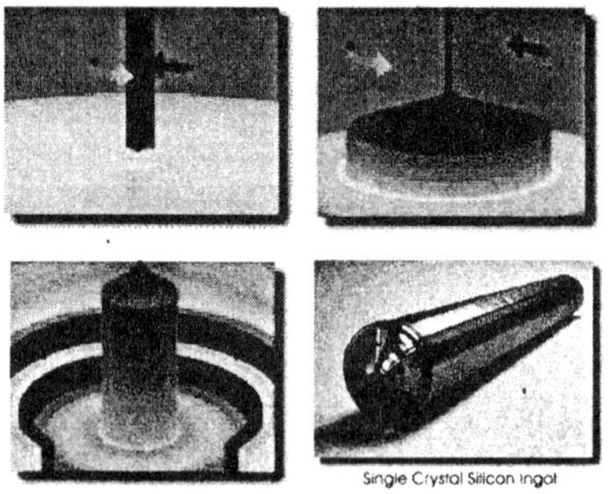

[그림 2-3] Crystal Pulling 공정 진행 순서

■ **주의** : 용융된 재료가 용기 측면과 닿게 되면 용기벽의 영향으로 응고되는 과정에서 성장된 결정에 응력(Stress)이 생기게 되어 완전한 격자구조에서

벗어날 수 있다.

■ **해결** : 공정이 진행되는 동안 정교하게 온도를 조절해 준다.

다. Wafer Slicing

(1) 웨이퍼 형태로 자르기 전에 인고트의 절단 방향을 결정한다.

(2) 인고트의 절단방향을 표시한 후 정교한 톱(ID Saw)으로 얇게 자르는데 이를 슬라이싱 공정이라고 한다. 톱날 끝이 안쪽에 있기 때문에 ID(Inside Saw)라고 한다.

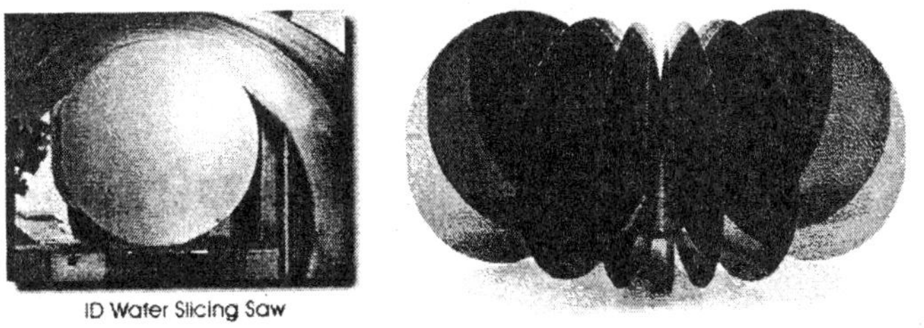

[그림 2-4] 인고트 절단용 톱과 자른 뒤의 웨이퍼

라. Wafer Lapping/Polishing

(1) Lapping

얇게 잘린 웨이퍼는 카운터를 사용하여 Lapping한다.

(2) Wafer Etching

Lapping 이후 웨이퍼 표면에 발생한 흠집이나 미소한 틈을 제거하기 위해 질산/ 초산 용액 혹은 가성 소다로 에칭을 한다.

※ RO/DI Water로 처리하여 제거한다.

(3) Wafer Polishing

일반적으로 혼합물을 정련하고 RO/ DI Water로 대중 세척한다.

Wafer Lapping Machine
(Mitsubishi Materials Silicon)

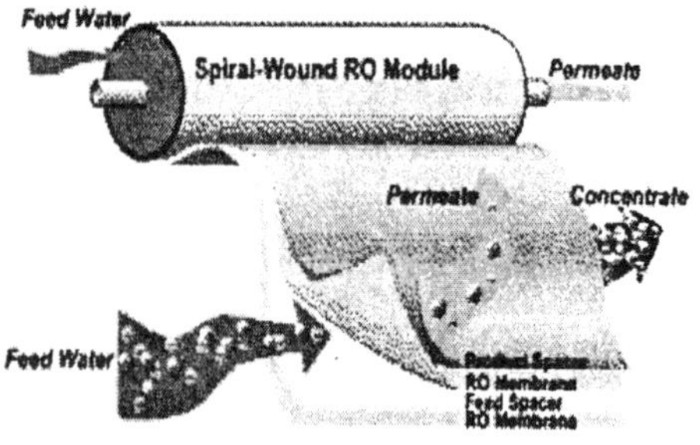

Wafer Polishing
(Strasbaugh Corporation)

[그림 2-5] Wafer Lapping 및 Polishing 공정

마. Wafer Epitaxial

Epitaxial Reactor
(Mitsubishi Materials Silicon)

Epitaxial Reactor
(Moore Epitaxial®)

[그림 2-6] 에피택셜 반응로

(1) 에피택시

특별한 종류의 박막 증착법으로서 에피택시란 고온에서 단결정 실리콘 위에 수증기로부터 단결정 실리콘층을 성장시키는 것을 말한다.

(2) 목 적

일반적으로 전기적 활동이 낮은 농도의 불순물층을 표면위에 형성하기 위한 것이다. 예를 들면 P형 웨이퍼 표면 위에 N형층을 형성하는 것을 말한다.

바. 산화막(Oxidation Layering)

(1) 산화막은 웨이퍼 표면 위에 얇은 일산화 또는 이산화실리콘(SiO_2)층을 만드는 공정이다. 1000°K에서 고순도의 산소와 수소혼합물에 웨이퍼를 노출시켜 산화막을 만든다.

(2) 화학반응식

$Si + O_2 \rightarrow SiO_2Si + 2H_2O \rightarrow SiO_2 + 2H_2$

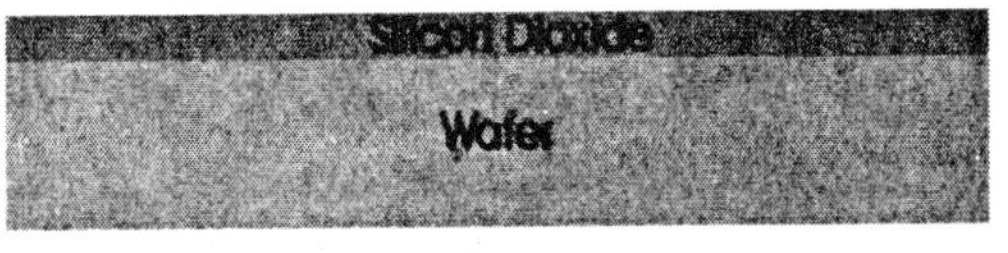

Oxidation Layering

[그림 2-7] 산화막이 형성된 웨이퍼 표면

사. Photo Resist Coating(PR)

(1) 회전하는 스피너(Spinner)를 약 3000rpm 속도로 회전시키면서 그 위에 웨이퍼를 올린 다음 웨이퍼 위에 PR층을 형성시키기 위해 PR을 약 2~200Å 두께로 떨어뜨린다. PR은 액체 상태에서 빛에 민감한 재료이다.

(2) 광막 증착에는 Positive(양)와 Negative(부) 방식 등이 있는데 Negative 레지스터는 노출되지 않은 부분만 남겨놓고 PR을 제거한다. 오늘날 대부분의

반도체 제조공정에서는 Positive 레지스터 공정을 사용하는데 이는 Negative와는 반대로 노출된 부분이 제거되고 약 1.0~152.0Å정도의 소자를 만드는데 사용된다.

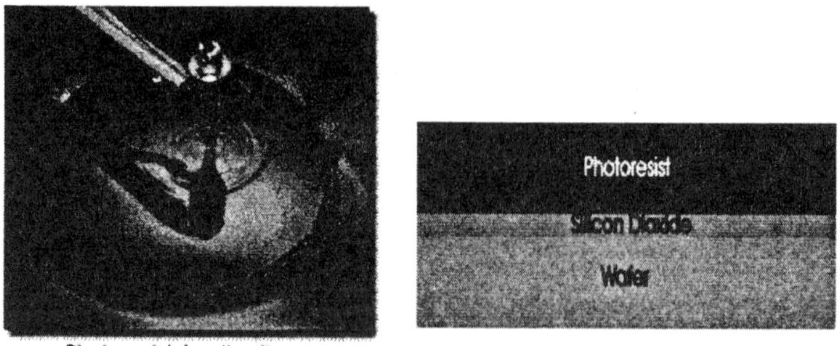

Photoresist Application (Ontrak)   Photoresist Coating

[그림 2-8] 포토레지스트의 응용 예

아. Pattern Preparation

(1) 각 층의 패턴을 CAD를 사용하여 디자인하고 레이저 패턴 발생기나 E-빔으로 패턴에 전사한다.

(2) Laser Pattern Generator

CAD의 패턴 스케치 정보를 인식하고 포토레지스트의 선택부에 고밀도 UV(Ultra Violet) 빔을 노출시키기 위해 셔터와 반사경을 조절하는데 렌즈와 광분리기, 컴퓨터 등을 사용한다. UV광은 노출된 광막으로 산화시키는 역할을 하고 화학적 변화를 일으킨다.

(3) E-beam Pattern Generator

광막에 노출시키는데 사용하는 셔터와 자기(Magnets), 렌즈의 초점과 틈(Aperture)를 조절하기 위해 컴퓨터를 사용한다.

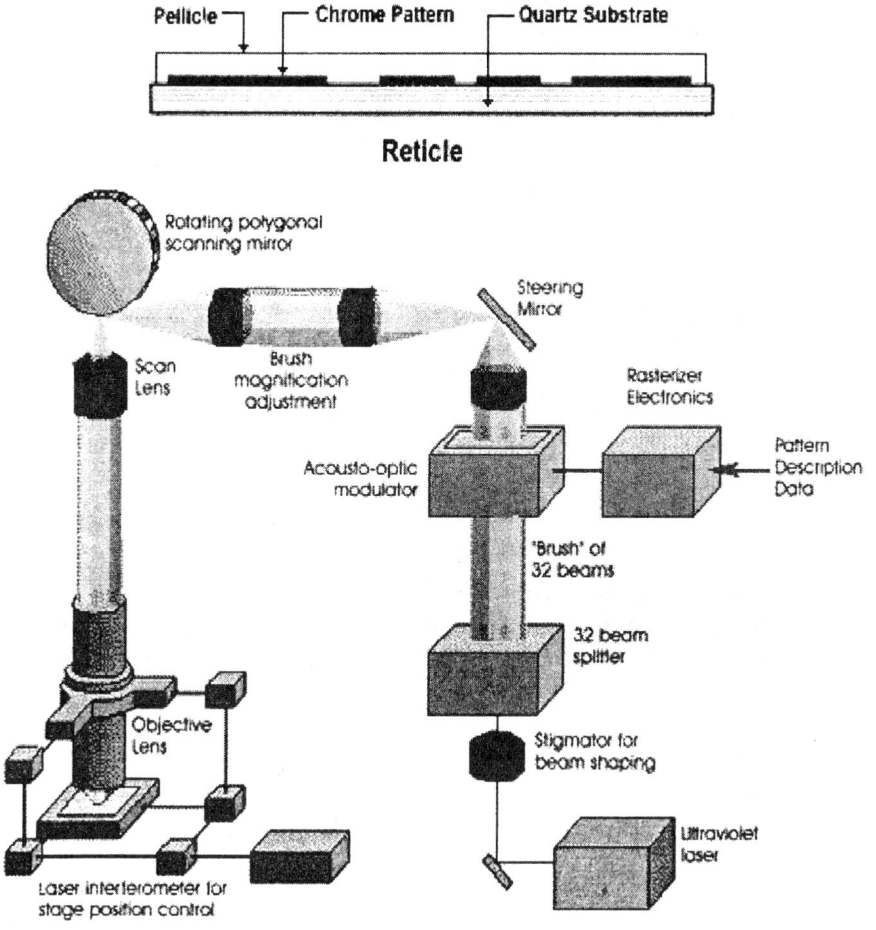

Laser Pattern Generator (Etec Corporation)

[그림 2-9] 회로 패턴용 원판과 레이저 패턴 제너레이터

자. Stepper Exposure

스테퍼는 포토레지스트로 코팅된 웨이퍼 위에 소자의 이미지가 축소된 회로 원판을 단파 UV광을 노출시켜 사진을 찍는 공정이다.

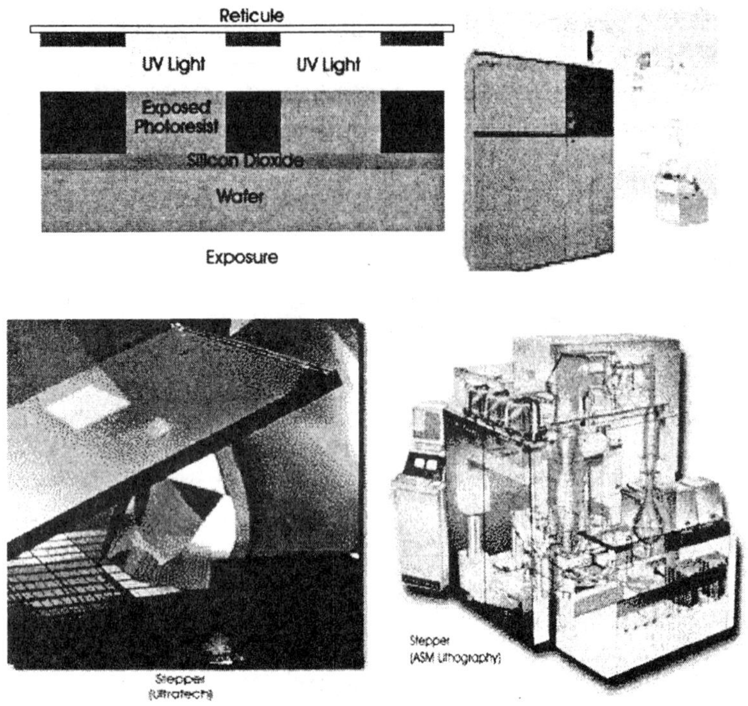

[그림 2-10] 실리콘 원판 구조와 각종 스테퍼

차. Develop & Bake

(1) 웨이퍼 위에 포토레지스트가 노출된 부분들을 산 또는 기본 용액 등으로 제거하는 공정이다.

(2) 불필요한 부분을 제거하고 웨이퍼 위에 남아 있는 광막(실제 패턴)을 굳히기 위해 낮은 온도(80°~100°)에서 굽는다.

(3) 원자는 상승한 온도에서 산화물의 농도 차이에 의해서 보호하지 않아도 되는 반도체의 다른 영역으로 천천히 확산된다.

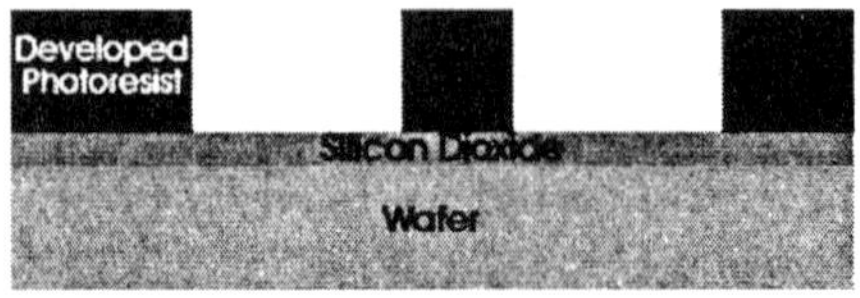

[그림 2-11] 포토레지스트의 현상과 제거

카. Spin, Rinse & Dry

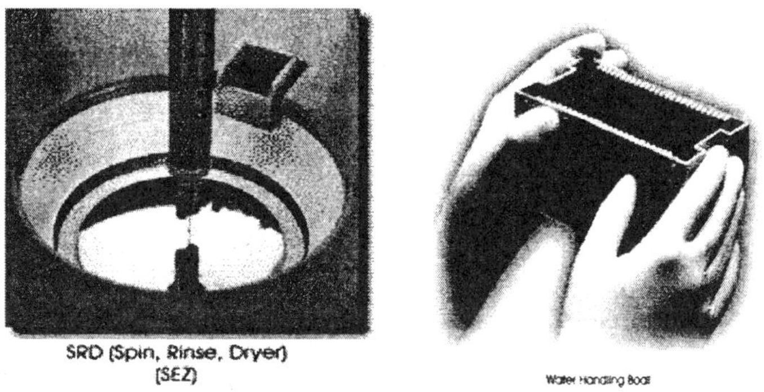

[그림 2-12] 현상된 웨이퍼에 린스를 바르고 건조시키는 공정

타. Acid와 Etching

(1) 웨이퍼 표면에서 원하는 부분의 물질을 제거하는 작업은 여러 유형의 산이나 부식용액을 사용하게 된다.

(2) 자동화된 공정을 사용하여 개인의 안전을 지킬 뿐만 아니라 침전시간을 정확히 하고 수작업으로 인한 웨이퍼 손실을 최소화하기 위해서이다.

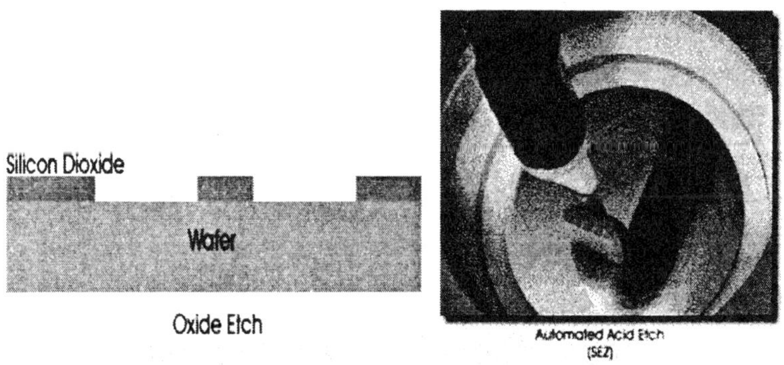

[그림 2-13] 자동화된 산화막 제거공정

파. Ion Implant

(1) 가전자대 혹은 P형 소자를 만들기 위해 B, Ga, In과 같은 억셉터 이온

을 주입하는 반면에 전도대와 N형 소자를 만들기 위해서는 Sb, As, P, Bi와 같은 불순물을 주입한다.

(2) 주입된 이온들은 경로를 따라 결정 속으로 들어가 반도체 원자를 교환하는데 투입된 이온들이 격자쪽 위에서 안정되어 있는 것은 아니기 때문에 어닐링(가열)을 통해 안정화시켜 주어야 한다.

Ion Implant

Ion Implanter
(Varian Associates)

[그림 2-14] 이온주입 공정

하. CVD

(1) 화학기상 증착법은 화학적 반응을 조절하여 웨이퍼 위에 막을 형성하는데 사용하는 과정 중에 하나이다.

(2) 증착되기 전에 웨이퍼는 SF_6 또는 F_8CH_4와 산소 혼합물을 사용하는 드라이 플라즈마 에칭에서 세척한다.

(3) CVD(Chemical Vapor Disposition) 프로세스는 보통 마스크와 복잡한 IC의 금속 간 유전체 박막을 만드는데 사용되어 왔는데, 과도하게 도핑될 경우 준금속적인 성질을 지니는 다결정질 Si도 APCVD와 LPCVD를 사용하여 증착해야 한다.

CVD Tool
(Applied Materials)

CVD Tool
(Applied Materials)

[그림 2-15] CVD 툴

거. Copper Deposition

(1) 반도체에서 사용되는 전극 재료에는 알루미늄, 금, 텅스텐이 있다. 그 중에서 구리가 주로 쓰이고 있다.

(2) 구리사용의 문제점

구리를 전극재료로 사용하면 그 성분이 실리콘으로 확산되어 들어가 실리콘의 전기적 특성을 변화시켜 결국에는 트랜지스터의 고장을 초래하기 때문에 오랫동안 반도체 전극재료로 사용하기에 부적당하다고 생각해왔는데 IBM에서는 "Damascene"라는 패터닝 기술을 통해 마침내 이런 장애를 극복했다고 한다.

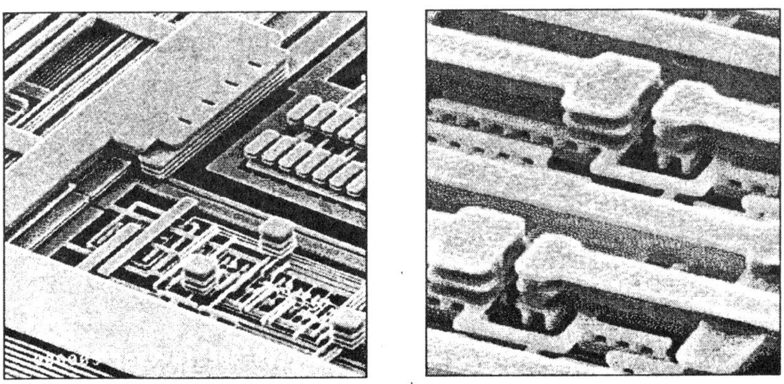

SEM view of Copper Interconnect (IBM Microelectronics)

SEM view of Copper Interconnect (IBM Microelectronics)

[그림 2-16] 구리를 전극으로 사용한 반도체 내부

너. Metal Deposition

(1) 알루미늄이나 금 혹은 텅스텐 등의 금속은 소자에 전도층을 형성하는데 사용된다.

(2) 금속은 증류(Evaporation)와 스퍼터링(Sputtering) 등의 두 가지 다른 방법으로 주입한다.

(가) 증 류

증류는 금속재료를 증착시키기 위해 고진공(5×10^{-5}~1×10^{-7}torr)에서 전자빔이나 전기 필라멘트를 이용해 보트를 가열한 다음 보트 위에 금속을 녹여 증류 시키는 방법이다.

(나) 스퍼터링(Sputtering)

이온을 생성하기 위해 플라즈마를 사용하는데 플라즈마 내에서 생성된 이온들로 하여금 웨이퍼에 달라붙게 하는 원리를 이용한다.

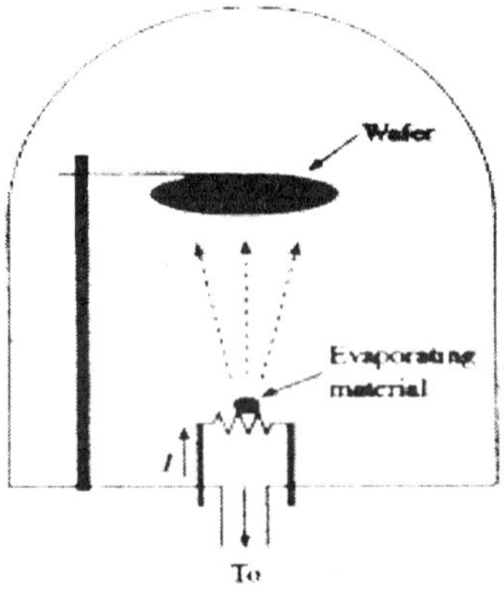

[그림 2-17] 핫 필라멘트 증류

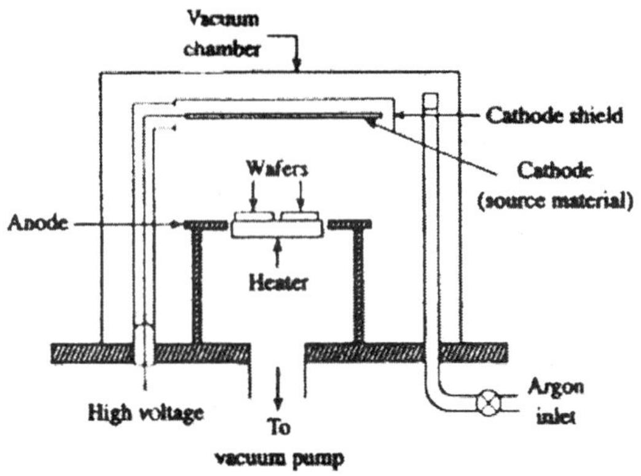

[그림 2-18] DC 스퍼터링의 도식

더. Metal etching

(1) 전극 소자의 전도회로를 도통시키기 위해 선택적으로 알루미늄층을 제거한다. 이 과정은 노출된 포토레지스트 패턴에 남겨진 금속을 정교하게 제거해야 한다.

(2) 에칭과정의 틀 안에 놓여진 후 음전하를 가한다.

(3) 양으로 전위된 플라즈마(일반적으로 질소, HCl, BCl_3를 섞은)로 채운다.

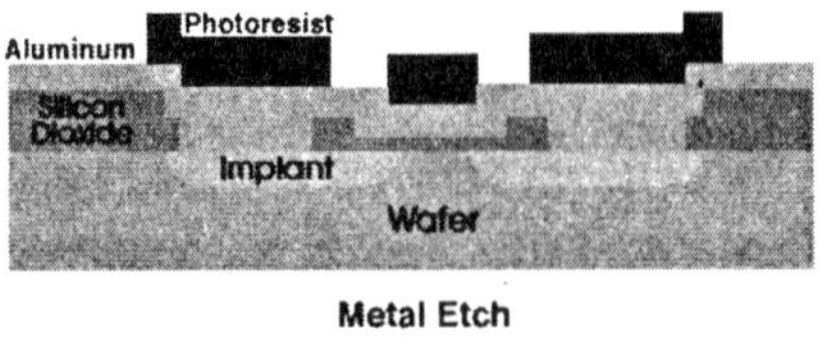

[그림 2-19] 금속 제거

러. Ashing

(1) 실리콘 위에 금 또는 SiCl, 염화규소 층이 생성된 후 남아 있는 포토레지스트를 제거한다.

(2) 소자층에 흠을 내지 않고 포토레지스트를 제거하는데 고온의 플라즈마가 사용된다.

(3) 산소 플라즈마 체계에서 레지스트를 산화(태우는)시킴으로써 레지스트를 부풀리거나 들어 올리는 화학작용으로 이루어진다.

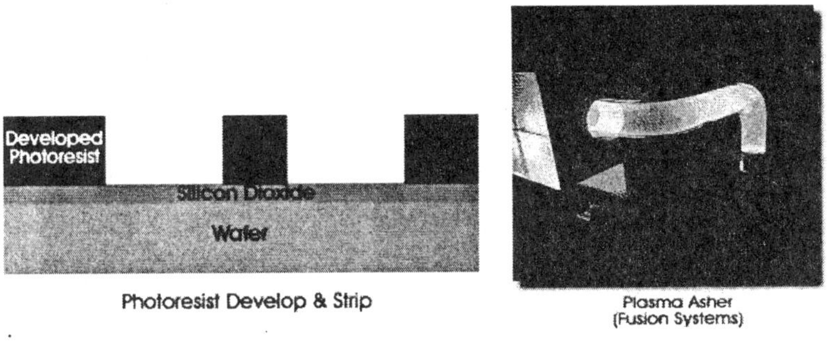

[그림 2-20] 에쉬 공정

머. Probe Test & Die Cut

(1) 반도체 표면 위에 보호막을 씌운 후 웨이퍼는 얇은 웨이퍼의 열확산을 도와주고 손상을 일으킬 수 있는 작은 조각들을 제거해주는 후면 준비(Backside Preparation)라는 공정을 기친다.

(2) 웨이퍼는 탐침 검사 후 사각의 다이(Die)로 자르고 분류한 다음 제대로 동작하는 다이는 "Wire Bonding" 공정으로 보내진다.

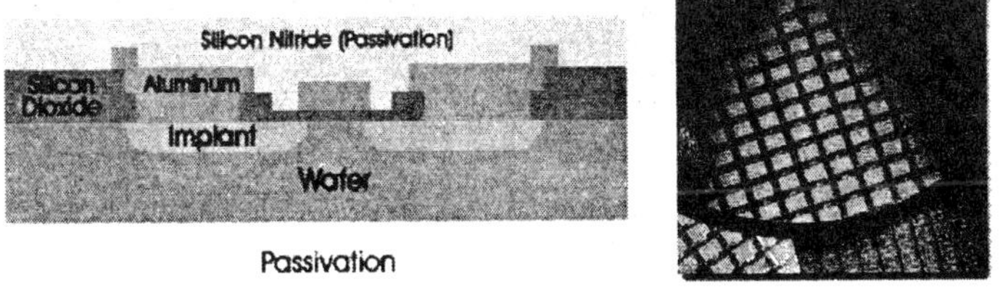

[그림 2-21] 단자 테스트와 다이 절단

버. Wire Bonding

(1) 웨이퍼를 개별 다이(Die)로 자르고 입출력 포트들에 단자를 붙이며 온도 압착기와 초음파 용접기로 금이나 알루미늄 선으로 연결해주는 공정이다.

(2) 매우 얇은 선(약 30㎛)으로 각 소자의 결합패드와 단자 사이를 연결한다.

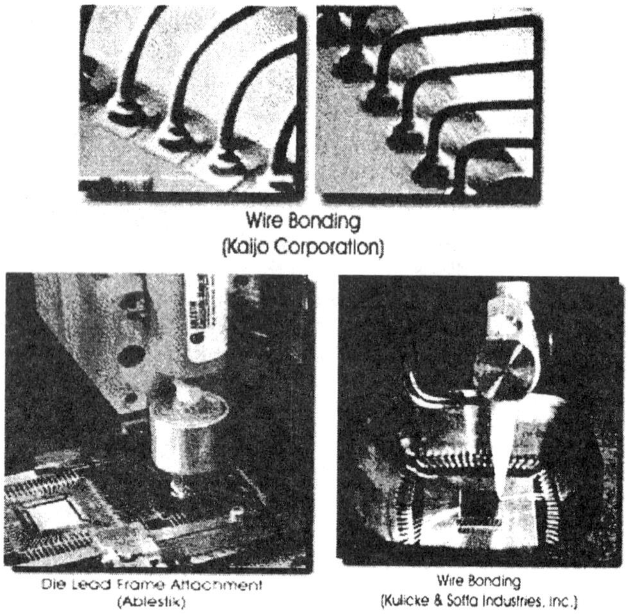

[그림 2-22] 와이어 본딩 공정

서. Packaging

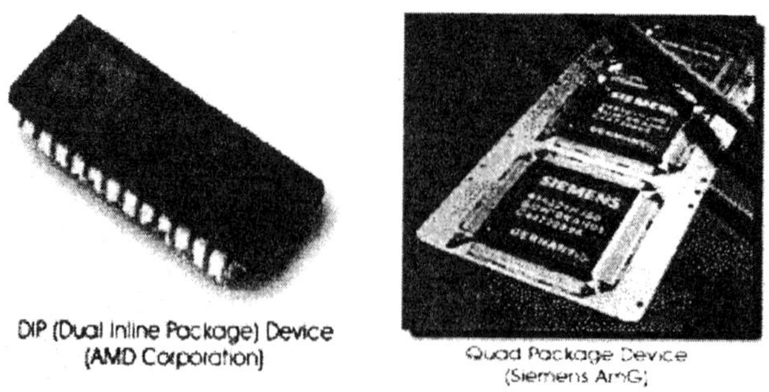

[그림 2-23] 완성된 IC

(1) 와이어 본딩이 끝난 소자에 세라믹이나 플라스틱으로 봉인하는 공정이다.
(2) 하나의 소자 특성을 갖는 칩이 완성된다.

제2절 광반도체

1. 개 요

화합물 반도체가 없다면 지금과 같은 CDMA 이동통신과 ADSL 광통신에 의한 인터넷의 보급과 같은 발전은 결코 이뤄지지 못했을 것이다. 지난 20여 년간 연구개발 되어온 화합물 반도체의 진가가 발휘되는 시대를 맞이하게 됐다. 화합물 반도체 중에서도 현재 가장 많은 비중을 차지하고 있는 갈륨아사나이드(GaAs(InP)), 갈륨 나이트라이드(GaN), 실리콘 게르마늄(SiGe), 실리콘 카바이드(SiC)를 중심으로 세계적인 기술동향과 독일에서 진행되는 연구개발 현황을 살펴봤다. 편집자 화합물 반도체는 원자의 주기율에 따라 Ⅳ족, Ⅲ-Ⅴ족, Ⅱ-Ⅵ족 등 디양힌 종류가 있다. SiGe과 GaAs는 에너시 갭이 ~1eV, 1.4eV인데 비해 SiC와 GaN는 에너지갭이 3.0~3.3eV, 3.4eV로 높아 고전력·고온용으로 주로 사용되는 광대역폭(Wide Band Gap) 반도체라고 불린다. Ⅳ족 화합물반도체인 SiC와 SiGe은 간접 천이 밴드구조인 반면, Ⅲ-Ⅴ족 반도체인 GaAs와 GaN는 직접 천이 밴드 갭이어서 적색, 청색, 녹색의 빛을 내는 발광소자로 대부분이 적용되고 있다. GaAs를 위주로 하는 화합물 반도체는 고속 동작은 물론 광기능 특성에 있어서 뛰어난 물질적 장점을 배경으로 연구개발이 진행돼 왔다.

제2세대 이동통신 기술인 CDMA와 제3세대인 IMT2000의 차세대 무선통신 기술에 필수인 전파 송수신단의 송신(Tx)칩과 수신(Rx)칩은 GaAs와 SiGe 화합물 반도체에 의해 구현되고 있다. 아울러 테라 비트라는 대용량 광통신 시스템을 구성하는데 사용되는 광송신부 및 광수신부에 사용되는 광소자 및 고속전자소자 역시 모두 화합물 반도체로 만들어진다. 이 가운데 Si CMOS와 SiGe HBT 소자가 기술발전에 따라 GHz대의 시장을 잠식하기 시작했음에도 불구하고, 향후 5년 이상 GaAs 화합물 반도체의 성장률은 충분히 높게 유지되어 IMT2000과 10GHz급 SONET에 계속해서 개발 적용될 전망이다. 아울러 제4세대 통신인 40GHz의 무선 ATM-LAN, 40～60GHz MBS(Mobile Broadband System), 70GHz대의 ITS(Intelligent Transportation System)의 밀리미터파 기술에 아직은 GaAs(InP포함)계 화합물 반도체가 적합하다. 또 GaAs 반도체의 전통적인 응용 분야 중의 하나로 태양전지를 들 수 있다.

GaAs 화합물 반도체 전자소자는 1980년대에 미국의 DARPA에 의해 고속 디지털소자의 연구개발이 주를 이루었으나 1990년대에는 무선통신기술로 방향을 틀어 전략적으로 개발되고 있다. GaAs 전자소자는 12년 이상 GaAs MANTECH(Manufacturing Technology)를 통해 기술개발을 지속해온 미국의 비테세(Vitesse), RFMD, TRW, 트리퀸트, 커넥선트, 레이시온, M/A-COM 등의 업체들이 광소자는 일본의 소니, NEC, 히타치 등이 독점하다시피 하고 있다.

지난 1992년부터 본격적으로 개발되기 시작한 GaN는 직접 밴드 갭으로 녹색, 청색, 자외선의 단파장 광소자를 제조하는데 적합하다. GaN 반도체는 또 고온 · 고출력 · 고내압은 물론 고속 동작이 요구되는 자동차나 산업용, 내환경 소자로 개발되고 있으며, 기지국의 전력 모듈을 덩치 큰 냉각기가 필요 없이 소형으로 제작할 수 있는 장점을 제공하게 될 것으로 기대되고 있다. GaN와 유사한 용도에 쓰이는 SiC는 항복전압이 실리콘이나 GaAs의 0.5MV/cm의 6배인 3MV/cm에 달하고, 열전도도 역시 3배 정도 높아 GaAs의 5배에 달하는 전력밀도로 사용이 가능하다.

SiGe 소자는 성능 · 집적화 · 생산단가 면에 있어서 우수한 경쟁력을 바탕으로 소신호 RF소자의 핵심부품으로 자리를 굳히기 시작해 저잡음 증폭기 · 믹서 · PLL · VCO 등으로 실장되기 시작했다. 또한 고주파용 반도체소자의 용도별 특성이 다양해 1GHz 이상의 무선통신용 분야에서 기존의 GaAs MMIC가 향후 5년 이상 부분적인 자리를 차지하겠지만, 궁극적으로 1GHz대에서 Si CMOS와 전반적인 경합을 벌일 것이고, 1～10GHz에서 SiGe 반도체에 의해 점차 대체될 것이다.

SiGe BiCMOS 기술은 실리콘 ASIC 제품의 다양화는 물론이고 동작속도가

10GHz 이상에서 저소비전력(0.5mW/MHz 이하) 성능을 크게 발전시킬 선행기술로 인정받고 있다. 특히 SiGe 화합물 반도체는 기억소자와 기능소자(MPU, MCU, DSP)와 아날로그 회로 등을 하나의 칩에 집적하는 시스템 온칩(System-On-a-Chip)을 구현하는데도 뛰어나다. SiGe 반도체 중에서 무선통신분야의 적용은 전체의 30% 정도로 비교적 작은 반면, 오히려 고속 아날로그 및 디지털 회로에 적용률이 높다. 이와 관련, 시장의 규모가 막대한 고속 프로세서, 고속 스위치, 고속 기억소자 등과 같은 제품을 선도적으로 개발할 수 있도록 SiGe BiCMOS를 기반으로 한 Cell IP를 구축하는 일이 무엇보다 시급하다. 이처럼 전력증폭기나 LD구동용 고속스위치회로와 같은 용도에 적용되는 GaAs 소자를 제외하고는 무선통신용 주요 부품으로 SiGe 반도체가 핵심적인 기여를 할 것으로 예상되고 세계적인 반도체 기업들이 SiGe 반도체기술을 확보하기 위해 앞 다퉈 뛰어들고 있다.

한편 지난 몇 년 동안 정보통신기술이 급격하게 발전함에 따라 화합물 반도체의 산업비중은 크게 증가하고 있다. 올해 화합물 반도체의 세계시장 규모는 56조원에 달하고 30%대의 폭발적인 성장을 지속하고 있다. GaAs와 SiGe의 경우 1999년에 2조원과 400억원인 시장규모가 2004년도에는 13조원과 2조원으로 대폭 증가할 전망이다. 화합물 반도체 중에서 GaAs에 이어 두 번째로 규모가 큰 GaN 반도체의 시장규모는 2000년에 2조3000억원, 2005년에 3조원에 이를 것으로 예측된다. 이에 따라 애질런트·아나디직스·비테세·모토로라 등의 업체들은 최근 6인치 웨이퍼 가공설비를 확충하고 있다. 인텔도 SiGe, GaAs, InP의 소재업체와 협조체제를 진하고 있으며, 2년 이내에 적용될 40GHz급 소자의 개발에 진입했다. 미국과 일본에 각각 13개, 5개업체들이 화합물반도체 산업에서 맹위를 떨치고 있는 가운데, 독일은 테믹·인피니온 등의 반도체 제조업체가 SiGe과 GaAs 반도체를 이끌고 있고, 프라이버거는 GaAs 웨이퍼를 공급하고 있다.

인피니온의 경우 자동차와 유선통신·기억소자·칩카드 IC와 같이 Si, SiGe, GaAs 반도체의 가능한 모든 소자를 제조하고 있다. 인피니온은 DFB-LD, InGaAs-PD, SiGe BiCMOS로 10km까지 전송 가능한 10Gbps 광통신용 반도체 칩의 개발을 완료했으며, 2001년에 38～42GHz대의 광대역 무선시스템을 개발해 6인치 제조공정을 완료할 예정이다. 아울러 LNA·ADC 등 고속소자에 저소비전력의 장점을 살리는 SiGe 반도체가 대부분 적용될 것으로 보고 개발에 박차를 가하고 있다.

독일의 레겐스부르크에 있는 오스람 광반도체는 지난해 9월 유럽에서 최초로 InGaN 청색 레이저 다이오드를 발표했다. 청색레이저 다이오드는 400nm대의 파장으로 현재 DVD의 650nm나 780nm 레이저 다이오드를 대체해 기록밀도를 4배로 높일 수 있다. 이 연구는 프라이베르거의 프라운호퍼 고체응용물리학부와 슈투트가르트대학, 움대학, 인피니온이 공동으로 진행했다.

독일 트루바흐에 위치한 유나식스의 경우 SiGe 반도체의 에피성장에 가장 핵심인 UHV(Ultra High Vacuum)-CVD 장비를 미국 맥심·대만 ITRI 등에 공급하기 시작했다. 고속실리콘 연구개발 총책임자인 쥐르겐 람은 '현재 8인치 웨이퍼 공정용 장비의 개발을 마쳤으며 2004년에 12인치 웨이퍼용 시스템을 개발할 계획'이라고 말했다.

SiGe HBT를 구현하기 위한 에피 공정에는 저압 화학증착(LPCVD) 장비와 감압(Reduced Pressure) CVD 장비가 모두 적용되고 있다. 테믹은 저압 화학증착 장비를, 모토로라와 노드롭 그루만사는 감압 화학증착 장비를 SiGe 반도체 양산에 쓰고 있다.

한편 최근 한국에서도 화합물반도체 시장규모가 크게 증가하는 데 힘입어 화합물 반도체 산업을 확충하려는 새로운 국면에 들어서고 있다. 이언컴을 비롯해 LG·나리지온 등이 GaAs계 전자소자(HEMT, HBT)의 개발을 진행하고 있으며, 삼성과 LG, 광전자가 GaN와 GaAs 광소자(LED, LD)를 생산하고 있다. 특히 한국전자통신연구원(ETRI)은 GaAs와 SiGe 기술을 개발해 나리지온에 GaAs Tx/Rx칩 기술을, 이언컴에 AlGaAs HBT 기술을, 대우에 SiGe HBT 기술을 각각 이전했다. ETRI는 또 4인치 GaAs 제조공정이 가능하도록 장비 시설을 갖춰 소량의 수탁생산 기반을 마련했다. 아울러 오는 2002년까지 표준셀 라이브러리(cell library)화를 추진함으로써 향후에는 SiGe의 고속소자, RF소자, 광기능소자를 집적한 IC를 선보일 계획이다.

ETRI에서 화합물 반도체 연구개발을 주도해온 연구원들도 벤처 창업을 통해 기술 상용화에 도전하고 있다. RF 및 밀리미터파 전자소자부문에서는 FCI·텔트론·젠스텍·가인테크·에이에스비가, 광소자에는 엑셀 광통신·빛과 전자·젠 포토닉스 등의 벤처들이 무선·광통신용 첨단부품을 국산화하면서 화합물 반도체 상용화의 전진기지 역할을 맡고 있다.

SiGe 반도체가 속속 제품으로 출하되면서 국내 반도체 업계에서도 움직임이 본격화하고 있다. 대우전자는 SiGe 화합물 반도체를 이용한 전력소자와 통신용 소자의 제품화에 박차를 가하고 있고, 삼성전자·페어차일드코리아·

KEC · 광전자 등도 ETRI로부터 기술지원을 받아 RF IC 및 단위 소자를 개발하거나 상용화를 위한 기술검증을 추진하고 있다. 이처럼 많은 중소 설계 전문업체들과 반도체업체들이 SiGe 반도체를 기반으로 하는 아날로그 IC와 고속 디지털IC를 제작하는데 관심을 표명하고 있어서 SiGe 반도체기술의 파급효과가 점차 커질 것으로 기대된다.

2. 화합물 반도체

가. 화합물 반도체 패키지

(1) 칩을 물리적 화학적으로 보호

전기적으로 연결한 다음 사용 가능한 형태로 만든다.

(2) 복합 화합물 반도체

3~5족 화합물 반도체로 불리며 주기율표의 3족에 속하는 Gallium(원소기호 Ga-31번)과 5족에 속하는 Arsenic(원소기호 As-33번)의 조합에 의한 새로운 물질의 성질을 이용한 것으로 4족에 속하는 실리콘에 비하여 다음과 같은 특성을 가지고 있다

㉮ 실리콘은 수광 기능만 갖고 있으나, GaAs는 가시광선 영역에서 발광 및 수광 기능을 갖고 있다.
㉯ GaAs는 0.87㎛ 파장의 빛을 낼 수 있다.
㉰ 전자는 이동도가 Si 대비 5~6배 빠르다.
㉱ 고출력 마이크로웨이브 발진이 가능하다.
㉲ 전력 소비가 적다.
㉳ 고온에서 동작시킬 수 있다.
㉴ 이종 접합 기술이 가능하여 바이폴라 트랜지스터, HEMT와 레이저 다이오드 등에 이용할 수 있다.

(3) 장 점

㉮ 동작 속도가 3~10배 빠르다.

㉯ 출력 및 소모 전력의 효율이 5~6배 높다.

㉰ 실리콘 집적회로에 비해 고주파 특성을 갖는 소자의 제조공정이 쉽고 온도 변화 및 동작 전압의 변화에 민감하지 않다.

㉱ 내방사선 능력이 우수하고 특히 CDMA(Code Division Multiple Access)와 TDMA(Time Division Multiple Access) 등의 마이크로파 디지털 시스템에서 성능 및 효율이 뛰어나다.

㉲ 생산 기술이 아직 개발 단계에 있어 생산비가 높지만, 양산 기술이 진전되면 실리콘보다 낮은 가격으로 생산할 수 있다.

(4) 단 점

㉮ 웨이퍼 가격이 높다.

㉯ 기계적 강도가 낮아 웨이퍼의 크기를 크게 하기가 어렵다.

㉰ 생산 기술이 성숙되지 못하고 각 제조회사들의 독자적 개발로 세계 표준화가 되어 있지 않다.

㉱ 고주파 영역에서 전기적 특성 검사가 어렵다.

(5) GaAs 반도체 용도

	실리콘	GaAs
물 성	물리적 안정	강도 및 열화에 취약
장 점	가공성이 탁월	고속 고주파
용 도	범용	통신용
응 용	가전, PC	무선 통신용 단말기
가 격	저가	고가
패키지	• 저가로 대량생산 • Plastic Transfer Molding	• 영향에 민감 • Ceramic Air Cavity Sealing Package
제 품	대용량 메모리 CPU	• CDMA • PCS • DBS

제 3 장

발광소자

제1절 반도체의 광특성

1. 반도체의 광흡수와 방출

반도체 내부를 광자가 진행하면 광자와 전자의 상호작용에 의해 광자가 흡수되거나 광자가 방출된다. 만일 반도체에 입사한 광자의 에너지가 반도체의 밴드갭 에너지보다 작으면 흡수가 일어나지 않고 반도체 내부를 통과한다. 만일 광자의 에너지가 반도체의 밴드갭 에너지보다 크면 가전자대의 전자가 이 빛에너지를 흡수하여 전도대로 상승한다. 이러한 광자와 전자의 상호작용을 그림으로 나타내면 [그림 3-1]과 같다.

[그림 3-1](a)는 광자가 반도체에 입사할 때 가전자대에 있는 전자가 광자의 빛에너지를 흡수하여 전도대로 상승하고 전도대에 전자 하나와 가전자대의 빈자리 하나 즉 정공(hole : 양공) 하나를 만드는 빛의 흡수(absorption)현상을 나타낸다. 이렇게 생성된 전자-정공 한쌍을 전자-정공쌍(EHP : electron-hole pair)라고 한다.

[그림 3-1](b)는 전도대에 있던 전자가 가전자대의 빈자리를 채우면서 전자가 갖고 있던 에너지가 빛에너지로 변환되어 광자가 방출되는 자발방출 현상을 나타낸다. 이때 전자와 정공의 재결합이 이루어진다. 즉 전자-정공쌍 하나가 소멸되는 것이다.

[그림 3-1](c)는 전자-정공쌍이 반도체 내를 진행하는 광자를 만나면 이 전자-정공쌍에 의해 새로이 생성된 광자는 진행하는 광자의 파동과 위상이 일치하여 빛의 가간섭(coherence)현상이 일어난다. 이를 유도방출 현상이라고 한다. 레이저는 이러한 가간섭 상태의 빛으로 파장이 일정하고 직진성이 강하여 이상적인 광원으로 그 활용 분야가 매우 넓다.

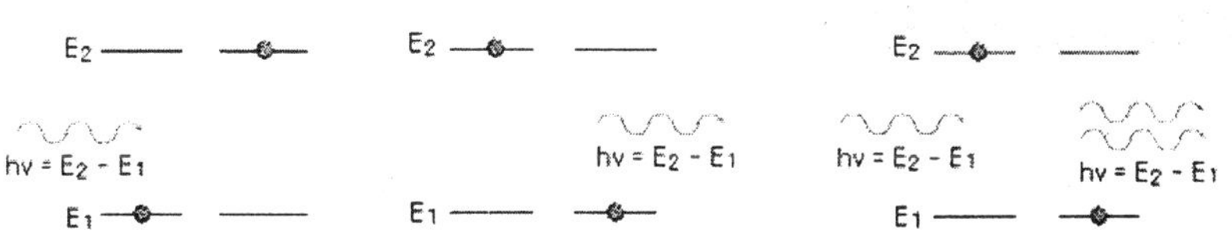

(a) 흡수 (b) 자발방출 (c) 유도방출

[그림 3-1] 반도체의 빛의 흡수와 방출

2. 반도체 발광소자

반도체 다이오드에 순방향의 전류를 흘리면 N형 반도체의 전자가 P형 반도체의 정공과 PN 접합부에서 재결합(recombination)하면서 빛이 발생되는 과정으로 [그림 3-2]와 같은 원리로 빛이 발생한다.

이때 전류가 약하여 밀도반전(Population Inversion)이 일어나지 않을 때에는 유도방출이 안되고 자발방출에 의한 빛만 발생하게 되는데 이 소자를 발광다이오드(LED : Light Emitting Diode)라 한다.

반도체 발광소자는 발광다이오드와 레이저 다이오드(LD : Laser Diode)로 나눌 수 있다. 발광다이오드는 발광과정으로 자발방출을 사용하고 있으며, 그 출력광은 incoherence한 빛이다. 반도체 레이저는 발광 과정으로서 유도방출을 사용하고 있으며, 따라서 그 출력광은 coherence한 빛이다.

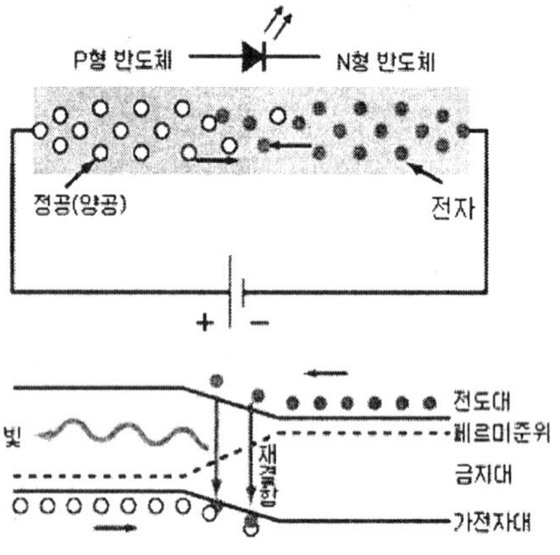

[그림 3-2] 전자-정공쌍의 재결합에 의한 자발방출

3. PIN 접합의 발광

일반적인 PN 접합다이오드는 반도체 소자의 한쪽에 P형 반도체를 다른 한쪽에 N형 반도체 접합하여 구성한다. 이러한 PN 접합에서 P형 반도체와 N형 반도체의 밴드 갭 에너지가 같은 경우를 동종접합(Homo Junction)이라고 한다.

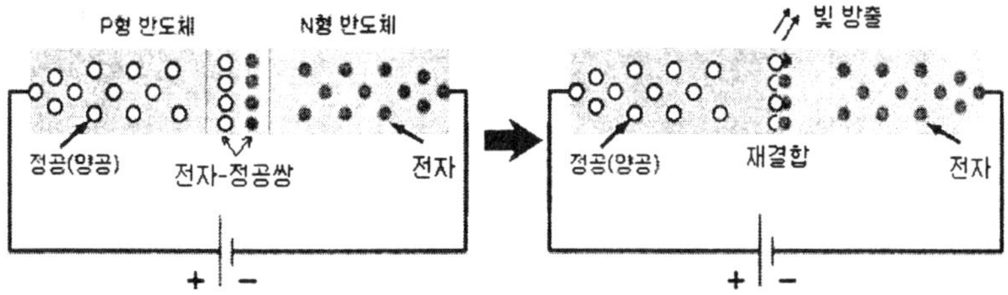

[그림 3-3] PN 접합부에서 전자-정공쌍의 생성 및 재결합에 의한 발광

이 PN 접합 다이오드에 순방향 전압을 인가하면 [그림 3-3]과 같이 PN 접합면에서 전자-정공쌍이 형성되어 광자가 생성된다. 그러나 이 경우 전자와 정공이 PN 접합부에만 국한되지 않고 일부 전자가 P형 반도체로 확산되면서 P형 반도체 내부로도 들어가며, 마찬가지로 일부 정공이 N형 반도체로 확산되어 N형 반도체 내부로도 들어간다.

[그림 3-4](b)에서 Ln은 전자의 확산거리, Lp는 정공의 확산거리를 나타낸다. 따라서 PN 접합부에서의 전자-정공 재결합 효율이 감소한다. 이러한 이유로 인하여 동종접합 PN 접합다이오드에서는 광 방출효율이 매우 낮다. 이러한 문제를 해결하기 위하여 이종접합(Hetero Junction)구조의 PIN 다이오드가 개발되었다.

이종접합이란 반도체의 밴드갭 에너지가 다른 물질끼리 경계를 이루는 접합을 말한다. 이 중 PIN 접합다이오드는 일반적으로 PN 접합다이오드의 접합면에 밴드 갭 에너지가 작은 진성 반도체(Intrinsic Semiconductor)를 삽입한 구조이다. 이 PIN 접합에 순방향 전압을 인가하면 [그림 3-4](c)와 같이 N형 반도체쪽에서 밀려온 전자는 에너지 준위가 낮은 진성 반도체쪽에 모인다. 그러므로 이 진성 반도체 영역에서 전자와 정공이 재결합하여 빛이 방출되므로 광자의 생성효율이 PN 동종접합 다이오드에 비해 월등히 향상된다.

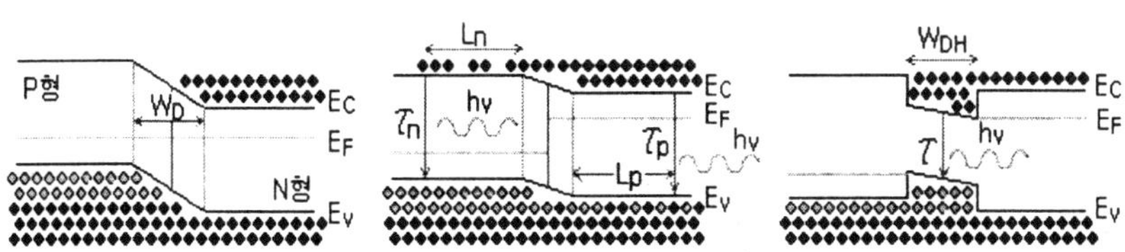

(a)동종접합(V=0) (b)동종접합(V>0) (c)이종접합(V>0)

[그림 3-4] PN 접합과 PIN 접합

이 경우 빛의 파장은 진성반도체(I)층의 밴드 갭 에너지에 의해서 결정되며, 이 진성반도체층에서 가장 활발한 광자의 생성이 일어난다. 이 때문에 진성반도체 층을 활성층(active layer)이라고 한다.

4. 반도체 발광소자의 특징

(1) 다른 발광장치에 비해 소형이고 경량이다

예를 들면 1mW 출력의 He-Ne 레이저 크기는 대략 30mmφ×250mm이지만, 반도체 발광 장치의 하나인 반도체 레이저는 수십 mW 출력의 소자라도 대략 0.3mm×0.4mm×0.15mm로 대단히 적다.

(2) 변조가 쉽고 빠른 변조가 가능하다

반도체 발광소자는 반도체로의 주입전류(전자와 정공)에 의해서 일어난다. 따라서 전류를 변화시키면 빛의 강도나 주파수가 변화한다. 이처럼 변조가 쉽다는 성질 때문에 광통신용으로 개발되고 있다.

(3) 단위면적, 단위 입체각에서의 발광 파워가 크다

(4) 소비전력이 적다

(5) 그밖에 다음과 같은 특징이 있다

반도체 레이저광은 집광성이 좋으므로 광파이버로의 입력 파워를 크게 할 수 있다. 발광다이오드는 온도변화에 의한 광출력의 변화가 적으며, 광출력을 제어할 필요가 없다. 수명에 있어서 발광 다이오드가 반도체 레이저보다 길다.

특히 반도체 레이저는 광통신에 매우 적당하다. 그 이유는 크기가 작고(최대가 수십 mm), 효율이 높으며(25～30%), 간단하고, 수명이 길고(100년 정도), 반응이 빠르기(GHz 영역까지) 때문이다.

<표 3-1>은 발광 다이오드와 반도체 레이저의 특징을 보여 준다.

〈표 3-1〉 발광다이오드와 반도체 레이저의 특성 비교

특 징	발광다이오드	반도체 레이저
스펙트럼폭	넓다((30~120nm)	좁다(10nm~0.01nm)
집광성	나쁘다	좋다(~2 λ^2)
광파이버 입력파워	적다(~0.02mW)	크다(~1mW)
변조속도	작다(~100MHz)	크다(~수 GHz)
광출력 제어	불필요하다	필요하다

5. 발광소자의 에너지 갭에 따른 발광파장

발광소자용 반도체 재료는 크게 직접 천이형(Direct Transition)과 간접 천이형(Indirect Transition)으로 구별할 수 있다. 반도체의 에너지 구조에서 전도대의 전자가 가전자대의 정공과 결합할 때 에너지가 방출하게 된다. 규소(Si) 등 간접 천이형 반도체 내에서는 이 에너지는 주로 열과 진동으로 소모되어 발광 효율이 크게 저하되는 반면, 질화갈륨(GaN) 등 직접 천이형 반도체에서는 전자와 정공의 재결합 시 발생하는 에너지가 모두 발광 형태로 나타나기 때문에 LED를 구성하기 위한 적합한 재료라고 볼 수 있다. 이러한 직접 천이로부터 발생하는 빛의 파장은 반도체의 고유한 특성인 에너지 밴드 갭(E_g)에 따라 결정되며, 빛의 에너지와 발광파장은 다음과 같은 관계가 있다.

$$E_g = h = \frac{hc}{\lambda}\ [\mathrm{eV}] \qquad (3\text{-}1)$$

(h : 플랭크 상수, c : 광속, λ : 파장)

$$\lambda = \frac{1240}{E_g}\ [\mathrm{nm}] \qquad (3\text{-}2)$$

[그림 3-5]는 발광소자에 이용되고 있는 화합물 반도체의 예와 각 반도체의 에너지 갭에 따른 파장과의 관계를 보여준다.

적색 LED에서는 GaAlAs와 같은 3원계, 혹은 InGaAlP와 같은 4원계 조성의 화합물 반도체가 사용되고 있다. 녹색 LED의 경우에는 처음에 GaP로 구현되었는데, 이는 간접 천이형 재료로서 효율이 떨어져서 실용적인 순녹색 발광을 얻을 수 없었다. 그러나 추후에 InGaN 박막성장이 성공함에 따라 고휘도 청색 및 녹색 LED 구현이 가능하게 되었다.

현재 InGaN의 In 조성을 조절함에 따라 적색에서 근자외선(Near UV)에 해당하는 빛을 얻을 수 있다.

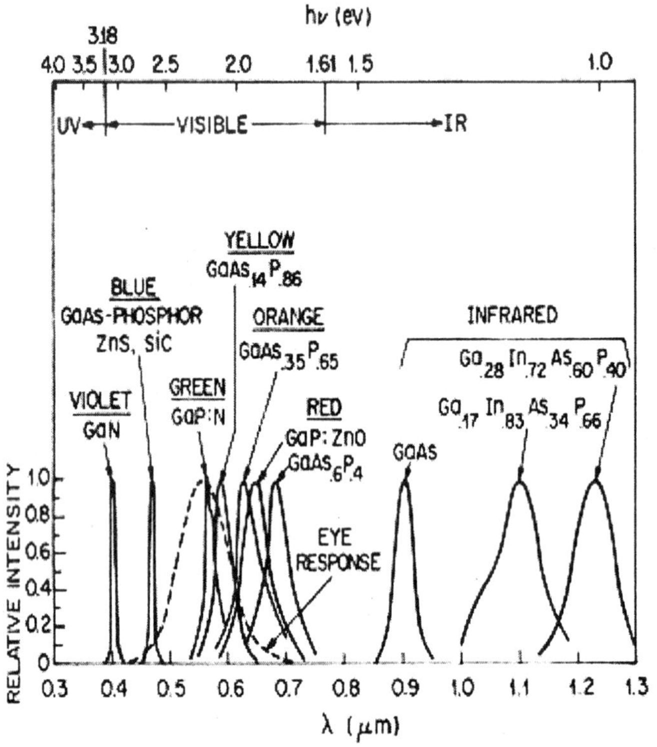

[그림 3-5] 화합물 반도체의 에너지 갭에 따른 파장 변화

<표 3-2>는 발광 파장대에 따른 반도체 발광소자의 응용 분야이다. 표에서 보는 바와 같이 주로 1100nm 이상의 파장대에서 중·장거리 통신에 응용되고, 900nm이하의 파장대에서 옥내 등 단거리 통신이나 음향·영상기기, 계측기 등에 응용되고 있다.

〈표 3-2〉 반도체 발광소자의 응용 분야

파장 (nm)	가시광←→적외선 ←단파장대→←장파장대→ 700 800 900 1000 1100 1200 1300 1400 1500 1600
발광다이오드	광파이버통신(단거리, 옥내) 광빔통신(화상, 음성, 데이터) 거리측정기 자동초점카메라, 광센서 광파이버통신(중거리, 옥외)
반도체레이저	오디오,비디오디스크 광파이버통신(단거리, 옥내) 데이터베이스, 컴퓨터링크(단거리) 거리측정기, 분광기 파장분할 다중전송 광파이버통신 (장거리, 대용량)
재료	GaAlAs/GaAs (700~1000) InGaAsP/InP (1000~1600)

제2절 발광다이오드

1. LED의 구조와 발광파장

발광다이오드(LED : Light Emitting Diode)는 반도체에 전압을 가할 때 생기는 발광현상을 이용한 소자로서 이 발광현상을 전기 루미네선스(전기장발광)라고 하며, 1923년 탄화규소 결정의 발광 관측에서 비롯되는데, 1923년에 비소화갈륨 PN 접합에서의 고발광효율이 발견되면서부터 그 연구가 활발하게 진행되었다. 1960년대 말에는 발광다이오드가 실용화되기에 이르렀다.

LED는 PN 접합에 순방향으로 전류를 흐르게 함으로써 빛을 발생시키는 다이오드이다. P형으로부터 정공이, N형으로부터 전자가 각각 N형과 P형측으로 주입되는데, 이들 양 캐리어의 일부는 재결합하여 소멸된다. 이때 소멸된 캐리어가 가졌던 에너지가 빛을 발생한다. 이 빛 발생의 상세한 과정·메커니즘은 재료에 따라 차이가 있다. 또 이것에서 발생하는 빛은 보통 적외선 또는 이에 가까운 파장의 빛이지만, 이 중에는 가시광선을 내는 다이오드도 있다. 발광다이오드는 낮은 전압으로도 동작되고 수명이 길며, 또한 고휘도(高輝度)의 빛을 내는 등의 이점이 있기 때문에 디스플레이·통신 등에 활용된다.

LED에 적합한 재료로는

(1) 발광파장이 가시(可視) 또는 근적외(近赤外) 영역에 존재할 것
(2) 발광효율이 높을 것
(3) PN 접합의 제작이 가능할 것

등의 조건을 만족시키는 것으로서 주로 비소화갈륨 GaAs, 인화갈륨 GaP, 갈륨-비소-인 GaAs1-x Px, 갈륨-알루미늄-비소 Ga1-xAlxAs, 인화인듐 InP, 인듐-갈륨-인 ln1-xGaxP 등 3 B 및 5 B족인 2원소 또는 3원소 화합물 반도체가 사용되고 있는데, 2 B족, 6 B족이나 4 A족, 4 B족인 것에 대하여도 연구가 진행되고 있다.

가. LED의 구조

LED의 발광기구는 크게 나누어

(1) 자유 캐리어의 재결합에 의한 것
(2) 불순물 발광중심에서의 재결합에 의한 것

(1)에서 발광파장은 대략 ch/E_g(c는 광속, h는 플랭크 상수, E_g는 금지대의 에너지 폭)와 같으며, 비소화갈륨의 경우에는 약 900nm인 근적외광이 된다.

갈륨-비소-인에서는 인의 함유량 증가에 따라 E_g가 증가하므로 가시발광 다이오드가 된다.

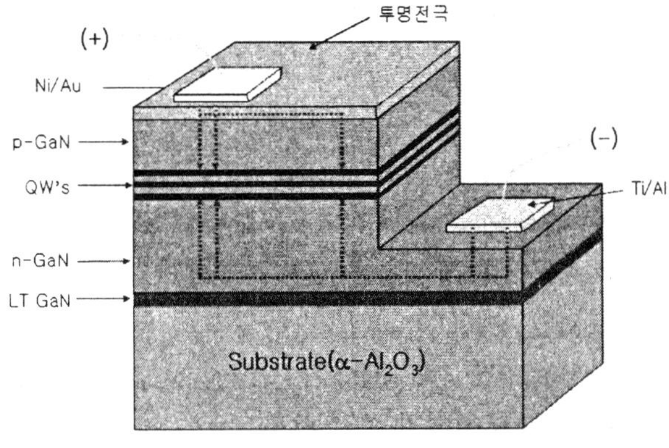

[그림 3-6] LED 칩의 구조

한편, (2)에서는 발광파장은 반도체에 첨가되는 불순물의 종류에 따라 다르다. 인화갈륨인 경우 아연 및 산소 원자가 관여하는 발광은 적색(파장 700nm)이고, 질소 원자가 관여하는 발광은 녹색(파장 550nm)이다.

[그림 3-6]은 LED 칩의 구조이다.

발광다이오드는 종래의 광원(光源)에 비해 소형이고, 수명은 길며, 전기에너지가 빛에너지로 직접 변환하기 때문에 전력이 적게 들고 효율이 좋다. 또한 고속응답이라 자동차 계기류의 표시소자, 광통신용 광원 등 각종 전자기기의 표시용 램프, 숫자표시 장치나 계산기의 카드 판독기 등에 쓰이고 있다.

이렇게 빛을 방출하는 칩은 보편적으로 0.25mm^{2}로 매우 작으며 LED 크기는 플라스틱 렌즈와 리드 프레임으로 결정된다. 현재 가장 보편적으로 사용하는 LED는 5mm 플라스틱 패키지(Package), 에폭시 수지 패키지, SMD 패키지 등이나 특정 응용 분야에 따라 새로운 형태의 패키지를 개발하고 있다.

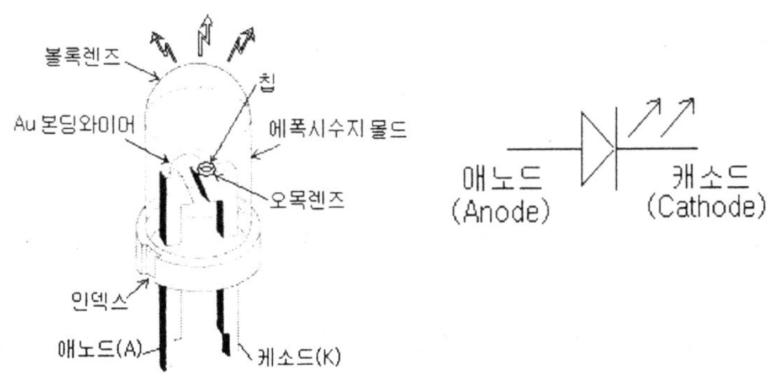

[그림 3-7] LED 패키지의 구조 및 기호

[그림 3-7]은 Lamp형 LED 패키지와 기호를 나타낸다. LED에서 방출하는 빛의 색은 반도체 칩 구성원소의 배합에 따라 파장을 만들며 이러한 파장이 빛의 색을 결정짓는다. 현재 고휘도 LED에 주로 사용하는 AlGaInP(Alumiium Gallium Indium Phosphide) 칩에서는 Red부터 Amber까지, InGaN(Indium Gallium Nitride) 칩에서는 Blue와 Green 그리고 Blue 칩에 형광체(Phosphor) 기술을 접목하여 White LED를 가능하게 하였다.

가시광선 스펙트럼은 각각의 색깔에 해당하는 파장을 보여주고 있는데 적색에 가까울수록 긴 파장을 보라색에 가까울수록 짧은 파장을 나타내며 파장이 짧을수록 좀더 많은 에너지가 필요하다.

[그림 3-8]은 LED의 파장대별 발광색을 나타내었다.

Color	파장(nm)	Color	파장(nm)
Violet	400~430nm	Amber	590~595nm
Blue	430~480nm	Orange	600~615nm
Green	490~530nm	Orange-Red	620~640nm
Yellow	550~580nm	Red	645~700nm

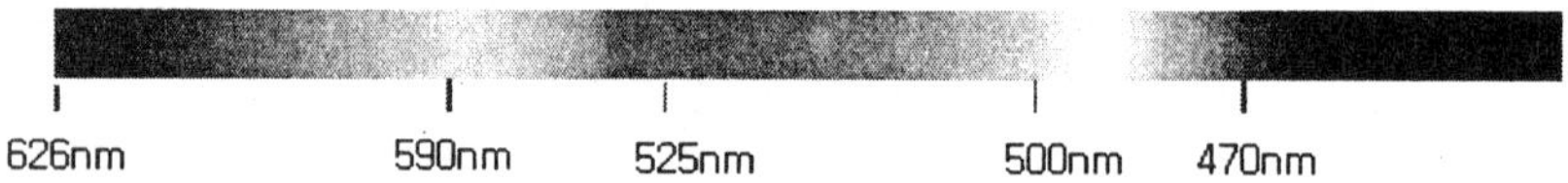

[그림 3-8] LED의 파장대별 발광색

나. LED 광원의 특징

단파장의 발광다이오드는 아래에 나타낸 것과 같은 뛰어난 특징을 갖고 있다. 환경 친화적이고 안전한 새로운 고체소자 조명광원으로서 21세기를 향하여 그 실용화가 기대된다.

(1) 광변환 효율이 높기 때문에 소비전력이 매우 적다(전구의 1/8, 형광등의 1/2).

(2) 작은 광원이기 때문에 소형화, 박형화, 경량화를 할 수 있다.

(3) 수명이 길다(50~100배).

(4) 열적 방전적 발광이 아니기 때문에 여열시간이 불필요하여 점등, 소등 속도가 매우 빠르다(200만배).

(5) 점등회로, 구동장치 등의 기구를 간이로 할 수 있어 부속품이 적게 든다.

(6) 가스, 필라멘트가 없기 때문에 충격에 강하고 안전하다.

(7) 안정적인 직류 점등방식을 위한 소비전력이 적고 빠른 반복, 펄스 동작이 가 능하고 또한 시신경의 피로를 저감할 수 있다.

(8) intelligent 조명광원이다.

(9) 수명이 반영구적이기 때문에 쓰레기를 발생시키지 않는다.

(10) 형광등과 같은 수은, 방전용 가스를 사용하지 않기 때문에 환경 친화적인 조명광원이다.

다. LED에 사용되는 반도체 재료

(1) General 급

GaP	GaN	GaAs	GaAlAs
Green, Red	Blue	Red, Infrared	Red, Infrared

(2) Super 급

GaAlAs	GaAsP	GaN	InGaN	GaP
Red	Red, Yellow	Blue	Green	Green

(3) Ultra 급

GaAlAs	InGaAlP	GaN	InGaN
Red	Yellow, Orange, Red	Blue	Green

라. LED 재료의 파장별 색

LED는 휘도에 따라 General급, Super급, Ultra급으로 나눠진다.

100mcd 이하는 General급이고, 500mcd 이하는 Super급, 그 이상은 Ultra급이다.

(1) General급

파장 [nm]	400~450	450~470	470~557	557~567	567~572	572~585	585~605	605~630	630~700
발광색	Pure Blue	General Blue	Pure Green	General Green	Yellow Green	General Yellow	General Amber	General Orange	General Red

(2) Super급

파장	470nm	572nm	650nm	660nm
발광색	Super Blue	Super Yellow Green	Super Red	Super Red

(3) Ultra급

파장	591nm	610nm	624nm	639nm	660nm
발광색	Ultra Yellow	Ultra Amber	Ultra Orange	Ultra Red	Ultra Red

[그림 3-9]에서 가시광용 LED의 발광색을 보였다.

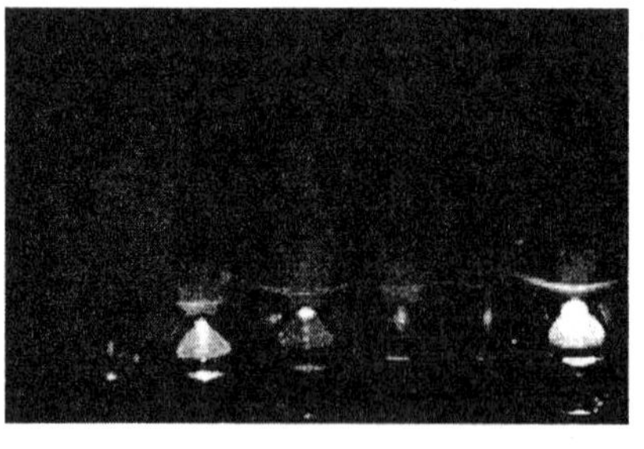

[그림 3-9] LED의 발광색

2. LED의 용도와 종류

가. LED의 용도와 사용법

(1) LED의 용도

LED는 일반 전자기기의 표시등이나 숫자 표시에 사용됨으로써 우리생활과 친숙해졌다. 초창기에는 낮은 휘도와 색깔의 한계가 있었으나 현재 새로운 LED 원재료와 진보된 생산기술로 백색을 포함한 가시광선 영역의 모든 색깔의 고휘도 LED가 생산되고 있으며 이러한 고휘도, 고효율, 다양한 색깔의 LED는 이미 선진국 및 국내에서 대형 전광판, 비상구등, 교통신호등, 자동차의 각종 표시등에 응용되고 있다. LED는 작고, 가볍고, 내구성이 크며, 수명이 길어서 향후 한층 더 광범위한 영역에서 응용되어질 것이며 많은 전문가들은 우리가 일상생활에서 접하는 기존 광원을 결국은 대체할 것으로 전망하고 있다.

(2) LED의 사용법

LED 구동방법으로 병렬형 직렬과 병렬의 병용형 매트릭스형이 있다. 병렬형은 각각의 LED를 독립해서 구동하기 때문에 숫자표시나 레벨미터 등 소수의 LED를 이용한 디스플레이의 구동에 적용한다. 병용형은 다수의 LED 소자를 사용하는 옥외용 LED 램프 등의 구동에 이용된다. 그리고 매트릭스형은 복잡한 문자, 화상표시 등에 이용된다. 최근에는 조명용으로 AC 110V, 220V 구동 LED가 개발되어 시판되고 있다.

나. LED의 종류

LED 발광색상은 현재 빨강・녹색・황색・오렌지・청색・백색 등이 개발되어 있다. 첨가하는 불순물의 함량에 따라 재질의 파장이 달라 파장은 인간의 가시광선 영역인 400nm에서 700nm 사이이며 적색은 700nm대, 청색은 470nm, 녹색은 565nm, 황색은 585nm, 오렌지색은 635nm의 파장을 형성하고 있다.

(1) 청색 LED

청색 LED는 질화갈륨비소와 사파이어 등을 이용하여 만들어지며, 백색

LED는 백색에 해당되는 단일 파장은 존재하지 않기 때문에 두가지 색 이상의 조합으로 백색을 구현할 수 있다. 즉 빛의 3원색은 적색, 녹색, 청색으로 이 들 3원색을 혼합하여 백색을 만든다. [그림 3-10]에서 청색 LED의 구조를, [그림 3-11]에서 삼원색 혼합법을 보였다.

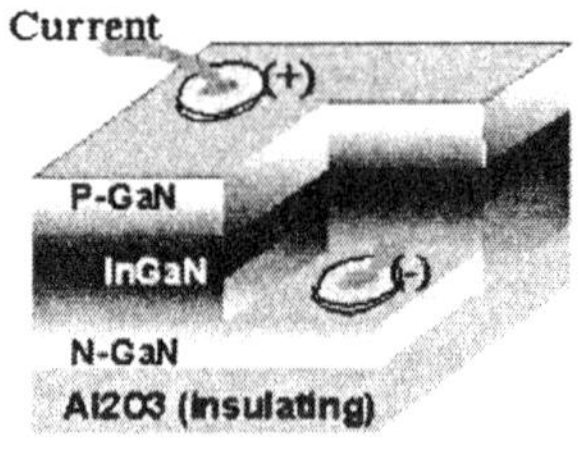

[그림 3-10] 청색 LED의 구조

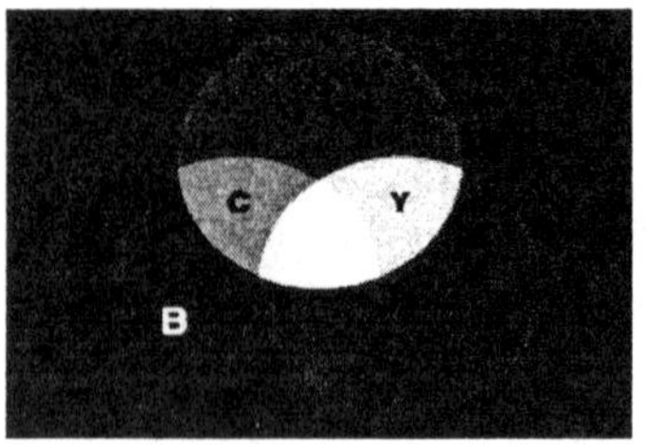

[그림 3-11] 삼원색 혼합

(2) 백색 LED

보색을 혼합함으로써 백색을 구현할 수 있으며, 황색과 청색, 청록색(cyan)과 황갈색(amber), 녹색과 자홍색(magenta)을 각기 혼합하여 백색을 구현할 수 있다. 최근에는 청색 LED에 황색 형광체를 넣거나 자외선 LED에 RGB 형광체를 넣어 제조하는 방법이 개발되었다. <표 3-3>에 백색 LED 구현방법과 특성을 나타내었다.

〈표 3-3〉 백색 LED 구현방법별 특성

구 분	1-chip solution		2-chip solution	3-chip solution
구현방법	청색 LED + 황색 형광체	UV LED + RGB 형광체	Binary Complementary	RGB Multichip
연색성	△	◎	△	○
색안정성	○	◎	△	△
수 명	△		○	○
효 율	△	◎	○	○
형광체	양산중	양산중	필요없음	필요없음
특 징	제조용이, 색상균일성 떨어짐	좋은 연색성, 패키지 재료의 내자외선 요구	좋은 출력, 연색성 떨어짐	좋은 색 연출성, 좋은 출력신뢰성 떨어짐
응 용	백라이트	조명	Task light	전광판

(3) 풀 컬러 LED

풀 컬러(Full Color) LED는 적·녹색 LED를 조합시킨 하이브리드형으로 발광 효율이 높은 SiC 청색 LED와 GaP 적색 및 녹색 LED를 램프화하여 순백색 발광을 포함한 다수 발광이 가능한 풀 컬러 LED이다.

적·녹·청색 LED 칩을 하나의 패키지로 제작하는 방법은 발광효율이 우수하고, 풀 컬러 표현이 가능하나, 3개의 칩을 사용하므로 다른 방식에 비해 고가이고, 전원 회로가 복잡해지는 단점이 있다. [그림 3-12]에서 풀 컬러 LED 패키지를, [그림 3-13]에서 풀 컬러 LED의 스펙트럼 분포를 보였다.

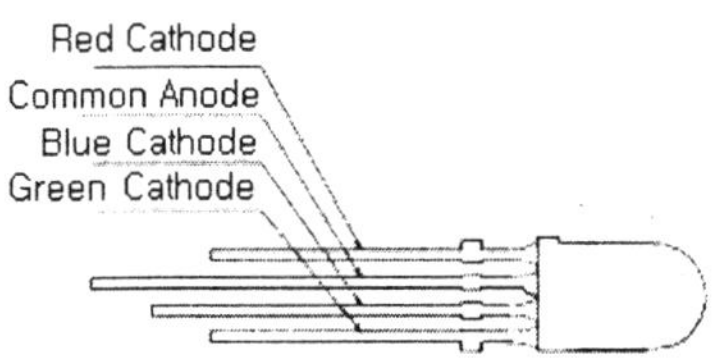

[그림 3-12] 풀 컬러 LED 패키지

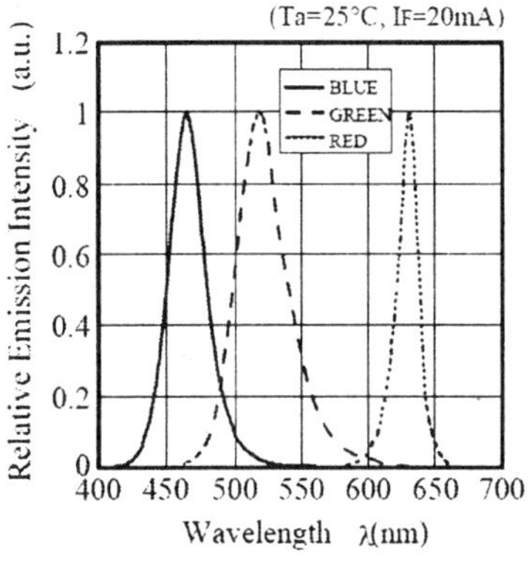

[그림 3-13] 풀 컬러 LED의 스펙트럼 분포

(4) 적외 LED

적외(IR : infrared) LED의 재료는 주로 GaAs로 양불순물인 Si를 이용하여 LPE 결정 성장조건으로 그 치환위치(Ga 또는 As원자)를 제어함으로써 PN 접합을 형성한다.

텔레비전 등의 리모컨에서 신호 송신용으로 이용되고 있으며, 일반적인 포토 커플러, 포토아이솔레이터 등의 복합광소자로서 가장 많이 이용된다. 최근에는 카메라의 오토 포커스 등 고출력을 요하는 것이나 장거리 리모트 컨트롤용 광원으로서 GaAlAs에 의한 DH 구조의 고출력 타입 적외선 LED가 이용되고 있으며, 최근 현금입출금기(ATM)·자동화기기·게임기 등에 적용할 수 있는 터치스크린용 적외선 LED도 개발되었다. [그림 3-14]에 여러 가지 적외 LED의 패키지를 보였다.

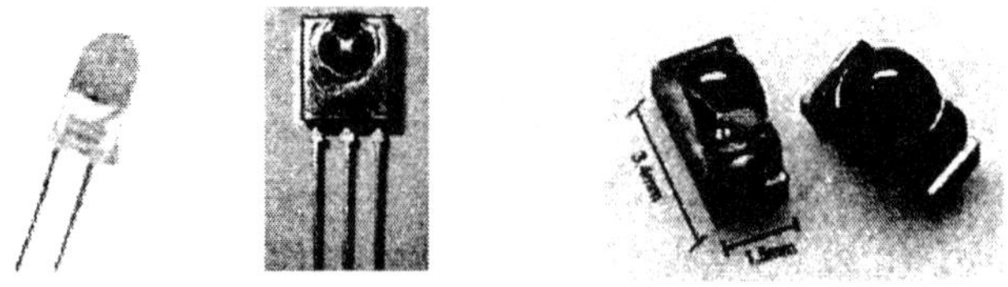

[그림 3-14] 여러 가지 패키지의 적외 LED

(5) 자외 LED

자외(UV : ultraviolet) LED는 질화갈륨(GaN)이나 산화아연(ZnO)을 이용한 반도체 소자 또는 다이아몬드 기판을 이용한 PN 접합으로 자외선을 발광한다.

발광파장은 235nm, 265nm, 280nm, 310nm, 340nm 등의 단파장 자외선이다. 단파장 자외선은 뛰어난 살균효과를 내기 때문에 공기청정기나 정수기, 무좀, 아토피성 피부염 치료 장치, DNA 분석 장치, 탈취기, 경화시스템, 위폐 감식 장치 등 다양한 분야에 사용될 수 있다.

그동안 자외선을 내는 장치로 수은램프가 사용됐는데 환경오염 물질인 수은이 쓰이고 오존이 발생해 많은 문제를 일으켰다. [그림 3-15]는 여러 가지 자외 LED의 패키지이다.

[그림 3-15] 여러 가지 패키지의 UV LED

(6) OLED(Organic Light Emitting Diode)

유기물 층의 양쪽 면에 가해지는 전기장에 의해 전자와 정공이 주입되고 재결합하는 과정에서 빛을 내는 소자로 유기 발광다이오드이다.

전기 에너지를 빛으로 바꾸는 전환 매체로서 유기 물질을 이용하며, 발광 메커니즘으로서는 발광다이오드(LED)에 가깝고, 정류작용도 하는 것으로 유기 EL(Organic Electroluminescence)이라고도 한다. 1963년 Pope 등이 안트라센(Anthracene)이라는 유기물 단결정에서 이 현상을 처음 발견하였다.

유기 EL은 전력소모가 적고, 자체 발광으로 시야각이 넓으며, 응답속도가 빠른 장점이 있는 반면에 발광체의 수명이 짧고, 밝은 빛 아래에서는 볼 수가 없으며, 대형 화면을 만들기가 어려운 단점도 있다. MP3나 휴대폰, 카메라, 그리고 PMP 등 휴대용 영상기기에서 LCD를 빠르게 대체해 가고 있다.

(7) 폴리머 발광다이오드(Polymer LED)

LED에 반도체 물질과 같이 폴리머를 사용한 것이며, 폴리머는 많은 미립자들이 모여 큰 분자를 구성하는 화학 물질로서, 단백질과 DNA는 자연산 폴리머이고, 나일론과 같은 물질은 가공 폴리머이다.

폴리머의 유연성과 강도 때문에 자동차 범퍼와 방탄조끼를 만드는데 사용되며, 또한 가볍고 유연하기 때문에 박막 디스플레이를 만드는데 사용되기도 한다. 완전 컬러 디스플레이, 저전압 고광도, 장기간 수명, 폴리머와 전극을 사용한 소형 문자 디스플레이, 5볼트 전원으로 형광 빛 생성 등 다양한 특징이 있다.

다. LED의 활용 분야

LED는 반도체라는 특성으로 인해 처리속도, 전력소모, 수명 등의 제반사항에서 큰 장점을 보여 각종 전자제품의 전자표시 부품으로 각광받고 있다. 기존 전구처럼 눈이 부시거나 필라멘트가 단락되는 경우가 없는 LED는 소형으로 제작돼 각종 표시소자로 폭넓게 사용되고 있으며 반영구적인 수명(약 1백만 시간)으로 그 활용도가 높다.

(1) 점 발광 LED

각종 기기의 스위치 on/off나 기능표시를 비롯하여 완구, 오락 등 폭넓게 활용된다. <표 3-4>에서 LED의 활용 분야와 응용기술을 나타내었고, <표 3-5>에 LED 응용제품 구분을 표시하였다.

(2) 복합 표시소자

복합 표시소자에는 7세그먼트형과 매트릭스형이 있는데, 현재 각 7세그먼트에 LED 칩을 배열하여 반사판을 이용하는 7세그먼트형이 주류를 이룬다.

(3) 옥외표시 LED

종래 LED는 휘도부족 때문에 실내표시에 사용되어 왔으나 최근 LED는 고휘도화, 다색화, 저가격화가 진전, 옥외표시 · 차량 등 새로운 응용이 전개되었다. 옥외형 대형 LED는 복수의 LED를 동일 하우징 내에 직접 설정하는 것에 의해 휘도를 향상시킨 것이다.

(4) LED 패널 디스플레이

여러 사람을 대상으로 한 정보표시로서 LED를 매트릭스형상에 배치한 패널 디스플레이를 말한다. 철도역 구내나 공항내의 교통정보 표시에 이용되고 있다.

〈표 3-4〉 LED의 활용 분야

분 야	응 용 기 술	비 고
통 신	• 초단거리 유/무선통신용 광원	메모리반도체 이후 최대의 응용 분야
산 업	• 자동차 내 · 외장 램프 • 교통 신호등/도로 표시용 • 직 · 간접조명 • Display/sign • Back-light (소형가전, 휴대폰) • Decoration	
의 료	• 살균용 광원(UV) • Dental curing	
기 타	• 위폐식별기 • 완구류 · 기계 · 스포츠 용품 표시기	

〈표 3-5〉 LED 응용제품 구분

구분	Display용	Traffic Sign용	전장용	광원용	통신용
Set	옥내외 전광판	도로교통 신호동 도로상태 경보등 도로상태 안내등 도로지명 표시등		산업용 특수조명	
Module & Array	옥내전광판 문자전광판 옥외전광판	도로교통 신호용 모듈 철도교통 신호용 모듈	Stop Lamp 방향지시등 브레이크등 Dash Board	정밀과학기기 특수조명 의료용 장비	IrDA IrDA-Array
Unit	가전제품 산업기기용 표시창 전광판 Pixel 완구류			전구형 Unit 형광등형 Unit Back light (LCD, 단말기, 디지털카메라)	핸드폰 발광 안테나

3. LED의 특성

가. 최대정격

기기나 부품에서 열화(劣化) 또는 파괴를 방지하기 위해 설정하는 최대 허용치. 특히 반도체 소자의 경우 최대정격(最大定格, maximum rating) 온도가 초과되면 특성이 변하여 파괴되는 일이 있으므로 주의해야 한다.

LED는 일반적으로 최대정격의 60%이하에서 사용하는 것이 바람직하다. 다음에 열거하는 항목 중 2항목이상을 최대정격의 60% 이상에서 사용하는 경우는 LED가 열화할 우려가 있으므로 피하는 것이 좋다. LED 제조회사에서 나온 데이터 북에는 다음 항목의 최대정격이 실려 있다.

- 직류 순방향전류
- 펄스 순방향 전류
- 역방향 전압
- 허용손실
- 동작온도
- 보존온도
- 리드 납땜온도 등

(1) 최대정격(Ta = 25℃)

<표 3-6>은 적색 고휘도 LED의 최대정격의 예이다.

〈표 3-6〉 LED의 최대정격

항 목 (Item)	기 호 (Symbole)	정 격(Absolute Maximum Rating)	단 위 (Unit)
직류 순전류(Forward Current)	I_F	30	mA
펄스 순전류(Pulse Forward Current)	I_{FP}	100	
역전압(Reverse Voltage)	V_R	5	V
허용손실(Power Dissipation)	P_D	120	mW
동작온도(Operation Temperature)	T_{opr}	−25 ~ +85	℃
보존온도(Storage Temperature)	T_{stg}	−30 ~ +100	℃
리드납땜온도(Soldering Temperature)	T_{sld}	265℃ for 10sec	

(가) V-I(전압-전류)특성

LED는 순바이어스에 의해 동작하는 소자로써 공급되는 전원에 따라 출력은 비례하여 증가한다. 일반적으로 드레시홀드 전압(threshold voltage)은 LED의 재료에 따라 달라지며, GaAs는 약 1.0V, GaAsP는 1.5V, GaP(적색)은 1.8V, GaP(녹색)은 2V이며, 고휘도 LED의 경우는 더욱 높아진다.

[그림 3-16]에서 V-I 특성을, [그림 3-17]에서 V-T 특성을 나타내었다.

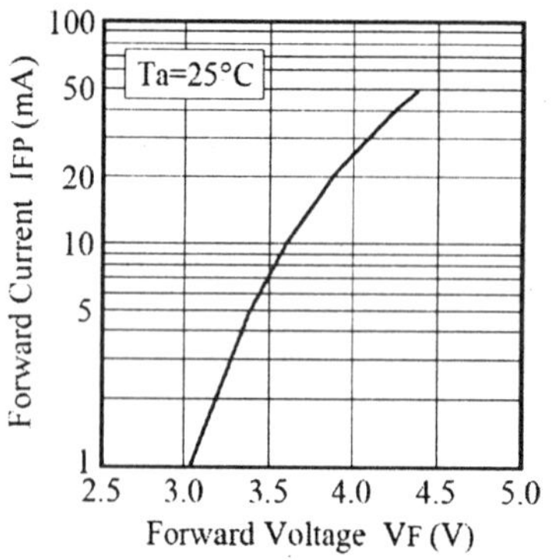

[그림 3-16] 전압-전류특성

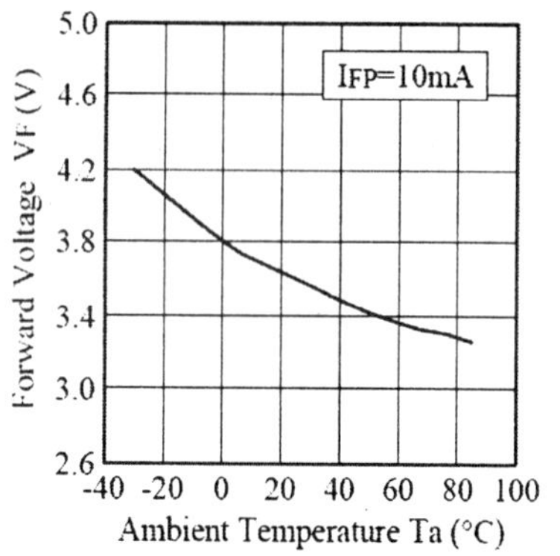

[그림 3-17] 전압-온도특성

(나) 허용손실

일반적으로 LED의 발광강도는 온도에 의존한다. 이 원인은 온도상승과 함께 발광효율이 저하하기 때문이며, 특히 LED에 큰 전류를 흘리면 LED자체의 온도가 상승하여 발광강도가 저하한다. 따라서 LED에 큰 전류를 흘리는 경우에는 펄스 구동으로 해야 한다.

LED의 열저항이 R 이고 P[W]의 전력을 사용하여 동작시켰을 때 LED의 온도상승 ΔT는 다음 관계로 표시된다.

$$\Delta T = R \cdot P \ [℃] \qquad (3\text{-}3)$$

따라서 LED의 주위온도를 T_0라고 하면 접합부 온도는 $T_0 + \Delta T$가 되고, T_0가 커지면 ΔT의 허용범위가 작아진다. 따라서 허용전류도 작아진다.

(다) 접합부 용량

LED는 PN 접합부에 수 pF정도의 용량을 가지므로 고속 스위칭 등에 사용하는 경우를 주의한다.

(2) 광전특성(Ta = 25℃)

(가) *P-I*(광출력-전류)특성

LED의 밝기 정도는 출력전력(*P*)로 나타낼 수 있는데 순방향 전류가 커지면 밝기도 커진다. 소전력용과 대전력용의 용도가 각각의 재료에 따라 특성이 조금씩 다르게 된다. <표 3-7>은 LED의 광전특성을 나타낸 것이다.

〈표 3-7〉 LED의 광전특성

항 목 (Item)	기 호 (Symbole)	조건 (Condition)	최소 (Min)	최대 (Max)	단 위 (Unit)
순전압(Forward Voltage)	V_F	I_F=20mA	3.0	4.0	V
역전류(Reverse Current)	I_R	V_R=20V	-	100	uA
휘도(Luminous Intensity)	I_V	I_F=20mA	7640	-	mcd
발광피크파장(Wavelength Peak)	λ_p	I_F=20mA	465	470	nm
스펙트럼 반폭값(Viewing Angle)	2θ 1/2	I_F=20mA	20		deg

(나) 발광휘도의 전류 의존성

발광휘도는 전류에 의한 LED 자체의 온도상승에 의해서 영향을 받을 뿐만 아니라 LED자체의 온도가 일정해지도록 했다하더라도 전류밀도에 따라서 영향을 받는다. 즉, 전류밀도가 커지면 주입되는 캐리어가 많아지고, 재결합에 의한 발광의 양이 많아지므로 빛의 강도가 증가한다.

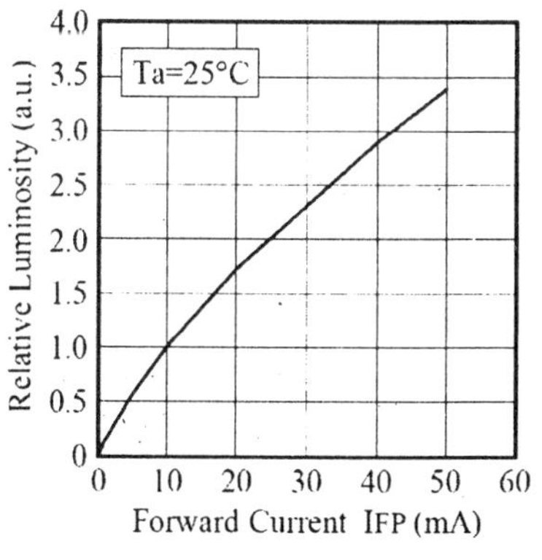

[그림 3-18] 휘도-순전류 특성

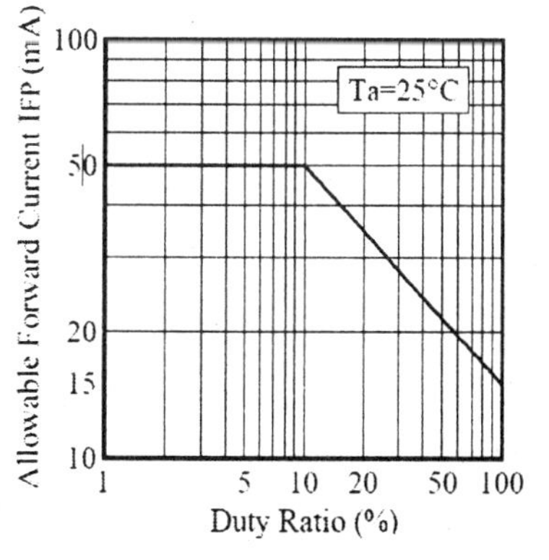

[그림 3-19] 온도-허용순전류 특성

그러나 재결합 중심의 수가 한정되어 있고 주입 캐리어수가 어느 정도를 넘으면 발광효율은 캐리어수가 아닌 재결합 중심의 수에 따라 결정된다. 따라서 LED의 발광 휘도는 어떤 전류값 이상에서 포화현상을 나타낸다.

[그림 3-18]은 LED의 순방향 전류와 휘도 특성을, [그림 3-19]는 온도와 순방향 전류 특성곡선이다.

(다) 발광효율

LED의 발광효율은 양자효율과 파워효율이 있고, 양자효율은 PN 접합을 흐르는 캐리어수에 대한 외부에 방사되는 광자수의 비이며, 파워효율은 입력전력에 대한 광출력의 비이다.

나. 스펙트럼 분포

물체는 온도가 높아지면 빛을 낸다. 이 빛은 많은 다른 파장의 빛이 섞여 있는데 이런 빛을 프리즘이나 분광기를 이용하면 단색광의 빛으로 분산시킬 수 있다.

비가 온 후에 햇빛이 나면 아름다운 무지개를 볼 수 있는데 이것은 공기 중에 떠있는 수증기가 빛을 분산시켜 나타나는 현상이다. 이렇게 분산된 빛을 스펙트럼이라고 하는데 스펙트럼을 분석하면 빛을 내는 물체에 대하여 많은 것을 알 수 있다.

LED의 발광 스펙트럼은 결정격자의 열진동과의 상호작용 때문에 폭을 가진다. 발광의 강도가 절반이 되었을 때의 발광 스펙트럼폭을 반폭값이라고 하고 발광스펙트럼의 형태의 기준을 부여한다.

[그림 3-20]은 녹색 LED의 스펙트럼 분포를 나타낸 것이다.

인간의 눈으로 본 느낌은 [그림 3-20]에서와 같이 비시감도(Relative Luminous Effciency)를 고려해야 한다. 즉 적색 GaP LED는 외부 발광효율이 높아 수십 %이지만 녹색 GaP LED는 1%에 가깝다. 그러나 적색(700nm)에 대하여 녹색(560nm)의 비시감도가 수 10배라는 것을 고려하면 실제로 인간의 눈이 느끼는 휘도는 녹색 LED쪽이 높고 밝게 느껴진다.

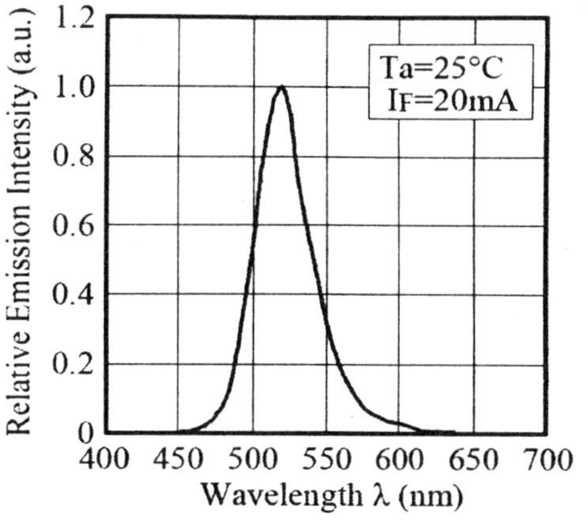

[그림 3-20] 녹색 LED의 스펙트럼

다. 지향특성

(1) LED의 지향특성

LED에서 발생하는 빛의 방출방향은 반도체 칩의 고정방식, 칩 위에 붙이는 캡 렌즈의 특성에 따라 결정된다. 지향특성은 LED에서 나오는 발광 출력의 방사각 분포특성을 나타낸 것이다.

[그림 3-21]은 LED의 지향특성을 나타낸다.

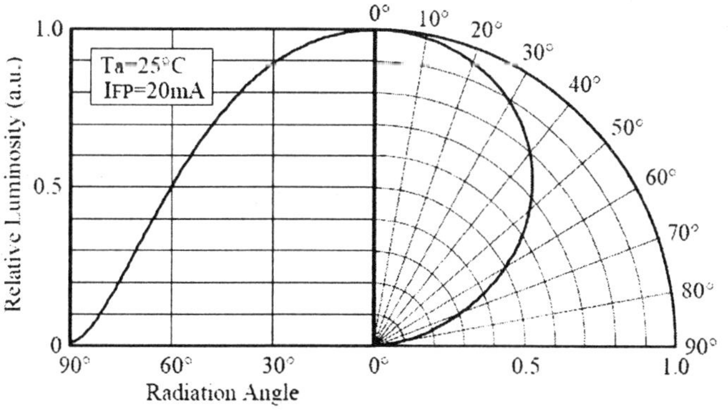

[그림 3-21] LED의 지향특성

(2) 방사각(Radiant Angle)

일반 LED는 람베르티안(Lambertian) 광원으로서 빛의 세기 분포가 방출각과 cos의 관계가 있다. 즉, $\theta = 0$, 발광면과 수직인 방향이 빛의 세기가 가장 크다. 람베르티안 광원에서 반전력폭은 120°(+60°~−60°)이다. 광원의 방사각은 사용목적이나 제조방법에 따라 넓게 또는 좁게도 조절 가능하다.

[그림 3-22]는 람베르티안 광원의 광세기 분포를 나타낸다.

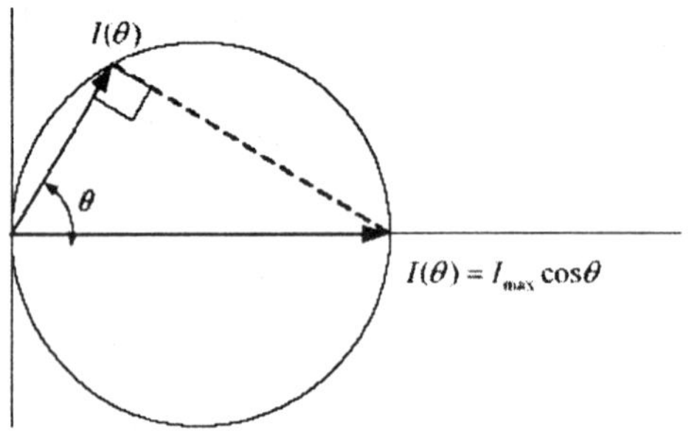

[그림 3-22] 람베르티안 광원의 광세기 분포

4. LED 구동회로

가. LED 전압과 전류

LED는 일반적으로 10mA에서 50mA 사이의 전류에 대하여 1.5V에서 2.5V의 전압강하가 일어난다. 정확한 전압강하는 LED의 전류, 색깔, 오차 등에 따라 약간씩 다르나 일반적으로 순전류를 20mA 정도 흘리면 빛을 나타낸 것이 많고 역방향으로 전압을 걸면 3V 정도의 낮은 전압에서 파손될 우려가 있다.

나. LED 구동회로 설계

LED의 발광세기는 전류에 의해서 결정된다. 이상적으로 밝기를 조절하는 최선의 방법은 LED를 전류원으로 구동하는 것이다. 두 번째로 높은 공급전압과 큰 직렬저항을 이용하는 방법이다. 즉 [그림 3-23]과 같은 구동회로에서

LED에 흐르는 전류는 다음 식과 같이 구할 수 있다.

$$I = \frac{V - V_d}{R} \ [\mathrm{A}] \qquad (3\text{-}4)$$

여기서 V_d는 LED 양단의 전압강하이다.

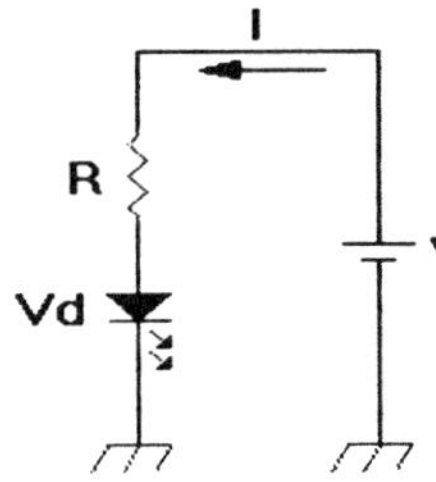

[그림 3-23] LED의 전류

LED 구동회로에서 전원전압이 클수록 LED양단의 전압강하로 인한 영향을 적게 받으며 전원전압의 값이 크면 LED 양단의 전압 변화를 무시할 수 있다. 예를 들면 TIL222는 약 25mA의 전류에 대하여 1.8V의 최소전압강하와 3V의 최대전압강하를 갖는 녹색 LED이다.

20V전원과 750Ω의 저항을 갖는 회로에서 이 LED를 구동시키면 전류는 22.7mA에서 24.3mA까지 변화하므로 모든 TIL222에 대하여 똑같은 밝기로 구동된다.

또 5V전원과 120Ω의 저항을 이용하여 설계한다면 전류는 약 16.7mA에서 26.7mA까지 변화하므로 LED의 밝기는 크게 변화하므로 LED를 일정한 밝기로 구동하려면 가능한 높은 전압과 큰 직렬저항을 이용하여야 한다.

(1) 직렬 및 병렬구동

LED를 구동하는 방법은 직류전원을 공급하여 구동하는 방법과 교류전원으로 구동하는 방법, LED를 직렬 접속하여 구동하는 방법과 병렬 접속하여 구동하는 방법, 트랜지스터에 의한 구동법, TTL IC나 CMOS IC를 이용하여 구동하는 방법, LED 드라이브용 전용 IC를 이용하는 법 등 매우 다양한 방법이 있으며 필요에 따라 적절한 방법을 선택하여 사용할 수 있다.

직렬 및 병렬구동 방법은 [그림 3-24]와 같이 여러 개의 LED를 직렬로 접속하거나, 병렬로 접속하고 개개의 LED에 일정한 전류가 흐르도록 안정화 저항(R)을 넣는다.

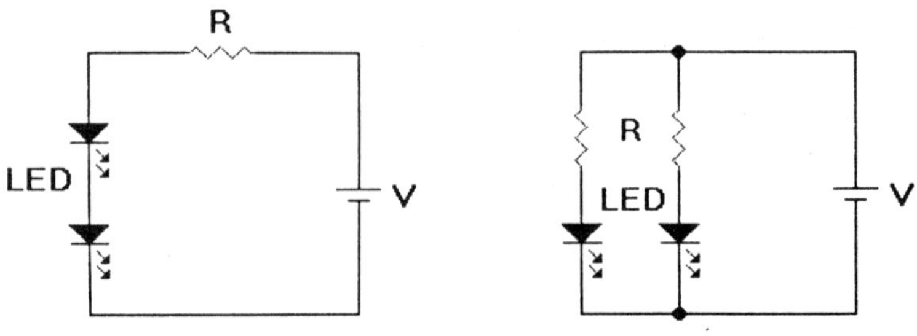

[그림 3-24] 직렬구동과 병렬구동

(2) 교류구동

[그림 3-25]와 같이 교류전압을 직접 LED 구동전원으로 사용할 경우 LED 역전압의 정격을 넘지 않도록 보호다이오드(D)를 직렬 혹은 병렬로 삽입하고 전류 제어용 안정화 저항(*R*)을 넣는다.

AC 110V의 교류전원으로 LED를 구동하고자 할 때는 [그림 3-26]과 같이 보호다이오드를 병렬로 접속하여 사용하거나 LED를 1개는 순방향, 나머지 1개는 역방향으로 병렬 접속하여 사용한다.

[그림 3-27]은 AC 100V, 110V, 220V, 230V에 직접 인가하여 사용하는 반도체 조명용 LED 모듈이다.

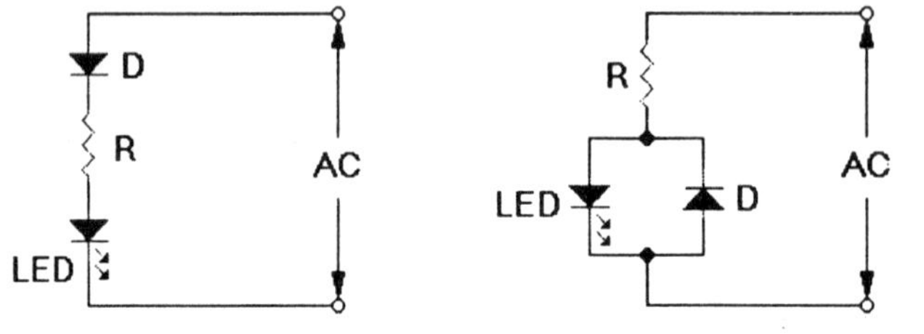

[그림 3-25] 교류구동

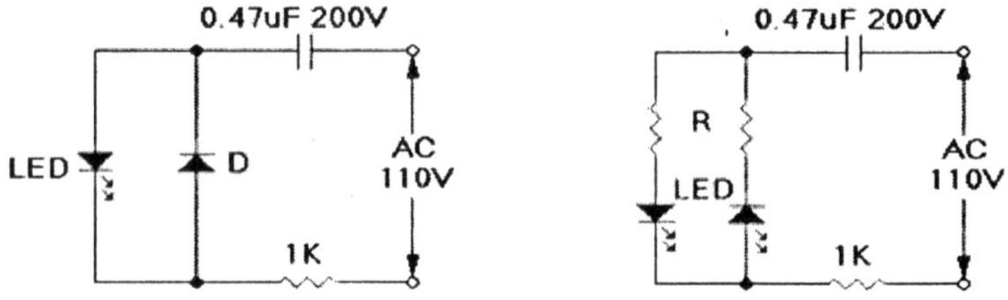

[그림 3-26] AC 110V 구동회로

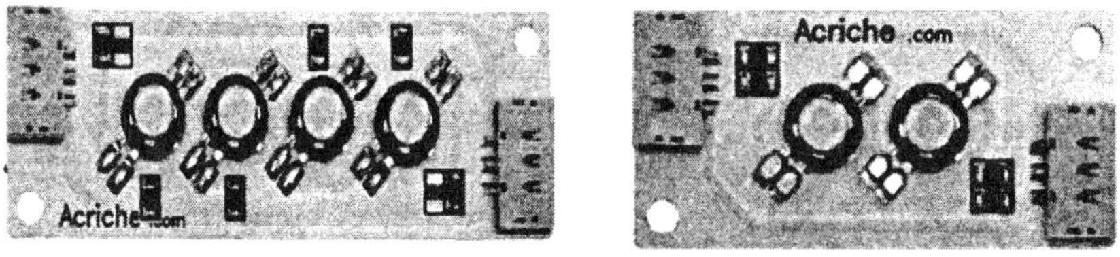

[그림 3-27] AC 구동 조명용 LED 모듈(8W, 4W)

(3) 펄스 구동

LED를 구동하는 방식으로 [그림 3-28]의 펄스 구동 방식(다이나믹 구동)이 있다. 다이나믹 구동의 장점은 적은 수의 포트로 많은 LED를 이용한 표시를 제어할 수 있다는 것이다. 이 방식은 사람 눈의 잔상효과를 이용한 것으로 LED의 조합으로 이루어진 매트릭스(Matrix) LED의 구동이나 많은 양의 LED를 구동할 경우 많이 이용하게 된다.

펄스 구동의 경우 LED가 점등하고 있는 시간을 직류구동의 1/2로 하고 직류 구동시보다 2배의 펄스 전류를 인가하면 시각적으로는 밝기가 동일하게 나타난다.

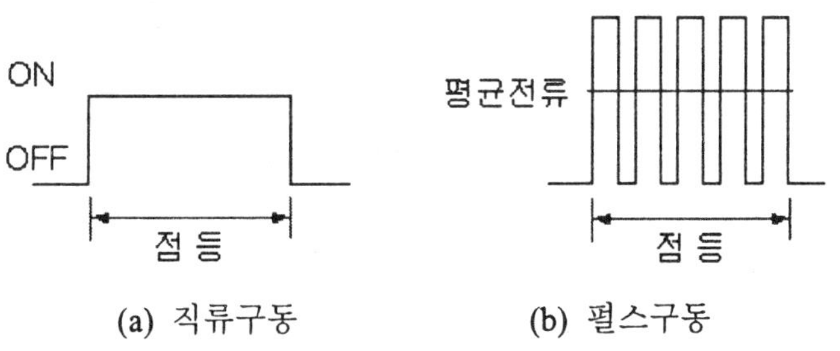

[그림 3-28] 펄스 구동 원리

(4) 트랜지스터 구동

LED에 흐르는 전류를 크게 하거나 제어할 목적으로 트랜지스터 구동회로를 사용한다. 이 경우는 [그림 3-29]와 같이 트랜지스터가 ON과 OFF 어느 쪽에서 LED를 점등할 것인지에 따라 Pull-up 회로를 사용할 것인지 Pull-down회로를 사용할 것인지 선택하여야 한다.

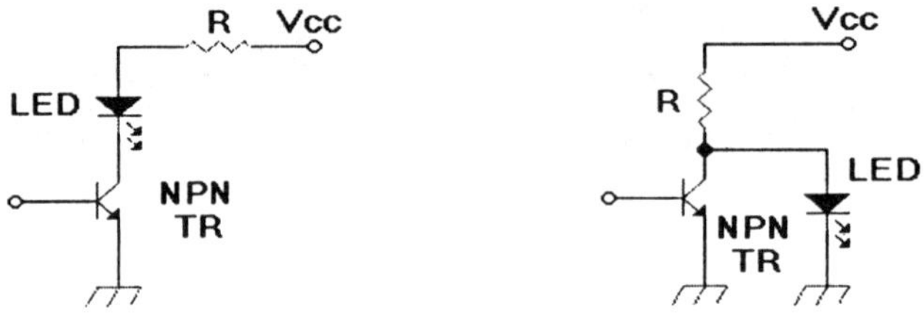

[그림 3-29] 트랜지스터 구동회로

(5) TTL IC 구동

[그림 3-30]과 같은 TTL IC에 의한 구동은 L레벨과 H레벨 어느 쪽에서 LED를 점등할 것인지에 따라 트랜지스터 구동회로에서와 같이 Pull-up 회로를 사용할 것인지 Pull-down 회로를 사용할 것인지 선택하여야 한다.

[그림 3-30] TTL IC 구동

(6) CMOS IC 구동

CMOS IC 출력단에 트랜지스터 구동회로를 부가한 회로로서 [그림 3-31]과 같다.

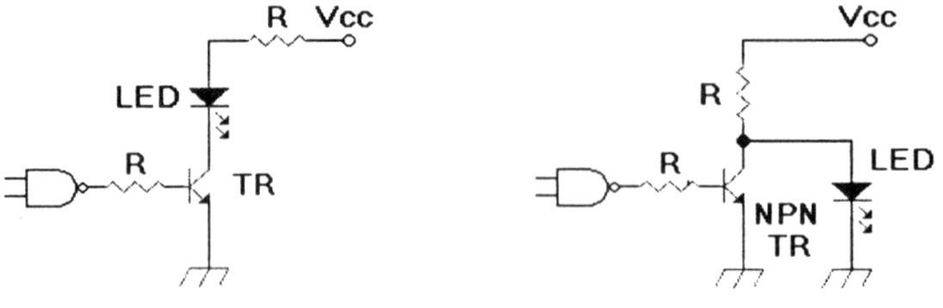

[그림 3-31] CMOS IC 구동

CMOS IC의 출력상태가 H레벨과 L레벨 어느 쪽에서 LED를 점등할 것인지에 따라 출력측에 트랜지스터 구동회로를 선택하여 부가한다.

다. LED 드라이브 전용 IC

최근 LED가 조명, 백라이트, 대체 광원 등 여러 분야에 활용됨으로써 LED를 용도에 맞게 구동할 수 있는 드라이브 전용 IC가 여러 제조사에서 다양하게 개발 보급되고 있다. 예를 들면 슈퍼텍스사에서 보급하고 있는 Supertex LED Driver IC의 경우 [그림 3-32]와 같이 HV9910은 고휘도 LED 드라이버로서 사용전원은 직류/교류 겸용으로 DC 8~450V 및 AC 85~255V로 사용가능하다. 물론 정전류 구동회로가 내장되고, 특별한 보정없이 간편하게 사용할 수 있다. 또 Hysteric Boost-Buck LED Driver로서 HV9930, Switch Mode LED Driver로서 HV9921/22가 있다.

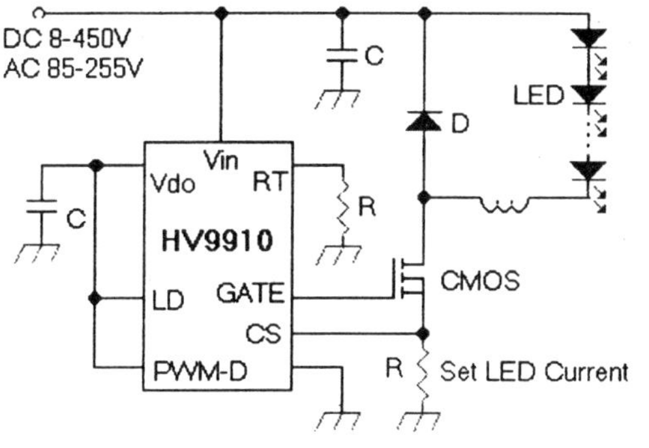

[그림 3-32] LED 드라이브 전용 IC

(1) 고휘도 LED의 용도

High Power LED는 소비전력 1W이상, 순방향 직류전류 350mA, 순방향 펄스전류 1A이상의 초 고휘도 LED로서 주로 R, G, W의 색을 발광한다. 하이 파워 LED의 용도는 주로 카메라 Cell phone, 디지털카메라, 자동 조명장치, TFT LCD 백라이트, 건물 내외부 조명장치, 인테리어용 조명 장치 등이며 모든 조명장치로 확대되고 있다.

(2) AC 구동 고휘도 LED 점등 회로

[그림 3-33]과 같은 AC 구동 고휘도 LED 점등회로에서 브리지 정류회로에 AC 120V를 가하면 직류전압 170V 정도가 출력된다.

LED 1개의 전류용량을 20mA, 순방향 전압을 3V로 하면 25개의 LED 양단 전압강하는 75V가 된다. 170에서 75를 빼면 95가 되고 95V가 저항 양단에 걸리게 되므로 이때 저항값은 95/0.02 = 4750 즉, 4.7kΩ가 된다.

이 저항에서 소비되는 전력은 $I^2R = 1.88$ [W]이므로 대략 2[W], 4.7kΩ 저항을 사용한다.

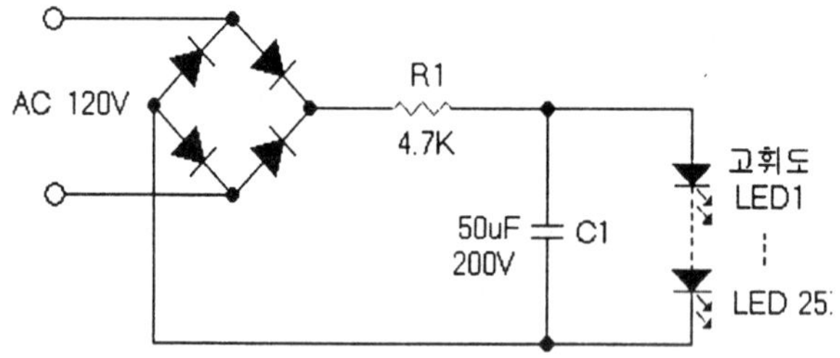

[그림 3-33] AC 구동 고휘도 LED 점등회로

(3) AC 구동 하이파워 LED 전용 IC

[그림 3-34]는 High Power LED 구동용 IC HV9922/21/을 사용한 구동 회로이다. 출력전류는 HV9921가 20mA, HV9922가 50mA이며, 교류 전원전압은 80V~264V, 직류 전원전압은 20V~450V이다.

이 IC의 응용 분야는 LED사인 및 디스플레이, 산업용 조명, 건축조명, 대체 백열등, 저전력 조명시설 등이다.

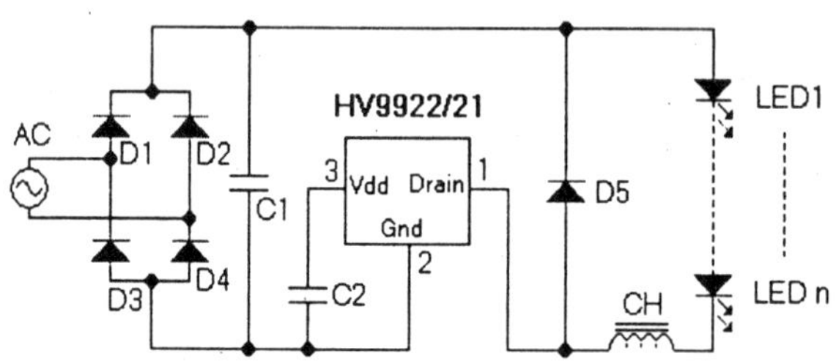

[그림 3-34] High Power LED AC 구동 전용 IC회로

(4) 파워 LED의 발광

시판되고 있는 5W급 파워 LED는 압력 전압이 AC/DC12V 600mA용이 있다. [그림 3-35]는 여러 가지 색광의 5W급 파워 LED의 발광상태를 보였다.

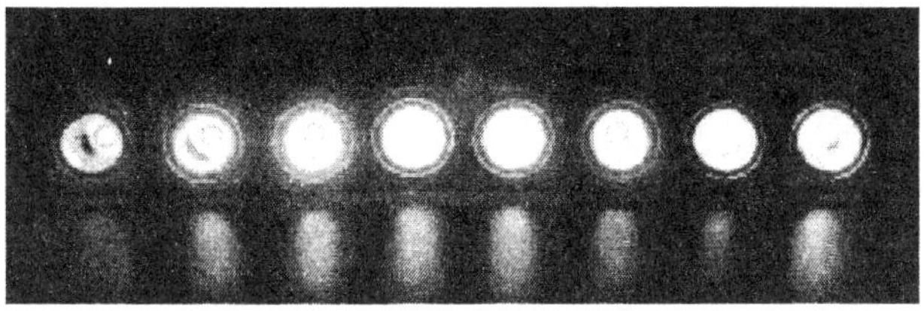

[그림 3-35] 5W급 파워 LED의 발광상태

(5) Hysterectic Boost-buck LED Driver IC

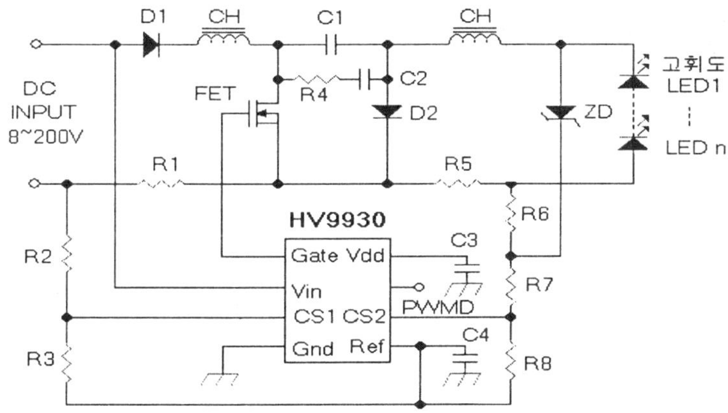

(a) HV9930 IC사용 회로

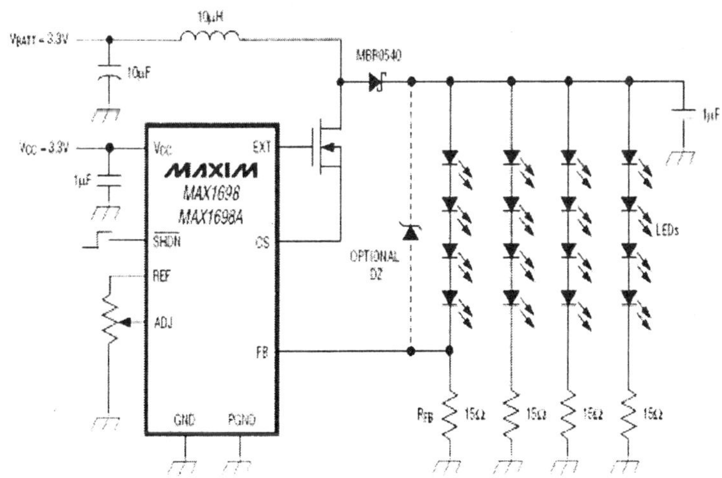

(b) MAX1698 IC 사용 회로

[그림 3-36] 자동차 헤드라이트용 드라이버

Hysterectic Boost-buck LED Driver IC는 [그림 3-36]의 회로와 같이 자동차 Headlight, Tail Light, Signal Light, Dome Light, RGB Backlight 등의 용도로 사용할 수 있다.

제3절 레이저 다이오드

루비 레이저의 동작 원리는 PN 접합으로부터 캐리어의 재결합으로 인한 자발적 방출을 만들어낼 수 있다는 생각을 갖게 하였으며, 최초의 반도체 레이저 다이오드는 1962년 미국 GE(General Electric)의 Hall에 의해서 개발되었다. Hall이 제시한 반도체 레이저의 구조는 동일한 반도체의 P형과 N형의 물질을 결합시킨 동종접합(Homo Junction)의 PN 접합다이오드 구조이었다. 이 구조는 전자와 정공이 확산되면서, 재결합이 정확하게 정의되지 않은 PN 접합 영역 부근에서 일어났기 때문에 그 효율이 매우 낮았다.

따라서, 레이저 발진에 성공은 하였지만 저온에서 펄스로만 동작이 가능했다. 즉, 캐리어(carrier)의 공간적인 구속 문제가 해결되지 못했던 것이다. 이러한 문제를 해결하기 위하여 Alferov, Panish 등은 이종접합(hetero junction) 구조를 반도체 레이저 다이오드에 도입하게 된다. 이종접합구조의 개념이 최초로 제안된 것은 1963년이지만 상온에서 레이저 연속 발진은 1970년에서야 이루어졌다. 즉, GaAs 계열의 반도체 결정의 정밀 성장 기술 발전과 맥을 같이 하였다고 볼 수 있다.

1968년에는 AlGaAs/GaAs 구조에서 상온 펄스 동작이 개발되었고, 1970년에 상온 연속동작이 개발되었다. 이러한 반도체 레이저는 체적이 매우 작은 특징이 있고 제조 단가가 저렴하고 대량생산이 용이하며 수 mA의 전류만 흘리면 레이저가 발생되는 이점이 있으므로 CD, DVD 재생장치, 광통신 바코드 스캐너, 레이저 프린터뿐만 아니라 의료용, 산업용, 군사용 등 매우 광범위하게 응용되고 있다. 재료는 GaAs나 GaAIAS 또는 GaAIAsP 등이 개발되어 있으며 발진파장은 매질의 종류에 따라 다르나 GaAs인 경우 840nm의 적외선이다. 크기가 매우 작기 때문에 회절효과가 두드러져 지향성 이 다른 레이저에 비해 좋지 않은 결점이 있다. 보통 빔의 확산 각도가 다른 레이저의 경우보다 훨씬 큰 5~10°이다.

1. 반도체 레이저의 기본 원리

가. 반도체 레이저

지금까지 개발된 레이저 중에 제일 작은 것으로는 보통 1nm 이하의 크기이다. P형 반도체와 N형 반도체의 접합으로 되어 있으며 PN 접합의 양쪽 끝은 평행한 평면이다. 만약 면이 평면이 아니거나 평행하지 않으면 반도체 레이저가 될 수 없다. 가운데 있는 재료가 양쪽 바깥재료보다 굴절률이 매우 크기 때문에 가운데 있는 재료에서 발생한 레이저 빛은 대부분 빠져나가지 못하고 일부 빠져나간 빛도 바깥 반도체의 밴드 갭이 크므로 흡수되지 않는다. 공진기의 거울이 따로 없는 대신 양쪽 면을 평행하게 가공하여 거울 역할을 하게 하고 보통 반사율은 30% 정도이며 양쪽으로 레이저가 나오게 된다. 반도체 제조기술의 발달로 이러한 조건은 쉽게 만족된다.

(1) 열평형상태의 PN 접합

열평형상태에서는 페르미 준위가 이르는 곳이 일정하지 않으면 안되므로 밴드 다이어그램은 [그림 3-37]과 같다.

N형 영역에는 자유전자(Free Electron)가 고밀도로 존재하고 P형 반도체는 정공이 고밀도로 존재한다.

농도 균배를 위해 각각 다른 영역으로 확산하여 침투하며, 그 분량만큼 N형 및 P형 영역 가장 자리 부분에서는 전자 및 정공의 밀도가 부분적으로 얇게 된다.

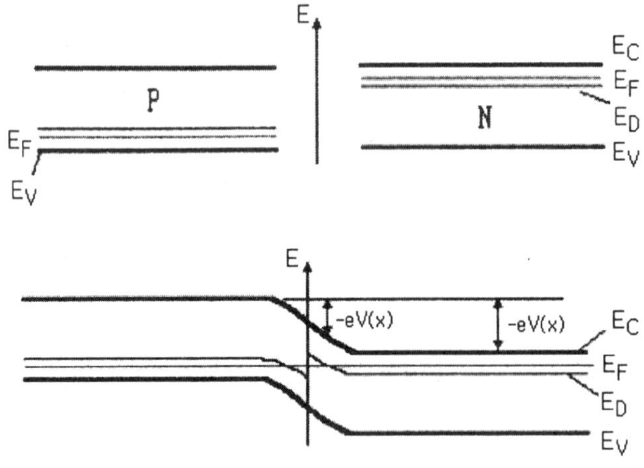

[그림 3-37] PN 접합의 열평형상태에서 밴드 다이어그램

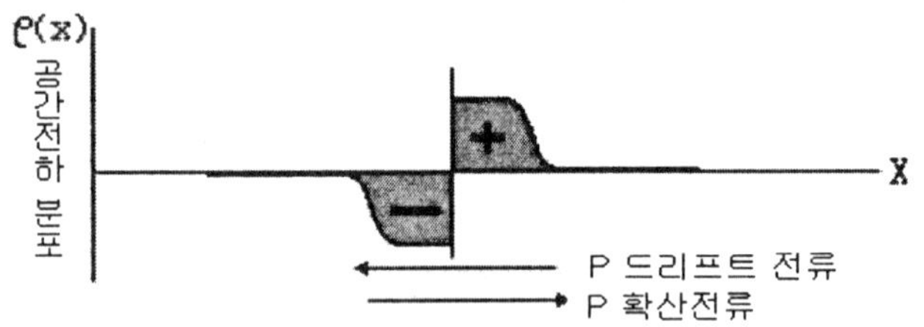

[그림 3-38] 공핍층으로 형성되는 전기 이중층의 공간전하분포

[그림 3-38]에서 공핍층으로 형성되는 전기 이중층의 공간전하분포를 나타내었다.

그러므로 N형 영역의 가장자리에는 +전하가, P형 영역에는 부전하의 공간전하층이 생겨 접합 부분에는 전자를 P형에서 N형으로 밀어서 되돌리려는 정전계(Electric Field)가 발생한다. 이러한 드리프트 전계에 의한 힘과 확산하려는 힘이 같아진 균형상태가 안정한 열평형상태이다. 이때 캐리어(반송자)는 이동하지 않는다.

[그림 3-39]에서 열평형상태에서의 전자와 정공의 밀도분포를 나타내었다.

접합의 천이(Transition) 영역에서는 페르미 준위가 밴드 단(Band Edge)에서 크게 떨어지므로 전도대(Conduction Band)의 전자, 가전자대(Valence Band)의 정공이 모두 밀도가 낮게 되어 있다. 이 영역을 공핍층이라고 한다.

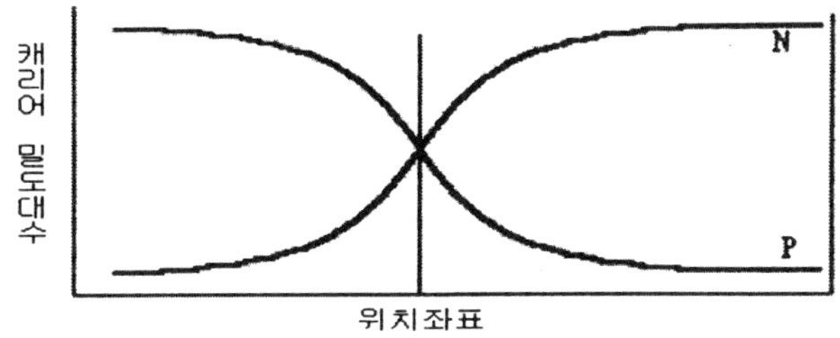

[그림 3-39] 열평형상태에서 전자와 정공의 밀도분포

다이오드 외부에 바이어스 전압을 걸어 주었을 때 이 전위차는 대부분 공핍층에 걸린다. 순방향 바이어스의 전압을 걸어 주면 전류가 흐르게 되는데 이것은 공핍층 양쪽에서 여분의 정공과 전자가 계속 주입되어 공핍층 내에서 전자와 정공이 재결합하여 소멸하는 과정이 계속해서 발생한다. 이것이 반도체 레이저의 가장 전형적인 여기 방법이다.

반도체 레이저는 일반적으로 두 개의 다른 반도체가 접합되어 만들어진 이중 헤테로 접합(Hetero Junction : 이종접합) 레이저가 많이 사용되고 있다. 바이어스 전압을 걸어 주면 [그림 3-40]에서와 같이 가운데로 전자와 정공이 모이게 된다.

[그림 3-40]에서 이중 접합구조로서 바이어스가 있을 때와 없을 때의 에너지 준위와 주입된 전자와 정공의 분포 및 광분포를 나타내었다.

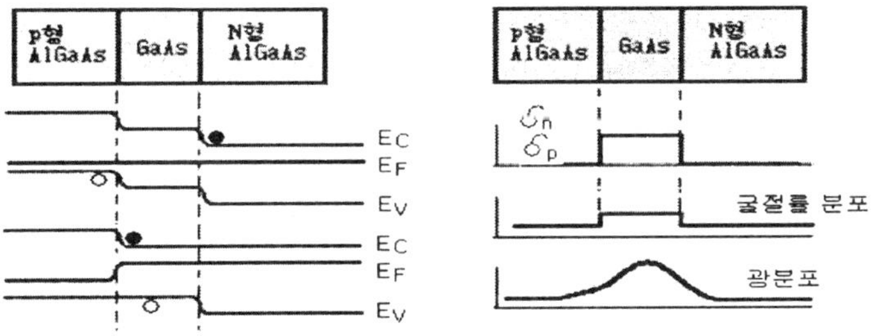

[그림 3-40] 이중 접합구조로서 바이어스가 있을 때와 없을 때의 에너지 준위와 주입된 전자와 정공의 분포 및 광분포

(2) 헤테로 접합

실제의 발광소자는 대부분이 밴드 갭이 다른 2종류의 화합물 반도체의 적층 구조를 이용하고 있다. 발진 파장이 0.85㎛의 GaAs 레이저의 경우 두께

0.1㎛ 정도의 GaAs 박막 결정의 상하에 AlGaAs 박막 결정이 배치된 이중 헤테로 접합의 구조가 이용 된다.

광통신용으로 사용되는 파장 1.3㎛ 또는 1.5㎛의 인듐 갈륨 비소 레이저의 경우 InGaAsP 층의 양측에 InP층이 배치되어 있다. 이와 같이 좁은 밴드 갭의 발광층을 넓은 밴드 갭의 클래드층에서 샌드위치 상으로 낀 이중 헤테로 접합구조라고 불리는 것이 기본이 된다.

헤테로 접합의 부분이 도핑에 의해 PN 접합으로 되어 있으며, 여기에 순방향 전압을 가함으로써 소수 캐리어를 활성 영역으로 주입하는 것이다.

[그림 3-41]과 같이 주입된 전자는 활성 영역에 만들어지는 패인 상태의 포텐셜의 골에 고인다. 마찬가지로 정공도 활성 영역에 고밀도로 고이므로 전자와 정공이 부딪혀서 발광체 결합이 생기는 확률이 증가한다.

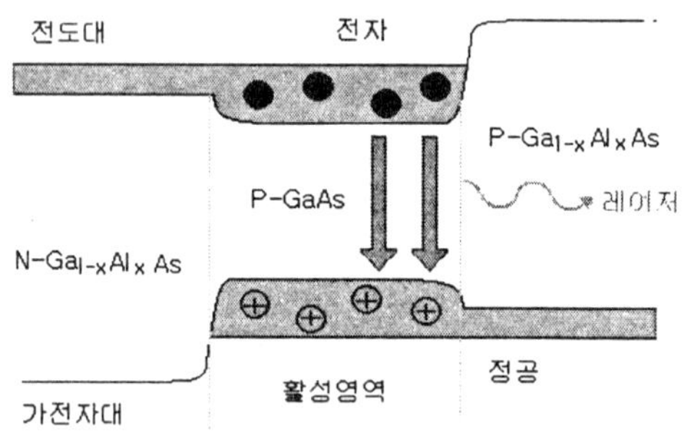

[그림 3-41] 이중 헤테로 접합의 순방향 바이어스

2. 레이저 다이오드의 종류 및 구조

가. 레이저 다이오드의 구조

이중 헤테로 접합에 의해서 전류가 흐르는 방향에 빛을 가두어 실행하고 있다. 또한 이 방향과 수직인 방향에도 빛을 가두고 안전한 횡모드를 얻을 필요가 있다.

반도체 레이저의 구조에는 매립 헤테로 구조(BH)와 CSP(Channeled Substrate Planar) 구조가 있다. [그림 3-42]에서 반도체 레이저의 구조를 나타내었다.

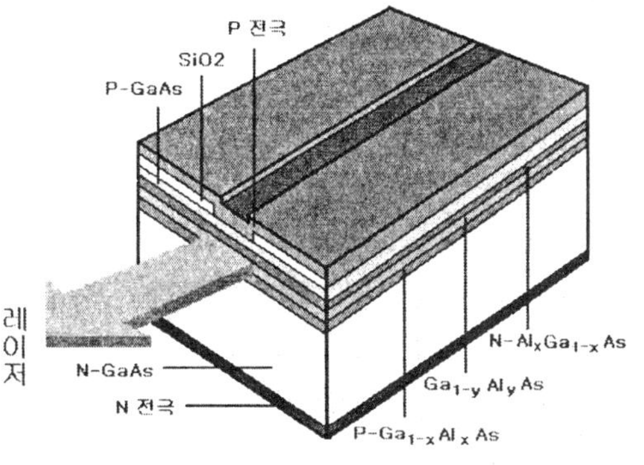

[그림 3-42] 반도체 레이저 다이오드의 구조

(1) BH 구조

활성층이 헤테로 접합으로 사방이 둘러싸인 형태로 되어 빛의 가둠을 실현하고 있다.

(2) CSP 구조

기판에 홈을 설치, 홈 부분과 그 양측에서는 등가 굴절을 달리함으로써 빛의 가둠을 실현하고 있다.

나. 반사 기구에 의한 분류

(1) 페브리 페롯형의 반도체 레이저 다이오드

통상의 레이저는 반사경을 칩의 양단면에 형성한 벽개면을 사용하고 있다. 이 벽개면이 빛의 공진기이다.

(2) 반사경을 칩 안에 만들어 붙여서 동작시키는 반도체 레이저 다이오드

이 레이저는 빛의 반사를 레이저 내에 형성한 회절격자에 의한 회절현상에 의해서 실행하고 있다. 회절격자 부분에 전류를 주입하여 이득을 갖게 한 레이저를 DFB(Distributed Feed Back)이득을 갖지 않는 레이저를 DBR(Distributed Brag Reflector)레이저라고 한다.

3. 레이저 다이오드의 특성

가. 레이저 다이오드의 특징

(1) 다른 레이저에 비교하여 소형이고 경량이다. 1mW 출력의 He-Ne Laser 크기는 30nm×250nm인데 비해 반도체 레이저는 수십 mW 출력의 소자라도 0.3nm×0.4nm×0.5nm정도이다.

(2) 출력광의 스펙트럼폭이 좁아서 집광할 수 있다.

(3) 임계값 전류 이상의 전류를 흘리면 레이저가 발진하여 광출력 증가된다.

(4) 출력은 수 mW 정도이지만 수십W 정도에 이르는 대출력 레이저도 있다.

(5) 변조가 쉽고, 전류를 변화시키면 발광하는 빛의 상태(강도, 주파수 등)가 변화한다(통신용 LD는 10GHz 정도까지 변조된다).

(6) 고휘도 : 단위면적, 단위입체각에서의 발광파워가 크다.

(7) 저소비 전력 : 발진 파장이 온도에 따라 변화한다. 전체로는 0.3nm/℃(GaAs)~0.5nm/℃(GaInAsP/InP)

(8) 파장 선택범위가 0.33㎛ ~28㎛ 로 넓다.

나. 레이저 다이오드의 각종 특성

(1) 최대정격(NDHV310APC)

Item	Symbol	Absolute Maximum Ratings	Unit
Optical Output Power *	Po	65	mW
LD Reverse Voltage	Vr (LD)	5	V
PD Reverse Voltage	Vr (PD)	20	V
Storage Temperature	Tstg	-35 ~ 85	°C
Operating Case Temperature*	Tc	-10 ~ 60	°C

(2) 전기 광학특성(NDHV310APC)

Item		Condition	Symbol	Min	Typ.	Max	Unit
Optical Output Power		CW	Po	-	-	60	mW
Peak Wavelength*		Po=60mW	λp	400	408	415	nm
Threshold Current		CW	Ith	-	40	50	mA
Operating Current		Po=60mW	Iop	-	85	110	mA
Slope Efficiency		CW	η	0.8	1.3	1.7	W/A
Operating Voltage		Po=60mW	Vop	-	4.6	5.5	V
FWHM Beam Divergence		Po=60mW	θ//	5	8	13	deg.
			θ⊥	18	22	28	deg.
Emission Point Accuracy	Angle	Po=60mW	Δθ//	-	-	±2.5	deg.
			Δθ⊥	-	-	±3.0	deg.
	Position	-	ΔX, Y, Z	-	-	±80	μm
Monitor Current**		Po=60mW	Im	0.1	0.3	0.5	mA

(3) 전류 광출력 특성

[그림 3-43]은 레이저 다이오드의 주입 전류와 광출력 특성의 관계를 나타내고 있다.

1.3μm 대 BH 레이저의 전류 광출력은 온도에 의해서 크게 변화하고 있다. BH 구조의 레이저에서는 70℃에서도 10mW정도까지 비교적 직선성 좋은 전류 광출력 특성이 얻어지고 있다. 또 threshold 전류도 20℃에서 20mA로 낮고, 70℃에서도 15~20mA만큼 상승한다.

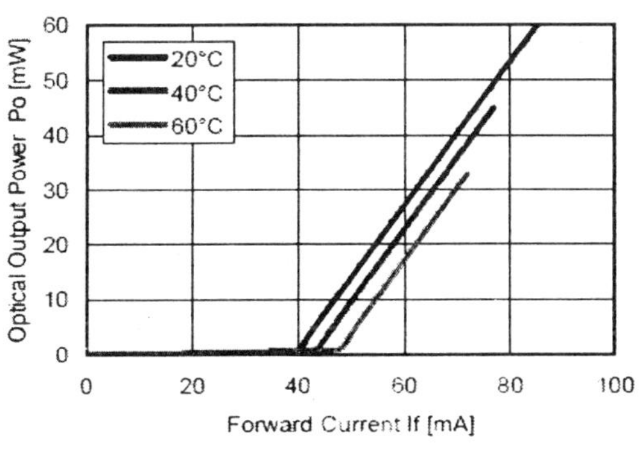

[그림 3-43] 레이저 다이오드의 주입 전류와 광출력 특성

(4) 스펙트럼

1.3㎛ 대 BH 레이저의 발진 스펙트럼은 [그림 3-44]와 같다.

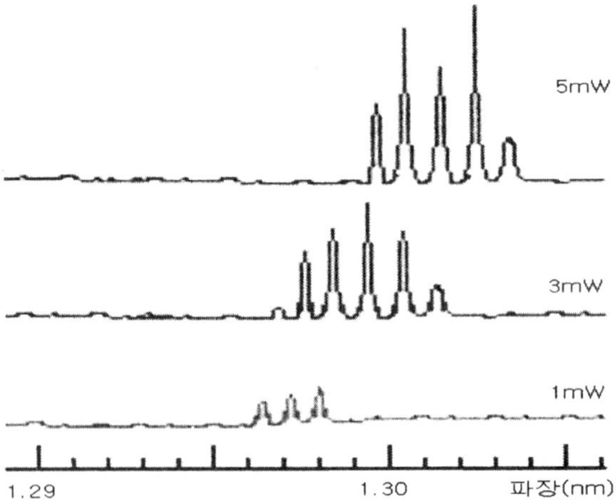

[그림 3-44] 1.3㎛ 대 BH 레이저의 발진 스펙트럼

0.8～1.0nm 간격에서 3～6개의 발진 스펙트럼이 관측된다. 이 스펙트럼 간격은 별개로서 형성되는 공진기의 공진 조건에서 정해져 있다. 단파장대 레이저의 발진 스펙트럼은 발진 Threshold 근방에서는 다 모드 발진을 하지만 광출력이 증대하면 단일 모드 발진에 근접한다.

[그림 3-45]에서 반도체 레이저의 스펙트럼을 나타내었다.

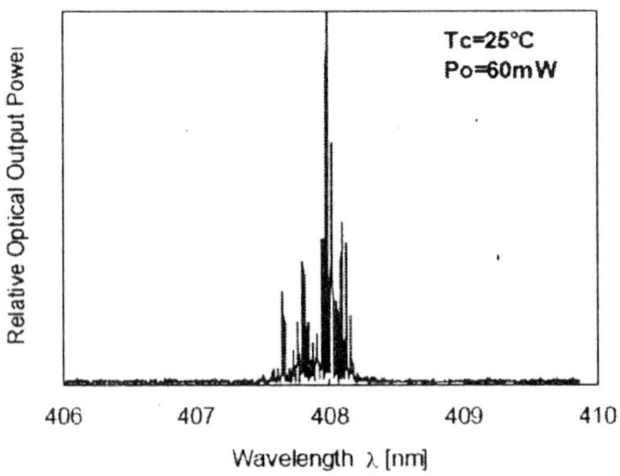

[그림 3-45] 레이저 다이오드의 스펙트럼

반도체 레이저의 발진 스펙트럼은 전류나 온도에 따라서 변화한다. 일반적으로 온도나 전류를 증가시키면 발진 스펙트럼은 단파장대에서 0.25nm/℃, 장파장대에서는 0.4nm/℃ 이동한다. 이것은 밴드 갭이 온도변화에 따라 변하기 때문이다. 그러나 DFB 레이저나 DBR 레이저에서는 반사기구에 회절을 이용하고 있으므로 반사율에 파장 의존성이 생겨 안정한 단일 모드 발진을 한다. 그러므로 100℃ 이상의 온도범위에 거쳐서 Mode Hopping(파장이 하나에서 다른 하나로 옮겨지는 현상－발진 스펙트럼의 불연속 변화－)이 일어나지 않고 굴절률의 온도변화에 의해서 발진 파장은 연속적인 변화를 나타낸다(~0.1nm/℃).

(5) 파필드 패턴

레이저에서 방출된 빛의 각도분포를 파필드 패턴(FFP : Far Field Pattern)이라고 부른다.

[그림 3-46]은 반도체 레이저의 수평과 수직의 패턴을 보여주는 그림이다.

일반적으로 FFP는 형성층에 대하여 수평방향과 수직방향에서는 다르게 나타나지만, BH 구조 레이저는 거의 같아서 원형의 방사 패턴을 갖기 때문에 광파이버와 결합하기가 쉽다.

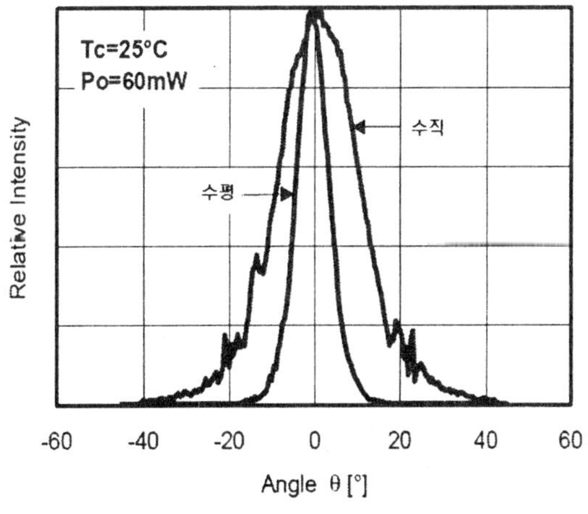

[그림 3-46] 반도체 레이저의 파필드 패턴

4. 레이저 다이오드의 종류

가. 레이저 다이오드의 종류

<표 3-5>는 반도체 재료에 따른 레이저 다이오드의 종류와 발광파장이다.

〈표 3-5〉 반도체 재료에 따른 레이저 다이오드의 종류와 발광파장

반도체 재료	레이저 파장	비 고
InAs	3.2μm	
InGaAs	1.8μm , 2.1μm	
InSb	5.1μm	
PbTe	6.4μm	
PbSe	8.3μm , 22.0μm	압력효과에 의함
InP	0.9μm	
InAsP	1.6μm	
PbSnSe	31.2μm	
PbSnTe	31.2μm	
PbGeTe	2.5~8.3μm	조성에 따라 가변

나. 기타 반도체 레이저

(1) 청자색 반도체 레이저(Blue Purple Semiconductor Laser)

파장이 짧은 펄스 레이저 빔을 방사하는 청자색 반도체 레이저이다. 레이저광은 파장과 위상이 일치된 광으로 보통의 빛과는 달리 분산되지 않기 때문에 컴팩트 디스크(CD) 등의 광디스크를 읽거나 광통신의 광원(光源)으로 이용되고 있다. 파장이 짧을수록 밀도가 높은 광기록을 실현할 수 있다. 대부분의 전자기기에 사용되고 있는 레이저는 적색~황록색 영역의 반도체 레이저이지만 질화갈륨(GaN)계의 화합물 반도체를 사용해서 청자색 레이저를 실용화한 것으로 파장이 390~420nm이다.

(2) 도파로형 반도체 레이저(Semiconductor Waveguide Laser)

공진기 내에 도파로를 사용한 반도체 레이저이다. 굴절률이 큰 영역에 빛을 가두어 두는 헤테로 접합 레이저는 그 하나이다. 또 주기 구조를 반도체 내부

나 표면에 형성시켜 분포 귀환 효과 또는 선택 반사 효과로 도파로 효과를 내게 한 분포 귀환형 레이저(DFB), DBR 레이저가 있다. 초음파를 반도체의 표면이나 내부에 도입하여 굴절률의 주기적 변화를 일으키게 한 것이 음향 분포 귀환(ADFB)이다.

5. 레이저 다이오드의 구동 및 회로구성 원리

PN 접합 다이오드에 순방향 바이어스를 인가하면 높은 에너지 레벨의 전자와 낮은 레벨의 정공이 결합하며, 이때 그 차이만큼의 에너지가 빛의 형태로 발생된다. 이때 발생된 빛에너지를 공진기를 구성하여 증폭시켰을 때 레이저라 하며, LD는 이런 PN 접합 반도체칩이며, 빛 발생면을 Mirror 처리하여 공진기를 구성하고 빛을 증폭시켜 레이저를 발생시킨다.

이와 같이 구성된 LD 소자는 전류에 매우 민감하며, 정격에 알맞은 전류를 흘려보내기 위해 회로를 디자인해야 한다. 이때 방식은 APC와 ACC가 있다.

가. 레이저 다이오드의 제어

(1) APC

APC란 Auto Power Control의 약자로, LD는 정격 범위에 해당되는 전류가 정격의 온도범위에서 흐르게 될 때 일정출력이 발생하게 된다. 그러나 주변 온도의 상승, 부적합한 LD의 열방열 등으로 LD에서 발생되는 열이 제대로 방열되지 못하고 쌓이게 되면 LD는 효율이 나빠져 동일한 전류가 흐르게 되어도 같은 출력을 발생시킬 수 없고 떨어지게 된다.

이를 보정하기 위해 열방열 범위 내에서 전류를 높여주고, 또는 전류를 낮춰주어 LD의 출력을 일정하게 만들어주는 원리이다.

(2) ACC

ACC란 Auto Current Control의 약자로 APC가 최종 광출력을 일정하게 맞춰주기 위해 정격범위 내에서 전류를 가변시키는 것과는 달리, ACC는 최종 광 출력이 어떠한 값을 가지든 상관없이 일정 전류만 LD쪽에 흐르게 하는 원리이다. 위와 같은 APC, ACC 원리의 실제 소자 출력은 LD TO 캔 내부에 있는 PD의 Monitoring 값을 피드백 받아서 동작시킨다.

나. 레이저 다이오드의 등가회로

(1) 핀구조

[그림 3-47] 레이저 다이오드의 핀 구조

(2) 레이저 다이오드의 등가회로

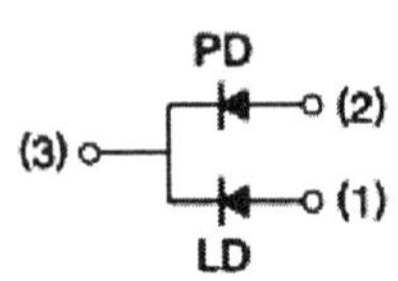

(a) Type M

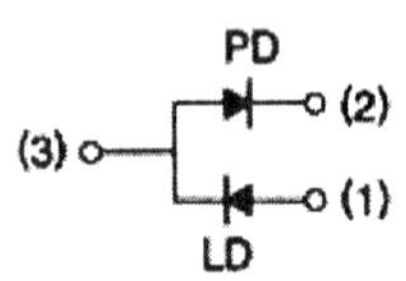

(b) Type P

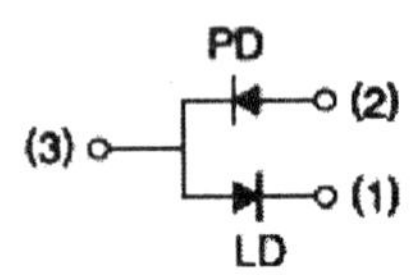

(c) Type N

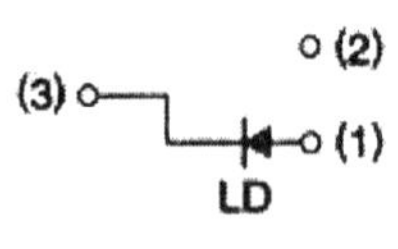

(d) High power type

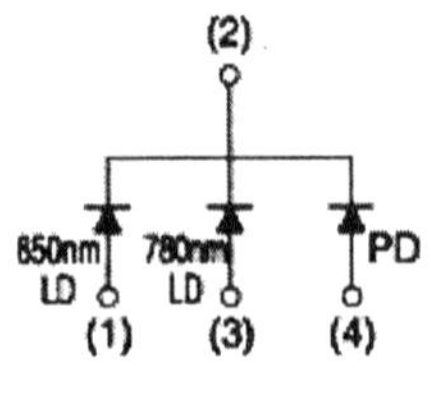

(e) Twin type

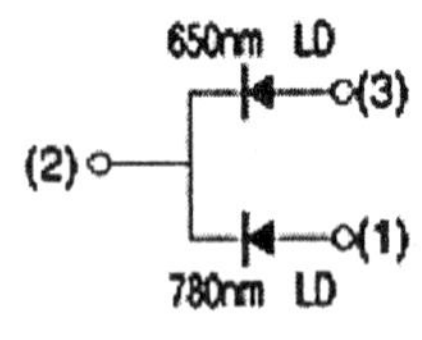

(f) High power twin type

[그림 3-48] 여러 가지 형태별 레이저 다이오드의 구성

다. 레이저 다이오드 구동회로

(1) OP AMP 구동회로

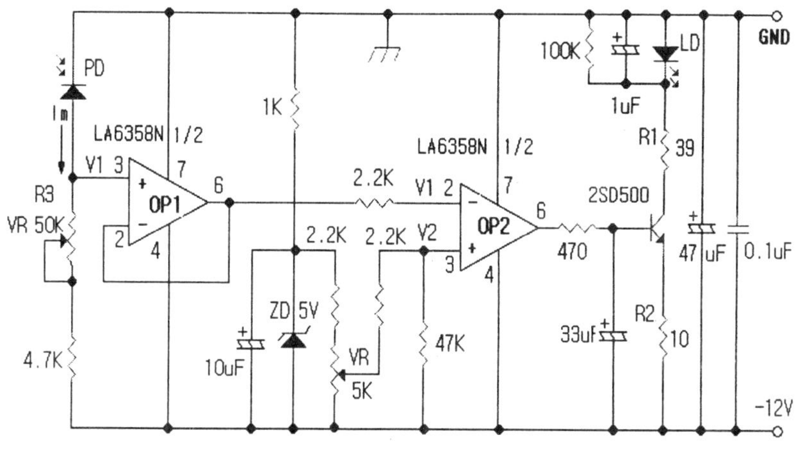

[그림 3-49] OP AMP 구동회로

(2) 레이저 다이오드 구동전용 IC 사용회로

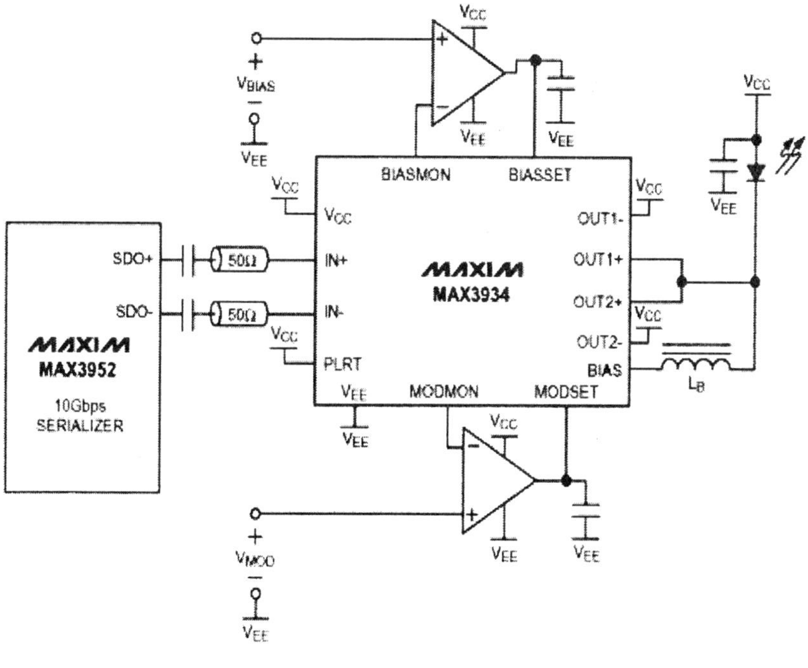

[그림 3-50] 레이저 다이오드 구동전용 IC

6. 레이저의 안전등급

가. 안전한 레이저의 사용

(1) 레이저에 대한 정확한 지식이 없다면 사용을 중지한다.
(2) 사용전 사용설명서를 잘 확인한다.
(3) 사람에게 직접 또는 간접적으로 레이저 빔을 조사하지 않는다.
(4) 반사되는 물질에서 사용시 주의한다.
(5) 절대로 레이저 빔을 눈으로 보지 않는다.
(6) 적외선 레이저는 눈에 보이지 않는다. 제품을 확인하고 전원이 들어와 있는 경우 절대로 제품을 눈으로 보지 않는다.
(7) 반사광이라도 지속적으로 보는 것은 위험할 수 있다.

나. 안전등급(Safety Class) 분류 및 측정방법

레이저의 특성으로 단위면적에 큰 에너지를 집중시킬 수 있다. 이러한 고에너지가 눈 또는 피부에 노출됐을 때 큰 손상을 일으킬 수 있으므로, 레이저 시스템 또는 모듈마다 등급을 정해 예방조치 및 취급사항을 표기하여 사전에 방지하여야 한다.

사람의 눈과 피부에 대한 최대 허용 노출 에너지량을 MPE(Maximum Permissible Exposure)라고 하며, 이것은 파장, 출력 및 노출시간에 따라서 달 라진다. 레이저 시스템 또는 모듈에서는 MPE 값과는 별개로 등급별로 AEL(Accessible Emission Limit)을 두어 각각에 해당되는 등급 및 제반사항을 적용시킨다.

다. 안전등급 분류

유럽규정인 IEC 60825-1에 따른 분류는 다음과 같다.

안전등급은 1, 1M, 2, 2M, 3R, 3B, 4등급으로 분류되며, 1등급이 가장 낮은 등급이며, 숫자가 높아질수록 더 높은 즉, 더 위험한 정도를 나타낸다. 1M 및 2M의 경우 아래에 해당될 때 이 등급을 적용시킬 수 있다.

(1) 사용자가 빔을 집중시키기 위해 원(여기에서는 Collimation 렌즈계 이후)으로부터 100mm이내에 광 구성요소를 위치시킬 경우의 빔발산

(2) 7mm이상의 빔 사이즈로 방사되는 Collimation될 때의 빔 위의 두 사항을 살펴볼 때 우리에게는 라인레이저가 이에 해당되며, 만약 7mm이상의 빔사이즈로 Collimation되는 것이 있다면 이것역시 1, 2등급이 아닌 1M, 2M등급에 해당되어야 한다. 물론 2M등급 이상의 경우는 3R, 3B, 4로 넘어가야 할 것이다.

라. 측정방법

레이저 시스템 및 모듈의 파장, 출력, 노출시간에 따라 1등급의 AEL 값을 먼저 구한 후 측정된 시스템의 출력과 비교하여 1등급의 AEL 값 이내에 해당된다면 현재 레이저 시스템 및 모듈은 1등급이라 할 수 있다. 1등급의 AEL 값을 넘게 되면 다시 2등급의 AEL 값을 구하며, 이에 해당되는지를 다시 살펴보아야 한다. 이렇게 더 높은 등급으로 해당되는지를 계산하여 레이저 시스템 및 모듈의 등급을 선정해야 한다.

레이저 시스템의 출력은 [그림 3-51]과 같이 100mm의 거리에서 사람동공의 크기인 7mm 구경에 입사되는 최대 출력을 측정한다.

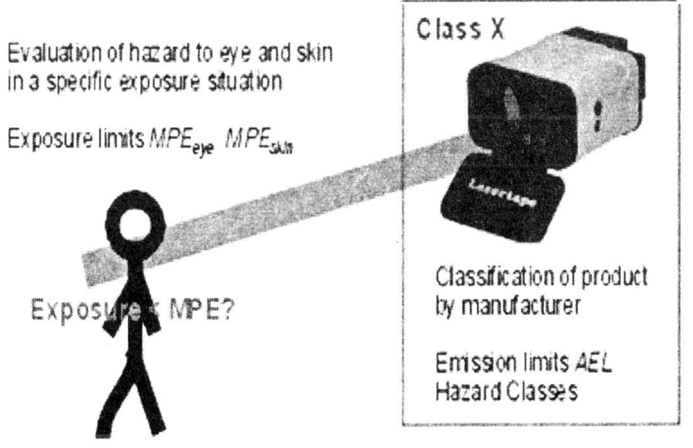

[그림 3-51]

마. 각 등급별 제반사항

(1) 1등급

빔 내 가시를 위한 광계측기(쌍안경 등) 사용을 포함하여 합리적으로 미리 알 수 있는 동작 상태에서 안전한 레이저이다. MPE(눈)에 대해서는 오랜 기간 노출되어도 초과되지 않는다.

(2) 1M등급

빔 내 가시를 합리적으로 미리 알 수 있는 동작 상태에서 안전한 레이저이며 MPE(눈)에 대해서는 오랜 기간 노출되어도 초과되지 않는다. 그러나 광계측기를 통한 빔 내 가시는 MPE(눈)을 초과할 수 있다. 따라서 의도적으로 사람을 목표하면 안된다.

(3) 2등급

반사적인 눈 깜빡임에 따른 0.25초의 노출에 대해서 광계측기 사용을 포함하여 MPE(눈)을 초과하지 않는다. 그러나 의도적으로 사람을 목표하면 안된다.

(4) 2M 등급

반사적인 눈 깜빡임에 따른 0.25초의 노출은 MPE(눈)을 초과하지 않는다. 그러나 광계측기를 통한 빔 내 가시는 MPE(눈)을 초과할 수 있다. 따라서 의도적으로 사람을 목표하면 안된다.

(5) 3R 등급

빔 내 가시는 MPE(눈)에 대해 광계측기 사용을 포함하여 5배까지 증가할 수 있다. 따라서 의도적으로 사람을 목표하지 않음은 물론 자격이 있고 훈련된 사람만이 레이저 장비를 설치 조정, 운전하도록 허용하며, 사람들이 직접 빔을 바라보지 않도록 예방조치가 취해져야 한다.

(6) 3B 등급

빔 내 가시는 MPE(눈)에 대해 광계측기 사용을 포함하여 5배 이상으로 증가할 수 있다. 그러나 MPE(피부)에 대해서는 초과하지 않는다. 3R 등급의 주의 사항에 추가적으로 사용상 적당히 훈련을 받고 레이저 안전요원에 의해 승인된 사람에 의해서만 동작되어야 한다.

(7) 4등급

MPE(눈) 및 MPE(피부) 모두 광계측기를 사용을 포함하여 초과하며, 확산반사는 MPE(눈)을 초과할 수 있다. 3B등급의 주의사항에 추가적으로 눈 보호기구와 보호 의복을 착용하여야 하며, 빔 경로에서 잠재적으로 위험한 비의도적 반사를 발생시키는 모든 표면을 제거해야 한다. 또한 물리적 장벽, 빔 횡단, 빔출력 상승 등을 제한하는 인터록 같은 제어기술이 사용된다.

"사전 주의" 레이저 또는 LED가 사용된 모든 제품에는 사용자 주의를 위해 다음과 같은 경고문 및 레이저가 방사되는 위치를 설명하고 있으며, 제조사에서는 반드시 규격집에 및 해당되는 등급에 따른 경고 스티커를 붙여야 한다.

[그림 3-52] 여러 종류의 레이저 안전 표시

제 4 장

수광소자

제1절 자외 및 가시광 영역의 수광소자

수광소자(受光素子, Light Receiving Element)는 광신호 및 빛에너지를 전기신호 및 전기에너지로 전환시키는 기능을 가진 소자이며, 일반적으로 빛의 세기를 검출하는 검출기를 광검출기 또는 수광소자라고 한다. 수광소자는 광전자 방출효과를 이용하는 광전자증배관 및 반도체의 양자효과를 이용하는 반도체 수광소자 등이 있다. 반도체에 의한 수광소자는 입사광자에 의해 발생하는 반송파(搬送波)의 움직임을 이용하는 것으로 소형화·경량화의 이점이 있다.

1. 광전효과와 수광소자

광전효과에는 광도전효과, 광기전력효과, 광전자 방출효과 등이 있으며, 광도전효과는 반도체나 금속에 빛을 입사하면 물질의 도전율이 변화하는 현상으로 반도체에서는 저항이 작아진다.

광기전력효과는 두 종류의 반도체가 접합된 접합면 또는 반도체와 금속의 접촉면에 빛을 입사하면 기전력이 발생하는 현상으로 이때 발생한 기전력을 광기전력이라고 한다. 또한 광전자 방출효과는 일정한 에너지를 갖고 입사 광자가 금속표면에 충돌하였을 때 금속내의 전자가 일함수보다 큰 에너지를 흡수하게 되면 금속 밖으로 방출하는 현상으로 아인슈타인의 광전효과라 한다.

가. 광전자 방출

금속에 파장이 짧은 빛을 비추면 전자가 튀어나오는 현상을 광전효과라 하고, 금속표면에서 튀어나온 전자를 광전자라고 한다.

전자는 금속 내에서 자유로운 운동을 하고 있지만, 금속 외부로 스스로 튀어나오지는 못한다. 왜냐하면, 금속의 원자들이 양전기를 띠고 있고, 전자에게 인력을 가하기 때문이다.

따라서 금속표면에서 전자가 나오려면 전자는 에너지를 받아야 하는데, 이 때 필요한 에너지를 일함수라고 한다. 일함수는 금속마다 다른 값을 가지고 있다.

$$\frac{1}{2}mv^2 = h\nu - w \qquad (4\text{-}1)$$

이 식에서 $\frac{1}{2}mv^2$는 방출된 전자의 운동에너지, $h\nu$는 입사광자의 에너지, w는 금속의 포텐셜 장벽을 넘어서는데 한 일함수이다.

광전관은 [그림 4-1]과 같이 진공관 속에는 음극 K와 양극 P가 들어 있고, 이 두 극은 가변 저항기에 연결되어 있어 접점이 이동하면 두 극 사이의 전위차가 변한다.

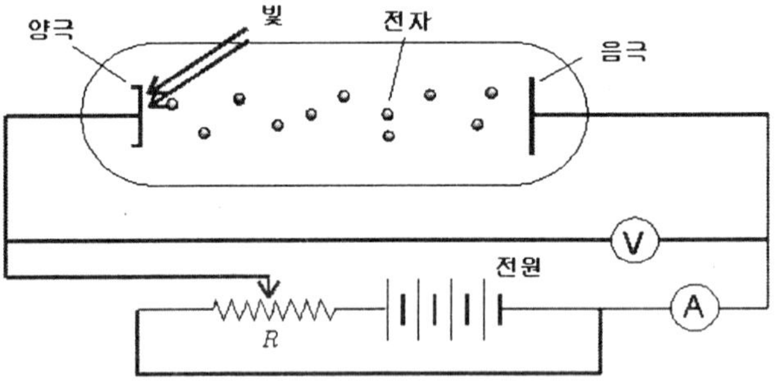

[그림 4-1] 광전자 방출의 원리

음극에 빛을 쪼여 주면 전자가 방출되어 양극으로 끌려와 회로에 전류가 흐르게 된다. 이 때 전류계를 연결하면 전자의 전하량은 알고 있으므로 음극에서 방출된 전자의 수를 알 수 있게 된다.

나. 광전관(Photoelectric Tube)

광전관은 물체가 빛을 쬐었을 때 빛에너지를 흡수하여 전기적인 변화를 일으키는 현상을 이용한 진공관을 말한다. 간단히 구조를 살펴보면 [그림 4-2]와 같이 빛을 받아 광전자를 방출하는 음극과 광전자를 모아 전류를 만드는 양극으로 나뉘어 있다.

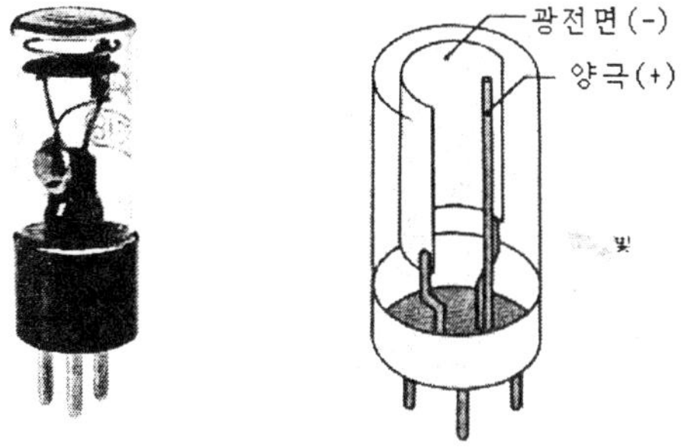

(a)광전관의 외형 (b) 광전관의 구조

[그림 4-2] 광전관의 외형과 구조

광전면은 은·세슘·안티몬 등의 복합 또는 합금 박막으로, 광전관의 내부 금속판 또는 유리구 내면에 만들어진다. 양극 전압을 일정값(50~100V)으로 유지하면 입사광속에 비례하는 광전류가 흐른다.

다. 광전자 증배관(PM 튜브 : Photomultiplier Tube)

알칼리 금속을 함유한 광음극(Photocathode)에 빛이 입사하여 광전자를 발생시킨다. 이때 사용된 광음극의 물질 종류에 따라 파장에 따른 감도특성이 달라지므로 측정하고자 하는 빛의 파장 영역에 따라서 광음극의 종류를 선택하여야 한다. [그림 4-3]은 광음극의 종류에 따른 파장 감도특성을 보여준다. 한 개의 광자에 대하여 광전자가 얼마만큼 발생되느냐를 양자효율(Quantum Efficiency)이라고 한다.

파장 감도특성에서 nq라는 선이 그 효율을 나타낸다. 발생된 광전자가 가속전압이 걸려있어서 양극쪽으로 움직이게 되는데 중간에 다이노드(Dynode)라는 증폭판이 있다. 이 증폭판에 광전자가 맞게 되면 더 많은 전자가 발생이 되어 증폭이 되는 것이다. 다이노드의 개수와 가속전압에 따라 증폭률이 달라지는데 보통 106배가 된다. 이렇게 크게 증폭이 되므로 PM 튜브를 사용하여 광자의 수를 셀 수 있다.

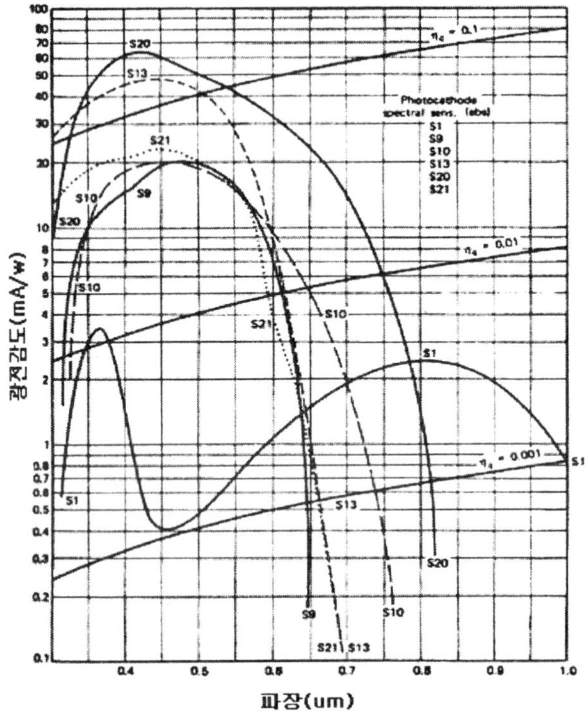

[그림 4-3] 광전음극의 종류별 파장 감도특성

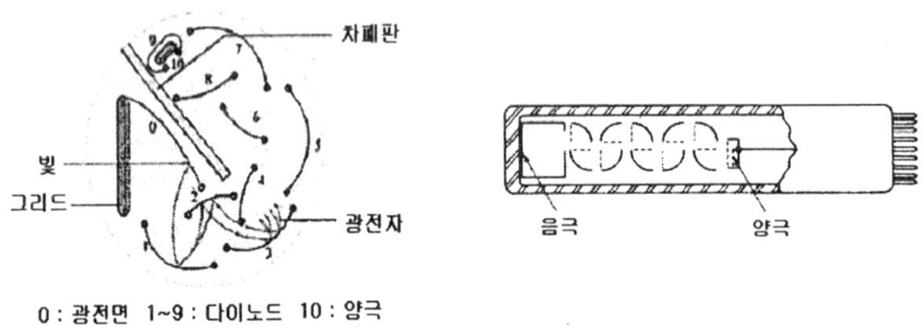

(a) side-on 형 (b) head-on형

[그림 4-4] 광전자 증배관의 구조도

[그림 4-4](a)는 측면(Side-on) 타입의 튜브를 윗면에서 본 것이고, (b)는 정면(Head-on) 타입의 PM 튜브를 옆면에서 본 그림이다.

각 다이노드에는 균등한 가속전압을 걸어주어야 하는데 그 회로도를 [그림 4-5]에 나타내었다.

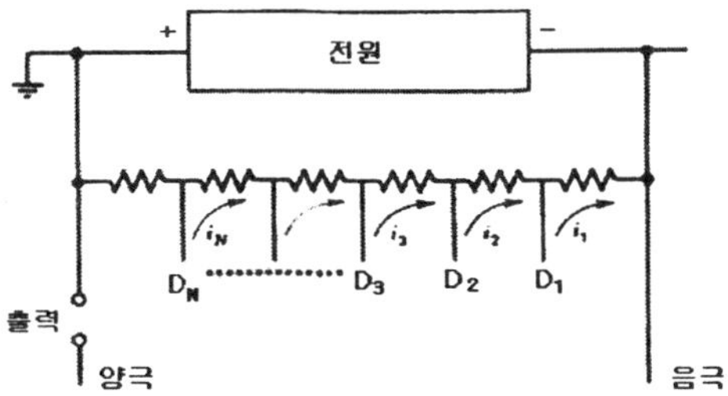

[그림 4-5] 다이노드 등가회로

보통 각 다이노드에 100V정도를 걸어준다. 증폭률이 크기 때문에 강한 빛이 들어오면 빛의 세기에 비례하지 않는 포화현상이 일어난다. 심한 경우에는 광음극이 손상을 입을 수 있으므로 주의를 하여야 한다(예를 들어 레이저를 직접 조사한다든지 하면 손상을 입게 된다). 또한 항상 암실 상태에 있어야 한다.

빛이 들어오지 않더라도 전류가 조금씩 흐르게 되는데 이를 암전류(Dark Current)라고 한다. 이러한 암전류가 크면 신호 대 잡음비(S/N)가 작아서 신호를 포착하기 힘들다. 암전류를 줄여주려면 온도를 낮추어 열효과(Thermal Effect)를 줄여주면 된다. 또한 PM 튜브가 개방된 상태에 있었으면 암실에서 여러 시간 동안 전압을 걸어주어 광음극판이나 다이노드에 박혀있는 전자들을 떼어내 주어야 한다.

광전자 증배관은 1kV 정도의 고전압을 필요로 하고 또한 강한 광입력에 의해 광전면이 소손되거나 기계적 진동에 약하다는 등의 결점이 있다.

2. 광기전력효과와 수광소자

가. 반도체 수광소자

(1) 광기전력 효과

두 종류의 반도체의 접합면 및 금속과 반도체의 접촉면에 빛을 입사하면 기전력이 발생한다. 이 효과를 광기전력효과라고 하며, 이것을 이용한 수광소자를 광기전력형 수광소자라고 한다. 광기전력형의 소자는 광전도형에 비해 고응답 속도를 얻을 수 있다. 대표적인 것은 N형 실리콘 웨이퍼 위에 확산법에 의해 얇은 P형층을 만든 PN 접합 포토다이오드이다.

(2) 포토다이오드

포토다이오드(Photodiode)는 수광소자 중에서 가장 간단한 소자로서 반도체의 PN 접합부분에 광에너지를 쪼이면 광강도의 변화에 비례하는 전류로 변환하고, 경시변화도 거의 없는 광전변환소자로서 입사광량에 대한 출력의 선형성이 우수하며, 광대역의 파장감도, 저잡음성, 고속응답특성을 가지고 있으므로 광통신에 널리 사용되고 있다. 그러나 출력전류가 작은 것이 단점이다.

(가) 포토다이오드의 원리 및 구조

광검출소자에 의해 광을 검출하는 기본 원리는 광원에서 입사된 빛을 발하게되는 전/광 이론의 역행으로 광/전변환하게 된다.

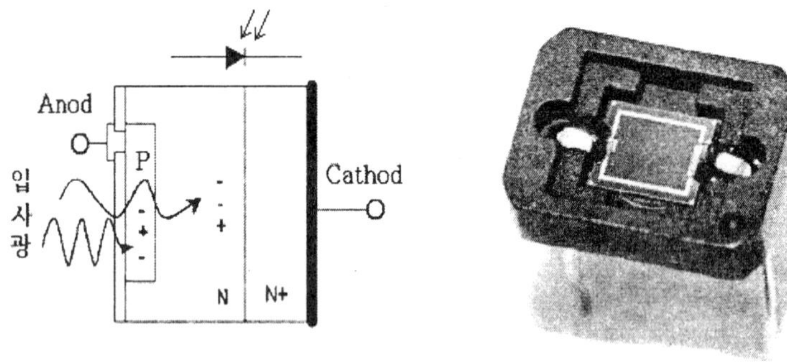

[그림 4-6] 포토다이오드의 구조와 외형

에너지준위에 있어 안정상태의 가전자대에 존재하는 자유전자가 광으로부터 에너지를 받아 전도대로 전이되면서 전하를 가져 전류를 발생하게 되며 이 과정에서 검출된 광의 파장까지 알 수 있게 된다. 이 과정을 수식으로 알아보면 다음과 같다.

$$E_p = hf_c \qquad (4\text{-}2)$$

$$f_c = \frac{E_p}{h}(\because f_c = \frac{C}{\lambda}) \qquad (4\text{-}3)$$

$$\lambda_c = \frac{hC}{E_p} \qquad (4\text{-}4)$$

여기서는 자유전자가 가전자대에서 전도대로 여기될 수 있는 에너지로서 구성 물질의 고유 에너지 갭과 같으며 λ_c는 검출된 광의 파장으로 위 식에 플랑크상수와 광속의 수치를 대입해보면 아래와 같다.

$$\lambda_c = \frac{1.24}{E_p} \tag{4-4}$$

$$\because h = 6.626 \times 10^{-34}$$

$$C = 3 \times 10^{8}$$

$$1\text{eV} = 1.602 \times 10^{-19}$$

위 수식을 이용하면 반도체 PD 중 구성 물질이 Si(=4.1eV)와 Ge(=0.81eV)의 검출 파장대를 알아보면 각각 0.3㎛, 1.531㎛ 임을 알 수 있다.

(나) 포토다이오드의 특성

광검출기의 특성을 서술하는데 있어 사용되는 변수들은 다음과 같다.

- 응답도(Responsivity) : R[A/W]
- 이득(Gain) : G(if APD)
- 용량(Capacity) : Cd[pF]
- 암전류(Dark current) : Id[nA]
- 역바이어스 전압(Reverse Bios Current) : Vr[V]

1) 응답도 (Responsivity) : R[A/W]

광검출기에서 가장 중요한 변수로서 광검출의 성능을 나타내는 지수이다. 즉 반응도 R은 광전변환이득을 나타내며 입사된 광파워에 비례하여 입사되는 광자의 세기(입사되는 광에너지)에 대한 출력 광전류(광자의 흡수로 생성되는 전류)로 나타낸다.

2) 응답속도

검출기의 출력전류가 피크치에 대해 10%에서 90%까지 즉 입력전류가 유효성분이 되는데까지 거리는 시간(Tr)으로 검출기의 민감성과 관련이 있다. 광검출기의 －3dB 변조대역폭은 다음 수식으로 구할 수 있다.

$$f_{-3dB} = \frac{0.35}{T_r} \qquad (4\text{-}6)$$

3) I−V특성 곡선

포토다이오드에 인가되는 바이어스 전압과 출력되는 전류와의 관계를 나타내는 특성곡선으로 포토다이오드는 역바이어스의 광전도영역(모드)에서 동작하게 되며 이 영역에서 출력전류(I)는 입력 광전압(V)과 비례한다. 특히 각 소자의 특성에 따라 바이어스 전압이 달라지게 된다.

[그림 4-7]에서 포토다이오드의 V-I특성을 나타내었다.

기본적으로 포토다이오드들은 광전도영역 내에서 동작하게 되나 애벌런치 포토다이오드(APD)는 항복전압(VBr) 부근에 바이어스를 인가하여 동작하게 되며 광전자영역에서는 특성 곡선상 역바이어스를 인가하지 않았을 때도 입사된 광에 의해 순방향 전류를 출력하고 있음이 보이게 된다. 이는 태양전지의 원리가 된다.

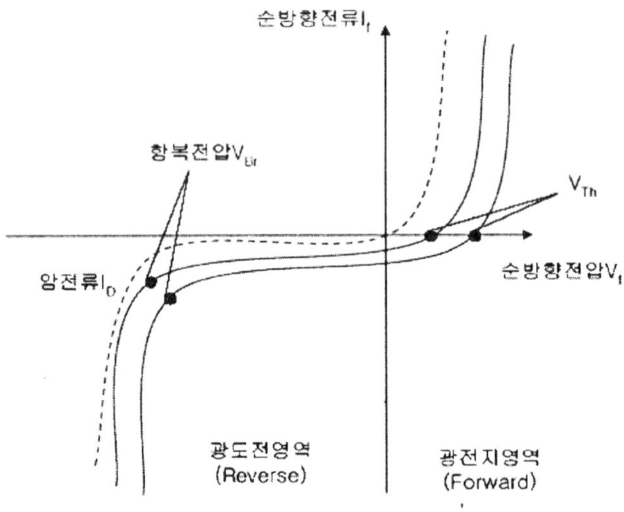

[그림 4-7] I-V 특성곡선

4) 암전류(Dark Current)

포토다이오드의 I-V특성곡선 상에서 광의 입력이 없을 때도 일정한 크기의 미세한 전류가 흐르게 되는데 이를 암전류라 하며 수광소자에서 주된 잡음의 요인이 된다.

암전류는 열적으로 생성된 자유캐리어에 의해 발생하고 역방향에서만 발생하므로 열적 역방향 누설전류(Thermal Reverse Leakage Current)라 하며 실온(대략 25°C)에서 10°C 상승 시 2배 정도의 크기까지 발생하기도 한다. 검출된 신호가 암전류보다 작게 되면 검출된 신호를 방해하기 때문에 포토다이오드를 이용한 수신기 설계 시 고려하여야 한다.

(다) 포토다이오드의 종류와 용도

광 검출기는 그 응용 범위만큼이나 많은 종류가 있으며 이용하고자 하는 응용 범위에 따라 선택적으로 이용된다. <표 4-1>에서 포토다이오드의 종류별 특징과 용도를 나타내었다.

반도체를 이용한 내부 광전효과로 광을 검출하는 반도체 다이오드와 외부 광전효과로 금속표면의 광전자 방출을 이용한 광전관, 광전자 증배관(PMT) 등이 있다. 외부 광전효과를 이용한 광전관과 광전자증배관들은 광섬유를 시험할 때 많이 이용되지만 그 특성이 약하여 실제 광통신에 사용되기는 어렵다. 현재 시스템에서 많이 이용되고 있는 반도체다이오드는 제작하기도 간편하고 그 특성을 구성 물질(재료)의 종류와 배합비만으로 쉽게 조절 가능하다.

〈표 4-1〉 포토다이오드의 종류

종 류	특 징	주요용도
PN 포토다이오드 (실리콘 다이오드)	• 자외선부터 적외선까지 광범위한 파장감도를 갖는다. • 입사량에 대한 직선성이 뛰어나다. • 미약한 광에도 검출 감도를 갖는다. • 응답특성이 PIN 포토다이오드 보다 나쁘다.	조도계, 카메라의 노출계, 오토스트로의 광센서, 연기센서, 분광 광도계
PIN 포토다이오드 (실리콘 다이오드)	• 고속 응답성 • 온도특성이 PN 포토다이오드 보다 나쁘다.	광통신, 광리모콘, 레이저디스크
APD (애벌런치형 포토다이오드)	• 광전류 증폭작용을 가진다. • 넓은 파장감도를 갖는다. • 고속응답	광파이버에 의한 광통신

1) PN 접합 포토다이오드(PN Junction Photodiode)

LED의 발광 시 순바이어스를 인가하는 것과는 반대로 PN 접합 PD는 역바이어스를 인가하여 동작하는 소자로써 PN 접합 소자와 쇼트키다이오드가 이용된다. 먼저 안정 에너지 준위상태의 접합소자에 역바이어스를 인가하게 되면 P, N영역 사이에 공핍층은 넓어지게 된다.

공핍층 영역으로 광을 입사시키게 되면 가전자대의 전자는 입사광의 광자가 지니고 있는 광에너지를 받아 전자-정공쌍이 생성되게 된다. 이 전자-정공쌍 생성에 의해 드리프트 전류(Drift Current)가 흐르게 되며 이 전류를 광전류라 한다. 여기서 광자가 전자를 여기시키게 되는 광에너지의 크기는 물질의 에너지 갭(E_g)만큼의 크기인 광에너지($E_p = hF_p$)이다.

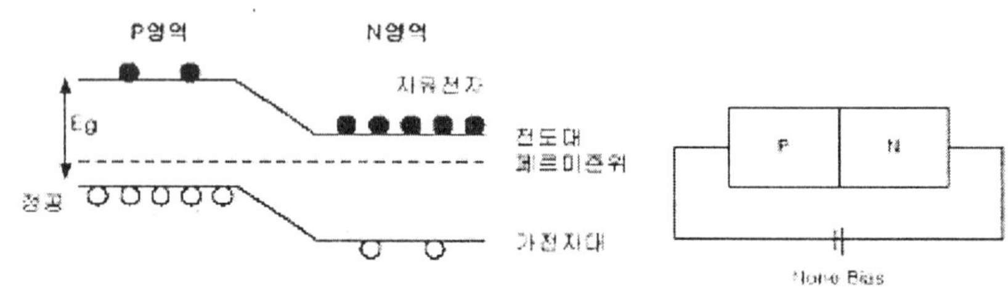

(a) 에너지 안정상태(Non Bias)

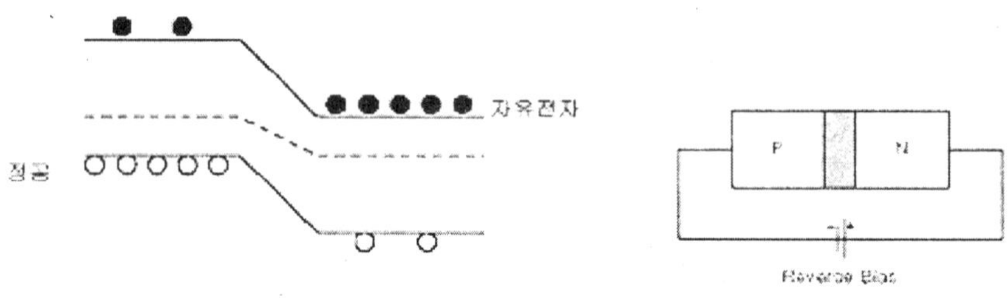

(b) 전압인가(Reverse Bias)

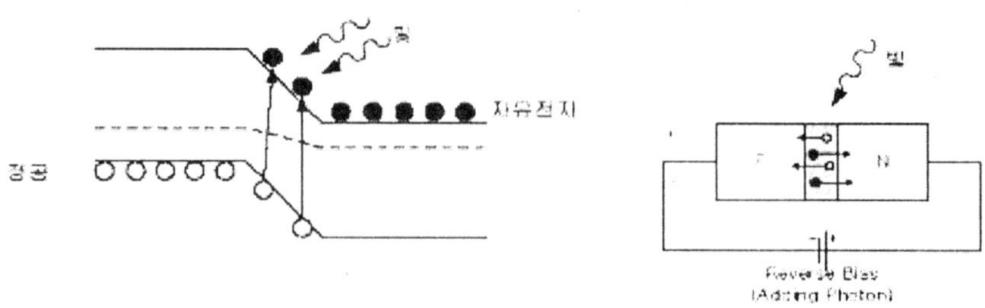

(c) 광 노출(Adding Light)

[그림 4-8] PN 접합 포토다이오드의 광전효과

2) PIN 포토다이오드(PIN Photodiode : PIN PD)

PN 접합 포토다이오드가 광을 받아 광전류를 변환하는 데까지는 전자-정공 쌍이라는 과정을 거쳐야 하므로 빠른 응답시간 특성을 가지기 힘들어 고속 시스템에 적용하기는 어렵다. 또한 포토다이오드의 특성상 넓은 공핍영역으로 더 많은 광자를 받아들여 빠른 응답시간과 민감성을 가질 수 있는데, PN 접합 포토다이오드는 공핍영역의 길이가 바이어스 크기에 국한되므로 많은 전력소모가 있게 된다. 이런 점에서 PIN 포토다이오드는 구조상 PN 접합 포토다이오드는 더 우수한 성능을 가진다.

가) 특 징

PIN 포토다이오드는 PN 접합 다이오드에서 P영역과 N영역 사이에 진성 영역(Intrinsic Region)을 샌드위치 구조로 도핑시켜 역바이어스를 인가하기 전에 미리 공핍영역을 가진 것과 같이 제작된 소자이다. 그러므로 큰 역바이어스 전류가 필요 없이 충분한 공핍영역의 길이를 가지게 된다.

[그림 4-9]는 PIN 포토 다이오드의 구조와 기호를 나타낸 것이다.

PN 포토다이오드의 광전변환 모드에서 약 20~40V이상의 역바이어스 전압을 요구하지만 PIN 포토다이오드는 광전도 모드에서 8~10V의 역바이어스로 동작할 수 있는 저전압 동작 특성과 고속의 장점을 가지게 된다.

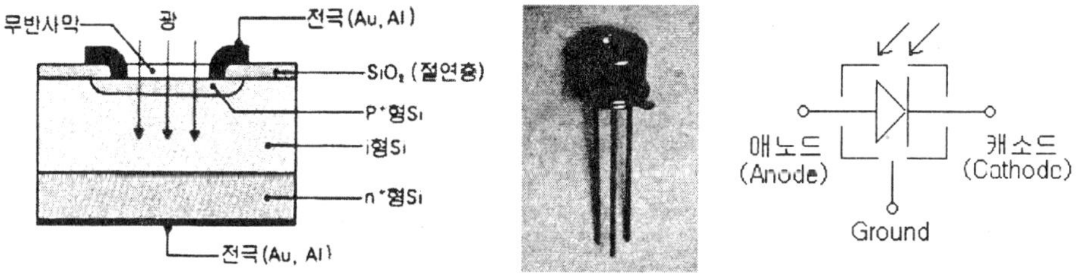

(a) 구 조 (b) 외 형 (c) 기 호

[그림 4-9] PIN 포토다이오드의 구조와 기호

나) *I-V* 특성

PIN 포토다이오드의 특성은 출력 전류가 광전압에 비례하여 나타나게 된다.

암전류 값은 1nA에서 수백 nA이상이며 Si 포토다이오드보다 InGaAs 포토다이오드의 암전류가 크며 Ge 포토다이오드가 가장 큰 암전류 값을 가진다.

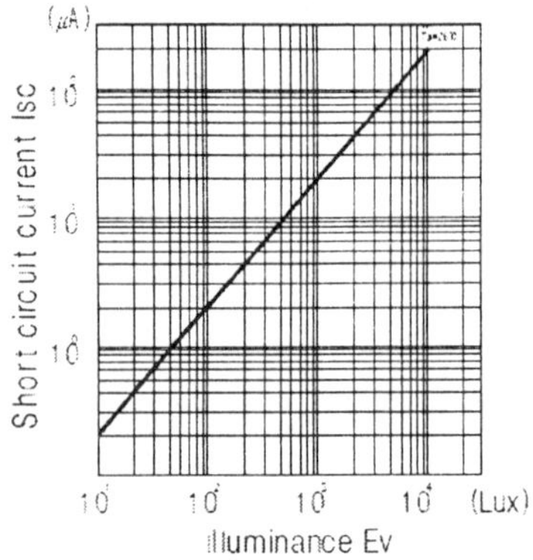

[그림 4-10] 전류-전압특성

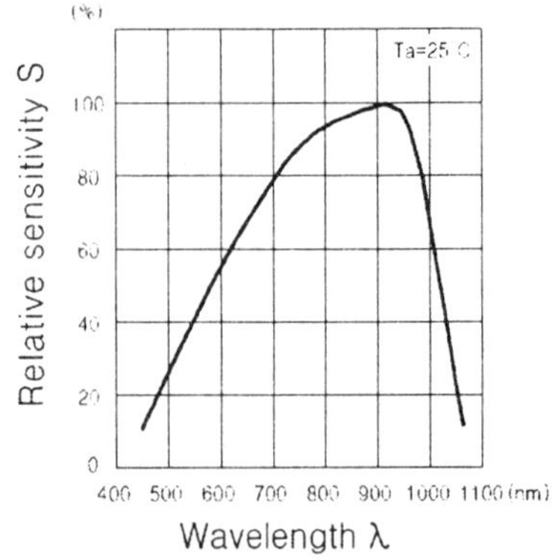

[그림 4-11] 파장대별 감도특성

[그림 4-10]은 PIN 포토다이오드의 *V-I*특성을 나타낸 것이고, [그림 4-11]은 파장대별 감도 특성을 나타내었다. 또 [그림 4-12]는 PIN 포토다이오드의 지향특성을 나타낸 그림이다.

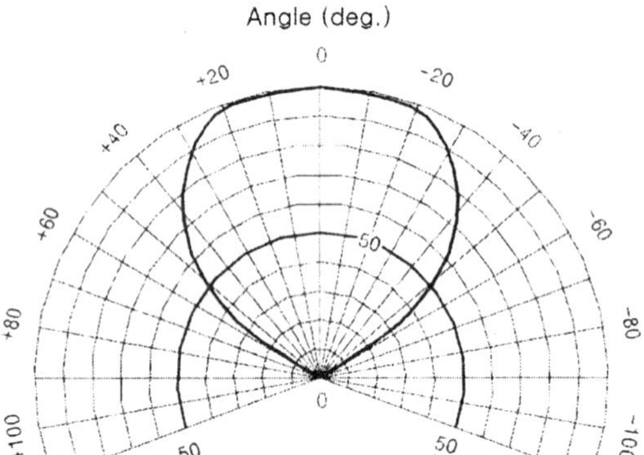

[그림 4-12] 지향특성

다) 응답도(Responsivity : R)

PIN 포토다이오드는 빠른 응답속도(상승시간)을 가지며 약 0.5ns로 100ps이하의 상승시간을 가진다. 현재 광통신 시스템에서의 광전소자로 가장 널리 이용되고 있는 PIN 포토다이오드의 사용 재료인 InGaAs는 1.0 ~1.6um에서 높은 응답도를 나타내고 있다. PIN 포토다이오드는 응답속도가 빨라 초고속 광통신용 수광소자 및 고속 광센서로 이용되고 있다.

3) 애벌런치형 포토다이오드

애벌런치형 포토다이오드(APD : Abalanche Photo Diode)는 반도체 수광소자 중에서 가장 감도가 높고 주파수특성도 우수하다. APD는 PN 접합 또는 PIN 접합에 역바이어스를 충분히 인가해서 공핍층을 넓혀 그 중에서 전자-정공쌍을 발생시킨다. 공핍층의 고전계에 의해서 캐리어가 가속되며 원자판에 충돌에 의해 새로운 전자-정공쌍이 발생하고 이 현상이 사태처럼 일어나 전류 증배가 행해진다.

[그림 4-13]은 InGaAsP APD의 구조이다.

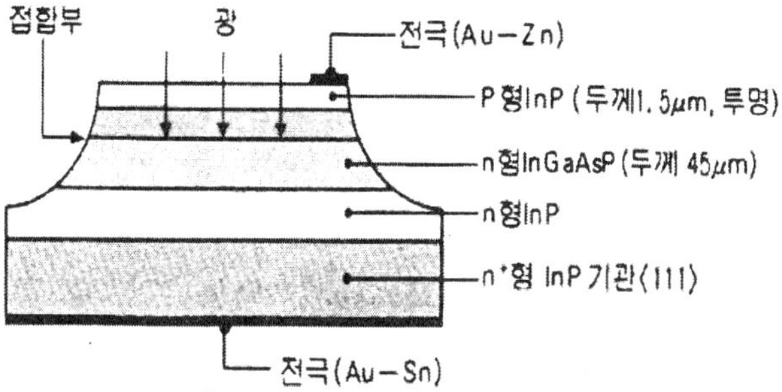

[그림 4-13] 애벌런치형 포토다이오드의 구조

APD는 광전자 증배관보다 동작전압이 낮고 트랜지스터 회로와도 잘 결합되어 사용하기 쉽다. 또한 강한 빛에도 열화되고 않고 100GHz 이상의 이득을 얻을 수 있는 Si APD가 보급되고 있다. APD는 응답속도가 매우 빨라 초고속 장거리 광통신용 수광소자로서, 고감도 광센서로 사용된다.

(3) 포토트랜지스터

PN 접합부에 빛을 쪼이면 빛 에너지에 의하여 생긴 전자와 정공이 외부회로로 출력된다. 입사광에 의해 전자와 정공이 생기면 역전류가 증가하며, 입사광에 대응하는 출력전류가 얻어지고, 이것을 광전류라 한다.

포토트랜지스터(PT : Photo Transistor)는 PN 접합의 2극 소자인 것과 NPN 접합의 3극 소자인 것이 있는데, 최근의 포토트랜지스터는 증폭 작용이 있는 NPN 접합이 주로 사용되고 있다. 또 포토트랜지스터에는 실리콘과 게르마늄이 있으나, 감도, 안정성 등의 점에서 실리콘 포토트랜지스터가 많이 쓰인다.

빛의 유무를 감지하여 광강도를 전류로 변환하는 고감도 NPN형 트랜지스터 소자로써 트랜지스터의 베이스에 포토다이오드를 역방향으로 접속한 것으로 회로 구성이 비교적 간단하고 출력 전류도 크기 때문에 저주파의 광센서 회로에 이용되고 있다.

(가) 포토트랜지스터의 구조

NPN형 실리콘 포토트랜지스터의 구조를 보였다. 보통의 트랜지스터인 경우에는 베이스 전극이 필요하지만 포토트랜지스터인 경우에는 빛이 베이스 전류를 대신하기 때문에 전극이 없는 것이 많다.

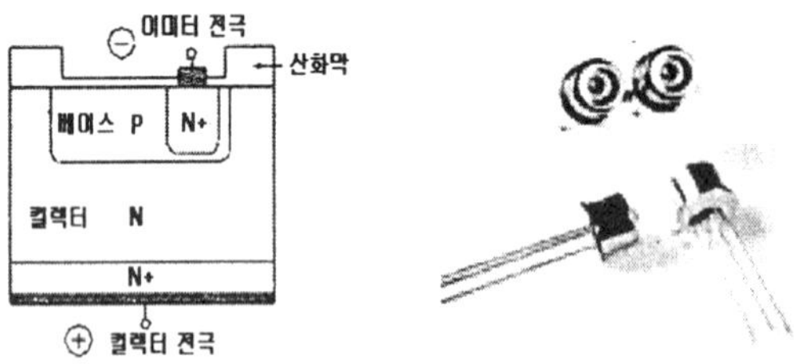

[그림 4-14] 포토트랜지스터의 구조 및 외형

포토트랜지스터의 수광감도는 파장이 약 8000Å 근처일 때 가장 좋은 효율을 갖기 때문에 GaAs 발광다이오드, 또는 텅스텐 램프가 가장 효율 좋은 빛 에너지의 변환을 수행한다. 또, 응답성도 좋아 고속 스위칭 등에 많이 사용된다. 포토트랜지스터의 특징은 아래와 같다.

① 광출력 전류가 매우 크다.
② 소형이고 취급하기 쉽다.
③ 경년 변화가 거의 없고, 내구성, 신호성이 좋다.
④ 암전류가 극히 적고 안정되어 있다.

(나) 포토트랜지스터의 구동회로

포토트랜지스터를 효과적으로 사용하기 위한 기본회로를 [그림 4-15]에 나타내었다.

1) [그림 4-15](a)는 이미터 출력회로로서 포토트랜지스터의 이미터측에 부하 저항을 접속해서 이미터에서 그 출력을 얻는 방식이다. 이 회로의 특징은 출력신호가 입사광과 같은 위상이라는 것과 다음 단에 NPN형 트랜지스터를 접속하기 쉽다는 것과 펄스광 검출에 알맞다는 장점이 있으며, 단점으로는 출력신호가 작다는 점이다.

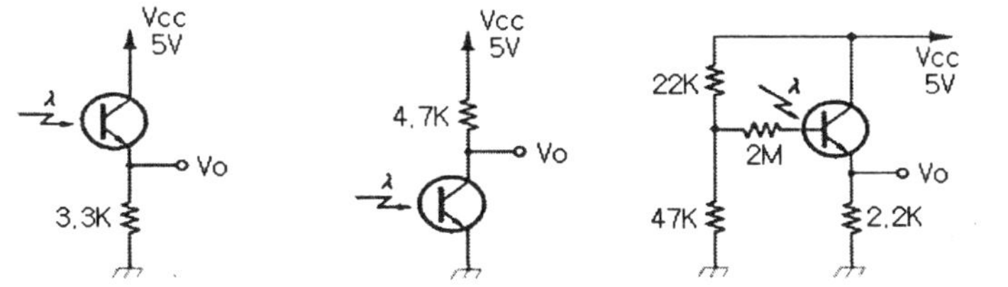

(a) 이미터 출력회로 (b) 컬렉터 출력회로 (c) 온도 보상회로

[그림 4-15] 포토트랜지스터의 구동회로

2) [그림 4-15](b)는 컬렉터 출력회로로서 포토트랜지스터의 컬렉터측에 부항저항을 접속해서 컬렉터에서 그 출력을 얻는 방식이다.

이 회로의 특징은 출력신호를 $V_{CE(SAT)}$까지 그 출력 전압을 이용할 수 있고, 펄스광 검출에 알맞다는 장점이 있으며, 출력신호가 입사광과 역위상으로 되기 때문에 그에 대한 충분한 검토가 요구된다.

3) [그림 4-15](c)는 암전류(역포화 전류) 보상형 회로라고도 불리는데 이것은 베이스 단자가 붙어 있는 포토트랜지스터에 많이 이용되고 있는 온도 보상회로이다. 이 회로는 온도보상법의 여러 가지 방법 중 브리더 방식의 회로로서 직류 동작점의 열적 안정성이 양호하고, 아날로그광의 측광에 적합하며, 베이스 전류에 의해 역포화 전류를 저감할 수 있는 장점이 있다.

(다) 포토트랜지스터의 응용회로

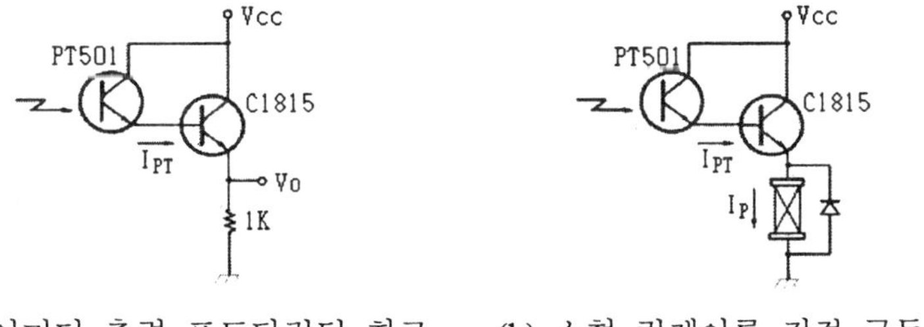

(a) 이미터 출력 포토달링턴 회로 (b) 소형 릴레이를 직접 구동회로

[그림 4-16] 트랜지스터와의 조합회로

[그림 4-16](a)는 이미터 출력 형식의 포토달링턴 회로이다. 여기에서는 포토 트랜지스터의 이미터에 또 다른 NPN형 트랜지스터를 접속하여 그 이미터에 부하저항을 접속하고 전체를 이미터 폴로워 형식의 회로이다. 이 회로의

특징은 매우 큰 광전류를 얻을 수 있기 때문에 [그림 4-16](b)와 같이 10mA 정도의 소형 릴레이를 직접 구동할 수 있는 장점이 있다.

나. 광 복합소자

광 복합소자는 발광소자와 수광소자를 조합하여 활용목적에 따라 용기에 넣은 것으로 기능에 따라 포토커플러와 포토센서로 나누어진다.

(1) 포토커플러

(가) 포토커플러의 구조와 원리

포토커플러(Photo Coupler)는 포토아이솔레이터(Photo Isolator)라고도 하며, [그림 4-17]과 같이 발광부인 LED와 수광부인 포토트랜지스터가 대향하여 배치한 일체화된 구조로서 광로가 패키지 내에서 노출되지 않도록 만든 광소자이다.

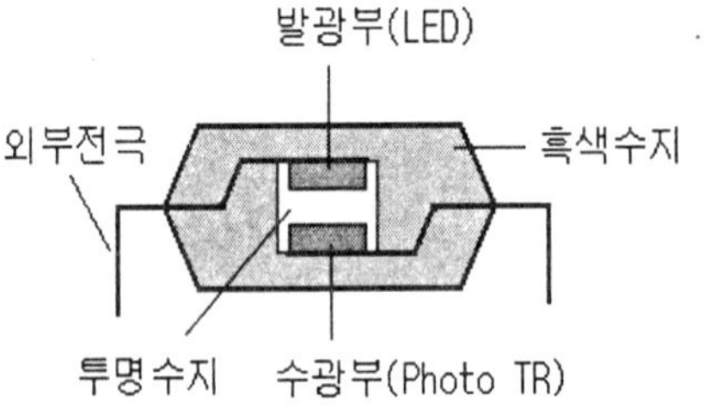

[그림 4-17] 포토커플러의 구조

(나) 포토커플러의 특징

1) 입출력측이 전기적으로 절연되어 있으며, 절연저항은 10^{11}~$10^{13}\Omega$ 정도로 매우 높고, 결합용량은 0.5~2pF정도의 작은 값을 갖는다.

2) 신호의 전달방향은 한 일방향이다.

3) 응답속도가 빠르다.

4) 수명이 길고 신뢰성이 높다.

5) 다른 반도체 소자와 구동전원을 함께 쓸 수 있다.

6) 구조가 간단하고 염가로 대량생산할 수 있다.

(다) 포토커플러의 특성

1) 절연내압 (Viso)

DIP Type의 경우 전위가 다른 회로간의 신호전달, 노이즈 차단 등에 사용하는 일이 많기 때문에 내 · 외부전위, 내 노이즈 성능이 대단히 중요하다. 그렇기 때문에 입출력 간 절연 내압(Viso)은 포토커플러를 선택상의 중요한 정격의 하나이다. 일단, 절연파괴가 일어나면 소자 의 파괴, 나아가 시스템 전체에 오동작을 일으켜 버린다. 높은 전위차가 발생할 때는 그 전위차에 충분히 여유를 주어 고 내압의 포토커플러를 선택할 필요가 있다.

2) 변환효율

변환효율(CTR : Current Transfer Ratio)은 입력(순전류 : I_F)에 대한 출력(컬렉터 전류 : I_C)의 비율로 다음 식으로 표현된다.

$$\text{CTR} = \frac{I_C}{I_F} \times 100(\%) \qquad (4\text{-}7)$$

CTR은 I_F 조건에 의존하지만 그 분포는 일반적으로 트랜지스터 출력으로 50~300%로 되어 있다. 고변환효율이 요구되는 경우는 포토 달링턴 출력의 포토커플러가 있지만, 이 경우 응답속도가 둔해진다. 포토커플러는 연속해서 장시간 사용하면 발광출력이 저하할 경우가 있으므로 설계 후 CTR은 30% 이상의 여유를 줄 필요가 있다.

CTR은 컬렉터에서 출력되는 전류와 LED에 입력되는 순방향 전류의 비교값으로서, 일반적으로 단일 포토트랜지스터형 포토커플러의 CTR은 약 50%~600%이고, 광다이오드 포토커플러는 10%이상이다. 증폭특성이 큰 달링턴형은 1000% 이상이다.

3) 응답특성

포토커플러의 응답속도는 주로 출력측의 소자에 따라 결정된다. 포토 달링턴 출력으로는 전술한 바와 같이 변환효율은 크게 되지만 반면 응답속도가 둔화된다. 한편 PIN 포토다이오드로 수광하면 응답속도는 빨라지지만 변환효율은 떨어진다. 또 응답시간은 입력 순전류(I_F)와 부하저항(R_L)에 따라 변화 한다. 특히 R_L에 대한 의존성이 높고 회로설계 시에는 고려해둘 필요가 있다.

$$t_{off} \propto C_{cb} \times h_{fe} \times R_L \qquad (4\text{-}8)$$

여기서 C_{cb}는 컬렉터와 베이스의 전기용량, h_{fe}는 트랜지스터의 전류증폭률, R_L은 부하저항이다. [그림 4-18]에서 포토커플러의 응답특성을 보였다.

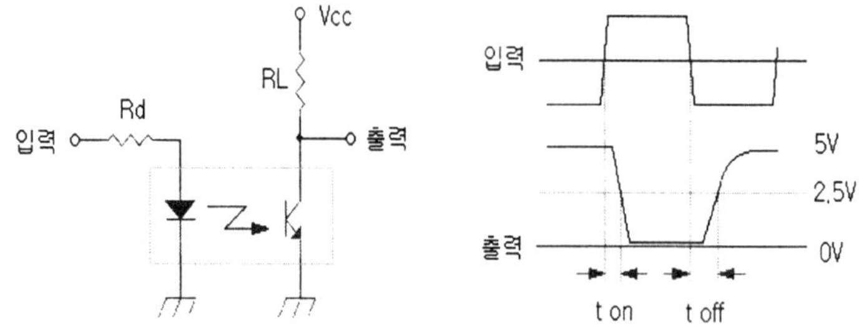

[그림 4-18] 포토커플러의 응답특성

off시간을 개선하기 위해 이미터와 베이스 간에 저항 200kΩ을 연결시켜야 하는데, 이 회로를 [그림 4-20]에 나타냈다. 이 저항은 방전회로를 제공하여 t_{off}를 20μs까지 단축시키는데, 베이스의 광전류를 감소하게 하고, CTR을 상대적으로 하강하게 하므로, 사용상 꼭 유의해야 한다.

① 베이스를 사용치 않을 때는 이미터와 컬렉터만 있는 포토트랜지스터를 사용해도 무방하다.

② R_{be}를 부가한 후의 광전류를 나타낸 것으로 CTR로 하여금 변화를 일으키게 한다.

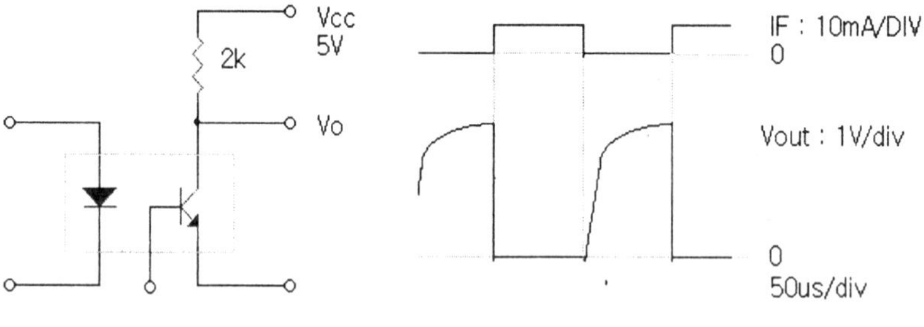

[그림 4-19] 포토커플러의 출력특성(t_{off} : 40us)

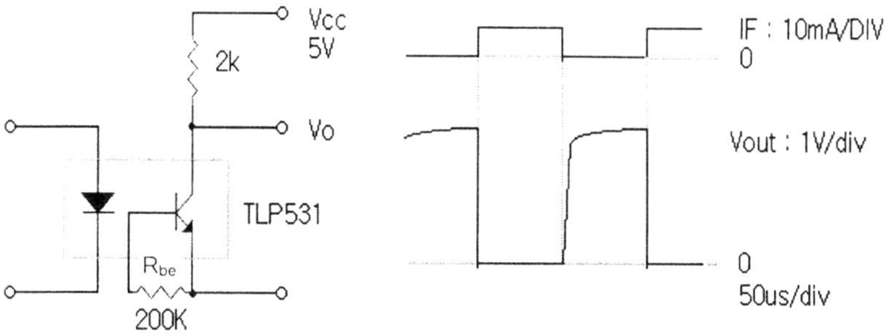

[그림 4-20] off시간을 개선한 포토커플러의 출력특성(t_{off} : 20μs)

4) 각종 포토커플러의 특성

분류	구 조	수광소자	전류전환률	응답	비 고
1	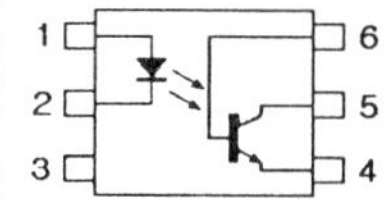	포토트랜지스터	50~600%	중속	
	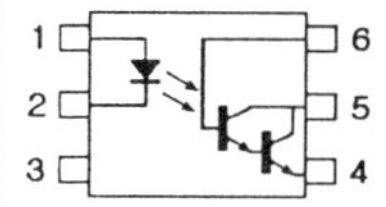	달링턴 포토트랜지스터	500~5000%	저속	$V_{ce(SAT)}$ 大 암전류 大
2	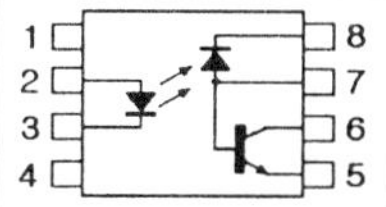	포토다이오드	10~50%	고속	
3	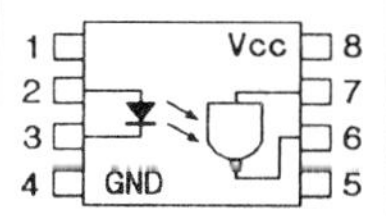	포토 IC	600%	고속	

(2) 포토 인터럽터

발광소자(Emitter : IRED, LED)와 수광소자(Detector : Photo Transistor, Photo IC)를 하나의 패키지에 조립하여 발광소자의 광을 이용하여 물체의 유무 또는 위치 등을 수광소자에 의해 ON, OFF 스위치 역할을 하는 결합 소자로써 수명은 반영구적이고 검출정도가 높다. 따라서 회전체의 회전검출, 물체의 고정도 위치검출에 사용되고 있다. 포토센서(Photo Sensor)라고도 한다. 포토인터럽터는 비접촉으로 물체의 유무 및 위치를 감지할 수 있고 다른 스위치와 비교해 큰 특징을 가지고 있다. 그렇기 때문에 포토인터럽터는 2종류로 대별할 수 있다. 그 하나는 발광소자와 수광소자를 일정한 간격을 두어 대향시켜 그 사이의 물체의 유무와 위치를 감지하는 투과형 포토인터럽터 이다.

다른 하나는 반사형 포토센서라 불리는 것으로 발광소자와 수광소자를 평면상 또는 어떤 각도를 두어 발광소자로부터 나온 광을 물체에 반사시켜 그 반사광을 수광소자에서 검출한다.

(가) 포토 인터럽터의 구조

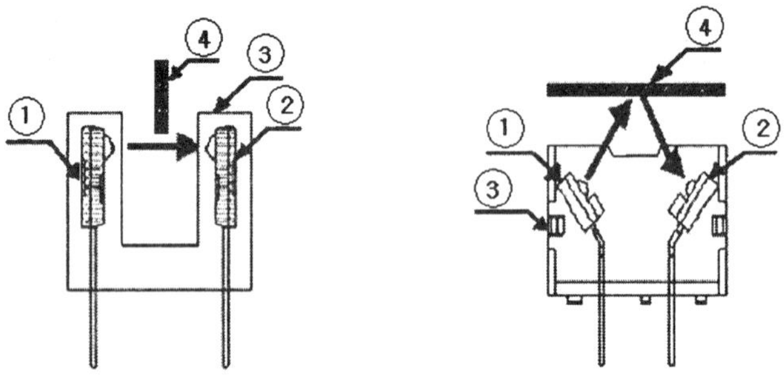

① : 발광소자(Emitter) ② : 수광소자(Detector)
③ : 외형(Package) ④ : 검출물체(Object)

(a) 투과형 포토인터럽터 (b) 반사형 포토인터럽터

[그림 4-21] 포토인터럽터의 구조

포토인터럽터의 구조는 [그림 4-21]과 같으며 [그림 4-22]와 같이 크게 2종류로 구분할 수 있는데, 발광소자와 수광소자를 일정한 간격을 두고 마주보게 하여 하나의 패키지 안에 고정시켜 그 사이의 물체의 유무와 위치를 감지하는 투과형 포토인터럽터와 발광소자와 수광소자를 평면상 또는 어떤 각도를 두어 동일한 방향으로 배치하여 하나의 패키지 안에 고정시켜 발광소자로부터 나온 광을 물체에 반사시켜 그 반사광을 수광소자에서 검출하는 반사형 포토인터럽터가 있다.

1) 투과형 포토인터럽터

발광측에 GaAs 적외 발광다이오드를 사용하고 수광측에 실리콘 포토트랜지스터를 사용한다. 검출정도를 높이기 위해 케이스의 수광, 발광의 창에 슬릿를 두었다. 슬릿, 검출 캡 및 홀더 구조는 사용 목적에 따라 다르게 정해지는데 사용 환경에 대응해 연기, 먼지 등이 많은 곳에서는 우수한 검출 정도를 확보하기 위해 독자적인 프리즘 슬릿 구조를 갖는 방진 타입이 있다.

2) 반사형 포토인터럽터

발광측에 GaAs 적외 발광다이오드를, 수광측에 실리콘 포토트랜지스터를 사용한다. 가시광 커트필터를 채용해 외란광의 영향을 받지 않도록 하였다.

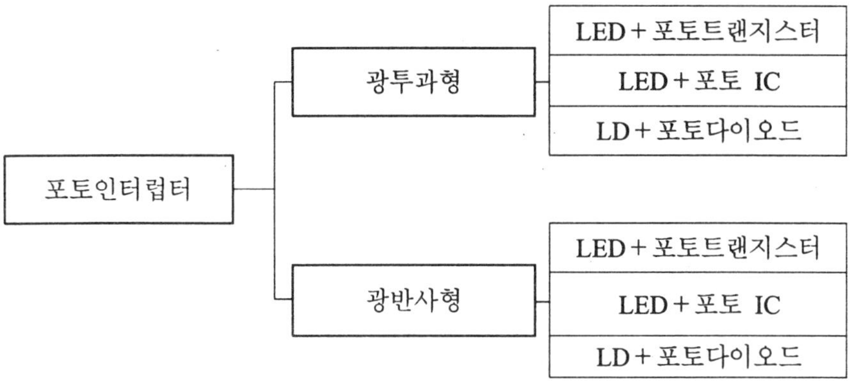

[그림 4-22] 포토인터럽터 분류

(나) 포토인터럽터 특징

1) 입·출력 사이는 전기적으로 절연되어 있기 때문에 전원전압, 바이어스 전위 등은 서로 관계가 없다.

2) 빛에 의한 단일 지향성이므로 출력에서 입력으로의 정보 전달이 되지 않는다.

3) 입·출력 임피던스를 독립적으로 설정할 수가 있다.

4) 임피던스가 크게 다른 인터페이스 회로간의 신호 전달에도 매우 좋다.

5) 응답속도(0.1-20nm)가 빠르며, 소형경량이다.

6) 검출거리가 길다. (반사형 : 0.5mm, 투과형 : 0~1km 정도)

7) 검출 정밀도가 높다. (광전스위치 : 0.1mm, 이미지센서 : 수μm)

8) 자기 및 진동의 영향을 받지 않는다.

9) 단점으로는 렌즈면의 물이나 기름기도 검출하며, 10만LX 이상이나 특수한 조건에서 외란 광에 주의할 필요가 있다.

제2절 적외 및 원적외 영역의 수광소자

적외선 검출용 수광소자의 원리는 적외광 흡수에 의한 전자 여기나 재결합을 이용한 양자적 수광소자와 적외광 흡수에 의한 격자 진동에너지의 증가, 즉 온도상승을 이용한 수광소자로 나누어진다. 물론 두 현상을 동시에 이용한 것과 분류가 어려운 것이 있지만 이를 분류하여 정리하면 <표 4-2>와 같다.

〈표 4-2〉 적외광 영역 수광소자

종 류	형 식	동작원리 및 효과		특성 및 응용
양자 검출 수광소자	단체형	광전도	캐리어 농도 전자 이동도	광파장, 일반적 수광 고속, 장파장 수광
	접합형	광기전력 광전류 애벌런치 광전류 광여기 터널효과		대면적, 저속, 2차표준측정 중면적, 고속, 일반적 수광 소면적, 고감도, 고속펄스광 수광 고주파 전류제어, 저감도
	점접촉형	초전도효과 정류효과		극저온, 주파수변화, 저잡음 고속, 비트검출
열적 검출 수광소자	열전쌍	지벡효과		감열, 저속, 표준측정
	볼로미터	저항의 온도변화		감열, 저속, 표준측정
	Golay 셀	기체의 플라즈마에 의한 체적의 온도변화		감열, 저속, 표준측정

1. 양자적 수광소자

가. 단체형 수광소자

(1) 광전도형

대부분의 반도체에서는 입사광에 의해 물질의 전기전도 정도가 변화한다.

이 현상을 광전도 효과(Photoconductive Effect)라고 하며, 이것을 빛의 검출에 이용한 소자를 광전도형 수광소자(광전도 Cell)라고 한다. 진성(眞性) 반도체에서는 자외선 영역으로부터 근적외선 영역까지 이득이 있고, 적외선 영역용으로는 불순물반도체가 이용된다. 이러한 형태의 수광소자는 구조가 간단하여 수광부의 넓이를 크게 하고 이득을 높게 할 수 있지만 빠른 응답속도는 기대 할 수 없다.

광전도형에는 입사광에 의해서 가전자대에서 전자가 전도대로 여기되므로서 생긴 전자와 정공의 전기전도를 이용하는 진성 광전도 셀과 불순물 준위의 여기에 의해서 생기는 광전도를 이용하는 불순물 광전도 셀이 있다.

진성 광전도 셀에서는 에너지 갭을 E_g라고 할 때 $E_g = h\nu = hc/\lambda$의 관계식에서

$$\lambda_c = \frac{1.24}{E_g}\ [\mu m] \qquad (4\text{-}9)$$

를 충족하는 파장 보다 단파장에만 감도를 가지게 된다. 이 진성 광전도 셀은 주로 10μm 이하의 파장 영역에서 사용된다.

불순물 광전도 셀은 Ge에 3족이나 4족의 불순물을 사용하여 약 120nm까지의 소자가 개발되었다.

(2) 진성 광전도 셀

자주 사용되는 진성 광전도 셀은 PbS, PbSe, InSb 셀이 있다. PbS, PbSe은 선극산에 신공증착 또는 화학적 침선에 의해서 박막소사를 만들고 직당한 산 소량하에서 활성화한다.

PbS, PbSe 셀 수광소자의 특징은 온도를 낮추면 파장이 장파장측으로 이행되는 일이 있다.

InSb 셀은 상온에서 광전도 셀 및 광전자(Photo Electro Magnetic) 셀로서 저온에서 광전도 셀 및 광기전력 셀로서 3~7μm의 파장역에서 사용된다.

잘 알려진 CdS는 가시광 영역의 520nm 영역에서 사용되며, CdSe은 720nm 영역에서 사용된다.

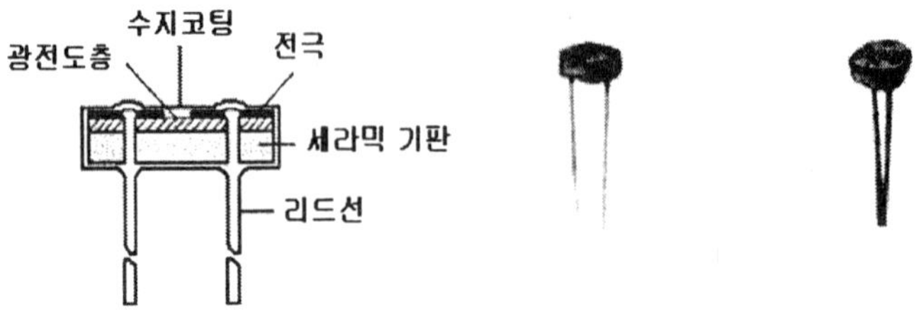

[그림 4-22] 광전도 셀의 구조와 외형

(3) 불순물 광전도 셀

불순물의 제어가 용이한 Ge을 모체로 한 것으로 옴송 접촉을 얻기 쉬운 P형이 주로 보급되고 있다.

Ge : Au는 파장 2~7㎛의 영역에서 실용화되어 있고, Ge : Hg, Ge : Cu는 14~28㎛ 영역에서 사용된다.

(4) 광기전력형

광기전력형으로 포톤드러그(Photon Drag)형 수광소자가 있다. 반도체내의 캐리어가 광입력에 의해 끌려서 전류를 유기하는 현상을 포톤드로그 효과라 한다. 이 소자는 전원 없이 실온에서 동작하여 초고속 응답하는 소형으로 간단한 구조로서, P형 Ge에서는 2~22㎛ 파장대의 적외선 수광소자로서 CO_2 레이저광 검출에 이용되고 있다.

나. 접합형 수광소자

(1) 접합형에는 광기전력형, 애벌런치형, 터널형의 3종류가 있다. 광기전력형은 보통 흡수단 이상인 빛에 대한 수광용으로 사용되며, 애벌런치형은 응답속도가 빨라 레이저광 검출용 수광소자로 적합하다.

(2) 터널형은 반도체나 초전도체 등을 접촉시켜 그 접촉면 사이에 수 10Å 정도의 절연체층을 끼운 구조로 되어 있다. 일반적으로 이것을 조셉슨 접합이라고 한다. 이러한 구조에 전압을 인가하면 터널전류가 흘러 전류가 광입력에 따라서 변화하는 원리를 이용한 것이다. 적외선 검출용으로는 초전도체를 사용한 것이 이용된다.

2. 열적 수광소자

열적 검출용 수광소자로는 적외선을 열로 느끼기 때문에 생기는 각종 물리적 성질의 변화를 검출하는 것으로 열전쌍, 볼로미터, 골레이셀 등이 있다. 일반적으로 넓은 파장역에 걸쳐 똑같은 감도를 가지고 있으므로 분광장치에 자주 사용되지만 시상수가 커서 신속한 현상의 측정에는 적합하지 않다.

가. 열전쌍

(1) 지벡효과

오래전부터 사용해오던 적외선 검출용 수광소자로서 지벡효과(Seeback Effect)를 이용한 소자이다. 지벡효과는 서로 다른 두 금속으로 폐회로를 구성하고, 양접점에 온도차를 주었을 때 온도차가 없으면 각 선 전위차가 없으나, 두 접점 사이에 온도차를 주면 양접점에는 접촉 전위차 불평형이 발생하면서 저온측 접합점으로부터 고온측으로 열전류가 이동하게 되는 것이다.

[그림 4-23]에서 열전쌍의 원리를 나타내었다.

이러한 현상을 이용 즉, 한쪽을 일정한 기준점으로 만들고 측정하고자 하는 고온측을 미지 온도차로 하면 측정하고자 하는 접속점의 온도가 변하면 미지의 온도에 대응되는 열기전력만을 정확히 측정함으로써 공업적으로 양측 변화측정이 아닌 온도측정 개념이 되는 것이다. 이때 일정한 온도 유지점을 기준 접점이라 칭하며, 측정하고자 하는 지점인 점을 측온 접점이라 한다.

즉, 열전효과는 서로 다른 금속을 접속하여 양단의 온도차가 발생하면 열전류가 흐르고, 한 끝을 개방하였을 때는 양단에 기전력이 존재하는 것인데, 이 효과를 이용하여 열전쌍(열전대)를 온도측정에 이용하게 하는 것이다.

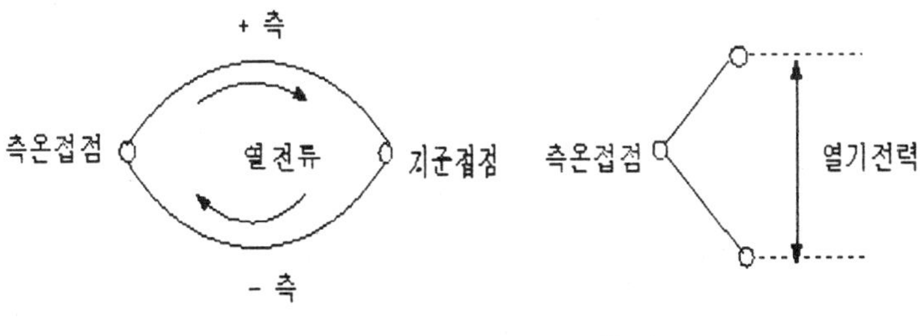

[그림 4-23] 열전쌍의 원리

(2) 열전쌍의 종류

열전대의 종류는 로듐, 백금, 크롬, 철, 동 니켈 등 두 금속 재료의 종류에 따라 측온범위 및 감도 등 특성이 각기 다르며, 보호관의 종류에 따라서 금속 보호관, 세라믹 보호관, 금속시스 등 여러 가지가 있다. [그림 4-24]는 보호관의 종류에 따른 여러 가지 열전쌍을 보였다.

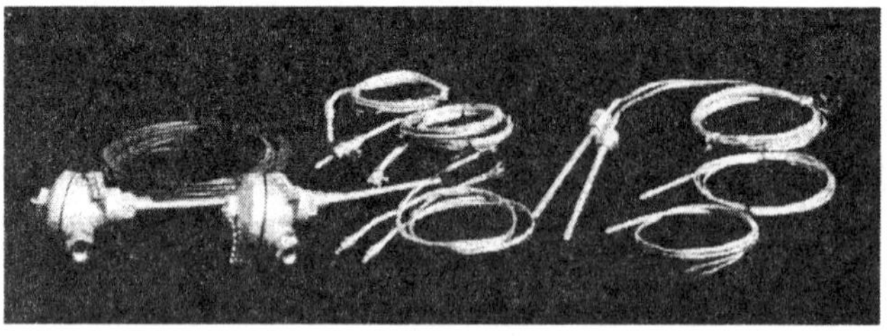

[그림 4-24] 여러 가지 열전쌍

나. 볼로미터

볼로미터(Bolometer)는 소자의 온도 변화에 의해 생기는 전기저항의 변화를 측정하는 수광소자로서, 적외선이 가지는 복사열을 전기저항으로 변환하므로 저항의 온도계수가 커야 한다. 볼로미터 소자는 백금 등의 금속 볼로미터 외에 서미스터 볼로미터, 게르마늄 볼로미터, InSb 볼로미터 등이 개발되어 사용되 고 있다. 극저온 볼로미터는 원적외선의 수광용으로 성능이 우수하다.

다. 골레이 셀

골레이 셀(Golay Cell)은 원적외선 영역의 플라즈마(Plasma) 검출용 수광소자 이다.

적외선은 Xe가스가 들어 있는 작은 상자 내의 흡수막으로 흡수되어 막의 온도 상승에 의해서 내부의 가스가 팽창한다. 이로 인해 발생하는 플라즈마에 의해 상자의 체적이 변화하고 따라서 온도가 변화하게 된다. 골레이 셀은 이 온도변화를 측정하는 소자이다.

라. 초전소자

초전소자는 유전율의 온도변화를 이용한 것이며 강유전체 재료의 초전효과(Pyroelectric Effect)를 이용한 수광소자는 퀴리온도가 실온에 가까운 것을 선정함으로써 실온 동작을 한다.

초전효과는 강유전체가 적외선을 받으면 그 열에너지를 흡수하여 자발분극의 변화를 일으키고 그 변화량에 비례하여 전하가 유기된다.

[그림 4-25]는 초전형 수광소자의 외형을 나타낸 그림이다.

초전형 적외선 수광소자는 중간 적외 영역용으로 실온동작의 이점이 있다. 파인 세라믹(Fine Ceramic)의 초전효과를 이용하여 인체 등에서 발생하는 소량 의 적외선을 예민하게 감지한다.

[그림 4-26]은 초전형 수광소자를 인체검지용 센서회로로서 도난방지 회로에 사용하는 예이다.

[그림 4-25] 초전형 수광소자

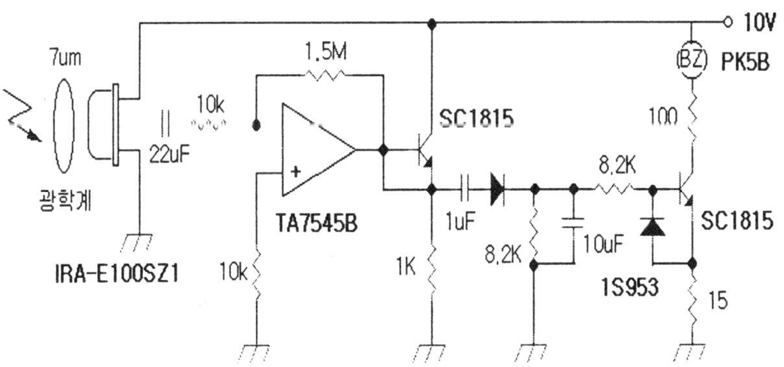

[그림 4-26] 인체 검지용 초전형 수광소자 회로

제3절 레이저광용 수광소자

레이저광원에서 나오는 전체 광량은 일반적으로 반드시 큰 것은 아니지만 모든 에너지가 정해진 파장, 정해진 방향으로 방출되므로 관측 파장, 관측 방향, 관측 시간을 한정하면 보통의 광원에서 나오는 빛의 출력과는 비교되지 않을 정도로 큰 출력이 얻어지며, 동시에 수광방법과 검출방법도 레이저 파장에 따라서 또 목적에 따라서 가장 적당한 방법을 선택하여야 한다.

1. 수광소자의 선택

파장이 크게 다른 몇 가지 종류의 레이저를 한 종류의 수광소자로 측정하게 되면 당연히 정밀도면에서 한도가 생긴다. 특히 고소도 광일수록 불확실성이 증대한다.

수광소자에는 만능의 것은 없고 장점이 있으면 반드시 단점도 있으므로 사용 목적에 의해서 소자의 장점을 충분히 활용할 수 있도록 하는 것이 바람직하다.

경우에 따라서 감도를 희생하더라도 응답속도가 빠른 것이 필요한 경우도 있고, 또 반대의 경우도 있을 수 있다. 따라서 목적을 잘못 이해하여 소자를 선택한다면 그 효과는 기대할 수 없을 뿐만 아니라 역효과의 결과를 초래할 수 있다.

가시광 영역의 레이저 검출용 소자로는 광전관이나 광전자 증배관, 반도체 수광소자로서 포토다이오드, 애벌런치 포토다이오드, PIN 포토다이오드 또는 포토트랜지스터 등이 사용된다.

광전도형 수광소자로는 비교적 짧은 적외광에 대한 진성형이 사용되며, 파장이 긴 적외광은 불순물 여기형이 사용된다.

2. 검출방식

빛의 수광에는 광신호를 직접 검파하는 직접검파와 국부발진용 레이저출력과 함께 검파하는 헤테로다인(Heterodyne) 검파가 사용된다.

레이저광의 검출에서는 액면을 합쳐서 비트(Beat)를 취하는 헤테로다인 검파를 할 수 있다. 이 검출 방법의 특징은 미약한 레이저광을 수광하는 경우 100배정도의 성능개선이 이루어진다. 또 동일한 효과는 바이어스 전압을 고주파로 변조함으로써 얻을 수 있고, S/N비도 개선된다.

가. 직접검파

광파장이 1㎛ 이하에서는 광 검출이 간단한 직접검파 방식을 많이 사용한다. 빛의 검출기는 광자를 검출하는 것으로 입사광이 적어지면 검출계의 분해시간 내에 접근해서 두 개 이상의 광전자 방출이 적고 단일 광전자의 방출 확률이 높아진다. 이 상태를 단일 광전자 현상이라 하고 광전자 증배관 출력은 광자의 입사에 대응한 독립 펄스열이 된다. 이 펄스를 계수함으로써 입사광을 검출하는 방법을 광전자 계수법이라 하고 매우 약한 레이저광 검출에 이용한다.

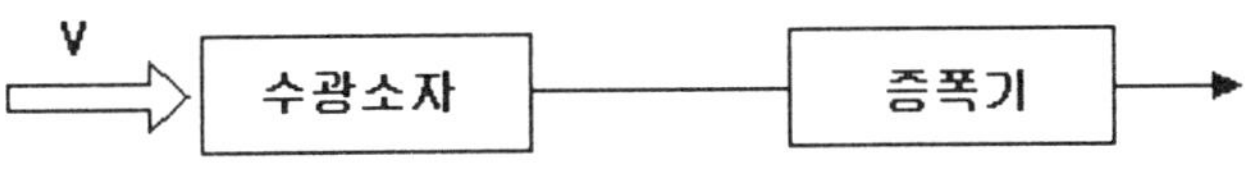

[그림 4-27] 직접검파 방식

나. 헤테로다인 검파

광 헤테로다인 검파는 국부발진광의 출력이 충분히 클 때는 신호파와 국부발진파의 혼합에 의해서 얻어지는 중간주파성분의 진폭이 커지기 때문에 후단의 증폭기에 의한 잡음을 무시할 수 있고, 잡음은 국부발진파의 쇼트잡음에 의해서 지배된다.

헤테로다인 검파에서 수신광파가 경사로 입사하여 국부발진광과 동시에 검파하는 신호파의 위상이 반파장 벗어난 부분으로 되어 있다고 하면 서로 상쇄되어 중간주파 성분을 얻을 수 없게 된다. 특히 파장이 수μm 이하인 단파장 영역에서는 문제가 된다. 또 다른 문제점은 신호파와 국부발진파의 주파수와 그 차이가 꼭 중간주파수와 일치하도록 제어해야 한다는 점이다.

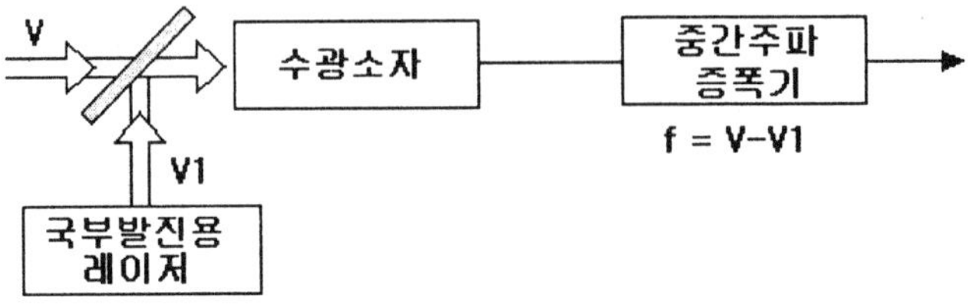

[그림 4-28] 헤테로다인 검파 방식

다. 광대역 광검출

마이크로파 변조광, 광믹싱, 고속 광펄스 등의 검출에서 국소적으로 신호광을 수광하여 집속시킬 수 없는 계에서는 넓은 수광면의 광전음극과 광대역 증폭기의 조합이 유리하다.

광전자 방출은 ps(10^{-12} sec)인 응답으로 되어 있지만 통상의 광전관, 광전자 증배관에서는 광전자, 2차전자의 초속도 분포의 영향, 가속전계의 불균일성에 의한 전자주행시간의 폭으로 상승시간은 1~10ns가 된다. [그림 4-29]에서 레이저광을 포토다이오드로 수광하는 회로의 예를 보였다.

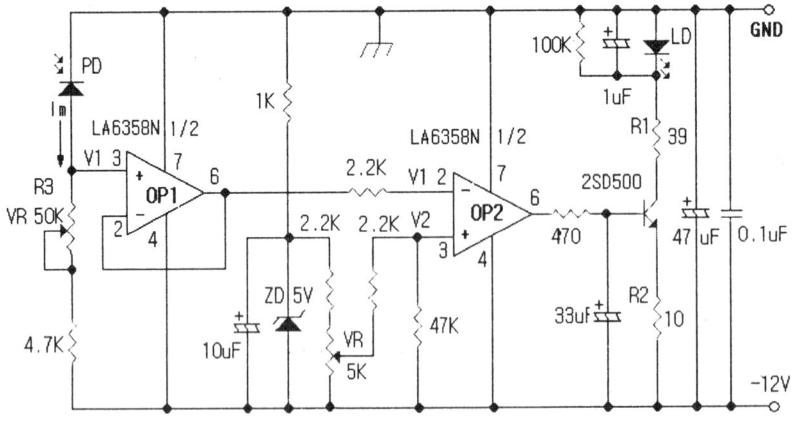

[그림 4-29] 레이저광용 수광회로

제4절 태양전지

1. 태양전지의 원리

태양전지(cells)는 광에너지를 전기에너지로 변환하는 일종의 수광소자이며, 그 구조는 실리콘 반도체 PN 접합에 광검지 기능을 부가한 포토다이오드이다. 단, 태양전지는 그 성질상 출력에너지를 우선으로 하기 때문에 포토다이오드와는 차이점이 많다.

가. 단결정 실리콘 태양전지

태양전지는 깨끗한 에너지원으로 매우 우수한 반면, 발전에너지가 일조시간, 조사강도에 크게 좌우되는 단점이 있다. 이 때문에 여러 가지 전기제품에 배터리 등과 함께 사용하면 안정한 전기공급을 받을 수 있다. 여기서 예로 든 태양전지는 단결정 실리콘(Single Crystalline Silicon) 타입이며 이 밖에 비결정질의 아몰퍼스 실리콘 타입도 있다.

나. 결정질 실리콘 태양전지

결정질 실리콘 태양전지(Crystalline Silicon Cells)는 크게 단결정 형태와 다결정 형태의 재료로 나뉘며 기본적으로 PN 동종접합으로서 태양전지에 사용된다.

단결정은 순도가 높고 결정결함밀도가 낮은 고품위의 재료로서 당연히 높은 효율을 달성할 수 있으나 고가이고, 다결정 재료는 상대적으로 저급한 재료를 저렴한 공정으로 처리하여 상용화가 가능한 정도의 효율의 전지를 낮은 비용으로 생산하려는 의도로 사용된다.

단결정 실리콘을 사용한 전지는 집광장치를 사용하지 않은 경우의 기록이 약 24%정도이며 집광장치를 사용한 전지는 28% 이상의 효율이 발표되었다.

다결정 실리콘전지는 약 18% 효율이 발표되었는데, 효율의 도달한계치는 단결정이 35%, 다결정이 19% 정도인 것으로 예측된바 있다.

다. 비정질 실리콘 태양전지

Thin-Film Silicon cell이라고도 하는 비정질(유리) 실리콘 태양전지(Amorphous Silicon Cells)는 가장 상업적으로 성공한 최초의 박막 형태의 태양전지이다. 그러나 이 태양전지는 아직은 1980년대부터 예상되어 왔던만큼의 효율은 현재 보이지 않고 있다. 그 이유는 빛을 받을 때 비정질 실리콘이 상당히 성능이 저하되기 때문이다.

빛을 조사할 때 발생하는 성능저하는 약 20%정도로 제한될 수 있다. 따라서 재료의 가공기술과 태양전지 디자인을 얼마나 발전시키는가가 비정질 실리콘의 효율을 안정화시키는 관건이 된다.

다중 접합(여러 층으로 붙임)을 이용하는 방식과 빛을 잡아두는 방식은 안정된 효율의 태양전지를 제작하게 할 수 있다. 현재 이런 방법으로 비정질 실리콘 태양전지의 효율은 약 12% 이상 그리고 모듈(개개의 태양전지가 모여 커다란 패널처럼 만든 것)로서는 10% 이상의 고효율을 기록하고 있다.

2. 태양전지의 구조

가. 태양전지의 구조는 [그림 4-31]과 같다. 이는 규소(Si) 결정이 재료가 되는데, 비정형 아몰퍼스 태양전지도 많이 사용된다.

나. 태양전지의 표면은 한 층의 이산화규소(SiO_2)등과 같은 투명 반사 방지막을 칠하여 입사광의 반사를 방지하여 태양빛의 손실을 막는다.

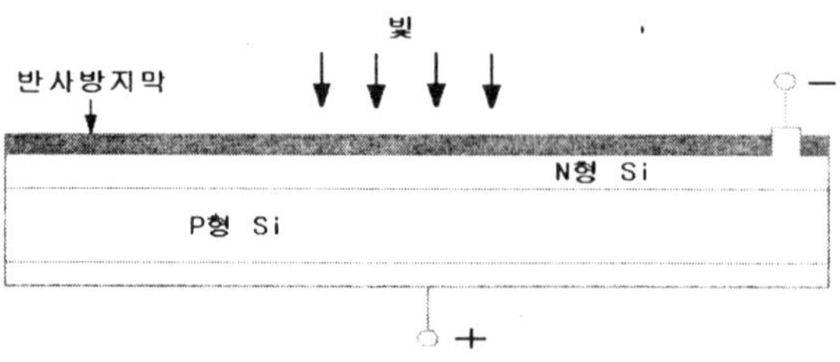

[그림 4-30] 태양전지의 구조

[그림 4-30]의 PN 접합의 두께는 0.5~1㎛ 정도로 매우 얇으며, 이는 광전변환효율을 높이기 위한 것이다. 또 표면의 확산층은 고농도로 확산 처리되어 있다.

라. 태양전지의 동작원리를 간단히 살펴보면, 수광면으로 입사된 빛은 Si속으로 들어와 그 에너지로써 전자-정공쌍을 만들어낸다. 이어 빛에 의해 만들어진 전자와 정공은 Si속을 움직여 전위의 기울기가 존재하는 PN 접합부에 도달하게 되며, 전계에 의해 전자는 N쪽으로, 정공은 P쪽으로 붙는다. 결국 P형이 (+)로, N형이 (−)로 대전되면서 전압이 생성된다.

마. 태양전지는 빛이 강할수록 높은 전압을 발생시키며, 빛의 파장(주파수)에 따라 반응하는 정도가 다르다. 이러한 사실들이 [그림 4-32]와 [그림 4-33]에 잘 설명되어 있다.

바. 태양전지는 정전류 발생원에 다이오드 정류기가 병렬로 접속되어 있는 형태의 등가회로로 표현할 수 있다.

3. 태양전지의 종류

가. CuInSe2 태양전지(CIS Cells)

다결정 박막 CuInSe2 전지는 PN 이종접합 구조를 기본으로 하며 약 1eV의 밴드 갭을 가지고 있고 보통 0.5V이하의 개방전압를 나타낸다.

몰리브덴(Mo) 으로 코팅된 유리기판 위에 P형 반도체인 CIS층을 증착하고 그 위에 N형 CdS를 주로 화학적 용액 성장법으로 입히고 투명전극층인 ZnO (징크 옥사이드)를 스퍼터링법으로 증착한 후 금속전극을 입힌다. 이미 11%의 효율이 기록된 바 있으며 실험실에서는 17%를 상회하는 효율이 재현성 있게 기록되고 있다.

최근의 경향은 개방전압을 증가시키기 위하여 갈륨 등의 원소를 합금시켜 물성 및 전지효율에 대한 영향을 조사하는 것이다.

나. GaAs 태양전지

태양전지 재료 중에서 가장 높은 효율을 달성하였고 현재 우주용으로 상용화에 성공하여 흑자를 기록하고 있는 재료이다. GaAs는 최적의 밴드 갭(1.45eV) 및 높은 광 흡수계수와 가장 높은 이론 효율치(39%) 등의 장점과 In, Al 등과 쉽게 합금을 형성하여 밴드 갭을 조절할 수 있다는 특성을 지녔다.

현재 단일 접합으로 28.7%이 기록이며 GaAs/GaSb 중첩전지로는 34.2%가 기록이다. 단점은 재료의 가격이 매우 높아 상업적으로 실용화하기에 어렵고 As의 유해성이 지적되고 있다. 따라서 인공위성용으로 많이 쓰인다.

다. CdTe 태양전지

CdTe는 밴드 갭이 1.45eV로서 이론적으로 이상적인 값을 갖고 있으며 전기적 및 광학적 특성이 태양전지재료로서 적합한 것으로 알려져 있으나 무엇보다도 중요한 성질은 물질의 합성이 쉽다는 점이다. 현재까지 다양한 방법, 즉 근접 승화법, 진공 증착법, 전착법 등의 방법이 사용되어 10% 이상의 효율이 입증되었다.

[그림 4-31]에서 태양전지의 종류별 그 형태를 나타내었다.

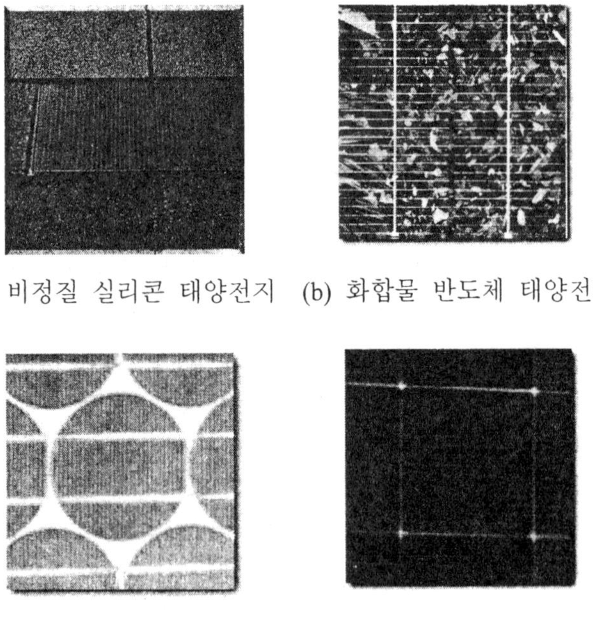

(a) 비정질 실리콘 태양전지 (b) 화합물 반도체 태양전지

(c) 단결정 실리콘 태양전지 (d) 다결정 실리콘 태양전지

[그림 4-31] 태양전지의 종류

4. 태양전지의 스펙트럼 특성

[그림 4-32]에서 전압-빛의 강도 특성을 나타내고, [그림 4-33]에서 스펙트럼 특성을 나타내었다.

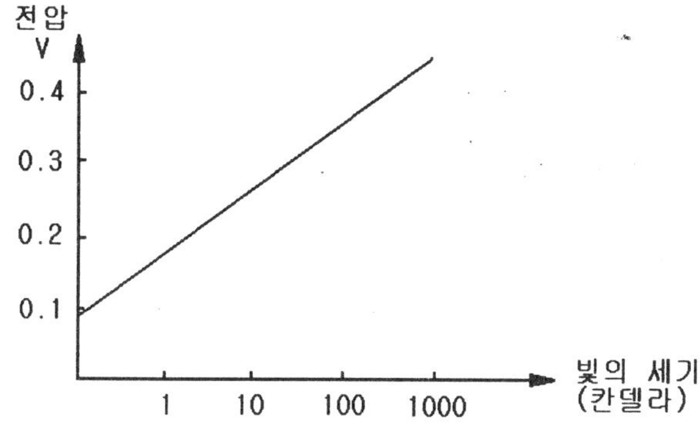

[그림 4-32] 개방(open)회로 전압-빛의 강도특성

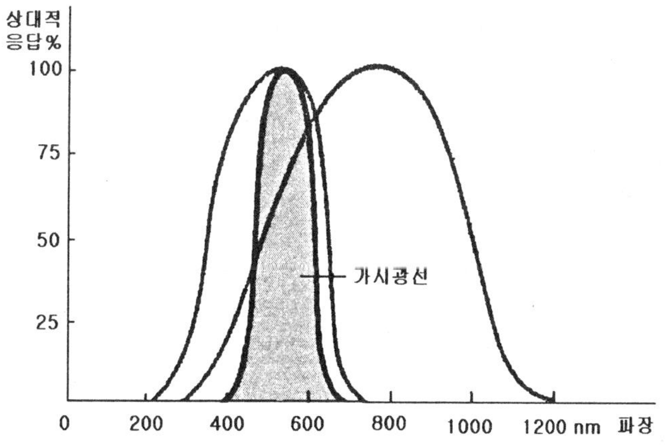

[그림 4-33] 스펙트럼 특성

<표 4-4>에서 여러 가지 태양전지의 정격을 나타내고, [그림 4-34]에서 태양전지 모듈을 이용한 NiCads 전지 충전회로를 보였다.

〈표 4-4〉 태양전지의 정격

Type	Dimension		V_{op}	I_{op}	V_{oc}	I_{sc}	Thickness	용도
	L(mm)	W(mm)	(V)	(uA)	(V)	(uA)	(mm)	
SS-1807	18.2	7.0	1.5	2.0	2.0	3.0	1.1	실내용 200 Lux 이하
SS-1910	19.0	10.0	1.5	4,0	2.0	4.8	1.1	
SS-1919	19.6	19.6	1.5	8.0	2.0	9.6	1.1	
SS-2510	25.0	10.0	1.5	6.0	2.0	7.2	1.1	
SC-12439	124.5	39.3	15	12	18	15	2.0	실외용 AM 1.5 Lux 이하
SC-14573	145.0	72.5	15.5	24.0	22.0	34.0	2.0	
SP-0506	50.0	60.0	2.0	48.0	3.2	60.0	2.35	
SM-3030-A	310.0	310.0	14.5	290.0	22.0	360.0	7.0	

V_{op} : 동작 전류　　　　I_{op} : 동작 전류
V_{oc} : Open Circuit Voltage　　　　I_{sc} : Short Circuit current

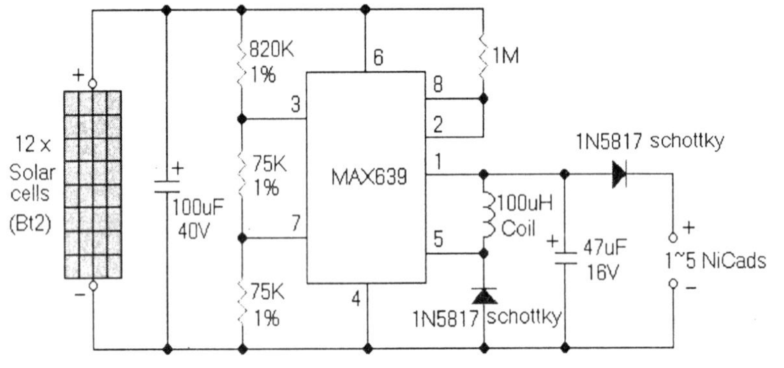

[그림 4-34] 태양전지 모듈을 이용한 NiCads 전지 충전회로

제 5 장

광섬유

제1절 광섬유의 특징

1. 개 요

코어 및 그것을 둘러싼 클래딩으로 구성되고, 광의 에너지가 코어 및 코어 부근의 클래딩 속에 가두어져 전송되는 기능을 가진 것을 광섬유(Optical Fiber)라 한다. 보통 클래딩의 표면에는 수지가 유리표면을 기계적으로 보호하기 위해 코팅되어 있다.

2. 특 징

가. 광섬유의 구조

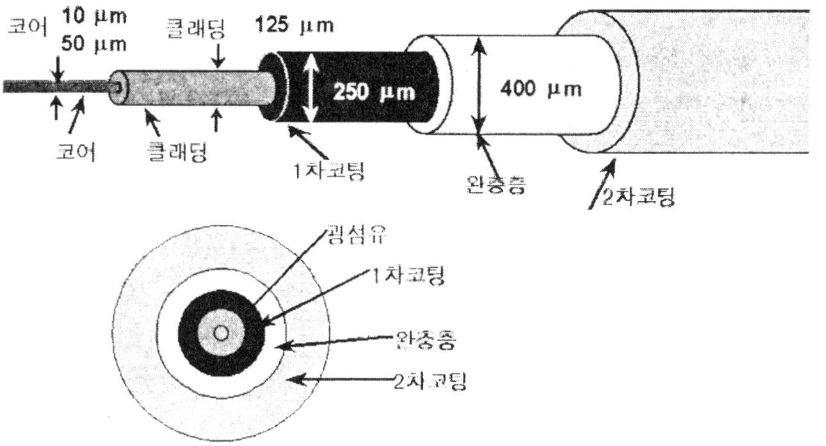

[그림 5-1] 광섬유의 구조

나. 광섬유의 특징

(1) 저손실

석영계 광섬유인 경우 전송손실이 최소인 파장 1.55㎛ 대에서 0.2dB/km 이하 저손실이 실현되고 있다. 이것은 광신호가 1km인 광섬유 속을 전파해도 신호 감쇠율은 고작 4.5% 이하라는 것을 나타낸다. 이러한 낮은 손실성 때문에 중계기를 사용하지 않고 장거리 통신이 가능하다.

(2) 광대역

보통 C밴드라고 부르는 1.55㎛ 대(1530nm~1565nm)의 주파수 대역폭은 약 4.4THz에 달한다. 한편 전송로 중에 변조된 신호를 전파시킬 경우 변조 주파수가 높아질수록 신호가 감쇠하지만, 광섬유를 사용한 통신 시스템에서는 10Gb/s 전송속도를 갖는 시스템이 이미 실용화되어 있다. 이와 같이 빛 자체의 광대역성과 전송로로서의 광섬유 광대역성이 서로 어울려 광섬유 사용으로 인한 초광대역 통신 시스템의 실현 가능성이 높아지고 있다.

(3) 무유도

전기신호를 사용한 통신 시스템과 달리 광섬유 자체는 전기전도체가 아니기 때문에 전자유도에 의한 영향을 받지 않는다. 더욱이 광신호는 광섬유 내에 갇혀있기 때문에 광섬유 사이에서의 누화도 본질적으로 발생하지 않는다.

(4) 소형, 경량

석영계 광섬유일 경우 유리 부분의 직경은 약 0.1mm이고 유리부분의 바깥에 존재하는 피복을 포함해도 직경은 1mm 이하이다. 또 중량면에서도 석영유리 밀도는 동의 약 1/4로 가볍다. 이 때문에 광섬유는 수납성, 조작성이 뛰어나고 1000가닥 이상의 광섬유를 수납한 광케이블이 실용화되고 있다.

다. 광섬유 재료에 의한 분류

(1) 석영계 유리

전송로로 사용되는 광섬유는 사용 파장에서 손실이 낮아야 된다. 광통신 시스템에서는 파장 1.55, 1.3, 0.85㎛대의 빛이 사용되는 경우가 많고, 이런 파장대에서는 석영계 유리의 손실이 작다. 이 때문에 전송로의 손실이 광통신 시스템의 특성에 큰 영향을 주는 장거리 시스템일 경우에는 석영계 유리가 광섬유 재료로 이용되는 것이 일반적이다. 석영계 유리를 이용한 광섬유에서 굴절률을 변화시키는 방법으로는 광섬유의 제조성, 손실 특성에 기여 등의 관점에서 굴절률을 올릴 경우 게르마늄, 인 등을 첨가하고, 굴절률을 내릴 경우에는 불소, 붕소(Boron) 등을 첨가하는 방법이 일반적이다.

(2) 불화물 유리

Zr, Ba, La, Al, Na 등의 불화물로 이루어진 유리는 파장 2~4㎛ 대에서 이론적으로는 석영계 유리보다도 손실이 낮다. 또 불화물 유리에 Er 등의 희토류를 첨가한 광섬유는 광섬유 증폭기로서 사용했을 때, 이득의 파장 평탄성에서 석영계 유리보다 뛰어난 특성이 있고 이런 관점에서 개발이 진행되고 있다.

(3) 플라스틱

플라스틱을 사용한 광섬유는 손실 등의 면에서 석영계 유리를 사용한 광섬유에 미치지 못하지만, 내굴곡성이 뛰어나고 대구경 광섬유 제작이 쉽다는 특징을 중심으로 개발, 실용화가 진행되고 있다.

(4) 소형, 경량

석영계 광섬유일 경우 유리 부분의 직경은 약 0.1mm이고 유리부분의 바깥에 존재하는 피복을 포함해도 직경은 1mm 이하이다. 또 중량면에서도 석영유리 밀도는 동의 약 1/4로 가볍다. 이 때문에 광섬유는 수납성, 조작성이 뛰어나고 1000가닥 이상의 광섬유를 수납한 광케이블이 실용화되고 있다.

라. 광섬유 기능에 의한 분류

(1) 석영계 광섬유의 기능에 의한 분류

광통신용에 널리 이용되는 석영계 광섬유만 봐도 이런 기능면에서는 <표 5-1> 석영계 광섬유의 기능에 의한 분류에서와 같이 많은 종류가 존재한다.

〈표 5-1〉 석영계 광섬유의 기능에 의한 분류

기 능	광섬유 종류
전파 가능한 모드를 제어	단일 모드 광섬유 다중 모드 광섬유
파장 분산특성을 제어	분산 편이 광섬유 Non-제로 분산 편이 광섬유 분산 평탄 광섬유 분산 보상 광섬유 분산 관리 광섬유
전송손실의 저감	차단 편이 광섬유
전파하는 편파 상태 유지	편파 유지 광섬유

(2) 광통신 시스템 용량증가와 사용되는 광섬유의 변천

광섬유 시스템에서 보다 많은 정보를 보다 멀리 전달하고자 하는 요청에 답하는 형태로 개발을 진행하는 관점에서 <표 5-2> 광통신 시스템 용량증가와 사용되는 광섬유개발이 진행되고 있다.

〈표 5-2〉 광통신 시스템 용량증가와 사용되는 광섬유의 변천

도입년도	사용 광섬유	사용 파장대	광섬유 1가닥당 전송용량	전송거리
1980	다중 모드 광섬유	0.82㎛	45Mb/s	7km
1987	단일 모드 광섬유	1.3㎛	1.7Gb/s	50km
1990	분산 편이 광섬유	1.55㎛	2.5Gb/s	80km
1999	Non-제로 분산편이 광섬유	1.55㎛	400Gb/s	640km

(3) 활용예

단일 모드 광섬유(SMF)와 같이 비교적 초기 단계에서 개발된 광섬유가 현재도 가입자들에게 널리 사용됨과 동시에 분산 보상 광섬유(DCF)를 사용하여 최신 파장다중전송(WDM) 시스템에 활용되고 있는 예도 있다. 앞으로도 광섬유 시스템의 발전에 따라 이것에 대응한 새로운 광섬유가 개발・도입되어 가리라 예상된다. 또 포토닉 밴드간격을 이용한 새로운 도파 구조를 갖는 광섬유의 발전도 주목된다.

제2절 광섬유의 종류 및 특성

1. 단일 모드 광섬유

단일 모드 광섬유(SMF)는 광섬유 안을 전파 가능한 도파 모드 하나만으로 제한한 것으로 모드 분산에 의한 광신호 파형의 열화를 방지한 광섬유이다. 이 때문에 복수의 도파 모드가 전파 가능한 다중 모드 광섬유보다도 대용량 전송에 적당한 광섬유이다.

도파 모드의 관점에서는 다음 장에 설명되어 있는 파장 분산특성을 조정한 분산 편이 광섬유, 넌제로 분산 편이 광섬유도 SMF의 범주에 들어간다. 그러나 일반적으로 SMF라 할 경우에는 파장 분산특성을 특별히 조정하지 않은 광섬유를 말한다.

광섬유를 사용한 광통신 시스템에서 광섬유 1가닥당 전송용량을 증가시키고자 할 경우에는 여러 가지 제한 요인이 발생한다. 제한 요인의 하나로 광섬유 내를 전파하는 빛의 상태(도파 모드)에 따라 전파 시간에 차이가 생기는 현상(모드 분산)이 있다.

가. 도파 모드, 모드 분산

광섬유 내를 전파하는 빛의 전파방향 좌표 z, 시간 t에 대한 전계성분 $E(z, t)$는 광섬유 손실을 무시했을 때, 일반적으로 (5-1)식으로 나타낸다.

$$E(z,t) = A \cdot \exp j(\omega t - \beta z) \qquad (5\text{-}1)$$

A는 전계 진폭, ω는 전파광의 각주파수, β는 전파정수이다. 전파정수 값은 광섬유의 굴절률 분포를 고려한 맥스웰(Maxwell) 방정식을 풀어 구하고, 이 값에 의해 광섬유 내를 전파하는 광신호의 전파 속도 및 광섬유 단면 내에서 빛의 전계분포가 결정된다.

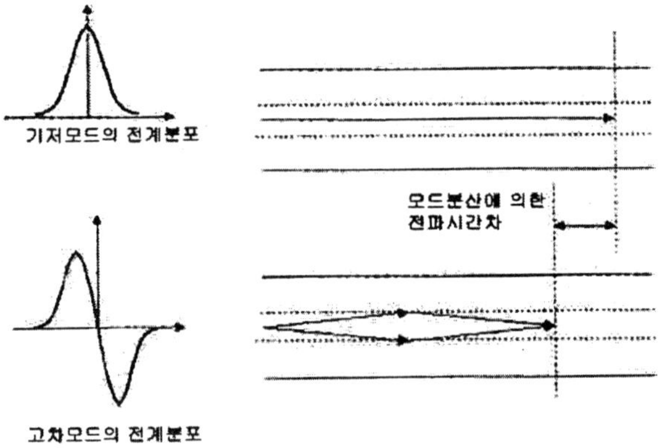

[그림 5-2] 도파 모드, 모드 분산의 모식도

광섬유 단면 내에서 빛의 전계분포 연속성에 관한 경계조건 때문에, 광섬유를 전파하는 전파정수는 이산적인 값으로 한정된다. 이것은 [그림 5-2]와 같이 다른 전송속도, 단면 내의 전계분포가 다른 빛의 상태가 광섬유 내를 전파할 수 있다는 것을 의미하고 있다. 이와 같이 광섬유 내에서 서로 다른 빛의 상태를 도파 모드라 하고 도파 모드에 의한 전파시간 차를 모드 분산이라 하고 있다.

나. 단일 모드 조건과 차단(Cut-Off) 파장

코어의 굴절률 분포형상이 [그림 5-3](a)에 보인 단순 스텝형상일 경우, 광섬유를 전파하는 도파 모드 수는 식 (5-2)의 정규화 주파수 V로 결정된다.

$$V = \frac{2\pi}{\lambda} \cdot a \cdot n_1 \cdot \sqrt{2\Delta} \qquad (5\text{-}2)$$

식에서 λ는 빛의 파장, a는 광섬유의 코어 반경; n_1은 광섬유 코어 부분의 굴절률, Δ는 광섬유의 비굴절률 차이다. 정규화 주파수가 2.405 이하일 경우, 기저 모드 이외의 모드(고차 모드)인 빛이 느끼는 코어 부분 굴절률이 클래드의 굴절률보다 작아지고 고차 모드는 원리적으로 전파가 불가능하게 된다. 광섬유의 구조 파라미터인 코어 직경, 코어 부분의 굴절률, 비굴절률 차에 따라 정규화 주파수가 2.405인 파장이 결정되고 이 파장을 이론 차단파장이라 하고 있다. 실제 사용 조건 아래에서는 광섬유에 가해지는 구부림 등의 영향에 의해 고차 모드는 이론 차단 파장보다 짧은 파장에서 실질적으로 전파 불가능이 된다. 케이블 상태로 실제 사용 조건을 가정한 조건 아래 실질적으로 기저 모드만이 전파 가능하게 되는 파장(케이블 차단파장)을 평가하는 방법이 국제 표준으로 제정되어 있고, 이 케이블 차단파장이 사용되는 파장보다도 짧게 설정되어 있는 광섬유가 SMF로 규정되어 있다.

다. 단일 모드 광섬유의 구조

(1) 단순 스텝

SMF의 구조(굴절률 분포)로서는 [그림 5-3](a)에 보인 스텝 인덱스형이 일반적이다. 이 구조를 표시하는 파라미터는 코어/클래드 사이의 비굴절률 차와 코어 직경이 된다. 이 값은 국제 표준 등에서 규정되어 있지 않지만, 단일 모드 조건(차단파장) 등의 관점으로부터 비굴절률 차는 0.3~0.4%, 코어 직경은 9㎛ 이후가 일반적이다.

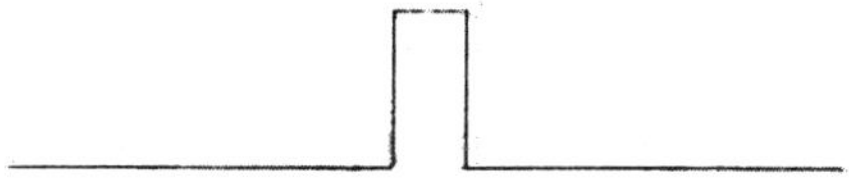

(a) 스텝 인덱스형

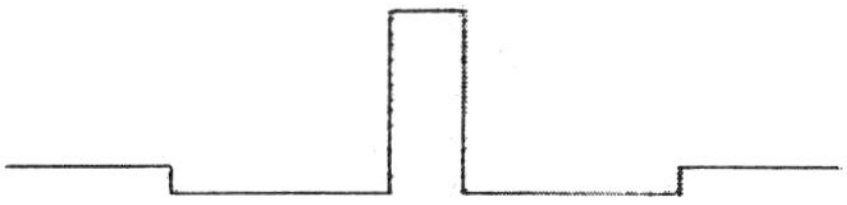

(b) 뚝 떨어진 클레드형

[그림 5-3] SMF의 굴절률 분포 예

(2) Depressed Clad 부가

광섬유에 일정한 구부림을 가했을 때, 코어 부분으로부터 새어 나온 빛의 일부가 반사되어 손실이 발생한다. 이와 같은 매크로 밴드 손실(Macro-Bend)

은 차단파장을 장파장 쪽으로 편이시킴으로써 줄일 수 있지만, 단일 모드 조건을 만족시키기 위해서는 이 편이량에 제한이 있다. 코어 바깥쪽에 굴절률이 뚝 떨어진 클래드 부분(Depressed Clad)을 부가하여 이 제한을 완화할 수 있다.

라. 단일 모드 광섬유의 대표적 특성

(1) SMF의 특성 파라미터

SMF의 특성 파라미터로서는 전송손실 및 차단파장, 매크로 밴드 손실 이외에 광섬유 내에서의 광분포를 나타내는 모드 필드 직경(MFD), 파장분산, 편파분산(PMD)을 들 수 있다. 파장분산, PMD, MFD 등이 있으며, 광섬유끼리 접속할 경우, 접속 손실은 각각의 광섬유 내 전계분포 겹침에서 이론적으로 추정할 수 있다. 이 때문에 전계분포의 확산을 나타내는 파라미터가 있으면 접속손실을 추정할 때 편리하다. 그러나 광섬유 내의 전계분포는 [그림 5-4]에 예를 보인 바와 같이 코어 부분에서 일부가 새어 나오고 전계분포의 확산은 반드시 코어 직경에 대응하지 않는다. MFD는 전계분포 형상을 토대로 규정된 파라미터이고, 전계분포가 가우스형일 경우는 전계진폭이 최대값의 $1/e$이 되는 진폭에 대응하고 있다.

MFD는 광파워 밀도와도 관련이 있기 때문에 접속손실 뿐만 아니라 구부림 손실, 광섬유 내의 비선형성의 지표가 된다.

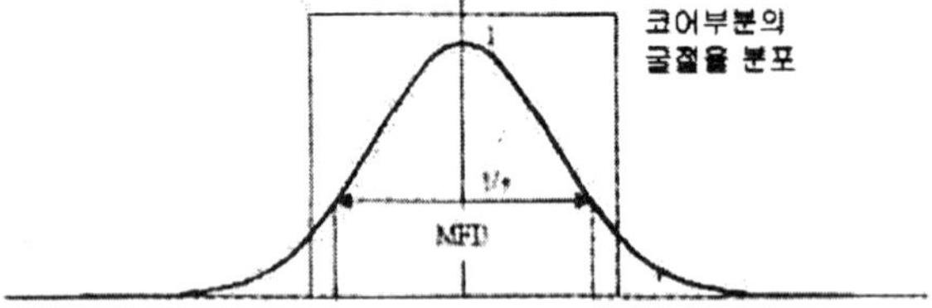

[그림 5-4] SMF의 전계분포

(2) SMF의 특성 예

SMF의 특성 예로 ITU-T 권고 G.652에 기재되어 있는 SMF의 전송특성을 <표 5-3>에 보였다. <표 5-3>은 기본적인 SMF에 대한 사양이며, 이 외에 G.652에는 장거리·대용량 전송을 염두에 둔 파장 1550nm에서의 전송손실을 감소함과 동시에 편파분산(PMD)에 관한 규정을 설정하였으며, 넓은 파장대역에서 파장 다중전송을 염두에 둔 파장 1383~1480nm에서의 전송손실을 규정하고 있다.

〈표 5-3〉 석영계 광섬유의 기능에 의한 분류

구 분	내 용	범 위
모드필드 직경	파장	1310nm
	중심값 범위	8.6~9.5㎛
	허용오차	±0.7㎛
케이블 차단파장	최대값	1260nm
구부림 손실	구부림 반경	37.5nm
	감은 회수	100
	파장 1550nm에서의 최대값	0.50dB
파장 분산	제로 분산파장 최소값	1300nm
	제로 분산파장 최대값	1324nm
	제로 분산 경사 최대값	0.093ps/nm^2/km
케이블 전송손실	파장 1310nm에서의 최대값	0.5dB/km
	파장 1550nm에서의 최대값	0.4dB/km

2. 다중 모드 광섬유

다중 모드 광섬유는 각 모드의 전파정수 차에서 생기는 다모드 분산이 존재하고, 단일 모드 광섬유에 비해 전송대역이 좁다. 이 때문에 다중 모드 광섬유는 주로 전송로 길이가 수 km 이하인 LAN과 ITV 감시 시스템 등 단거리 전송용에 사용된다.

다중 모드 광섬유의 이점은 코어 직경과 여진 가능한 광선의 최대 입사각이 크기 때문에 광원과 광섬유끼리 접속이 쉽다. 통신 파장은 주로 0.85㎛ 대와 1.3㎛ 대로 광원은 반도체 레이저와 값싼 LED가 사용된다. 이 장에서는 다중 모드 광섬유 중에서 석영계 유리를 중심으로 한다.

가. 전파 모드

전파 모드란 광섬유를 파동 이론으로 취급할 때, 나오는 개념으로 광섬유 내에 갇힌 빛이 누설과 방사를 하지 않고 일정한 분포를 유지하여 전파하는 모드이다. [그림 5-5]에 균일 코어에 대한 전파 모드의 예를 몇 개 보였다.

단일 모드 광섬유에서는 LP_{01}인 기저 모드만 전파하고 다중 모드 광섬유에서는 기저 모드에 LP_{11} 이상의 고차 모드를 더하여 전파한다. 광강도는 고차 모드일수록 클래드부 쪽에 분포하고 모드 수는 코어 직경 및 코어·클래드 사이의 굴절률 차가 클수록 커진다.

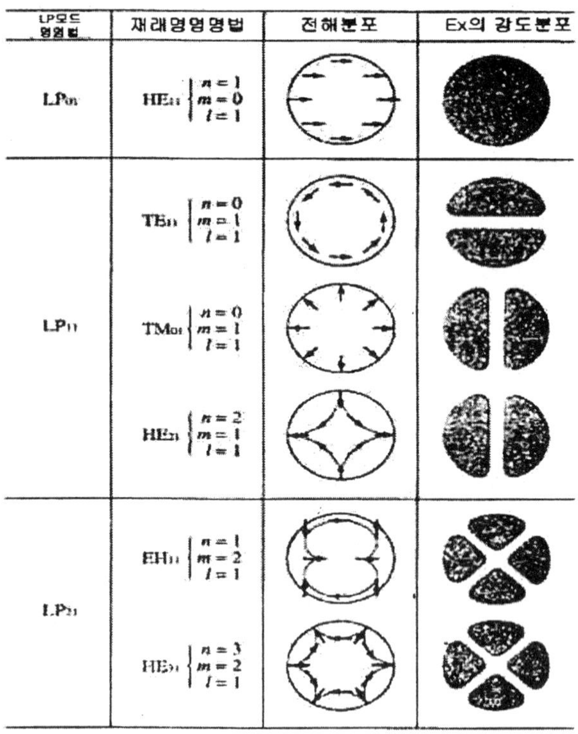

[그림 5-5] LP 모드와 전자계 분포의 관계

나. 다중 모드 광섬유의 종류와 구조

다중 모드 광섬유의 대표적인 굴절률 특성은 스텝 인덱스(SI : Step Index)형과 그레이드 인덱스(GI : Greated Index)형 두 가지가 있다. [그림 5-6]에 각각의 구조 예를 보였다.

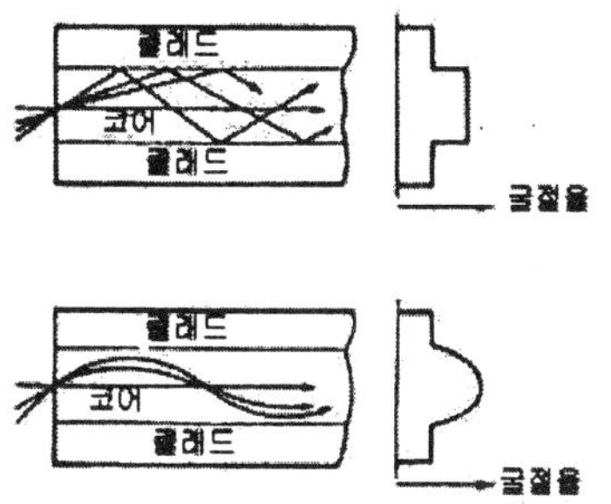

[그림 5-6] 다중 모드 광섬유 구조

SI형은 코어부의 굴절률 n_1이 일정하고 그 주위가 n_1보다 조금 낮은 굴절률 n_2인 클래드로 덮여 있다. GI형은 식 (5-3)과 같이 코어부의 굴절률이 코어 중심축에서의 거리와 함께 α 제곱형으로 변하는 것이 주류이다.

코어부 : $n^2(r) = n_1^2\{1-2\Delta(r/a)^\alpha\}$ (5-3)

클래드부 : $n^2(r) = n_2^2$ (5-4)

식 (5-3), (5-4) 중의 $n(r)$은 광심유 굴절률, n_1은 코어 중심부의 굴절률, n_2는 클래드부의 굴절률, Δ는 $(n_1-n_2)/n_1$, a는 코어 직경, r은 반경, α는 굴절률 분포 계수이다. 각 모드의 지연시간 차가 최소인 최적 α는 약 2이고 파장에 의해 값이 약간 다르다.

다. 다중 모드 광섬유의 특성

(1) 굴절률 차

대표적인 다중 모드 광섬유의 종류와 특성을 보였다. 코어부와 클래드부의 굴절률차 Δ는 SI형에서 1~3%, GI형에서 1~2%이다. 범용 단일 모드 광섬유의 굴절률 차 Δ0.3~0.4%에 비하면 높고, 여진 가능한 광선의 최대 입사각을 크게 잡을 수 있다.

(2) 코어 직경/클래드 직경

표준적인 코어 직경/클래드 직경은 50/125μm, 62.5/125μm, 85/125μm, 100/140μm인 4종류이다. 범용 단일 모드 광섬유의 표준 코어 직경 9μm에 비해 5배 이상 크고 광원과 광섬유의 결합효율이 높다.

〈표 5-4〉 다중 모드 광섬유의 종류와 특성분류

굴절률 분포	굴절률 차 Δ	코어 클래드 직경	사용 파장	전송 손실	전송 대역
SI형	1.0~3.0	85/125μm	0.85μm	<4dB/km	수십 MHz · km
		100/140μm	0.85μm	<10dB/km	
GI형	1.0~2.0	50/125μm 62.5/125μm 85/125μm 100/140μm	0.85μm	3~6dB/km	수백MHz · km ~수GHz · km
			1.3μm	0.6~4.0dB/km	

(3) 전송대역

전송대역은 광신호의 전송속도와 전송거리를 결정하는 중요한 특성이다. 이 전송대역은 다중 모드 광섬유인 경우 다모드 분산, 파장분산, 편파분산에 의해 제한된다. 이 중에서 다모드 분산이 지배적이다. 전송대역은 일반적으로 베이스 밴드 주파수 특성에서 감쇠량이 6dB 되는 주파수로 정의된다. 여진 조건은 다중 모드 광섬유의 모든 전파 모드가 균일하게 여진하도록 SI형과 GI형을 상호 접속한 SGS 여진기와 렌즈계가 이용된다. 최근에는 빔 스폿 직경이 적은 면발광 레이저(VCSEL)의 등장으로 고차 모드를 차단한 제한 모드 여진의 표준화도 검토되고 있다.

[그림 5-7]에 전 모드 여진 GI형 다중 모드 광섬유의 전송대역과 굴절률 분포 경도와의 관계 예를 보였다. 실제 광섬유에서는 SI형에서 수십 MHz · km, GI형에서 수백 MHz · km~수 GHz · km이다.

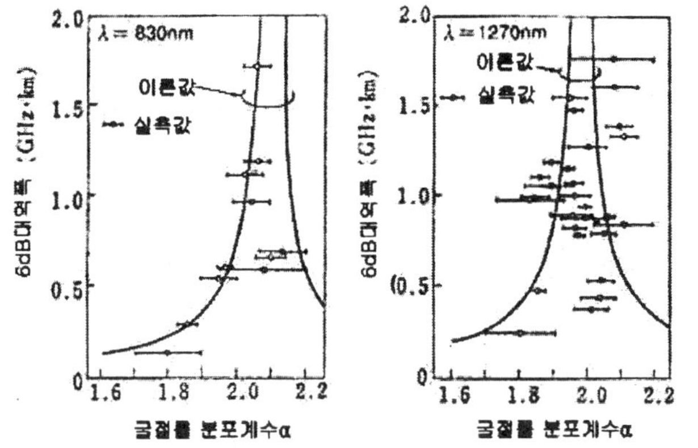

[그림 5-7] 굴절률 분포계수 α와 전송대역폭의 관계

(4) 전송 손실

광섬유의 주요 손실 요인은 흡수손실, 산란손실, 구조 불완전이다. [그림 5-8]에 석영계 유리의 광섬유 손실 특성을 보였다. 다중 모드 광섬유에서 사용하는 파장 0.85㎛ 대와 1.3㎛ 대에서는 레일리 산란에 의한 손실이 지배적이다. 대표적인 코어 직경이 50㎛ 인 GI형 다중 모드 광섬유 전송손실은 0.85㎛ 대에서 약 3dB/km, 1.3㎛ 대에서 약 1dB/km이다.

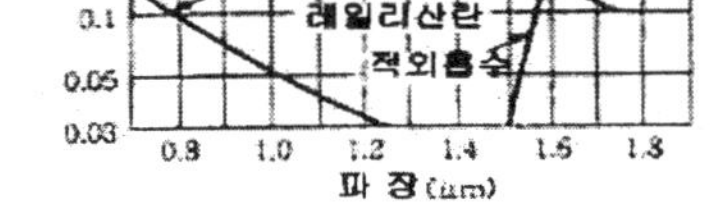

[그림 5-8] 석영계 광섬유 손실

(5) 개구수

개구수(NA : Numerical Aperture)는 다중 모드 광섬유의 여기 가능한 최고차 모드 광선 최대 입사각을 결정하는 중요한 파라미터이고 식 (5-5)와 같이 나타낸다.

$$NA = \sin\theta = n_1\sqrt{2\Delta} \qquad (5\text{-}5)$$

*NA*가 클수록 최대 입사각 Θ도 크고, 광원과 광섬유와의 접속이 쉽다. 다중 모드 광섬유의 *NA*는 0.2~0.3이고, 각도 Θ로 환산하면 10~20°이다. 단일 모드 광섬유의 최대각 Θ가 약 7°인 것에 비해 광원과 광섬유가 결합하기 쉽다. 실제의 광섬유 *NA*는 출사광의 원거리상(Far Field Pattern)으로 측정하고 최대 파워의 5%가 되는 입사각도 Θ로 개구수를 정의한다.

라. 실제 사용 예

다중 모드 광섬유의 실제 사용 예로서 LAN을 중심으로 넓게 보급되고 있는 이더넷에 대해 소개한다. <표 5-5>에 각종 이더넷의 다중 모드 광섬유의 특성을 보였다. 사용 파장은 770~860nm인 단파장과 1270~1355nm인 장파장이 사용된다.

이더넷 중에서 다중 모드 광섬유는 전송속도 1Gb/s 이상인 고속 이더넷에서 주로 이용된다. 단, 10Mb/s와 100Mb/s인 저속 이더넷에서도 전송로 길이가 100m를 넘을 경우와 전자유도를 피하고 싶을 경우에는 다중 모드 광섬유가 이용된다. 2002년에 표준화된 전송속도 10Gb/s의 10기가비트 이더넷에서는 대역 2GHz · km인 다중 모드 광섬유도 검토되고 있다.

〈표 5-5〉 다중 모드 광섬유의 이더넷

분 류	1000BASE-SX				1000BASE-LX		
전송 속도	1Gbps				1Gbps		
파장	770~860nm				1270~1335nm		
코어 직경	62.5μm		50μm		62.5μm	50μm	
전송손실(dB/km)	3.75		3.5		1.5	1.5	
대역(MHz · km)	160	200	400	500	500	400	500
전송로 길이(m)	220	275	500	550	550	550	550

3. 분산 편이 광섬유

단일 모드 광섬유(SMF)를 사용하여 모드 분산에 의한 광신호 파형의 열화를 방지할 수 있다. 그러나 광섬유 1가닥당 전송용량을 증가시키려고 했을 때는 광신호 파장 스펙트럼 확산과 빛의 파장 차에 의한 전파시간 차(파장 분산)로 인한 광신호 파형의 열화가 문제된다.

분산편이 광섬유(DSF)는 석영계 광섬유의 전송손실이 최소가 되는 1.55㎛대에서 파장 분산이 최소가 되도록 광섬유의 파장분산 특성을 조정한 광섬유이다. DSF는 사용파장 대역에서 저손실임과 동시에 파장분산이 낮기 때문에 SMF보다 장거리·대용량 전송에 적당한 광섬유라고 할 수 있다.

가. 분산파장

[그림 5-9]에 전형적인 SMF를 광신호가 1km 전파하는데 필요한 시간(군지연 시간)의 파장 의존성을 보였다. 또한 세로축은 군지연 시간의 최소값이 0이 되도록 상대 값을 표시하고 있다. 파장분산은 단위 파장변화 당 군지연 시간차로 정의되고 단위로서는 보통 ps/nm/km가 이용된다.

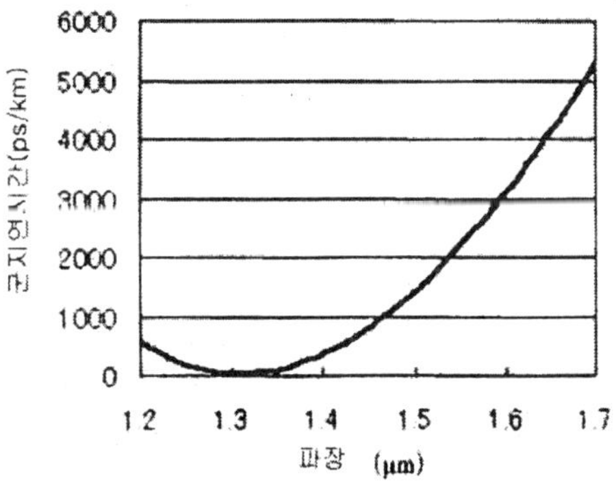

[그림 5-9] 군지연 시간의 파장 의존성

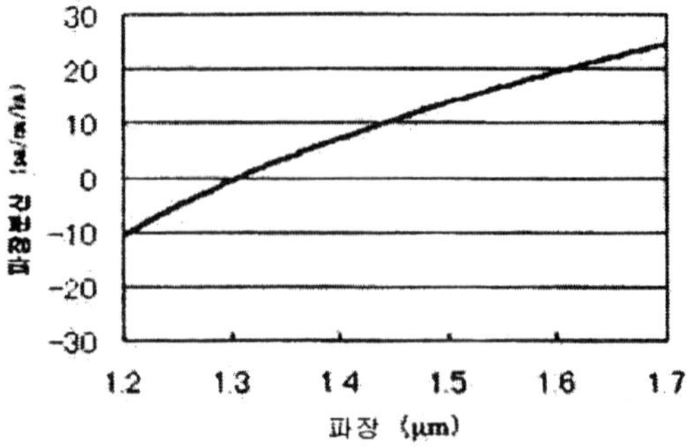

[그림 5-10] SMF 파장분산의 파장 의존성

전형적인 SMF의 파장분산은 [그림 5-10]에 보인 파장 의존성을 갖는다. 파장 1.55㎛에서의 파장분산 값은 약 17ps/nm/km이고, 이것은 파장이 1nm 다른 빛이 SMF 속을 전파했을 경우에 광섬유 길이 1km당 17ps의 지연시간 차가 발생한다는 것을 의미한다. 광섬유 속을 전파하는 광신호는 파장 스펙트럼 확산을 갖기 때문에 (파장 스펙트럼폭)×(파장분산)에 상당하는 군지연 시간차분, 광신호의 펄스폭은 시간영역에서 넓어지게 된다.

한편 파장분산이 0이라는 것은 파장이 미소 변동해도 군지연 시간에 차이가 생기지 않는다는 것을 의미하고, 파장 스펙트럼 확산에 의한 광신호의 펄스 확산이 최소한으로 억제된다. 파장분산이 0이 되는 파장은 재료분산 파장이라 하고 전형적인 SMF에서는 1.3㎛ 대에 재료분산 파장이 존재한다.

[그림 5-11]에 보인 대로 파장분산도 파장 의존성을 가지고 있고 단위파장당 파장분산 변화량은 분산경사라고 하고 있다. 파장 다중 전송(WDM) 시스템에서는 파장 채널 사이의 파장분산 차에 주의할 필요가 있고 분산경사가 중요한 특성 파라미터가 된다.

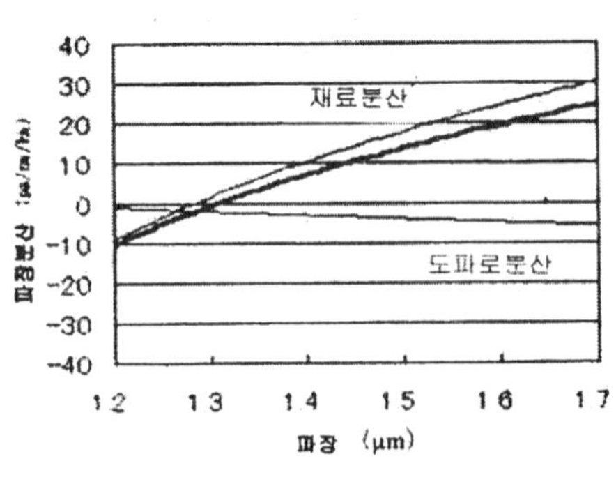

[그림 5-11] SMF 재료/도파로 분산의 파장 의존성

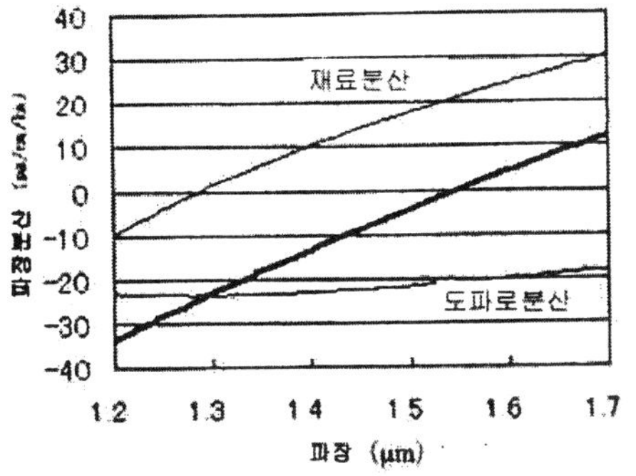

[그림 5-12] DSF 재료/도파로 분산의 파장 의존성

분산파장은 광섬유에 사용되는 재료 자체의 굴절률이 파장에 의해 변하는 재료분산과 광섬유 속의 전계분포가 파장에 따라 변하여 빛이 느끼는 굴절률이 변하는 도파로 분산(또는 구조 분산)의 합으로 결정된다. 양자는 서로 영향을 주려고 하기 때문에 엄밀하게는 분리할 수 없지만, 전형적인 SMF일 경우 재료분산, 도파로 분산은 [그림 5-12]에 보인 바와 같은 파장 의존성을 갖는다. 재료분산의 파장 의존성은 석영계 유리를 사용하는 한 큰 폭으로 변화시킬 수 없지만, 도파로 분산에 대해서는 광섬유의 굴절률 분포를 조정하여 제어할 수 있다. 이것을 이용하여 [그림 5-12]에 보인 바와 같이 DSF는 도파로 분산의 파장 의존성을 변화시켜 재료분산 파장을 1.3㎛ 대부터 1.55㎛ 대로 편이 시킬 수 있다.

나. DSF의 구조

(1) 단순 스텝형

광섬유의 도파로 분산을 변화시켜 재료분산 파장을 편이 시키기 위한 가장 간단한 방법으로는 [그림 5-13]에 보인 바와 같이 코어·클래드의 비굴절률 차를 크게 함과 동시에 코어 직경을 작게 하는 것을 생각할 수 있다. 이것으로부터 광섬유 속을 전파하는 빛의 전계분포 파장에 의한 변화가 커지고, 전파하는 빛이 느끼는 굴절률 파장 의존성을 크게 할 수 있다.

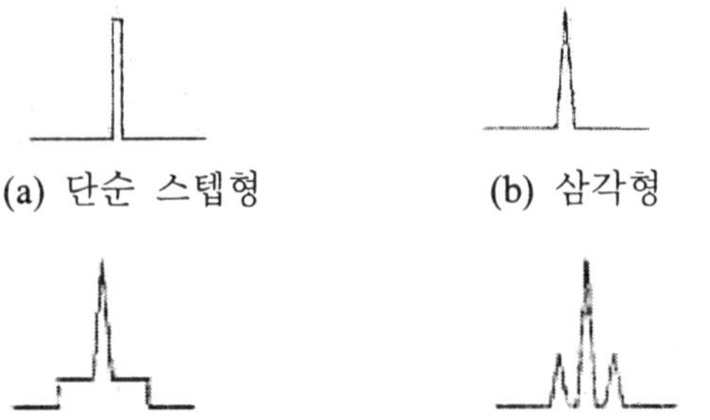

(a) 단순 스텝형 (b) 삼각형

(c) 이중 코어형 (d) 세그먼트 코어형

[그림 5-13] DSF의 굴절률 분포 예

그러나 이 구조는 비굴절률 차를 크게 하기 때문에 코어에서 첨가물 농도를 높일 필요가 있고, 코어 · 클래드 경계면에서의 굴절률 변화가 급격해지므로 전송손실이 커진다는 문제가 있다. 또 이 구조는 모드 필드 직경(MFD)을 크게 하고 구부림 손실의 감소 두 가지를 적용하는 것은 곤란하다. 전송손실에 관해서는 [그림 5-13](b)에 보인 바와 같은 삼각형 굴절률 분포에 의해 낮출 수 있지만, MFD와 구부림 손실을 양립하는 것은 해소되지 않았고 단순 스텝형, 삼각형도 현재는 사용되고 있지 않다.

(2) 이중 코어/세그먼트 코어형

앞에서 설명한 단순 스텝형, 삼각형 문제점의 해결을 시도하여 현재 상용화되어 있는 것은 [그림 5-13] (c), (d)에 보인 이중 코어형 및 세그먼트 코어형의 DSF이다.

양 구조 모두 중심 코어의 바깥쪽에 설치된 바깥쪽 코어 또는 링 코어 부분에 의해 광섬유를 전파하는 빛의 전계분포가 퍼지고, MFD의 확대가 실현되고 있다. 또 바깥쪽 코어, 링 코어 부분을 만들어 차단파장을 장파장쪽으로 편이시킬 수 있다. 그 결과 사용파장에 대한 전계분포의 코어 내 감금을 강하게 할 수 있고, 구부림 손실을 낮추는 것이 가능하다.

다. DSF의 대표적 특성

분산 특성에 관해서는 제로 분산파장이 1500~1600nm인 범위에 규정되어 있음과 동시에 파장 1525~1575nm에서의 파장분산 절대 값이 3.5ps/nm/km 이하로 규정되어 있다. 파장 1550nm에서 SMF 파장분산의 전형적인 값은 17ps/nm/km 이기 때문에, DSF의 파장분산 값은 최대 SMF의 약 1/5 이하로 억누를 수 있게 된다. 비트속도는 10Gb/s이고 파장 이 1550nm인 광통신 시스템을 고려했을 때, 시스템의 분산 내력(허용 가능한 파장분산 값)이 1000ps/nm라 하면 SMF는 파장분산에 의한 전송가능 거리가 60km 정도로 제한되는 것에 대해 DSF는 300km 정도까지 전송 가능하게 된다.

DSF의 특성 예로 ITU-T 권고 G.653에 기재되어 있는 DSF의 전송 특성을 <표 5-6>에 보였다.

〈표 5-6〉 DSF의 특성 예

분 류	특 성	범 위
모드 필드 직경	파장	1550nm
	중심값 범위	7.8~8.5㎛
	허용오차	±0.8㎛
케이블 차단파장	최대값	1270nm
구부림 손실	구부림 반경	37.5mm
	감은 회수	100
	파장 1550nm에서의 최대값	0.50dB
파장 분산	제로 분산파장 최소값	1500nm
	제로 분산파장 최대값	1600nm
	제로 분산 경사 최대값	0.085ps/nm^2/km
케이블 전송손실	1525~1575nm에서의 파장분산 최대값	3.5ps/nm/km
	파장 1550nm에서의 최대값	0.4dB/km

MFD에 관해서는 DSF와 SMF보다 작은 값으로 되어 있지만, 이 값은 현재 접속기술로 저손실 접속이 충분히 가능한 레벨이다.

DSF는 1550nm에서 파장분산을 저감하고 있기 때문에 1파장 빛을 사용한 고속전송 시스템에는 잘 맞고 간선계용 광섬유로 사용되고 있다. 그러나 다른 장에서 설명한 바와 같이 파장 다중전송 시스템에 대해서는 파장분산이 0에 가까운 점이 시스템 성능을 열화시키는 원인이 된다. 이 때문에 WDM 시스템이 주류가 되고 있는 현재 간선계에서는 그 역할을 넌제로 분산 편이 광섬유에 넘겨주고 있다.

4. Non-Zero 분산 편이 광섬유/실효 단면적 확대 분산 편이 광섬유

넌제로(Non-Zero) 분산 편이 광섬유(NZDSF)는 사용파장 대역 근방에 제로 분산파장을 편이시키면서 사용파장 대역 내에서는 파장분산을 0으로 하지 않는 것이 특징인 광섬유이다.

파장분산에 의한 광신호 파형의 열화만을 생각했을 때는 사용파장에 대한 파장분산 값이 0이 되는 것이 바람직하다. 이 관점에서 1.55㎛ 대에 제로 분산파장을 편이 시킨 분산 편이 광섬유가 개발·사용되고 있다. 그러나 에르븀 첨가 광섬유(EDFA)의 실용화에 따라 광섬유 입력 파워가 증가함과 동시에 광신호를 전기신호로 변환하지 않고 전송시키는 거리가 증가하고 광섬유 속의 비선형 현상에 의한 광신호 파형의 열화를 무시할 수 없게 되었다.

특히 파장 다중 전송(WDM) 시스템에 있어서는 4광파 혼합(FWM)에 의한 파장 채널 사이의 누화가 큰 문제이다. FWM은 파장이 다른 복수 광신호의 위상 정합성이 높을수록 발생효율이 높아지기 때문에, EDFA를 사용한 WDM 시스템에서는 NZDSF를 사용하는 것이 FWM에 의한 파장 채널 사이의 누화 억제에 효과가 있다. 또 파장분산에 의한 광신호 파형의 열화도 억제하기 때문에 파장분산 값은 수 ps/nm/km로 제로 분산파장이 편이하지 않는 보통 단일 모드 광섬유보다 작은 값으로 설정되어 있다. 단, 높은 비트속도, 장거리 전송에서 누적 파장분산이 전송 시스템의 파장분산 허용 값을 넘을 경우에는 분산보상 광섬유(DCF) 등에 의한 분산보상이 필요하게 된다.

가. 각종 NZDSF 구조와 특징

NZDSF 특유의 파장분산 특성을 실현하는 원리는 DSF와 똑같이 굴절률 분포를 조정하여 도파로 분산을 변화시키는 것이 있다. 이 때문에 간단히 사용파장 대역 근방에 제로 분산파장을 편이시키면서 사용파장 대역 내에서는 파장분산을 0으로 하지 않는다는 조건을 만족하기만 하면 DSF의 굴절률 분포를 미조정할 수 있게 된다.

그러나 실제로 NZDSF는 WDM 전송 시스템에 응용하기 위한 광섬유이고 DSF의 미조정 이상의 연구가 진행되어 있다. 현재 실용화되어 있는 NZDSF는 WDM 전송 시스템에 적용할 경우 장점에 따라 3종류로 크게 나눌 수 있다. 또 EDFA를 사용한 WDM 시스템에 대해서는 광섬유 속의 비선형성이 NZDSF의 중요한 특성 파라미터가 된다.

(1) 실효단면적(A_{eff})

FWM을 시작으로 광섬유 내 비선형 현상의 발생효율은 비선형 현상에 기여하는 광 파워의 중복량에 비례한다. 2파장의 빛 전계분포가 각각 ϕ_1, ϕ_2일 때, 입사 광 파워로 규격화한 광 파워의 중복량은 광 파워가 전계진폭의 거듭제곱에 비례하기 때문에 식 (5-6)으로 나타낼 수 있다.

$$\int \phi_1^2\phi_2^2 ds \Big/ \left(\int \phi_1^2 ds \int \phi_2^2 ds\right) \tag{5-6}$$

2파장의 파장 차이에 의존하지 않는 광섬유 고유의 특성 파라미터를 고려하여 $\phi = \phi_1 = \phi_2$라 하고 비선형 현상의 억제라는 관점에서 식 (5-6)의 역수를 계산한 결과가 실효단면적 A_{eff}로 식 (5-7)에 정의되어 있다.

$$A_{eff} = \left(\int \phi^2 ds\right)^2 \Big/ \int \phi^4 ds = 2\pi\left(\int I(r) r dr\right)^2 \Big/ \int I(r)^2 r dr \tag{5-7}$$

따라서 광섬유 중의 광 파워 분포는 일반적으로 중심축에 대해 대칭인 점을 고려하여 광섬유의 직경 방향좌표를 r, 광 파워 분포를 $I(r)$이라 하면 A_{eff}는 식 (5-7) 우변 형태로 정의된다. 식 (5-7)으로부터 알 수 있는 바와 같이 A_{eff}는 면적 차원으로 나타나 있는데 이것이 실효단면적이라는 명칭의 유래가 되고 있다. 또 빛의 전계분포가 가우스 분포일 경우 A_{eff}는 광섬유의 모드 필드 구경을 직경으로 하는 원면적과 일치한다.

(2) A_{eff} 확대 NZDSF

개발 당시 NZDSF는 SMF 이상의 내곡(耐曲) 손실특성을 가지고, A_{eff}는 DSF와 같은 55㎛^{2} 정도였다.

그 후, FWM만이 아닌 자기 위상변조(SPM), 상호 위상변조(XPM) 등도 포함한 비선형 현상 전체를 억제하는 것을 목적으로 광섬유의 비선형성을 줄이는 검토를 하였다. 비선형성을 줄이는 수단으로는 조성을 바꾸어 광섬유에 사용하는 재료 자체의 비선형성을 줄이는 방법도 고려되었지만, 석영계 유리를 사용하는 범위에서는 큰 폭의 감소는 곤란하다. 이 때문에 광섬유의 굴절률 분포를 조정하여 A_{eff}를 확대하는 방법이 주류가 되고 있다. 일반적으로 파장분산 등의 특성을 동등하게 유지한 채 A_{eff}를 확대시켰을 경우에는 코어 부분에 광 파워를 가두는 것이 약해지기 때문에 광섬유의 구부림 손실은 증가한다. 그래서 [그림 5-14]에 보인 바와 같은 여러 가지 굴절률 분포를 채용하여 구부림 손실을 유지한 채 A_{eff}를 확대시키는 검토가 이루어지고 있다.

SMF 정도의 구부림 손실을 유지한 채 SMF와 동등 이상의 A_{eff}를 실현한 NZDSF가 있다. 그러나 구부림 특성을 일정하게 유지한 채 A_{eff}를 확대했을 경우에는 파장분산의 파장 의존성을 나타내는 분산경사가 큰 광섬유로 넓은 파장대역에서의 WDM 전송을 하려고 했을 때는 [그림 5-15]에 보인 바와 같이 단파장쪽에 대한 파장분산이 FWM 억제에 불충분한 레벨이 될 걱정이 있다. 이에 대해 A_{eff}를 확대해도 분산경사의 증가를 억누르는 굴절률 분포로 [그림 5-14](e)에 보인 2중 링형 구조가 제안되고 있지만, 전송 손실이 다른 구조에 비해 크고, 특수한 접속 방법을 사용하지 않으면 접속손실이 크다는 이유로 현시점에서는 실용화되지 않고 있다.

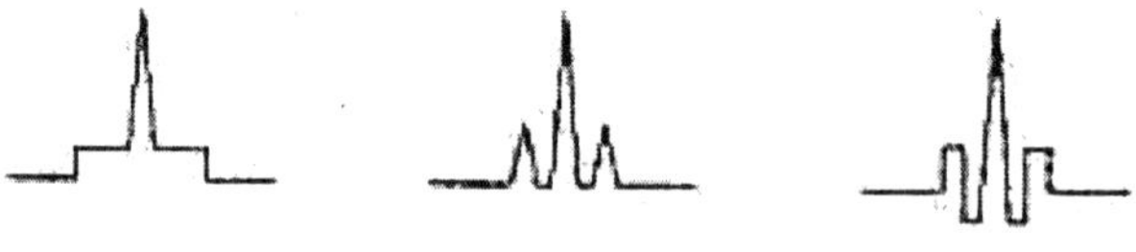

(a) 이중 코어형 (b) 링코어 부여형 (c) 삼중 클레드형

(d) 링코어형 (e) 이중 링코어형

[그림 5-14] NZDSF의 굴절률 분포 예

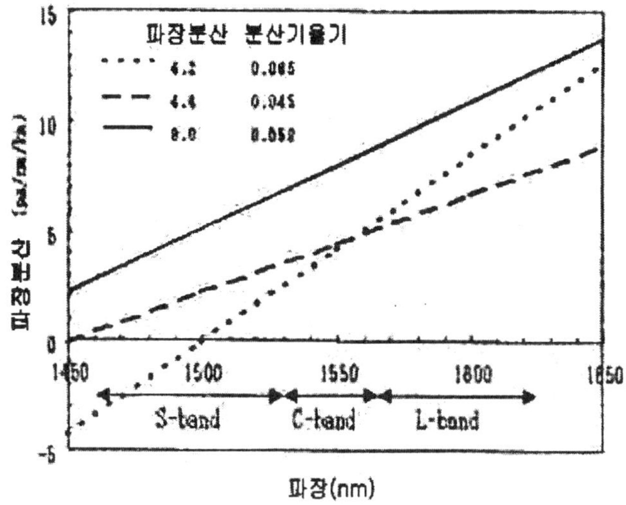

[그림 5-15] NZDSF의 파장분산 특성예

(3) 분산 기울기(Slope) 저감 NZDSF

넓은 파장대역에서 WDM 전송에 적용을 목표로 분산경사를 낮추어 단파장 쪽에서도 FWM 발생효율을 충분히 억제할 수 있는 NZDSF가 개발되고 있다. 이 광섬유는 A_{eff}를 초기의 NZDSF와 동등한 레벨의 55㎛^{2} 정도로 하는 것과 [그림 5-14](c)에 보인 굴절률 분포를 사용하여 분산경사를 0.045ps/nm^2/km정도까지 줄일 수 있다.

(4) 광파장 대역 DWDM용 NZDSF

WDM 시스템에서 총 전송용량을 증가시키기 위해서는 고밀도 파장다중(DWDM)에 의해 파장 채널 간격을 좁게 하고, 사용할 파장 대역폭을 넓히는 방법이 있다. 그러나 FWM의 발생효율은 파장간격을 좁혀도 증가한다. 그림 3에는 50GHz(0.4nm) 간격의 DWDM 시스템에서 전송손실의 NZDSF 파장분산 값의 존성에 대해서 시뮬레이션 한 결과 예를 보였다.

[그림 5-16]에서 파장분산 최적 값은 8~12ps/nm/km로 존재하는 것을 알 수 있다. [그림 5-15]에 보인 바와 같이 파장분산 값을 8ps/nm/km 정도로 설정하여 C밴드(1530~ 1565nm)뿐만 아니라 L밴드(1565~1625nm), S밴드(1460~1530nm)도 포함한 넓은 파장 대역에서 FWM을 억제하는데 충분함과 동시에 누적 파장분산

값을 억누른 분산 특성이 실현 가능하다. 이상의 관점으로부터 광대역 DWDM 전송에 적절한 분산특성을 갖는 NZDSF이 개발되고 있다.

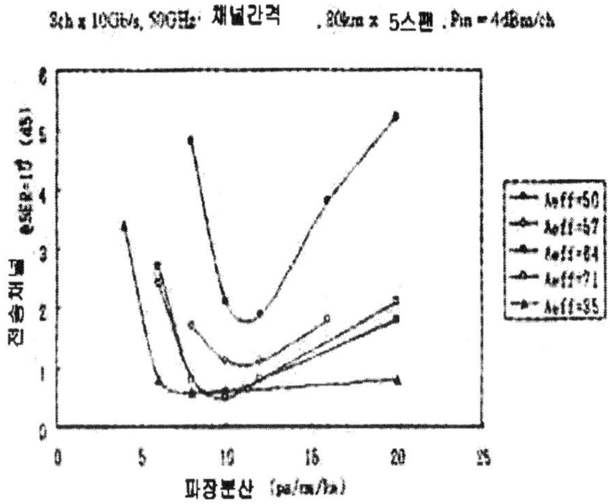

[그림 5-16] 시스템 특성의 분산 값 의존성

나. NZDSF의 대표적인 특성

현시점에서 실용화되고 있는 NZDSF의 대표적인 예에 대해서 이들의 모든 특성을 <표 5-7>에 보였다.

〈표 5-7〉 대표적인 NZDSF의 특성 예

분 류	파장 분산 (ps/nm/km)	분산 경사 (ps/nm^2/km)	A_{eff}(μm^2)
A	3.7	0.070	55
B	4.2	0.085	70
C	4.4	0.045	55
D	8.0	0.058	65
E	-2.3	0.065	55

A는 개발 당초의 NZDSF를 기본으로 그 파장분산을 약간 조정한 것이고, 현재는 B, C, D가 사용되는 경우가 일반적이다.

B는 A_{eff} 확대 NZDSF에 대응하고 있지만, 분산경사, 구부림 손실과의 균형

을 고려하여 A_{eff}는 작게 설정되고 있다.

C는 분산경사 저감 NZDSF, D는 광파장대역 DWDM용 NZDSF에 대응하고 있다. DCF에 의한 파장분산 및 분산보상을 고려한 경우 분산경사/파장분산 값이 보다 작으면 보상하기 쉽지만, D는 이 값이 <표 5-7> 중에서 가장 적고 분산보상을 하기 쉽다는 것도 특징 중 하나이다.

E는 해저용 NZDSF에 대응하고 있다. 해저 시스템은 총 전송거리가 길고, 광섬유 중 비선형 현상의 영향이 보다 뚜렷하기 때문에 비선형 현상의 하나인 변조 불안정성의 영향을 억누르기 위해 파장분산을 부(−)로 설정하고 있다. 앞으로 WDM 시스템의 진전과 함께 보다 고밀도, 고속인 시스템이 요구되리라 예상되고 이것에 따라 파장분산, 분산경사, A_{eff} 등의 NZDSF 특성 파라미터도 시스템 성능을 최대한으로 발휘하도록 변해가리라 예상된다. 또 해저 시스템에서는 NZDSF로부터 분산 관리 광섬유로 세대교체하는 경향이 뚜렷해지고 있고 이 경향이 육상 시스템에도 파급되리라 예상된다.

5. 분산 평탄 광섬유

분산 편이 광섬유 또는 넌제로 분산 편이 광섬유는 사용파장 대역인 1.55㎛대에서 파장분산을 적은 값으로 억제하고 있다. 그러나 파장분산의 파장 의존성(분산경사) 때문에 넓은 파장대역에서 일정한 파장분산을 실현할 수 없다. 파장다중 전송 시스템에서는 파장분산 차이에 의해 채널 사이의 전송특성이 불균일하게 되거나 전송 가능한 채널수가 제한되는 경우가 있다.

분산 평탄 광섬유는 광섬유의 굴절률 분포 제어에 의해 분산경사를 0에 가깝게 하여 위에 설명한 문제 해결을 목표로 한 광섬유이다.

가. DFF의 구조와 원리

가장 기본적인 DFF는 [그림 5-17]에 보인바 W형 굴절률 분포로 되어 있다. W형 구조에서는 코어 부분의 바깥에 바깥쪽 클래드 부분보다도 굴절률이 적은 안쪽 클래드 부분을 설치하여 부의 도파로 분산을 실현하고 있다.

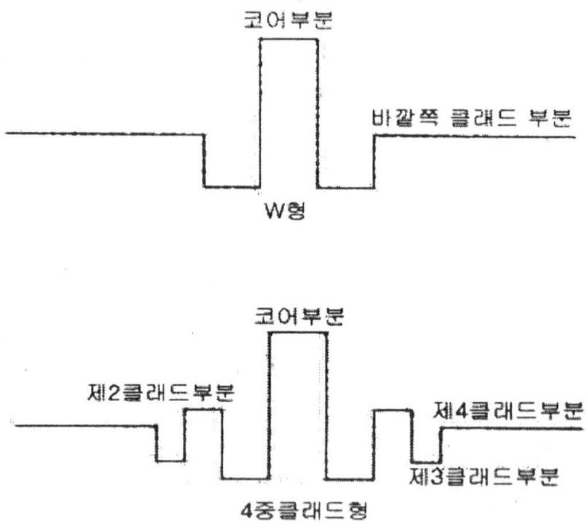

[그림 5-17] DFF의 굴절률 분포

이 결과 [그림 5-18]에 보인 바와 같이 재료분산과 도파로 분산이 서로 상쇄되고 넓은 파장대역에서 작은 파장분산이 실현 가능하게 된다. W형 구조에 의해 평탄한 파장분산 특성이 실현 가능한 원리를 아래와 같이 생각하면 직관적으로 이해할 수 있을 것이다.

단일 모드 광섬유(SMF), DSF, NZDSF 등 DFF 이외의 광섬유에서는 군지연 시간의 파장 의존성이 2차 함수이고, 변곡점은 하나만 존재한다([그림 5-19] 참조). 이 때문에 군지연 시간 파장에 대한 미분으로 정의되는 파장분산은 파장에 대해서 단조롭게 증가한다.

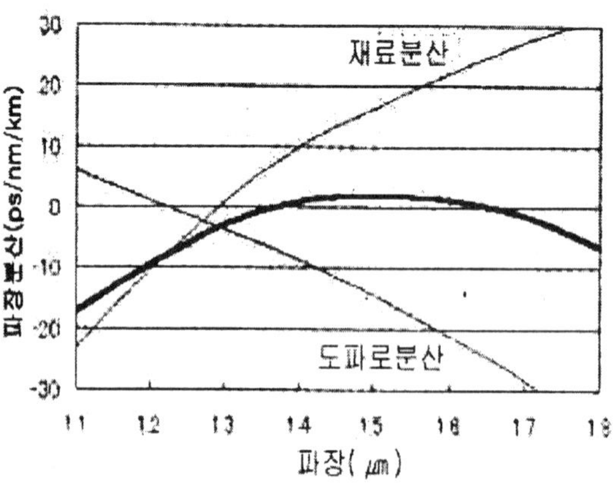

[그림 5-18] DFF의 파장분산 특성

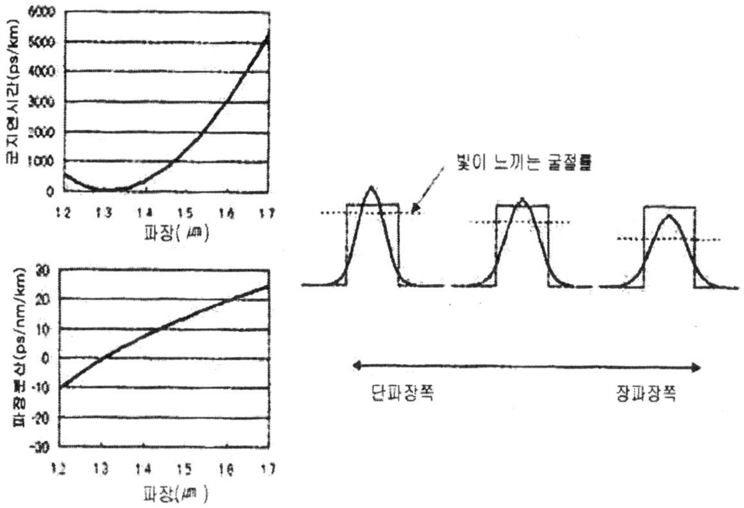

[그림 5-19] DFF 이외의 군지연 시간, 파장분산

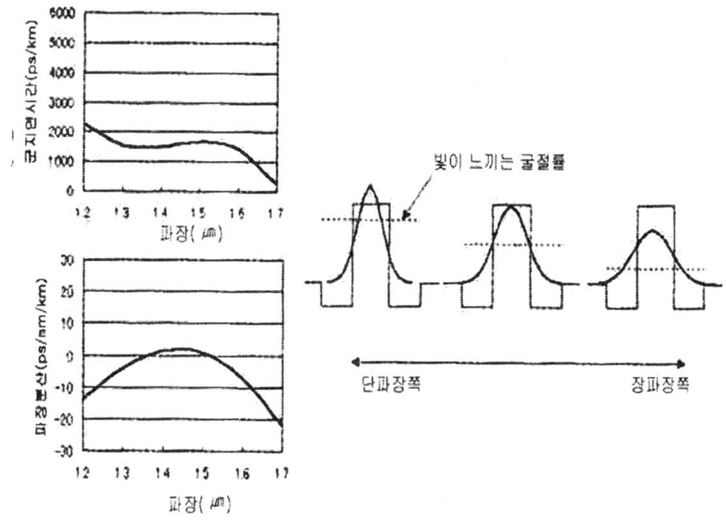

[그림 5-20] DFF의 군지연 시간, 파장분산

장파장쪽에서 파장분산을 되돌리고 파장분산을 평탄화시키기 위해서는 군지연 시간의 파장 의존성을 최소한 3차 함수 또는 2개의 변곡점을 갖는 형태로 할 필요가 있다([그림 5-20] 참조). W형 구조에서는 [그림 5-20]의 오른쪽에 보인 대로 장파장쪽에서 코어로 새어나온 빛이 커짐에 따라 굴절률이 낮

은 안쪽 클래드부의 영향을 보다 강하게 받게 된다. 이 때문에 장파장쪽에서 빛이 느끼는 굴절률 변화가 DFF 이외의 광섬유보다 급격하게 된다. 이 결과 군지연 시간을 장파장쪽에서 감소시킬 수 있고 파장에 대해 평탄한 분산특성이 실현된다.

W형 구조의 DFF에는 기저 모드의 빛에 대해서도 빛이 느끼는 코어 부분의 굴절률이 클래드 굴절률보다 작아지는 경우가 있다. 즉, 기저 모드에도 차단파장이 존재한다는 특징이 있다. 이 때문에 기저 모드의 차단파장 이상의 파장에서는 빛이 전혀 전파하지 않게 됨과 동시에 기저 모드의 차단파장 근처에서는 구부림 손실이 증가하는 문제가 있다.

이 문제를 해결하기 위해서 코어 부분의 바깥에 4중 클래드층을 설치한 4중 클래드 구조의 DFF가 제안되고 있다. 이 구조에서는 가장 바깥의 제4 클래드보다 굴절률이 큰 제2 클래드가 존재한다. 이 때문에 장파장쪽에서 빛의 전계분포가 코어 부분에서 크게 새어 나와도 빛이 느끼는 굴절률이 제4 클래드의 굴절률에 접근 또는 밑도는 것이 억제되고 구부림 손실 특성의 개선이 실현된다.

나. DFF 개발의 경위와 문제점

DFF의 기본 설계인 W형 구조 자체는 1970년대 중반에 이미 제안되었다. 이 구조를 기본으로 구체적인 구조 파라미터 설계 및 DFF의 시작품도 70년대 후반부터 80년대 초반에 걸쳐 실시되었다. 게다가 구부림 특성 개선을 시도한 4중 클래드 구조 등에 대해서도 80년대 후반까지 설계, 시작품이 만들어졌다. 그러나 DFF에는 다음의 2가지 큰 문제점이 있어 현시점에서는 실용화되지 않고 있다.

(1) 구조의 제어성

DFF에서 원하는 분산특성을 실현시키기 위해서는 매우 정교한 구조(굴절률 분포)의 제어가 필요하다. 분산특성의 구조 의존성에 대한 한 예로 [그림 5-21]에는 W형 구조에 대해서 코어, 안쪽 클래드의 비굴절률 차 및 직경 비를 일정하게 유지한 채 안쪽 클래드의 직경을 변화시켰을 경우에 분산특성 변화 예를 보였다. 직경 이외의 구조 파라미터를 고정한 채 직경을 조금만 변화시켜도 분산특성이 크게 변하고 있고, 원하는 분산특성을 얻기 위해서는 정교한 구조 제어가 필요하다는 것을 알 수 있다.

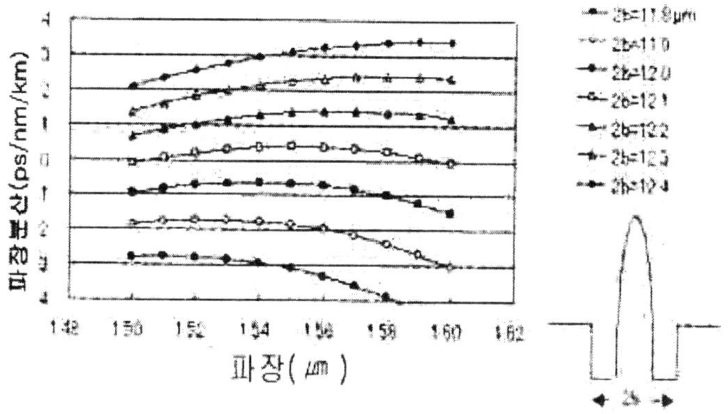

[그림 5-21] DFF 분산특성의 구조 의존성

(2) 전송 손실

DFF에서 원하는 분산특성을 실현시키기 위해서는 굴절률을 상승시킴과 동시에 굴절률을 감소시키는 것도 필수적이다. 이 때문에 광섬유를 제조할 때에는 산화 게르마늄 등 굴절률을 상승시키는 첨가물과 불소 등의 굴절률을 저하시키는 첨가물을 근접한 영역에 첨가할 필요가 있다. 이와 같은 첨가 형태는 일반적으로 전송 손실을 증가시킨다. DFF 시작품에는 파장 1.55㎛대에서 0.3dB/km를 밑도는 전송 손실도 달성하였지만, 손실 값으로서는 SMF, DSF, 등의 광섬유와 비교하여 큰 값이다.

DFF의 실용화에 대해서는 해결해야 할 문제가 남아 있다. 장래의 WDM 전송 시스템용 전송로로서 DFF에 대한 기대는 높다. WDM 전송 시스템에서는 국소적인 파장분산은 0이 아닌 상태를 유지하면서 전송로 전체의 파장분산을 넓은 파장대역에 걸쳐 작은 값으로 억누르는 방식이 바람직하다. 이상의 이유로부터 DFF는 분산 관리 광섬유(DMF)를 구성하는 광섬유의 하나로 장래 사용될 가능성이 있다.

6. 분산 보상 광섬유

분산 보상 광섬유(DCF)는 파장 1.55㎛대에서 사용하는 단일 모드 광섬유와 넌제로 분산편이 광섬유 등과 같이 사용파장 대역에서 파장분산이 0이 아닌 광섬유의 파장분산을 보상한 광섬유이다. 전송속도를 상승시키기 위해서는 보다 엄밀한 파장분산 보상이, 파장다중 전송 시스템에서는 넓은 파장 대역에서의 분산보상이 필요하고, 각각의 목적에 일치한 DCF가 개발・도입되고 있다. 넓은 의미로 해석하면 고차 모드를 사용한 것과 광섬유 격자(Fiber Grating)를 사용한 것도 DCF의 일종이라고 생각할 수 있지만, 이 장에서는 널리 이용하고 있는 기저 모드의 빛을 전파시키는 DCF에 대해서 설명한다.

가. 각종 DCF 구조와 특징

DCF 특유의 파장분산 특성은 분산 편이 광섬유, NZDSF, 분산평탄 광섬유와 같이 광섬유 굴절률 분포를 조정함으로써 도파로 분산을 변화시켜 실현할 수 있다. 단, DCF에 요구되는 파장분산 특성은 보상 대상이 되는 광섬유에 따라 다르다. 이 때문에 이 장에서는 DCF를 보상 대상이 되는 광섬유마다 분류하고, 이들의 구조와 특징을 간단히 정리한다.

(1) SMF용 DCF

DCF는 1992년경부터 개발이 활발해졌고 1997년에는 미국을 중심으로 도입이 시작되었다. 당시의 DCF는 이미 설치된 1.3㎛ 대 제로 분산파장을 가진 SMF를 사용한 광전송 시스템에서 신호광 파장을 1.55㎛ 대로 변경할 때, 생기는 약 17ps/km/nm인 파장분산을 보상하려는 목적으로 개발되었다. DCF 도입 초기에는 구조가 간단하여 생산성이 뛰어남과 동시에 DCF 단위손실당 분산 보상량으로 정의되는 성능지수(FOM : Figure of Merit)가 높다는 관점에서 정합 클래드형(Matched Clad)이 주로 사용되었다([그림 5-22](a)). 정합 클래드형 DCF는 파장분산이 부의 값이지만 분산경사는 정 그대로이다. 이와 같은 분산특성이 실현되는 원리는 DCF에서 제로 분산파장을 극단으로 장파장쪽에 편이 시킨 것이라고 이해할 수 있다.

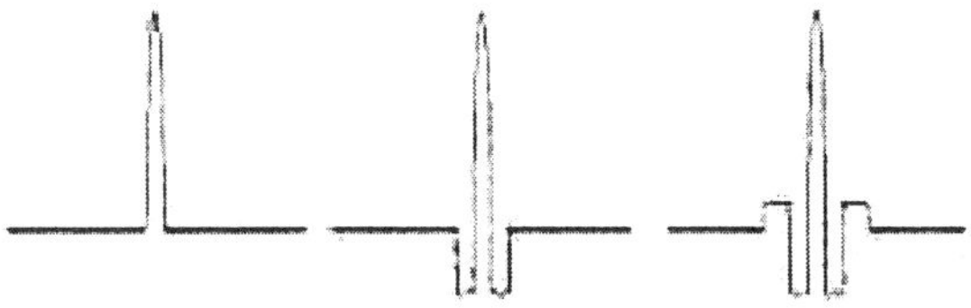

(a) 정합된 클래드형 (b) W형 (c) 삼중 클래드형

[그림 5-22] 각종 DCF의 굴절률 분포

그 후, WDM 전송 시스템에서 파장대역의 확장에 따라 전송로용 광섬유의 파장분산만이 아니고 분산경사도 보상 가능한 DCF가 강하게 요구되어 C밴드 전역에서 파장분산이 거의 0이 되는 전송로도 실현되고 있다. 이와 같이 분산경사를 보상하기 위해서는 DCF 자체의 분산경사를 부로 할 필요가 있다. 이 목적에서 [그림 5-22] (b), (c)에 보인 W형과 3중 클래드형 등, 이전에 비해 복잡한 구조가 제안되어 실용화에 이르고 있다. 이런 구조의 DCF에 의해 부의 분산경사가 얻어지는 원리는 DFF와 같고 W형의 DCF에는 W형의 DFF와 같이 기저 모드의 차단이 발생한다. 이러한 DCF에 의해 이미 설치된 SMF 전송로에서도 10Gb/s 기준의 고속 WDM 전송이 가능하게 되었다.

(2) NZDSF용 DCF

육상 시스템용으로는 지금까지 주로 3종류의 NZDSF가 제안·실용화되어 있고, 이것들은 NZDSF 장의 <표 5-8>중 광섬유 B(A_{eff} 확대형), 광섬유 C(분산 경사 저감형), 광섬유 D(광파장 대역 DWDM용)에 대응하고 있다. 이러한 NZDSF의 파장분산 특성은 NZDSF의 [그림 5-23]에 보인 바와 같이 각각 다르다. 분산경사도 포함한 분산보상 관점에서 이것들을 비교할 때에는 광섬유의 분산경사와 파장분산의 비인 RDS라는 파라미터가 잘 사용된다. 일반적인 DCF의 설계에서는 분산경사의 절대 값만 크게 하는 것은 매우 곤란하고, 파장분산의 절대 값이 어느 정도 크게 설계해야 한다. 이런 점에서 RDS 값이 적은 전송로일수록 DCF에 의해 평탄한 파장분산 특성을 얻기 쉽게 된다.

<표 5-8>에는 파장 1.55㎛에서 각종 광섬유의 RDS 값을 보였다. 분산경사도 보상하여 광대역으로 파장분산을 보상한다는 관점에서는 SMF가 RDS 값이 가장 작고 적당하다고 할 수 있다. 한편 NZDSF 중에서는 광섬유 D가 가장 쉽고, 다음으로 광섬유 C, 광섬유 B의 순이다.

〈표 5-8〉 각종 광섬유의 RDS

광섬유 종류	RDS(nm)
SMF	298
NZDSF(광섬유 B)	50
NZDSF(광섬유 C)	100
NZDSF(광섬유 D)	133

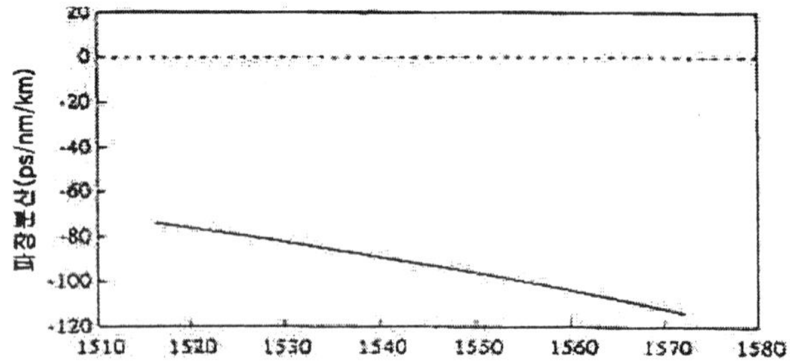

(a) DCF 단체

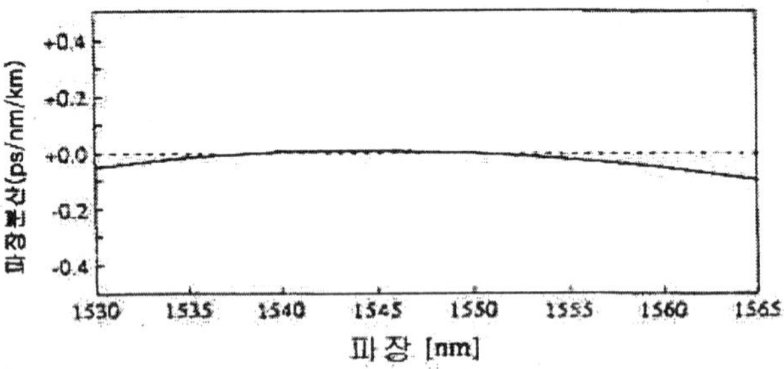

(b) NZDSF(파이버 D)+DCF

[그림 5-23] NZDSF용 DCF의 파장분산 특성

[그림 5-23](a)에는 NZDSF(광섬유 D)의 파장분산 특성에 맞춰 만든 DCF 시작품의 파장분산을 보였다. 1.55㎛에서의 파장분산은 −96ps/km/nm이고, RDS 값은 광섬유 D와 미리 합치시키고 있다. 한편 FOM에 대해서는 파장 1.55㎛에서 300ps/nm/dB를 넘는 높은 값이 얻어지고 있다.

[그림 5-23](b)에는 광섬유 D와 시작품 DCF를 접속한 전체에서의 파장분산 특성을 보여주고 있다. C밴드 전역에 걸쳐 파장분산 값의 불규칙성을 0.2ps/km/nm 이내로 하는데 성공하였다. 또 광섬유 B, 광섬유 C에 관해서도 광대역에 걸쳐 분산보상 가능한 DCF가 이미 나와 있다. 앞으로 이런 NZDSF용 DCF가 활발히 도입이 예상된다.

나. DCF의 모듈화 기술

DCF는 전송로의 파장분산 보상에 필요한 광섬유 길이를 광체에 수납한 모듈 형태로 사용하므로 DCF 자체와 함께 모듈화 기술도 중요하다. 이전부터 DCF를 소형 코일에 감은 형태가 일반적으로 사용되어 왔다.

하지만 NZDSF용 DCF와 같이 RDS 값이 큰 DCF에서는 소형 코일에 감아 놓으면 손실이 증가하거나 온도 변화에 의한 중심 동체의 열팽창·수축 때문에 손실이 변동하는 문제가 있다. 그래서 이와 같이 중심 동체로부터의 응력에 의한 DCF 손실 증가를 제거하기 위해 이른바 “보빈이 없는 모듈”이 제안되었다. 이 보빈이 없는 구조의 채용으로 이전에는 열화되었던 전송 손실 특성이 크게 개선됨과 동시에 −20°C~70°C 범위의 온도 변동에 대해서도 극히 안정된 전송손실 특성을 얻을 수 있게 되었다([그림 5-24]).

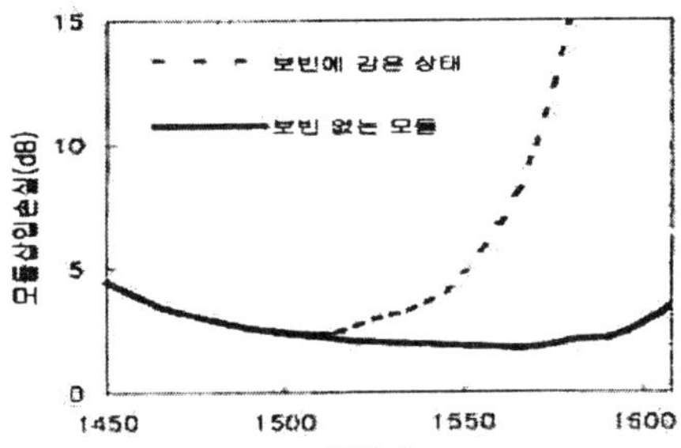

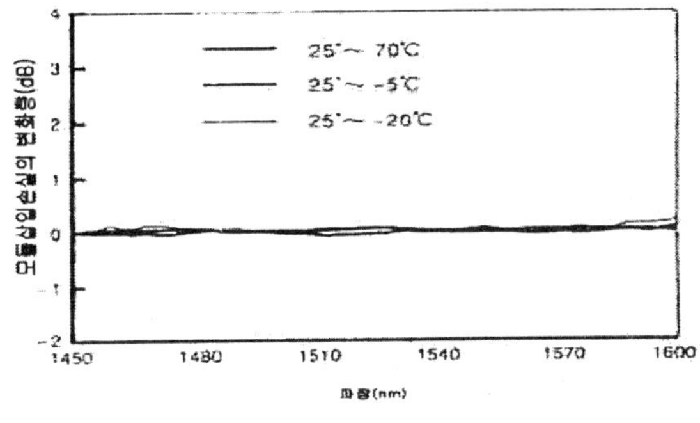

[그림 5-24] 무보빈 모듈의 특성

앞으로도 광통신 시스템의 높은 비트 속도화, 파장 광대역화에 대응하는 형으로 DCF도 개량되리라 예상된다. 높은 비트 속도를 얻기 위해서는 광신호의

S/N비보다 더 한층 개선이 필요하다. 이 때문에 라만 증폭을 활용하여 무손실화한 DCF에 대한 검토가 진행되고 있다. 한편 광대역화에 관해서는 C밴드에 더하여 L밴드, S밴드까지도 일괄하여 분산보상을 하는 DCF도 있다.

7. 분산 관리 광섬유/역분산 광섬유

분산 관리 광섬유(DMF)는 파장분산이 광섬유의 긴 방향으로 정의 구간과 부의 구간이 존재하고 국소적인 파장분산은 0이 아니면서 전송로 전체에서의 누적 파장분산을 저감한 광섬유이다([그림 5-25](a)). 좁은 의미로는 접속을 하지 않고 긴 광섬유 내에서 분산 관리를 하는 경우만을 가리키는 경우도 있지만, 이 장에서는 정분산 광섬유와 부분산 광섬유를 접속했을 경우도 포함하기로 한다.

가. DMF의 특징

DMF는 넌제로 분산 편이 광섬유와 같이 국소적인 파장분산을 0이 되지 않게 함으로써 파장다중전송에서 4광파 혼합(FWM)에 의한 파장 채널 사이의 누화를 억제하고 있다. 더구나 정분산 구간과 부분산 구간을 조합하여 전송로 전체에서의 누적 파장분산은 0에 가까워져 있기 때문에 파장분산에 의한 광신호 파형의 열화도 억제하고 있다.

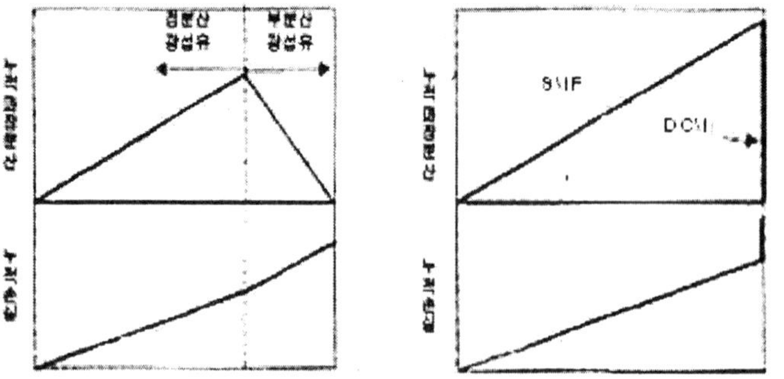

(a) DMF (b) SMF + DCM

[그림 5-25] DMF와 SMF+DCM의 파장분산

또한 DMF에 있어서는 파장분산만이 아니라 분산경사도 정부를 조합하여 넓은 파장대역에서 전송로 전체에 대해 제로 분산으로 하는 것이 일반적이다.

전송로 전체에서 파장분산만 고려했을 경우에는 SMF와 분산 보상 모듈 또는 NZDSF와 DCM의 조합에 의해 DMF와 같은 상태로 할 수 있다. 그러나 전송 거리 및 손실 면에서 DCM은 실질적인 전송 거리를 연장하지 않고 손실만을 추가하게 되어([그림 5-25](b)) 광신호의 S/N비를 열화시킨다. S/N비 열화를 방지하는 수단으로 광신호 입력을 크게 하는 것을 생각할 수 있지만, 이 경우에는 비선형 현상에 의한 광신호 파형의 열화를 증가시키게 된다. 이것에 대하여 DMF는 전송로 자체에 분산보상 기능이 있기 때문에 광신호의 S/N비 개선 또는 비선형 현상의 억제 면에서 NZDSF 또는 SMF를 DCM과 조합한 경우에 비해 우위에 있다. 이 때문에 S/N비, 비선형성에서 보다 엄격한 조건이 요구되는 장거리, 대용량 WDM 시스템에서는 DMF가 유리하다.

나. DMF 종류와 그 변천

DMF의 정분산 광섬유로는 SMF가 사용되는 것이 일반적이지만 부분산 광섬유의 기본적인 구조는 분산 보상 광섬유(DCF)와 동일하다. 이 때문에 DMF로서의 특성은 부분산 광섬유의 특성 설정에 의해 변하고, 복수의 DMF 예를 정리한다.

(1) DMF의 특성 파라미터

DMF는 중계기 구간 또는 파장분산을 0근저로 되놀리는 구간([그림 5-25](a)의 좌단에서 우단까지)을 한 단위로 하고, 이 한 단위 내에서 특성을 규정하는 것이 일반적이다. 파장분산, 분산경사에 대해서는 정분산 광섬유, 부분산 광섬유 각각의 특성을 광섬유 길이로 가중 평균한 한 단위 내에서의 평균 특성이 이용된다. 또 전송 손실에 관해서는 정분산 광섬유, 부분산 광섬유 외에 광섬유 상호 접속 손실도 고려할 필요가 있다. 한편 비선형성에 관해서는 정분산 광섬유와 부분산 광섬유에서 비선형성이 크게 다른 경우가 많다는 것과 DMF 속을 전파하는 광파워 변화와 각 광섬유의 배치를 고려할 필요가 있다.([그림 5-26] 참조) 이 때문에 각 광섬유의 비선형 굴절률 n_2, 실효 단면적 A_{eff} 및 광 파워의 긴 쪽 방향 변화를 기준으로, DMF 속에서 자기 위상변조에 의한 누적 위상편이에 비례한 양을 식 (5-8)로 산출하고, 이 값을 기준으로 등가적인 A_{eff}를 구하는 방법이 이용되고 있다.

$$\frac{n_2^+}{A_{eff}^+}\int_0^{L^+} P(z)dz + \frac{n_2^-}{A_{eff}^-}\int_{L^+}^{L^+ + L^-} P(z)dz \qquad (5\text{-}8)$$

n_2^+/n_2^- : 정분산/부분산 광섬유의 비선형 굴절률
A_{eff}^+/A_{eff}^- : 정분산/부분산 광섬유의 A_{eff}
L^+/L^- : 정분산/부분산 광섬유 길이
$P(z)$: 긴쪽 방향 위치 z에서의 광파워

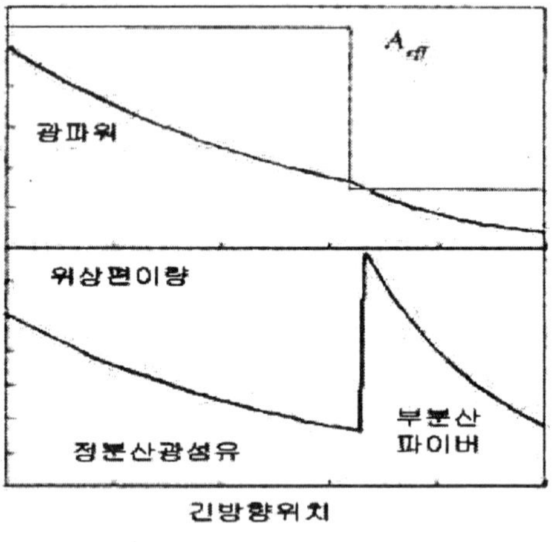

[그림 5-26] DMF에서 선형성의 긴방향 변화

(2) SMF와 RDF

정분산 광섬유와 부분산 광섬유를 조합한 DMF로서는 SMF와 역분산 광섬유(RDF)를 조합한 구성이 제안되고 있다. RDF는 파장분산, 분산경사도 그 절대 값은 SMF와 이미 일치하고 있으며, 그 부호가 역전하고 있다. 이 때문에 SMF와 RDF의 길이 비를 1 대 1로 하여 파장분산과 분산경사가 동시에 보상되고 넓은 파장대역에서 전송로 전체는 제로 분산을 실현할 수 있다. 또 RDF는 SMF에 비해 비선형성이 크기 때문에 전송로 전체에서 비선형성을 저감시킬 목적으로 광파워가 보다 더 감쇠하는 전송로 출력쪽에 EDF를 배치한다.

(3) SMF와 모듈용 DCF

앞에서 설명한 것과 다른 종류의 정분산 광섬유와 부분산 광섬유를 조합한 DMF로는 부분산 광섬유로 사용되고 있는 것과 같은 분산보상 광섬유(DCF)를 사용하는 구성도 제안되었다. 이 구성은 비선형성, 손실이 모두 큰 부분산 광섬유의 사용 길이를 SMF+ RDF 구성보다 작게 할 수 있다는 이점이 있고, 실용화를 위해 DCF의 케이블화도 검토되고 있다.

(4) DMF용 부분산 광섬유의 최적화

앞에 설명한 두 종류의 구성은 전송로 출력쪽에 배치된 부분산 광섬유의 길이가 크게 다르지만, 부분산 광섬유의 길이를 짧게 하기 위해서 파장분산의 절대 값을 크게 하려고 하면 코어 부분에 도펀트(Dopant) 첨가 농도를 크게 할 필요가 생긴다. 그 결과 부분산 광섬유 길이 및 부분산 광섬유 자체의 비선형성과 손실을 동시에 만족할 수 없는 관계에 있고 전송로 전체의 특성으로서 앞에서 설명한 두 종류 중 어느 쪽이 보다 뛰어난 것인가는 명확하지 않다. 그 후, DMF에 사용하는 부분산 광섬유의 최적 검토가 이루어지고, 현재까지 전송로의 약 1/3을 부분산 광섬유로 구성했을 때 비선형성, 손실을 고려한 결과 최적이라는 결론을 얻었다.

또 DMF 전체에서의 비선형성, 손실을 저감시키기 위해서 입력쪽 정분산 광섬유로 A_{eff}를 확대한 순 석영 코어 광섬유를 사용한 구성이 제안되고 있고, <표 5-9>에 보인 바와 같은 단일 NZDSF와 같은 정도의 비선형성, 손실특성 및 [그림 5-27]에 보인 바와 같은 NZDSF에서는 실현 불가능한 극히 평탄한 파장분산 특성이 실현되고 있다. 더구나 이러한 광섬유에 대해서는 특성의 안정성에 엄격한 조건이 따르는 해저 광케이블에 충분히 적용할 수 있다고 알려져 있다.

〈표 5-9〉 부분산 광섬유를 최적화한 DMF 특성 예

항 목	특성값
파장분산(ps/nm/km)	0.0
분산 경사(ps/nm^2/km)	0.001
전송 손실(dB/km)	0.211
등가 A_{eff}(μm^2)	60

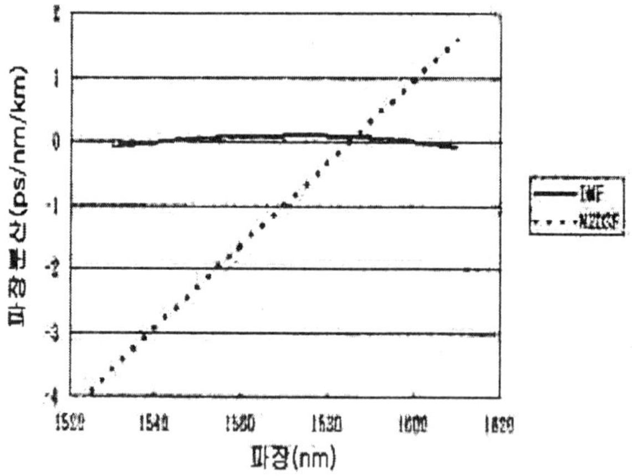

[그림 5-27] 부분산 광섬유를 최적화한 DMF의 분산특성

(5) 좁은 의미의 DMF

부분산 광섬유와 정분산 광섬유를 조합한 DMF에서는 다른 종류의 광섬유를 접속한 후, 케이블화하거나 다른 종류의 광섬유를 사용한 케이블을 접속할 필요가 있다. 이 때문에 케이블 단위 길이가 짧고 접속점 수가 많은 육상 시스템에서는 케이블 관리의 어려움이 문제될 가능성이 있다. 이 문제점에 대처하기 위해 일련의 길이를 갖는 광섬유 내에 정분산 구간과 부분산 구간이 번갈아 존재하는 DMF가 제안되고 있다. 원래는 파장분산만 관리하고 분산 경사는 관리되지 않았으나 그 후, 일련의 길이에 대한 광섬유 내에 정부(正負)의 분산경사가 번갈아 존재하는 DMF 또는 분산경사를 저감한 DMF가 개발되었다.

이런 일련의 길이에 대해 광섬유 내에서 파장분산을 변화시키는 DMF는 미리 형성하는 단계에서 구조를 긴 방향으로 변화시키는 등, 제조 단계에서 특별한 조치가 필요하고 현재까지는 장거리 전송 실험이 가능한 양의 광섬유를 제조한 예는 없다고 알고 있다.

DMF를 중심으로 대양횡단의 해저 시스템을 가정한 전송 실험이 활발히 진행되고 있다. 이러한 광섬유는 앞에서 설명한 대로 해저 광케이블에 적용 가능 여부 확인도 진행되고 있기 때문에 가까운 장래에 실용화되리라 예상된다. 또한 DMF에 대한 지금 이상의 특성 개선 검토는 부분산 광섬유의 A_{eff}를 확대하여 비선형성을 감소는 것이다. 거꾸로 부분산 광섬유의 비선형성이 큰 것을 적극적으로 활용하여 부분산 광섬유 내에서 분포 라만 증폭을 하는 것도 검토되고 있다. 이 방식에서는 DMF에 입사하는 광파워의 감소에 따라 비선형성 현상에 의한 성능 열화의 감소, 또는 광신호의 S/N비 향상에 의한 DMF 전체에서의 성능향상을 기대할 수 있다. 더구나 WDM 전송에 있어서 1파장 채널당 비트 속도 및 파장 채널간격의 변화에 대응하기 위해 정분산 광섬유, 부분산 광섬유 양자에 대하여 파장분산을 변경하는 것도 검토되고 있다.

좁은 의미의 DMF에 대해서는 앞으로 광섬유 제조기술 향상으로 안정되고 긴 광섬유가 생산되면 전송 실험에 의한 유효성 확인을 거쳐 실용화를 향한 문이 열리리라 예상된다.

8. 차단 편이 광섬유

단일 모드 광섬유(SMF)는 사용 파장이 차단(Cut-Off) 파장보다 장파장쪽으로 편이함에 따라 코어 내에서 빛의 감금이 약하게 되고 구부림 손실이 증가한다. 이 때문에 SMF는 단일 모드 동작이라는 관점에서 석영계 광섬유 손실이 최소가 되는 1.55㎛대에서도 사용할 수 있지만, 케이블화에 의한 구부림 손실 내성 면에서는 반드시 최적이라 할 수 없다.

차단 편이 광섬유(CSF)는 이 점을 고려하여 차단파장을 장파장쪽으로 편이시킴으로서 1.55㎛에서 구부림 손실 특성을 개선시킨 광섬유이다. CSF의 일종으로 코어 부분을 순 석영으로 하여 구부림 손실만이 아닌 재료 자체 손실을 감소시킨 광섬유도 있다. 이 광섬유는 1.55㎛대에서 저손실이 실현되고 있기 때문에 장거리 전송 시스템에 적당한 광섬유라 할 수 있다.

가. CSF의 설계 사상과 구조

CSF의 기본적인 설계 사고는 사용 파장을 전송 손실이 최저인 1.55㎛대로 한정하는 것으로 차단 파장에 관한 제약 조건을 완화하고 이것을 활용하여 파장 1.55㎛대에서의 구부림 손실을 저감하는 것에 있다. [그림 5-28]에는 [그림 5-29](a)에 보인 스텝 인덱스형의 굴절률 분포에 대해서 파장 1.55㎛에 대한 구부림 손실(구부림 직경 40mm)의 차단파장(2m 광섬유로 정의된 실효 차단 파장 λ_{ce}) 및 등 파장 분산선도 나란히 보였다. [그림 5-28]에 보인 바와 같이 λ_{ce}를 장파장 쪽으로 편이시키거나 MFD를 축소시켜 구부림 손실을 큰 폭으로 감소시키는 것이 가능하다.

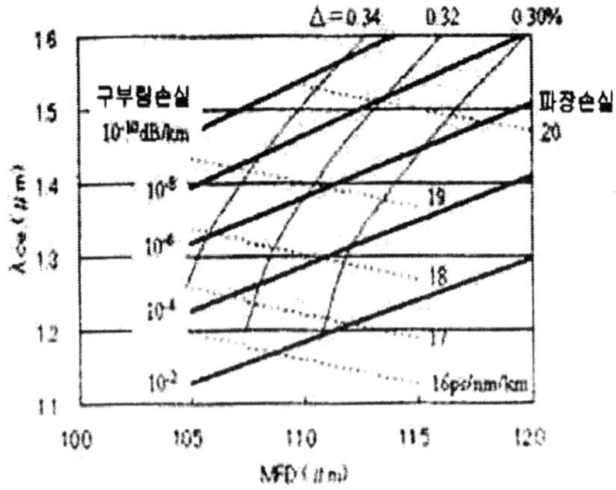

[그림 5-28] 구부림 손실의 λ_{ce}, MFD 의존성

광섬유의 구조 파라미터 설계상 이 특성 개선은 코어, 클래드 사이의 비굴절률 차 Δ를 크게 하거나 코어 직경을 크게 하여 실현할 수 있다. 구부림 손실 감소의 한 예를 들면 Δ=0.30%, λ_{ce}=1.2㎛인 SMF에 대해서 Δ=0.32%, λ_{ce}=1.5㎛ 또는 Δ=0.34%, λ_{ce}=1.4㎛로 함으로써 구부림 직경 40mm에서의 구부림 손실을 약 6자리 감소하는 것이 가능하다.

또 SMF에서 CSF로의 설계 변경에 따라 1.55㎛에서 파장 분산은 [그림 5-28]에 보인 바와 같이 증가한다. 단, 나중에 설명할 해저 중계 시스템에 적용할 경우 파장분산 증가는 오히려 바람직한 특성 변화가 된다.

(a) 스텝 인덱스형 (b) 뚝 떨어진 클래드형

[그림 5-29] CSF의 굴절률 분포 예

나. CSF의 용도

CSF의 주 용도는 파장 1.55㎛대에서 저손실성을 살린 장거리 시스템의 전송로용이다. 여기서는 장거리 시스템을 무중계 시스템과 중계 시스템으로 나누어 각각의 시스템에서 PSC 용도에 대해 간단히 설명한다.

(1) 무중계 시스템

해저 광전송 시스템에서는 수십 km마다 광-전기-광변환을 하는 재생중계, 또는 광섬유 증폭기를 사용한 증폭중계를 하는 것이 일반적이다. 그러나 해협의 횡단, 또는 대륙과 인근 섬들을 연결하는 해저 시스템 등에 대해서는 시스템 비용 절감 등의 이유로 가능한 한 중계를 하지 않는 것이 바람직하다. 이와 같은 무중계 시스템에서는 가능한 한 전송 손실이 작은 광섬유가 바람직하고 CSF를 사용하는 것이 적당하다.

(2) 중계 시스템

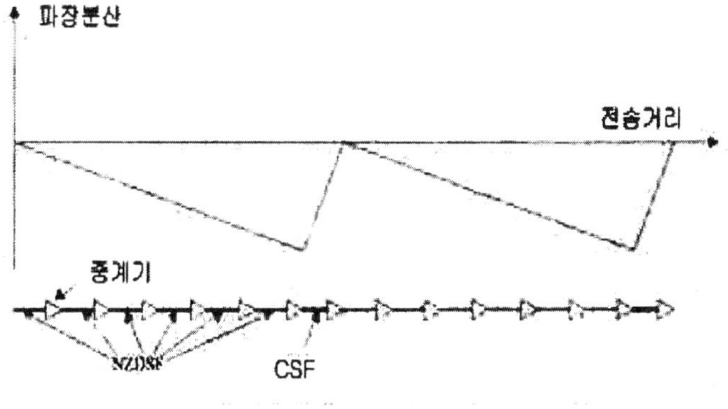

[그림 5-30] 해저중계 시스템의 파장분산 예

넌제로 분산 편이 광섬유에서 설명한 대로 해저 시스템용 NZDSF는 사용파장에서 파장분산이 부로 설정되어 있다. 시스템 전체에서 파장분산은 거의 0에 가까울 필요가 있기 때문에 [그림 5-30]에 보인 바와 같이 몇 개의 중계간격마다 파장분산이 정인 광섬유로 구성된 분산보상 구간을 설치하고 있다. 분산보상 구간에 사용하는 광섬유로서는 사용파장인 1.55㎛대에서 전송 손실이 적음과 동시에 분산보상을 효율적으로 하기 위해서 파장분산 값이 큰 것이 바람직하다. SMF와 CSF를 비교했을 때 CSF는 이 두 가지 면에서 SMF보다 우위에 있어 분산보상 구간용 광섬유로서 적당하다고 할 수 있다.

(3) CSF 특성

CSF의 특성 예로서 ITU-T 권고 G.654에 기재되어 있는 CSF의 전송특성을 <표 5-10>에 보였다. 케이블 전송 손실은 0.22dB/km로 되어 있지만, 코어 부분을 순 석영으로 하여 전형적인 전송 손실을 0.17dB/km로 한 순 석영 코어 광섬유도 실용화되고 있다.

순석영 코어 광섬유의 개량판으로 실효단면적 A_{eff}를 확대하여 광섬유 속의 비선형성 저감 기능도 부가한 A_{eff} 확대 순 석영 코어 광섬유 전송특성을 <표 5-11>에 보였다. A_{eff}를 확대하여 이전의 순 석영 코어 광섬유에 대하여 30% 정도 비선형성이 감소되고 있다. 또 [그림 5-29](b)에 보인 Depressed Clad형의 굴절률 분포에 의해 A_{eff}를 확대해도 SMF보다 양호한 구부림 손실 특성을 유지하고 있다.

〈표 5-10〉 CSF의 특성 예

분 류	특 성	범 위
모드 필드 직경	파장	1550nm
	중심값 범위	9.5~10.5μm
	허용오차	±0.7μm
케이블 차단파장	최대값	1530nm
구부림 손실	구부림 반경	37.5nm
	감은 회수	100
파장분산	파장 1550nm에서의 최대값	0.50dB
	1550nm에서의 파장분산 최대값	20ps/nm/km
케이블 전송손실	1550nm에서의 분산 경사 최대값	0.070ps/nm²/km
	파장 1550nm에서의 최대값	0.22dB/km

〈표 5-11〉 A_{eff} 확대 CSF 특성

항 목	특성값
전송 손실	0.71dB/km
MFD	12.1㎛
A_{eff}	115.2㎛^{2}
파장 분산	20.4ps/nm/km
분산 경사	0.060ps/nm^2/km
광섬유 차단 파장	1.46㎛

CSF는 앞으로 설명한 용도 외에 분산 관리 광섬유에 이용되는 정분산 광섬유로의 용도로도 사용한다. 특히, A_{eff} 확대 순 석영 코어 광섬유는 그 낮은 손실성, 낮은 비선형성면에서 분산 관리 광섬유용으로 적당하다. 이 때문에 <표 5-10>에 보인 CSF에 관한 국제 표준에 대해서도 이런 광섬유를 포함하는 형태로 개정되리라 예상된다.

9. 편파 유지 광섬유

단일 모드 광섬유는 전파하는 빛의 편파상태에 따라 서로 직교하는 2개의 편파상태가 전파 가능하다. 더욱이 단일 모드 광섬유 속에서 전파하는 빛의 편파상태가 유지되지 않은채 불규칙하게 변동한다.

편파 유지 광섬유(PMF)는 광섬유 속을 전파하는 빛이 편파상태를 유지하는 기능을 가진 광섬유이며, 광의 편파상태를 이용한 광섬유 센서, 또는 빛의 편광상태를 이용한 광섬유형 부품 등에 활용된다

가. 편파 모드

SMF는 광의 편파상태(편파) 관점에서는 두 가지 상태(편파 모드)가 전송 가능하다. 두 가지 편파 모드는 회전 방향이 반대(우회전과 좌회전)인 회전 편파 및 편광 방향이 직교(X편파와 Y편파)한 직교 편파를 생각할 수 있지만, PMF에서 취급하는 것은 직선 편파가 일반적이다.

일반적으로 SMF에 대해서는 직교하는 2개의 편파 모드가 축퇴(전파정수가

일치)하고 있으나, 코어 형태의 비대칭성 또는 코어에 가해진 응력의 비대칭성에 따라 굴절률 편파간 차(복굴절률)가 생기면 축퇴에 의해 편파 모드간에 전파정수 차가 발생한다. 이것이 편파 모드간의 전송시간 차인 편파 모드 분산(PMF)의 발생요인이다.

한편 PMF에 대해서는 의도적으로 복굴절률을 크게 하여, 편파 모드간의 전파 정수차를 크게 함에 따라 편파 모드간의 파워 결합을 제어하고 있다. 이것 때문에 PMF의 복굴절률의 축방향(편파 주축 : X축 및 Y축)에 일치한 직선 편파의 빛을 입사시킬 경우 PMF 안을 전파하는 빛은 다른 편파 모드와 결합하지 않고 직교 편파상태를 유지한 채 전파할 수 있다.

나. PMF의 구조와 원리

PMF에서 복굴절률을 발생시키는 방법은 코어 단면 상태에 이방성을 갖도록 하여 구조 복굴절을 크게 하거나, 코어에 가해지는 응력에 이방성을 갖도록 하여 응력 복굴절이 커지도록 할 수 있는데 이런 각각의 방법에 대응한 각종 PMF 구조가 제안되고 있다.(<표 5-12> 참조)

〈표 5-12〉 각종 PMF의 원리와 명칭

원 리	명 칭
구조 복굴절률 이용	타원코어형
	단일코어형
	4분할코어형
	사이드비트형
	사이드도넬형
응력 복굴절률 이용	타원 클래드형
	타원 새시형
	보턴형
	편평크래드형
	PANDA형

여기에서는 대표적인 PMF인 PANDA(Polarization-maintaining AND Absorption-reducing)의 구조와 원리를 설명한다.

[그림 5-31]은 PANDA 광섬유의 단면도이다. PANDA 광섬유는 코어, 클래드, 응력부여부로 구성되어 있다. 코어, 클래드 부분은 기본적으로 단일 모드

광섬유와 같은 모양이며 코어 부분의 굴절률 분포는 사용파장에서 단일 모드와 같은 상태로 설정된다. 코어 양쪽의 응력부여부는 보론 등의 열팽창률이 큰 원소나 석영 유리에 첨가되어 있기 때문에 순 석영의 클래드 부분도 열팽창률이 매우 크다. 이것 때문에 광섬유 인장 시에 고온으로 된 PMF가 상온까지 냉각시키고 응력부여부가 수축함에 따라 코어 부분에 대하여 인장응력이 가해진다. 그 결과 응력 복굴절률이 발생한다. 복굴절률의 크기는 응력부여부의 보론 첨가 농도, 응력부여부의 직경, 응력부여부의 간극 등에 따라 변화하고 대략 10^{-4}의 단위이며, 일반적인 SMF도 2자리 이상의 큰 수치를 갖는다.

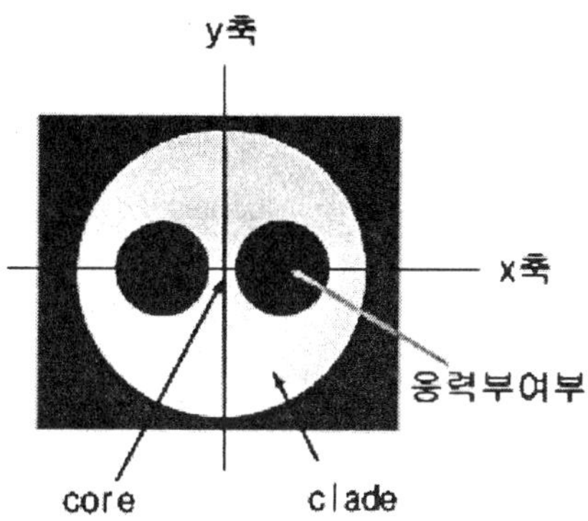

[그림 5-31] PANDA 광섬유의 단면도

다. PMF의 용도

(1) 가 간섭성 광통신용 전송로

PMF 개발초기에 설정한 용도는 광의 간섭을 이용하여 광신호 수신을 위한 가 간섭성 광신호용의 광통신용 전송로이다. 광의 간섭상태를 안정시켜 광신호 수신을 확인하기 위해서 수신기에 입사한 광의 편파 상태를 안정하게 유지할 필요가 있고 안정화하기 위하여 PMF가 필요하였다. 그러나 가 간섭성 광통신 자체가 실용화에 미치지 못하였고, PMF는 다른 광섬유와 같이 구조가 복잡하고 장거리의 섬유제조 시 어려움으로 전송로의 PMF는 실용화가 지연되고 있다.

(2) 간섭형 광섬유 센서

가 간섭성 광통신과 같은 광의 간섭을 이용한 간섭형 광섬유 센서에 대하여서도 편파상태를 안정하게 유지할 필요는 PMF의 중요한 용도의 하나이다. 그렇게 하여 회전속도 센서인 광섬유 자이로는 이미 실용화가 시작되었다. 광섬유 자이로에 대해서는 수백 m정도의 PMF가 코일 형태로 감겨 있고 코일화에 적당한 PMF를 사용한 광섬유 코일이 개발되고 있다.

(3) 광섬유형 부품

PMF는 <표 5-13>에 제시한대로 다양한 광섬유형 부품에 사용되고 있다. 그 중 편파분리/합성기를 이용한 것과 2개의 광을 얻는 것이 가능하다. 이와 같은 장점으로 광섬유 증폭기의 여기 광원용과 광통신에 광범위하게 이용되고 있다.

〈표 5-13〉 PMF를 이용한 광부품

광부품 명칭	기능
편파유지 광섬유 커플러	직선 편파상태를 유지하고, 광의 광의분기와 합류를 한다.
편파분리/합성기	입사광을 직교한 편파상태에 분리한다. 직교한 편파상태의 광을 합성한다.
섬유편광자	임의의 편파상태의 광에서 직교편파한 광을 얻을 수 있다.
섬유비편광자	편광한 광을 무편광 상태로 한다.

(4) PMF의 특징

PMF는 다양한 용도에 사용되며 용도에 대응하여 필요한 특성치도 크고 다르다. 본 절에서는 PMF에 고유특성 파라미터를 소개하고 대표적인 특성치를 소개한다.

(가) 복굴절률과 BIT길이

전절에 기술함에 따라서 복굴절률은 PMF의 편파유지기능이다. 복굴절률을 *B*, BIT길이 *LB*, 광의 파장을 λ라 하면 다음 식 (5-9)가 성립한다.

$$LB = \lambda/B \qquad (5\text{-}9)$$

PMF에 편파주축에 편파를 입사하고 전송한 광의 편파상태는 주기적으로 변화한다. BIT길이는 한 주기의 변화가 발생한 섬유 길이에 대응하고 PMF의 BIT길이는 일반적으로 mm 단위이다.

(나) Crosstalk

Crosstalk CT는 PMF의 편파유지 특성을 직접적으로 표시하기 위한 파라미터로 식 (5-10)으로 정의된다.

$$\mathrm{CT} = 10\log(P_y/P_x) = 10\log(\tanh(hl))\ [\mathrm{dB}] \qquad (5\text{-}10)$$

P_x : 출력단의 입사 편파 성분의 광파워
P_y : 출력단의 입사 편파에 직교한 성분의 광파워
h : 모드 결합계수
l : 섬유길이

식 (5-10)에서처럼 누화(Crosstalk)는 dB단위로 표시하고 일반적으로 음의 값을 가지며 값이 적을수록 편파특성이 우수하다는 의미이다.

누화는 편파 모드간의 결합에 따라 열화하기 때문에 PMF 자체의 설계, 제조상태, PMF에 가해진 외압, 측압 등의 외란에 따라 변화한다. PMF에 가해진 외란이 일정하다면, 누화 식 (5-10)은 우변에 표시한 식과 같이 섬유길이에 의존한다. 구체적인 PMF의 누화에 대해서는 섬유길이 1km에 －30dB 이하로 실현되어 있다.

이미 실용화 된 광섬유 센서, 광섬유형 부품의 분야에는 PMF는 지금까지 계속 사용되어져 왔다. 아직 본절에 서술되지 않은 것은 광섬유 중의 비선형성을 이용한 광신호처리에 대해서는 광신호의 편파상태를 일치하여 비선형성의 효율을 향상시키기 위함이며 그 분야에 PMF의 이용이 기대된다. 한편 광통신용의 전송선로에 대한 PMF는 편파유지 전송에 따른 PMF 문제 해소 등과 같은 장점을 고려하고 실용화를 위해 제조성, 전송 손실과 같은 전송 특성을 SMF와 동등하게 하여 기술적인 검토가 필요하다.

10. 플라스틱 광섬유

플라스틱 광섬유(POF : Plastic Optical Fiber)는 코어, 클래드를 같이 플라스틱으로 형성한 광섬유이다. 일반적으로 코어는 PMMA를 많이 사용하나 최근에는 불소계 수지를 사용하고 있다. 통신용도 이외에도 조명, 발광용과 센서용도로 광범위하게 사용되고 있으나, 이 장에서는 최근 FTTH의 진행으로 각광을 받고 있는 단거리 고속 통신용 POF를 중심으로 설명한다. 아직 클래드를 플라스틱, 코어를 석영으로 형성한 하드 플라스틱 클래드 광섬유(HPCF : Hard-Plastic-Clad Fiber)도 POF와 비슷한 특징을 가지고 있으며 보안적으로 사용한 경우가 많기 때문에 같이 취급한다.

가. 통신용 POF의 현황

석영계 광섬유가 많이 쓰인 장거리 전송계에는 전문 숙련된 기술자가 전용 공구를 사용하여 광섬유를 포설한다. 포설거리가 장거리일 경우 접속 등의 단말처리 작업도 적지 않을 뿐 아니라 취급성에 따라서도 기본적인 전송 특성(전송 손실 전송 대역)이 중시된다. 구내 LAN과 홈네트워크 등은 전송 특성에 더불어 개인도 수작업 취급 가능성이 양호하고, 접속작업의 용이성이 필요하다. 적당한 가용성이 있고 대구경과 고NA의 코어를 용이하게 제조할 수 있는 POF와 HPCF는 그 점에서 석영계 광섬유보다 유리하다.

그러나 단거리 통신시장에서 POF와 HPCF가 수입되기 때문에 2가지 기술상의 문제점을 극복할 필요가 있다. 첫째 코어가 대구경, 고NA으로 불리한 전송 대역의 문제, 둘째 유기재료가 본질적으로 포함되어 전송손실의 문제가 있다. 이 두 가지의 특성은 거리에 반비례하기 때문에 단거리에서는 중요도가 희박하나 현재의 단거리 통신시장의 메인을 점유한 30~300m 정도는 커버되지만 그 특성을 결정하기 위해 이후의 보급을 도시하는 것은 중요한 의미를 갖는다. 현시점에서 대표적인 POF, HPCF의 특성과 프로파일을 석영계 광섬유(GOF : Glass Optical Fiber)와 비교하여 <표 5-14>에 나타내었다.

<표 5- 14>는 일부의 수치를 제거하고 각 회사의 고속 통신용 POF, HPCF의 대표적 제품의 대표적 수치를 정리한 것이다. 전송 손실과 전송 대역은 사용한 광원과 측정방법에 크게 의존하므로 양호하게 사용할 수 있는 전송 대역과 전송 거리를 [그림 5-32]에 표시하였다(손실은 8dB로 설정하였다).

〈표 5-14〉 각종 통신용 광섬유의 기본 특성

품종	GOF	GOF	HPCF-1	HPCF-2	POF-1	POF-2	POF-3	POF-4	POF-5
코어 구조	SM	GI	SI	GI	SI	특수	GI	특수	GI
코어 직경 (μm)	8	50	200	200	-	700	600	-	120
클래드 직경	125	125	250	230	1000	750	750	1000	500
NA	0.12	0.21	0.46	0.40	0.32	0.25	0.25	0.25	0.185
전송 손실 [dB/km]	0.2	0.3	7	6	170	160	170	200-500	50
사용파장 [nm]	(1550)	(1300)	(850)	(850)	(650)	(650)	(650)	(650)	(850)
전송대역 [MHz · km]	2500	500	10	50	25	25	50	21	300

[그림 5-32]에 거리~수 10km, 대역 500~10000 MHz/km의 영역이 GOF, 거리~1km, 대역 10~50MHz/km의 대역이 HPCF, 거리~100m, 대역 10~50MHz/km의 영역이 POF로 나누어진다. 단지 최근 POF 특성의 속도가 빠르고, POF-5는 거리 수, 광대역측에 그의 적용범위가 확대되고 있다. 한편으로 GI-POF이 커넥터가격(접속코드)도 미국 중심으로 적극적으로 낮아지고 있으며, 100m~ 1km 거리의 광섬유 구조는 예측불허이다.

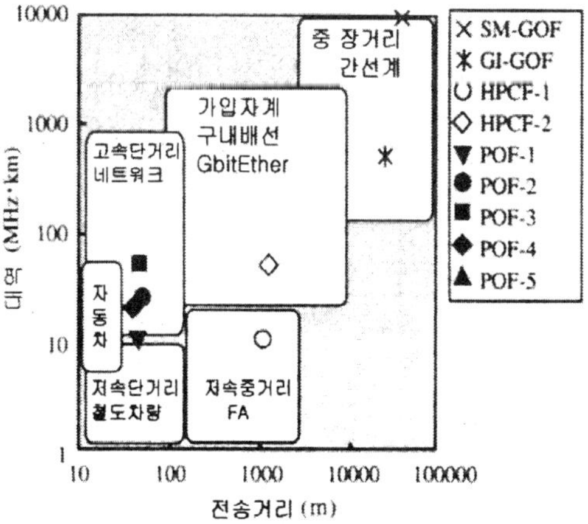

[그림 5-32] 각종 광섬유의 전송 거리와 대역

나. 통신용 POF의 개발동향

(1) 저손실화의 개발현황

일반적으로 전송 손실은 GOF<HPCF<POF의 순에 따라서 높다. 그 순서는 단순하게 파일 중에 석영과 플라스틱의 사용정도에 따라서 광이 최고 광학에 유도한 코어 부분의 플라스틱을 사용한 POF가 매우 불리하다. 플라스틱의 전송 손실이 높은 이유는 분자의 진동 흡수 특히 C-H 결합의 진동의 고주파의 기인한 흡수가 의존하기 때문이다. 한편 Si, O 등의 무거운 원소의 결합이 석영이 주체인 것은 통신에 사용한 가시적인 적외선의 파장 대역에서 흡수손실의 영향이 적고 산란 손실이 주요한 손실 요인이다. 플라스틱에 흡수 손실을 저감시킬 요인은 사용한 원소를 무겁게 한 것 이외에 H를 D(중수소)와 F(불소)에 치환한 것에 개선이 그림에서와 같이 될 수 있다.

수용화의 관점에서는 가격 문제도 있으며 후자의 불소화 수지를 중심으로 상용화가 진행되고 있다(예를 들면 POF-O). [그림 5-33]에 연구 단계에도 포함되어 검토되고 있는 각종 POF의 전송 손실 파장 특성을 나타내었다. H를 전부 F에 치환한 전 불소화 수지일지라도 석영과 색이 없는 손실이 얻어진 경우가 있으나 실제에는 그것까지 도달하지 않는다. 그 이유는 플라스틱의 경우 부분적인 결정화와 마이크로 포인트 등에 기인한 산란 손실이 석영보다도 발생하기 때문이라고 생각한다.

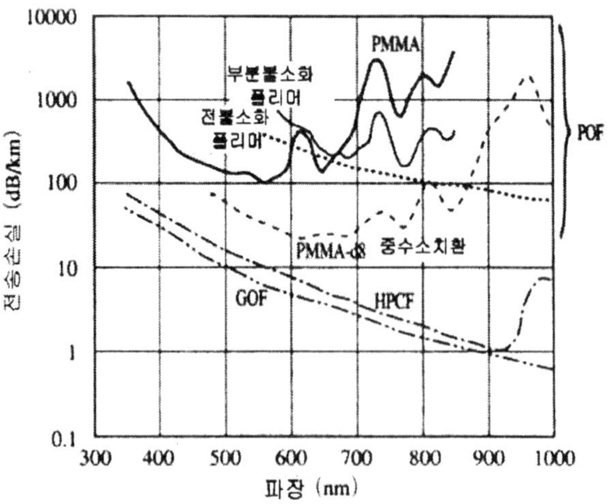

[그림 5-33] 각종 POF의 전송 손실 파장특성

산란 손실의 요인은 재료 이외에도 제조 조건에 따라 크게 증가하나 그 양면 때문에 저손실화의 검토가 정열적으로 추진되고 있다. 최근에는 전 불소화 수지를 이용한 POF에서 30 dB/km(파장 1.3㎛)라는 손실 값이 얻어진다.

(2) 광대역화의 개발현황

광섬유의 경우 대역은 코어경이 적은 NA를 저감시킨 것이 많다. 광섬유의 취급성을 악화시킨 방향으로 되기 때문에 대구경, 고NA와 광대역을 확립시킨 방법이 옛날부터 검토되고 있었다. 코어에 GI형의 굴곡률분포를 형성시킨 것은 그 중에도 최고 유명한 방법이고 GOF를 중심으로 한 넓은 사용화가 되어지고 있다. GI형의 최대의 문제점은 코어내의 동심원 상의 굴곡률 분포를 설계하는 것이다. GOF의 경우는 도펀트(Ge 등)의 농도를 제거하여 변화시켜서 기체 상태로 합성하여 증착시켜 모제(자유 폼)를 조작하고 길이방향으로 섬유화시킨 방법이 매우 실용화되었다.

HPCF에도 코어는 석영이기 때문이며 같은 모양의 방법으로 GI화가 달성되었다. 한편 POF의 경우는 가격과 기술의 양면에서 분리하고 어떤 방법으로 부하 내에 도펀트를 농도경사를 부여하여서 확산시킨 모제를 확산한 방법이 많이 검토되고 있다. 그 중 현안은 대학이 개발한 경계 중합법은 도펀트를 특수한 구조로 할 필요가 없고 구조 부정 등의 손실요인 발생도 최소한으로 억압시켜 우수한 방법이며 기존에 이미 실용화 단계이다. 또 성형성이 많은 단순한 용융방사가 된 플라스틱의 장점을 포함하기 때문에 모재 현상을 필요로 하지 않는 방법도 여러 가지 검토되고 있다.

의사 GI형도 멀티스텝 광심유는 코어를 다층 구조로 하어 계층상의 분포를 설계하기 위한 것이며 대역 개선의 따른 정도 효과가 있다(POF-1). 또 GI형과 다른 전혀 새로운 발상으로 한 광섬유내의 세경의 코어를 다수 결속하여 대구경과 동구 효과를 가진 멀티 코어 구조의 광섬유도 개발시키고 있다(POF-4). 예전부터 존재한 SI형 코어를 가진 POF의 경우에도 NA를 0.3정도에 추가한 것으로 ATM- LAN, IEEE1394.b 규격의 사항에 준한 156Mb/s/50m 전송을 얻을 수 있는 대역 특성을 얻는 것이 가능하다.

광섬유에 대해서는 기존에 개방도 종료하고 여러 개의 회사에서 시판 품이 쉽게 얻을 수 있는 상황이다. 궁극적인 광대역화의 개발 검토에서는 GI형이 중심이며 정확한 굴절률 분포 현상에 따라 모드 분산의 저감은 이미 달성되어 있으며 검토의 중심은 재료의 파장분산(재료분산)에 따르고 있다.

GOF의 경우는 재료가 석영으로 한정되어 있고 특수한 곡률분포의 구조에서 파장분산의 재현할 수 있으나, POF는 재료선택의 자유도가 많으므로 재료분산 자체를 최적화할 여지가 있다. 기존에 석영도 분산이 적은 불소폴리머를 사용하여 파장 1.3㎛~90GHz(100m)의 광대역을 가진 POF의 가능성이 지적되고 있다.

POF의 경우 내열성을 포함한 신뢰성이 유저가 배려한 것이 많다. 현재는 시판되어 있는 POF가 있으나 내수성이 우수한 PMMA와 불소수지를 주재료로 사용하고 있으며 사용온도가 70°까지 보증된다. 이것은 POF, HPCF를에 비해 손색이 없는 레벨이고 통상의 옥내에 사용하는 것은 전부 문제가 없다. 따라서 내수성은 대역특성은 약간 떨어지나 자동차 등의 혹독한 환경에서 사용되는 경우에 내열온도 85°까지 실용화되어 있다. 코드화 테이프의 형태도 여러 가지가 시판되어 있고 단심에서 최대 80정도까지도 입수가 가능하다.

POF는 GOF, HPCF에 비교하면 측면에서 압력이 약하기 때문에 측방향에서 양면에 배려한 구조에서 채용시키고 있다. 접속에 대해서는 커넥터의 개발과 표준화의 진행에 따라 GOF와 같은 모양, 문제가 없는 커넥터코드도 입수가 가능하다. GOF의 크기는 유저가 스스로 커넥터를 취급하여 커넥터를 유저가 스스로 붙여 가공하여 시판되고 있다.

POF, HPCF는 1997년에 ATM Forum의 표준규격을 채용시켜 규격화한 155Mb/s 전송(POF : 50m, HPCF : 100m)용 광섬유가 용이하게 얻을 수가 있다. 정보가전 등의 홈네트워크 규격에 대하여 IEEE1394에 따라서도 POF(~50m), HPCF(~100m)에서 100, 200, 400Mb/s의 규격이 정해져 있다. 자동차 관계에 대해서는 전통적으로 미국중심의 POF의 적극적으로 채용되고 있으며 기존에 채용된 D2B(5Mb/s)와, 현재 MOST(50Mb/s) 등의 규격에서도 광섬유가 POF의 중심이다.

11. 포토닉 결정 광섬유

포토닉 결정 광섬유 (PCF : Photonic Crytal Fiber)는 주기적으로 배열된 정공과 그 주기성을 벗어난 결함이 큰 방향에 실축성이 있는 구조를 가진 광섬유이다. 광은 결함이 존재하여 전송되기 때문에 결함은 코어, 정공의 주기적인 배열이 클래드에도 있다. 광이 결함이 존재하는 이유는 전반사와 포토닉

케이블이 두 가지가 있다. 전반사는 종례의 광섬유와 도파원리이나 정공이 있는 경우에는 종례와 달리 광학특성이 얻어진다.

한편 포토닉 밴드 캡은 새로운 도파원리로서 정공 코어의 광도파, 새로운 기능의 가능성이 있다. 그에 따라 종례의 광섬유에는 불가능한 특성과 기능을 가능하게 하는 점이 PCF의 중요성이다. 그에서 전반사로 도파한 광섬유에 전공을 도입하여 신규 특성을 실현함으로써 전공배열의 주기성은 필수는 아니다. 한편 주기성을 같지 않는 구조를 포토닉 결정이라고 하는 것은 적절한 것이 아니며 주기성의 유무에 관계없이 정공을 포함한 전반사에 따라 도파한 광섬유를 폴리 파이버 또는 미세구조 섬유라 한다. PCF 및 폴리 파이버의 재료는 규소가 많이 사용되고 있으나 비규소와 폴리머를 사용한 예가 있다.

종래의 광섬유와 다른 단일재료의 조제가 가능하기 때문에, 사용 가능한 재료는 광범위하다. PCF 및 폴리광섬유는 일반적으로 관을 사용하여 형성시켜 자유로운 형태로 인출한 방법에 따라 제조시킨다. 인출은 단면이 1/3에서 1/100로 축소시키기 위해 광파장의 미세구조를 용이하게 할 수 있다.

가. 포토닉 결정 광섬유

PCF의 정공주기 배열이 일정한 조건으로 만족하고 특정 범위의 주파수와 전달정수를 가진 광의 전송이 클래드에 대해서는 금지된다. 그 주기와 전송정수의 범위가 포토닉 밴드 갭(PBG : Photonic Band Gap)에 속한 광은 주기구조에 속한 클래드를 전달하지 않기 때문에, 주기성이 파괴된 코어에 잔존한다. 이것이 PBG에 따라 도파원리이며 그 원리에 따라서 PCF를 포토닉 밴드 갭 광섬유(PBGF : Photonic Band Gap Fiber)라고 한다. PBGF는 전반사로 도파한 광섬유와 다르게 코어의 재료에 관하여 자유도가 매우 크다. 코어를 진공으로 하며 따라서 높은 새로운 파장대역의 광전송이 가능하나 코어의 기체와 액체를 충만한 광과 상호 작용시킨 것이 가능하다. 또 PBGF는 파장 선택적인 도파 특성을 가지고 있기 때문에 광섬유 이용이 가능하다. PBGF의 클래드의 구조는 허니컴 구조와 육각격자 구조가 실증되고 있다. PBGF [그림 5-34](a)의 허니컴 구조에 대하여 초기에 실증되었다.

그 구조는 중앙부의 정공에 따라 주기성이 없으나 도파모드의 굴절률이 정공의 굴절률 1보다 높기 때문에 광은 정공 주위의 유리 중에 존재한다. 긴이 5cm의 광섬유에 458~528nm의 파장대의 광도파가 관측되어진다.

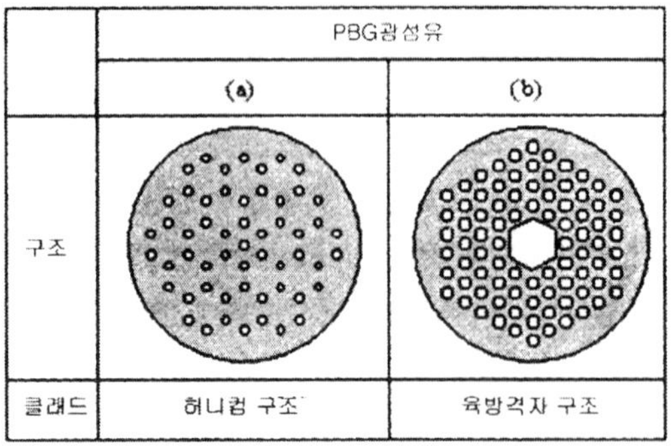

[그림 5-34] PBG 광섬유의 구조

정공 내의 광의 존재는 [그림 5-34](b) 육각격자의 구조로 실현되었다. 그 구조에서 코어는 클래드의 정공 7개분의 큰 정공이다. 길이 3cm의 광섬유에 가시광대역의 광도파가 관측된다.

나. 폴리 광섬유

정공을 가진 전반사에 따라 도파한 광섬유를 다공 광섬유(Holey Fiber) 또는 미세구조 광섬유(Microstructured Fiber)라고 한다. 고전적으로는 석영유리 중에 정공이 배열된 클래드와 석영유리로 된 코어로 구성된다. ([그림5-35](a,b)). 그 결과 클래드는 비교적으로 코어보다는 낮은 굴절률을 갖고 있으며 전반사에 따라 광이 코어에 잔존한다. 특히 정공배열이 주기적으로 있는 경우는 전반사형 포토닉 결정 광섬유(TIR-PCF : Total Internal Reflection-PCF)라 부른다.

다공 광섬유는 도파원리에서 종례에는 광섬유와 동일하나 큰 굴절률 차와 실효 굴절률의 제어성능의 특징을 가지고 있기 때문에 종례에 없는 광학특성의 실현이 가능하다. 이러한 특성에 따라 정공배열의 주기성은 필수는 아니다. 다공 광섬유의 제1의 특징은 큰 굴절률 차이다. 규소를 첨가하므로 따라 굴절률 차는 수%에 대응하고 정공에 도입에 따라 얻어진 굴절률 차는 최대 약 35% 정도로 크다. 이것 때문에 [그림 5-35](a)에 따른 클래드에 정공이 점유한 면적 비율을 높게 한 구조는 큰 파장 분포와 적은 실효 코어 단면적, 큰 폭 굴절률 등이 실현된다.

큰파장 분포에 대해서는, －2000ps/nm/km의 파장분포가 파장 1550nm에 따라서 얻어지는 것이 예상되며 분산 보상의 응용이 기대된다.

명칭	폴리 광섬유			
	배열이 주기적→전반사형PCF		공기클래드광섬유	공공이부과된광섬유
	(a)	(b)	(c)	(d)
구조	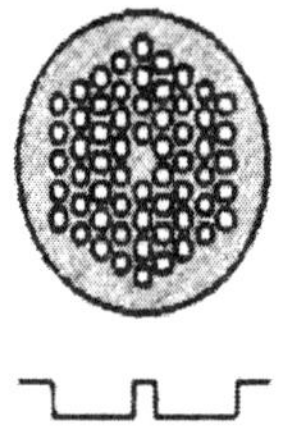	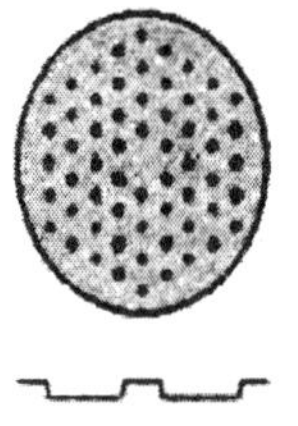	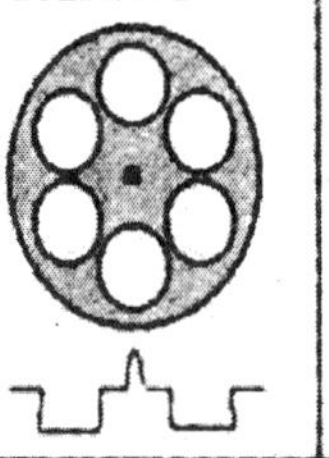	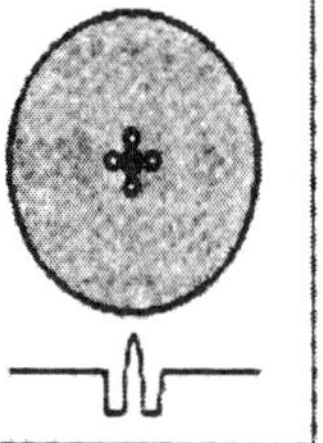
특징	· 큰파장분산 · 적은 실효단면적 · 고굴절율(비대칭구조)	· 광대역 단일모드 · 큰 실효코아 단면적	· 고차모드의 특성제어	· 저손실과 정분산의 양립
응용	· 비선형효과 응용 · 분산 보상	· 전송로	· 장주기 클래딩	· 분산보상

[그림 5-35] 폴리머 광섬유의 구조

한편 큰 적은 파장분포의 가능성에서는 종례에는 그 분산이 얻어지지 않았으나 가시광 대역에서 정분산과 영분산이 실현되었다. 이것을 이용하여 솔리톤 전송, 초연속광 발생, 파라메트릭증폭이 실증되어 있다. 또 작은 실효 코어 단면적은 비선형 광학효과의 이용에 적당하다.

예를 들면 파장 1550nm에 $2.8\mu m^2$의 실효코어 단면적이 실현되어있다. 그래서 복굴절률에 관하여서도 종례의 편파유지 광섬유에 따라 약10배나 큰 3.7×10^{-3}의 복굴절률이 실현되어 있으며 높은 편파유지 성능의 실현이 기대되었다. 제2의 특징은 실효굴절률의 제어성이다. 실효 굴절률은 정공을 포함한 영역을 균일한 매질에서 치환하고 반전시킨 균일 매질의 굴절률이다. 실효굴절률은 규소와 정공의 굴절률의 중간치이나 파장과 구조의 비율이 강하게 존재하고 단파장에 따른 규소의 굴절률에 근접하다.

따라서 정공대역을 포함한 영역은 파장 의존성의 강한 굴절률을 가진 광산매질을 발견하는 것이 가능하다. 그 결과 [그림 5-35](b)에 따라서 샤-PCF는 코어와 클래드 간의 실효 굴절률 차가 단파장에 반하여 감소한 성질을 가지고 있으며 넓은 파장 대역에 단일 모드로 동작한다.

실제로 337~1550nm의 파장대역에서 단일모드로 동작이 확인되었고 전송로와 고조파의 발생의 응용이 기대되었다. 또 같은 논리에 따라 일정파장으로 구조 스케일을 변할 경우에도 넓은 스케일 범위에도 단일 모드 동작이 성립하기 때문에 이것을 모드 경변환에 이용한 제한도 되고 있다. 그래서 구조 스케일이 광대함에 따라 최대 680㎛^{2}의 실효 코어 단면적을 가진 단일 모드 폴리광섬유가 실현되어 있다. 증폭용 광섬유의 응용도 실정시켜 있다. 증폭용광섬유에 대해서는 Yb^{3+}첨가규소를 코어로 한다. 폴리광섬유를 사용한 섬유 센서가 실정시켜 있다.

또 광섬유 격자는 [그림5-35](c)에 표시된 공기 클래드 광섬유의 클래드 모드의 특징이 정공내의 굴절률에 의존하는 것을 사용하여 폴리머를 정공에 충진하고 폴리머의 굴절률 온도 유전성을 통하여 클래딩 특성을 시험하는 것이 실용되었다. 폴리광섬유 및 PBGF는 개발상의 기술이나 그 실용화에 따른 과제는 전송손실의 저감이다.

전송손실에 큰 영향이 있는 것은 정공과 그 표면에 있는 불순물에 따른 흡수 손실이다. 제조공정의 클린화와 정공에 존재한 광파와 비율에 저감이 유효하다. 종례에는 수십 dB/km의 전송 손실이 일반적이나 최근의 결과에 따라서는 1550nm에서 0.8dB/km의 전송 손실을 가진 정공 첨가형 광섬유(HALF : Hole-Assisted Light guide Fiber)이 실현되어져 있다.

이것은 [그림 5-35](d)에 표시한 것처럼 전반사에 따른 광도파율을 재료 굴절률의 분포에서 실현하고 정공의 도입에 따라서 광학특성을 개선한 광섬유이며 정공이 존재한 광파워가 적다.

또 3.2dB/km 전송 손실을 가진 TIR-PCF도 실현되어 있다. 포토닉 결정 광섬유 및 다공 광섬유는 광섬유에 정공을 도입함에 따라 새로운 기능과 특성을 실현시킨 기술이다. 따라서 응용범위도 전송용 광섬유, 기능성 광섬유, 광섬유형 광부품 등 다양하다. PBG라 불리는 새로운 도파원리와 여러 가지의 신규격 특성이 실증되어져 있다. 한편 전송손실의 저감 등을 향상시키는 성과도 가져왔다.

제3절 광섬유의 제조법

1. 석영계 광섬유 제조법 개요

통신용 광섬유의 재료에 대해서는 석영유리가 최고로 광범위하게 사용되고 있다. 재료 고유의 광손실이 적은 화학적 내구성이 높으나 다른 재료와 비교하여 종합적으로 우수한 특성을 가지게 할 필요가 있다. 석영계 광섬유의 제조에는 그 재료고유의 저손실 특성을 얻기 위하여 고순도의 석영유리를 작성할 필요가 있다. 또한 전송대역 특성에 우수한 광섬유를 제작하는 것은 굴절률 분포를 정도 양호한 형성한 기술이 필요하다.

석영유리에 강한 흡수손을 생성시킨 불순물에는 Fe, Ni 등의 천이금속 이온이 있으며, 1ppm의 함유량에서 0.1~1dB/km의 흡수손을 생성시킨다. 또, 유리중에 OH기로 분자진동에 따른 강한 흡수를 일으키고, OH기 1ppm에 따라 흡수손은 파장 1.38㎛에 이르며 약 50dB/km에 달한다.

자연 수정의 용융에 따른 일반적인 석영유리 제조법은 그것을 충분히 제거하기 않기 때문에 광섬유의 제조에는 기상반응을 사용한 유리의 합성이 행하여지며 천이금속이온의 함유량은 0.1ppm 이하로 억제시킨다.

초기의 광섬유에는 광이 전송할 코어부를 포함한 중심부분의 것을 합성하고 외주부에는 천연석영이 사용되어지나 광섬유의 고성능화에 반하여 전 합성할 경우가 많나.

광섬유는 코어와 클래드의 도파구조(굴절률 구조)를 가진다. 이 도파 구조는 굴절률을 높인 재료(GeO_2, P_2O_5) 코어부에 첨가하여 형성한다. 반대로 굴절률을 낮추는 재료 (B_2O_3, F)를 클래드에 첨가할 경우도 있다. 필요한 단면 굴절률 구조를 만들어 원주 상 유리모재(Preform)를 작성하고 이후 유리모재를 인장하여 광섬유를 인출한다.

광섬유는 유리모재와 상이의 굴절률 구조가 보존되며 외경일 약 0.1mm(통상은 125㎛) 정도의 세밀한 광섬유의 내부에 세밀한 도파 구조를 형성하는 것이 가능하다.

2. 유리모재 합성법

공업화된 주요 유리모재 제조법에는 MCVD법(Modified Chemical Vapor Deposition), VAD법 (Vapor phase Axial Deposition) 등이 있다.

여러 가지 제조법에 대해서도, 석영유리(SiO_2)를 원료로 하며 고순도의 사염화 규소계($SiCl_4$)가 사용되고 있다. 굴절률의 제어용에는 $GeCl_4$, $POCl_3$, BCl_3, CCl_2F_2, SiF_4, SF_6 등의 염화물과 불소화물이 사용된다. 주원료의 $SiCl_4$는 실온에서 액체(빙점 59.6℃)이나 증기압이 높아 증기를 얻는데 사용한다. 이 원료공급 방식을 사용하는 것에 따라서 $FeCl_3$ 등의 저증기압의 불순물을 간단히 분리할 수가 있다.

가. MCVD법

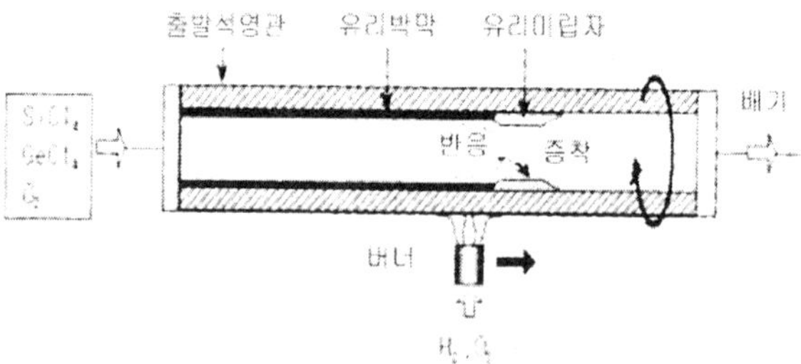

[그림 5-36] MCVD법에 따른 유리합성법

MCVD법은 1974년에 미국 Bell 연구소가 발표한 제법이다. 고품질의 광섬유를 비교적 용이하게 얻기 위해 세계에서 광범위하게 사용되고 있다. [그림 5-36]에 공정 개요를 표시한다.

유리 원료 $SiCl_4$(기체)와 산소의 혼합가스를 회전하는 출발 석영관의 중간에 흐르므로 외부에서 버너로 1600℃ 정도에 가열한다. 관내부에는 다음에 표시한 열산화 반응에 따라 산화물 유리(SiO_2) 미립자(백색불투명)가 생성된다.

$$SiCl_4 + O_2 \rightarrow SiO_2 + 2Cl_2 \text{ (열산화)}$$

유리 미립자는 열영동 효과에 따라 관의 내벽면에 추적한 다음에 버너로 가열시켜 투명한 유리의 박층(두께~50㎛ 정도)이 된다. 이 조작을 반복하여 수십 층의 유리층을 중첩시킨다. 원료가스에 $GeCl_4$를 혼합하면 합성 유리층 중에 GeO_2를 첨가시켜 굴절률 구조를 형성된다. 소망의 두께까지 유리의 합성이 완료되므로 관을 버너로 2000℃ 가까이 가열하고 표면장력을 이용하며 관을 수축시켜 속채우기(Collapse)한다.

이 제법은 닫힌 공간 내에서 유리 합성을 하기 위해 불순물이 유입되지 않게 하고, 또는 박층마다 도핑된 공급량을 조절하는 것으로서 굴절률 구조를 용이하게 제어할 수 있다. 그러나 Preform의 공법이 출발관의 크기가 제한되는 약점이 있다.

나. VAD법

VAD법은 NTT와 후지사에 따라 공동 개발시킨 자체 기술이다. [그림 5-37]에 공정의 개요를 나타낸다.

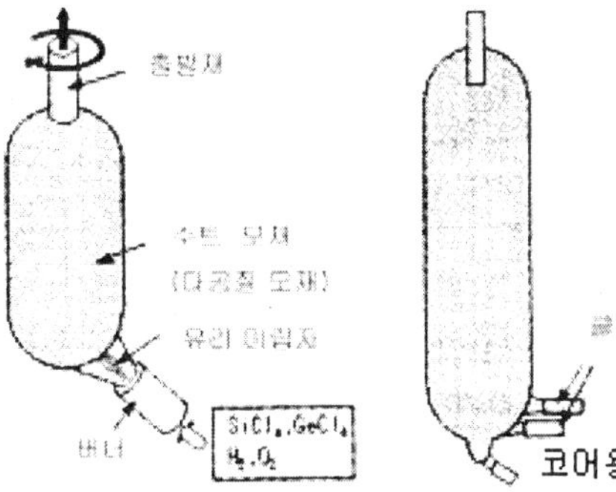

(a) 수트 모재의 합성 (b) 코어 클래드 동시 합성

[그림 5-37] VAD법에 따른 유리합성법

산수소계의 중에 유리원료의 $SiCl_4$ 와 $GeCl_4$ (기체)를 보낸다. 화염 중에는 다음 식에 표시한 화염가수 분체 반응에 따라 직경이 0.1um정도의 유리 대립자가 생성된다.

$$SiCl_4 + 2H_2 + O_2 \rightarrow SiO_2 + 4HCl$$

생성한 미립자를 출발재의 하단에 추적시키기 위해서 출발재를 축방향으로 당겨서 원주상의 수트 모재를 작성한다. 수트 모재는 유리 미립자가 충돌하여 집결한 다공질체로서 수분(OH기)가 함유되어져 있으나 염소중의 분위기 중에서 1200℃ 정도에 가별하여 1ppm 이하까지 전부 제거된다(탈수) 최후에 매우 높은 온도로 소결하고 기공이 없는 투명한 Preform(유리모재)를 얻는다. 굴절률 분포의 제어는 버너 화염내의 도핑 공간 분포와 추적면의 온도보포를 조정한다. 복수의 버너를 사용하여 코어와 클래드를 동시에 합성할 수도 있다.

이 제법은 파이프 형태의 모재를 속채우기한 공법을 채용하지 않음으로써 중앙부에 움푹하지 않은 굴절률 분포를 얻는 것이 가능하다. 또 크기에 대한 제어가 작지 않고 대경 · 큰 길이의 유리모재를 제조가 가능하여 대량생산에 적합하다.

다. OVAD법

OVD법은 VAD법과 같은 모양으로 즉 다공질의 다공질 모재(Soot Perform)를 작성하고 이것을 탈수 소결하여 투명한 유리 · 유리모재를 얻는 제법이다. 이 제법은 카본제 등의 심봉을 사용하고 심봉의 주변에 유리 미립자를 층상에 추적시켜서 다공질 모재를 작성한다. 코어부에는 GeO_2를 함유한 유리 미립자를 추적시킨다. 연속된 심봉을 인출한 파이프 형상의 다공질 모재로 한 후에 탈수 · 소결하며 투명한 파이프 형태의 유리체를 얻는다. 최후에 속채우기하여 유리모재를 만든다.

이 제법은 심봉의 제거와 속채우기를 필요로 하는 공정이 복잡하나 VAD법과 같이 양산에 적합한 공법이다.

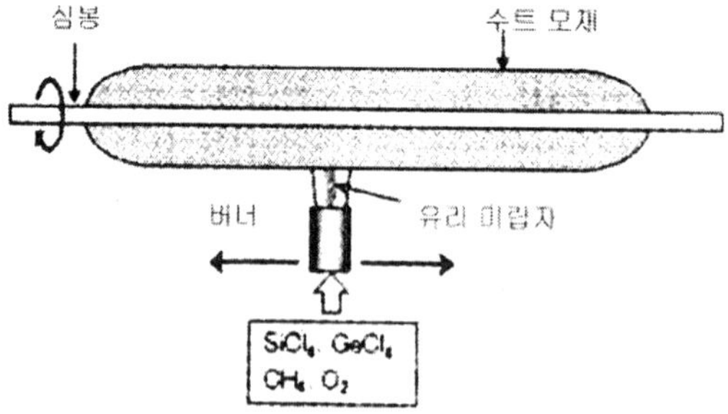

[그림 5-38] OVD법에 따른 유리합성법

라. 인출기술

광섬유 인출 프로세서를 [그림 5-39]에 나타낸 바와 같이 유리모재의 선단을 2000℃ 이상으로 가열하고 연화한 부분을 인출한다. 인출에는 유리를 소정의 경에 균일하게 인출하는 것이 중요하다, 가열로에는 온도 안정성에 따라 고주파 유도로와 저항가열로가 사용되고 있다. 유리외경은 비접촉식의 레이저 외경 측정기를 사용하여 연속적으로 측정하고 권취 속도로 광섬유속도를 제어한다. 표준적인 목표 외경 125㎛에 대하여 ±0.5㎛ 이하의 제어 정밀도가 얻어질 수 있다.

광섬유는 유리 표면에 상처가 생기거나 적은 응력에도 급성파괴가 진행하여 기계적 강도가 크게 저하한다. 상처의 발생을 방지하기 위해서 광섬유에는 로에서 인출한 직후에 실리콘 수지와 우레탄 수지의 보호층을 피복시킨다. 피복용 다이스를 가열까지는 자외선을 조사하여 수지를 경화시켜서 피복층으로 한다. 광섬유의 파단강도는 외경 125㎛의 석영계 광섬유의 경우에 5~7kg정도이다.

고도 정보화 사회가 도래함에 따라서 통신용 광섬유의 수요는 급속하게 확대된다. 또 광전송방식의 연구개발과 보조를 맞추어 비영분산 광섬유와 분산보상 광섬유 등 새로운 광섬유가 실용화되었다. 여기에 서술한 석영계 광섬유 제조법에도 다음에 많은 개선이 이루어져 양적 및 질적으로 확대되고 있다. 이후에도 특히 양산성의 향상(고속화, 저가격화)와 광섬유의 대응(예를 들면 분산정밀 제어와 비선형성저감 등)의 면에서 광섬유 제조기술의 개발이 진행되는 것이 기대된다.

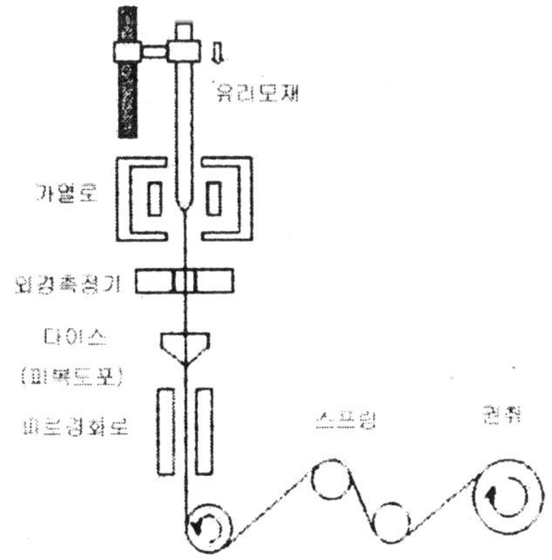

[그림 5-39] 광섬유 인출장치

제 6 장

광통신

제1절 광통신 개요

1. 개 요

광통신의 개념은 빛의 독특한 특성을 가진 레이저(Laser : Light Amplification by Stimulated Emission of Radiation)의 발견으로 전기통신과 관계를 맺기 시작하였다. 광통신은 전기통신에서 사용되고 있는 기존의 전송방식 대신에 광섬유와 레이저를 이용해서 전송방법상의 효율을 획기적으로 향상시킨 것이다. 현재 운용되고 있는 광통신 시스템은 실제로 비용에 구애받지 않는 네트워크에 가깝고 통신 품질은 동축 통신에 비해 오류가 거의 없다.

인터넷의 본격적인 보급이 진행되고, 과거 전화망 트래픽에서 IP계 데이터 트래픽에 그 주체가 이행하고 있다. 이러한 데이터 트래픽은 영상계 콘텐츠의 흐름 배신(配信) 동등 계층(Peer-to-Peer : P2P) 통신, 방송 프로그램의 인터넷 배신, 대용량 파일 전송 시스템 등, 대용량 네트워크를 전제로 한 응용 기술의 새로운 보급으로 더욱 비약적으로 증가될 것이다.

한편 FTTH, xDSL 등에 의한 접속망 광대역화의 진전과 함께 접속계에 Ethernet/ SDH/ATM 등 다양한 인터페이스가 이용되고 있고, 기간계 네트워크가 ~Tb/s/fiber로 대용량화되어 여러 가지 인터페이스 프로토콜에 대해서도 유연하게 대응할 수 있는 시스템 실현이 요구되고 있다. 이 장에서는 이러한 광네트워크를 지탱해주는 광전송 방식의 기본과 총론을 살펴보겠다.

가. 광통신의 역사

전기통신의 발달과 더불어 전자파적인 성질을 가진 광은 높은 주파수 특성을 통신에 이용하려는 시도나 노력은 꾸준히 계속되어 왔다. 특히 전화를 발명한 벨은 축음기의 진동을 빛으로 변환시켜 수백 m는 전송시킬 수 있는 포토폰을 발명하였으나, 1960년 휴즈 연구소의 Maiman(미국)에 의하여 레이저가 발견됨으로써 실질적인 광통신 시대의 막이 열리게 되었다. 이에 대한 과정을 <표 6-1>에서 보여주고 있다.

〈표 6-1〉 광통신 및 관련 분야 연구 개발 과정

연 도	연구자(국가)	주요 연구내용
	그리스	유리에서 빛의 도파현상 발견
	베니스	유리섬유로 조화생산
1609	갈릴레오(이)	갈릴레이 망원경
1897	레이리(영)	도파관 이론 정립
1899	말코니(이)	무선통신 시작
1910	혼드로스, 데바이(독)	유전체 도파관 이론 정립
1930	램(독)	실리카 섬유 실험
1951	힐, 홉킨스, 카파니(영)	광섬유에 의한 영상전송
1958	고우바우(미)	렌즈를 이용한 도파실험
1960	자반(미)	헬륨-네온 레이저 발견
1962	미국	반도체 레이저 발견
1965	미국	CO_2 레이저 발견
1966	카오, 호크만(영)	장거리 전송에서 광섬유사용 가능성 제시
1969	우치다(일)	graded형 광섬유 개발(200dB/km)
1970	카프론(미)	저손실 광섬유 개발(20dB/km)
1973	미국	저손실 광섬유 제조법(MCVD)
1976	호리구치, 오사나이(일)	저손실 광섬유 개발(0.47dB/km)
1979	미야시타(일)	저손실 광섬유 개발(0.2dB/km)
1980~현재		장파장 시스템

나. 국내 광통신의 발달

우리나라의 유선 전송은 1925년에 3통화로(3채널)로 구성된 나선반송이 미국에서 공급된 이래 1973년 부산-서울-신의주 사이에 6채널 케이블 반송시설이 최초로 설치 운영되었다. 그 후로 무장하 케이블에 12채널 기본인 베이스밴드 그룹 방식인 주파수 분할 다중통신방식이 1970년에 동대문과 노량진 사이에, 부산에서는 부산 시외국(위치 : 초량동)-김해간에 일본 생산품인 북미방식인 PCM-24B를 도입. 시설한 것이 최초이며, 시외 중단거리 및 시외전화국간 중계회선용으로 이용되어 왔다. 이 PCM은 전자교환기 도입에 따른 교환기와 상호결합이 용이한 북미방식의 DE-4 PCM, KD-4(T-1방식 : 24채널)을 시설하여 국내 중계회선의 주종을 이루어 사용되다가, 1989년 7월부터 유럽방식인 E-1방식(32통화로 : 2.048Mbps)으로 교체되어 사용되고 있고, 1980년부터는 해저 동축케이블 반송과 꿈의 통신이라 불리우는 광통신 시스템이 개발되어 통신의 일대 변혁을 일으키고 있다.

이와 같이 유선전송시설은 케이블을 이용한 반송장치와 동축반송장치 등 주파수분할 다중 통신방식 전송장치, 시분할 다중통신방식인 PCM-24B, DE-4, KD-4, E-1방식 등의 PCM 방식을 사용한 시스템으로 변천하여 왔으며, 이제는 대용량 수용이 가능한 광케이블 통신이 운영되고 있다.

해저케이블 시스템은 최초 1980년 11월 28일 한국(부산)-일본(하마다)간 동축케이블을 이용한 CS-36M-DR(Coaxial cable of submarin 36MHz distance with regulator, 2700통화로)이 개통 사용되다가 1990년 4월 제주-고흥간 해저광케이블 광시스템(SL-280M) 개통, 같은 해 7월 H-J-K(홍콩-일본-한국)국제해저광케이블 시스템 개통 이래로 많은 구간(태안, 부산, 거제 등 해저국)에 해저광케블 시스템이 설치 운용되고 있다.

제주-고흥 해저광시스템은 AT&T가 공급한 SL시스템으로 해저광케이블(6코어)은 총연장 172km로 2개의 중계기가 삽입된 280Mbps 3개 시스템(국내용 2, 국제용 1)으로 12,096회선을 전송할 수 있다.

H-J-K 국제 해저광케이블 시스템은 제주 성산포를 출발하여 해중분기장치(BU : Branching Repeater)를 거쳐 총연장 4.587km(한국구간 성산포-BU간 701km) 해저케이블과 70개의 중계기를 사용하였다. 한국(성산포 BU-홍콩구간은 1쌍(송수신 2개심선) 한국(성산포 BU)-일본 구간은 2쌍의 광섬유로 구성되었다. 즉 한국에서 홍콩은 일본을 거쳐 중계되는 것과 같다. <표 6-2>는 국내에 설치된 해저광시스템을 HJK 시스템과 비교하였다.

〈표 6-2〉 해저광 시스템의 비교

명 칭	제주-고흥 시스템	HJK 시스템(홍콩-일본-한국)
시 스 템 명	SL-280M	SL-280M
용 량	280Mbps×3SYS	280Mbps
총거리	172km	4.587km
건설구간	제주-고흥	홍콩-일본-한국
중계 구간거리	60km	66km
중계기수	2	70
최대수심	140m	6.500m
광파장	1.3㎛	1.3㎛
발광소자	LD	LD
수광소자	Pin Photo Diode	Pin Photo Diode
설계수명	25년	25년

이렇게 국내(시내, 시외) 전국망, 국제망 전 통신전송 매체가 경제적이고, 대용량인 초고속통신망의 기반인 광케이블 전송시스템으로 시설, 운용 중에 있다.

다. 광통신의 특징

광통신은 광에 정보를 실어서 광섬유라는 전송매체를 이용한다는 측면에서는 기존 유선통신 방식과 비슷하지만 주파수가 높은 광을 반송파로 이용하여 신호를 전송하는 점에서는 종래의 무선통신 방식과 비슷하다. 광통신은 유·무선 통신의 장점을 가지고 있는 것외에도 광섬유는 유리를 사용하고 있기 때문에 지구상에 풍부한 모래를 충분히 활용할 수 있다.

따라서 유리를 통하여 전송하고 종래의 전자파보다 상당히 높은 주파수를 이동하기 때문에 기존의 통신 시스템에서 볼 수 없었던 다음과 같은 특징을 가지고 있다.

(1) 광대역성

광통신에 이용되는 파장은 0.8㎛로부터 1.7㎛에 이르는데 이는 176THz에서 375THz까지 이르는 것으로 대역폭은 약 200THz만큼 된다. 이 대역폭은 전화에서 4kHz의 대역폭이 쓰인다고 하면 약 500억 채널에 해당되며 텔레비전을 사용할 경우 5,000만 채널을 수용할 수 있으나 실제로는 여러 가지 제약이 있어 이 중에 극히 일부분만이 사용되고 있지만 광의 주파수대는 본질적으로 이와 같이 매우 넓다는 것이다.

(2) 저손실성

광섬유의 전송특성은 PEF 케이블, 동축케이블 또는 도파관보다는 손실이 적다. 이와 같은 저손실 특성은 광대역특성과 더불어 고속의 디지털 신호를 수십 km로부터 수백 km 이상에 걸쳐 중계기 없이 충분히 전송할 수 있는 능력을 가지고 있다. 이것은 궁극적으로는 지하 맨홀 내에 중계기를 설치하지 않더라도 전화국이나 중계국간에 중계기를 집중 수용이 가능하다. 이와 같이 중계기의 장거리 통신을 할 수 있다는 것은 공급가격을 저렴하게 할 뿐 아니라 건설 및 보수를 용이하게 한다.

(3) 전송로의 소형화

광섬유는 다른 전송매체에 비하여 직경이 작고 경량이기 때문에 포설상 유리할 뿐만 아니라 여러 가닥의 광섬유를 수용할 수 있는 장점이 있다. 또한 광통신의 전송 특성인 짧은 파장을 이용하여 동시에 여러 채널을 동시에 전송할 수 있는 대용량 다중 전송로를 실현할 수 있다.

(4) 누화 및 유도에 강하다

광섬유는 도파 구조를 가지고 있으며 외부와 결합되거나 노출되는 일이 없기 때문에 서로간의 누화가 발생되지 않는다. 또한 유리는 절연체이기 때문에 외부로부터의 전자유도에 영향을 받지 않고 고압송전선, 전철 등에 가까운 곳에서나 낙뢰에 손상받지 않아 높은 통신품질을 확보할 수 있다.

광섬유 자체가 절연성이므로 송수신자 사이의 접지 전위차가 문제되지 않기 때문에 다른 차에서도 통신할 수 있어서 많은 장치를 접속하는 데이터 링크에 유리하다.

2. 광통신 시스템

가. 기본 구성

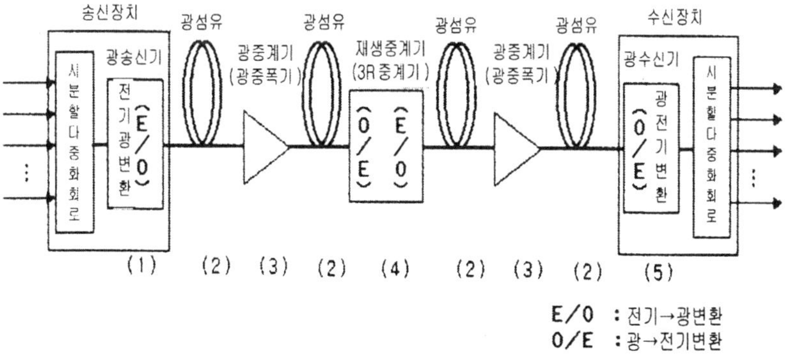

[그림 6-1] 광섬유 통신 시스템 구성도

기본적인 단일 채널(파장) 광섬유 통신 시스템은 [그림 6-1]에 보인 바와 같이

(1) 송신 장치 : 시분할 다중화(TDM : Time Division Multiplexing)된 전기 신호를 광신호로 변환하고, 광섬유로 내보내는 장치
(2) 광섬유 : 전송 매체
(3) 광중계기 : 광섬유 속으로 전송되어 파워 레벨이 내려간 광신호를 광섬유 증폭기에 의해 그대로 증폭하고 다시 광섬유로 내보내는 장치
(4) 재생 중계기 : 전송되어 온 광신호를 전기 신호로 변환하고 등화 증폭 등을 하여 신호를 재생한 다음 재생된 전기 신호를 광신호로 변환 후, 다시 광섬유로 내보내는 장치(디지털 신호의 등화 증폭(Reshaping), 타이밍 추출(Retiming), 식별 재생(Regenerating)의 3가지 기능이 있기 때문에 3R 중계기라고도 한다)
(5) 수신 장치 : 전송되어 온 광신호를 전기 신호로 변환하고, 등화 증폭 등을 하여 신호를 재생하고, 재생된 전기 신호를 TDM 회로에 보내는 장치로 구성되어 있다.

나. 실용 시스템의 변천

<표 6-3>에 실용 시스템으로서 광통신 방식의 변천을 보였다.

광신호의 변복조 방식으로는 크게 나누어 강도 변조-직접 검파(IM-DD : Intensity Modulation-Direct Detection) 방식과 가 간섭성 전송 방식으로 나누어진다.

전자는 광의 강도 온오프를, 후자는 광을 파로 취급하는 성질에 착안하여 광 위상의 "0"과 "π"를 디지털 신호의 "1"과 "0"에 적용시키는 방법이다.

실용화되고 있는 시스템의 주된 광통신 방식에는 IM-DD 방식이 채용되고 있다. 또한 광변조 부호 형식으로는 PDH(스텝 동기 네트워크)에서 RZ(Return to Zero) 부호, SDH(신동기 네트워크)계에서는 NRZ(Non-Return to Zero) 부호가 쓰이고 있다.

〈표 6-3〉 광섬유 통신 방식의 변천

시스템명 / 제원	F-6M	F-32M	F-100M	F-400M	F-1.6G	F-600M	F-2.4G	FA-2.4G	FA-10G
단계	PDH(스탭 동기 네트워크 계층)					SDH(신 동기 네트워크 계층)			
정보속도	6.312Mb/s	32.064Mb/s	97.728Mb/s	397.200Mb/s	1.5888Gb/s	622.08Mb/s	2.48832Gb/s	2.48832Gb/s	9.95328Gb/s
전송속도	12.624Mb/s	64.128Mb/s	111.689Mb/s	445.837Mb/s	1.8209Gb/s	622.08Mb/s	2.48832Gb/s	2.48832Gb/s	9.95328Gb/s
전송용량 (전화64kb/s 환산)	96ch/sys	480ch/sys	1440ch/sys	5760ch/sys	23040ch/sys	8064ch/sys	32256ch/sys	32256ch/sys	129024ch/sys
전송로 부호	CMI	CMI	8B1C	10B1C		Scrambled 2값			
광섬유	다중 모드 광섬유 또는 단일 모드 광섬유			표준 단일 모드 광섬유/분산 편이 광섬유					
파장	1.2/1.3㎛	1.3/1.55㎛							
변조소자	Febri-Perot 형 InGaAsP-LD			분포 귀환형 InGaAsP-LD (단, 1.3㎛ F-400M 방식은 Febri-Perot 형)				분포 귀환형 InGaAsP-LD+ 외부 변조기	
광증폭기	없음					송신기 (160km 중계만)	없음	송신기, 수신기, 선형중계기	
최대선형 중계기 간격								80km	
최대 재생 중계기 간격	40km(단거리형 20km)		40km/80km/160km(1.3㎛ 방식은 40km, 1.55㎛ 방식은 160km, 160km는 광증폭기 규격)					640km	320km

3. 광변복조 기술로 보는 광전송 방식

가. IM-DD

IM-DD 방식은 광통신 시스템 속에서 가장 널리 쓰이고 있는 광 변복조 방식의 하나이다. 송신측의 광 강도 변조를 할 때에는 송신기 광원인 반도체 레이저(LD : Laser Diode)로의 인가 전류를 직접 구동하는 직접 변조 방식 [그림 6-2](a)와 $LiNbO_3$(LN)의 마하 젠더(MZ : Mach-Zehnder) 변조기와 반도체를 재료로 한 전해 흡수형 변조기(EA : Electro-Absorption)에 의해 빛의 온 오프를 제어하는 외부 변조 방식은 [그림 6-2](b)가 있다. 이러한 방법으로 발생한 광 디지털 신호는 일정한 광파워 레벨이 되면 광섬유에 입력, 전송된다.

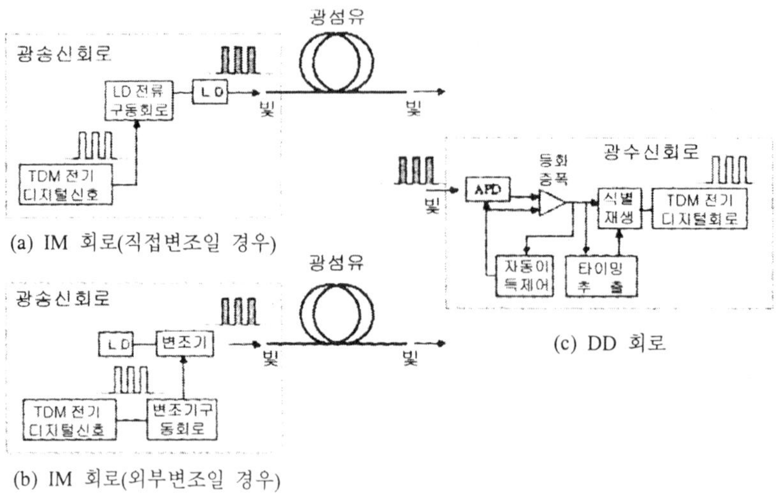

[그림 6-2] IM-DD 송수신 회로 기본구성 블록

수신쪽의 구성은 [그림 6-2](c)에 보였다. 우선 광섬유로부터의 광신호는 애벌런치 포토다이오드(APD : Avalanche Photo Diode) 등의 광수신기에서 전기신호로 변환된다. 전송 후에 낮아진 광수신 레벨과 파형 왜곡을 보정하기 위해 수신 신호는 등화 증폭부에 의해 등화 증폭되고, 자동 이득 제어에 의해 신호 레벨을 일정하게 유지한다. 다음에 타이밍 추출부에서 수신 신호의 타이밍 정보(클록)를 추출하고 타이밍 펄스를 생성한다. 또한 식별 재생부에서 타이밍 펄스에 의해 수신기 입력 신호의 펄스 유무(0, 1)를 판정하고, 새로운 펄스열(디지털 신호)을 생성하여 일련의 광전송이 완료된다.

나. 광솔리톤 전송

광솔리톤(Soliton : 고립파)이란 IM-DD 방식에서 광섬유에 광펄스를 전파시켰을 때 광섬유 속에서 군속도 분산에 의한 펄스 확산과 자기 위상변조 효과라고 부르는 3차의 비선형 효과에 의한 펄스 압축이 조화되어 발생시킨 것에 의해 안정한 광 펄스열을 생성하고 손실이 없으면 광펄스 형상을 전송한 후에도 찌그러지지 않도록 한 광신호의 전송 방법이다. 펄스폭도 피코초(10^{-12})에서 서브 피코초(10^{-13}) 순의 단 펄스화가 가능하고, 초 대용량 광전송 시스템으로서 기대된다. 실제로는 광섬유 손실은 무시할 수 없기 때문에 중계기로서의 광섬유 증폭기에 의해 솔리톤 펄스로 다시 정형하는 등의 방법이 취해진다.

다. 광 SSB 통신 방식

광전송 속도가 빨라짐에 따라 강도 변조의 스펙트럼 확산은 비트 속도에 비례해서 커지기 때문에 광섬유 군속도 분산의 영향을 받아 파형 왜곡이 크게 되고, 전송특성 열화를 초래한다. 또한 파장 분할 다중(WDM)에 의해 전송 용량을 확대할 경우, 스펙트럼 확산이 커짐에 따라 WDM 파장 간격을 넓게 해야 하고 광섬유의 주파수 이용 효율이 저하하는 결과가 된다.

이런 것을 경감하는 방법으로 무선통신 방식의 하나인 AM 변조(Amplitude Modulation) 기술을 광 영역에 응용한 광 SSB 통신 방식이 있다. 광 SSB 통신은 [그림 6-3]에 보인 것과 같은 광 강도변조 스펙트럼 성분의 한쪽을 광 필터로 잘라내어 상측파대(USB : Upper Side-Band) 또는 하측파대(LSB : Lower Side-Band)만을 전송한다. 광 SSB 통신에 의해 필요한 변조 대역을 약 1/2로 할 수 있다.

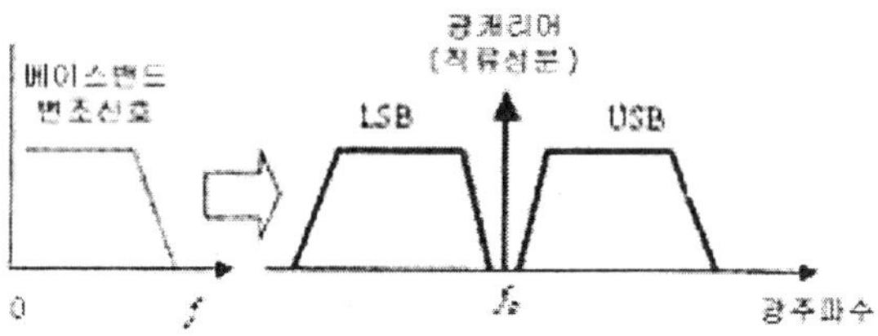

(a) 광 SSB 통신에서의 스펙트럼

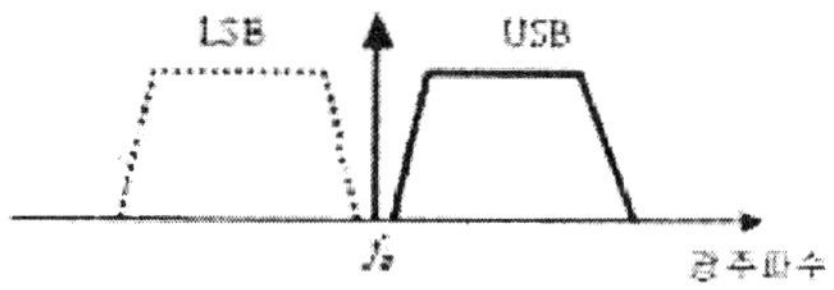

(b) 광 SSB 통신에서의 스펙트럼

[그림 6-3] 광 SSB 통신의 구조

라. 광 VSB 통신 방식

광 SSB 통신에서 광 캐리어(광 직류(DC : Direct Current) 성분)를 중심으로 발생하는 상하 측파대 성분은 소스 신호에 의해 캐리어 주파수에 매우 가까운 주파수 성분(즉 저주파수 성분)이 큰 경우가 있다. 광 SSB에서 한 쪽 측파대를 완전히 잘라낼 수 있는 이상적인 광 필터는 존재하지 않기 때문에 광

SSB 통신에서 쓰이는 것과 같은 필터링을 하면 파형 왜곡을 일으키고 전송 품질이 열화된다([그림 6-4](a)).

그래서 [그림 6-4](b)와 같이 광 필터의 전달 함수 $Y(\omega)$를 고안하여 잘라낸 USB 성분과 잘라지지 않고 스며든 LSB 성분이 캐리어 각주파수 $\omega_0(2f_0=\omega_0)$를 중심으로 한 광 필터의 반환 효과에 가산되도록 하고, 완전한 SSB 필터링 효과를 내도록 한 통신 방식이 광 VSB(Vestigial Side Band) 통신 방식이다.

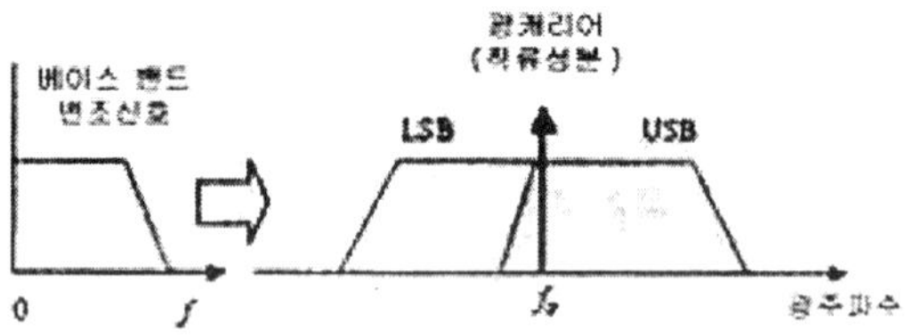

(a) 광직류성분을 포함한 측파대

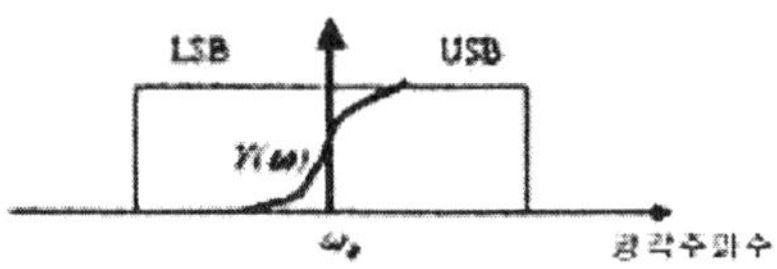

(b) $Y(\omega)$인 전달함수를 갖는 광필터에서 측파대를 투과했을 때

[그림 6-4] 광 VSB 통신의 구조

4. 광변조 부호 형식

현재 실용화되어 있는 10Gb/s까지의 광통신 시스템에 채용되고 있는 변조 부호 형식은 RZ 또는 NRZ 부호이다. 40Gb/s/ch를 넘는 초고속 TDM 신호를 WDM 시스템으로 확장하여 대용량화할 경우, 채널(파장) 사이의 상호 작용에 의한 품질 열화로서 선형 누화(Crosstalk), 상호 위상변조(XPM : Cross Phase Modulation), 4광파 혼합(FWM : Four Wave Mixing)을 고려할 필요가 있다.

광변조 부호 형식은 이런 전송 품질 열화를 고려하여 실제 파장 간격(광 주파수 이용 효율)을 결정하는 시스템 설계에 중요한 포인트가 된다. 파장 다중 시스템으로의 업그레이드에 적당한 변조 부호의 조건은 다음 3가지이다.

① 광변조 스펙트럼이 협대역일 것

② XPM, FWM 등의 비선형 열화에 대해 충분한 내력이 있을 것

③ 변복조 회로가 간이로 구성할 수 있을 것

이와 같은 조건을 만족하는 변조 부호 형식으로서 종래의 NRZ, RZ 부호에 대하여 광 듀오 바이너리(Duo Binary) 부호, 듀오 바이너리 CS-RZ(DCS-RZ) 등의 새로운 부호 형식이 제안되고 있다. [그림 6-5]는 변조 스펙트럼 예이다.

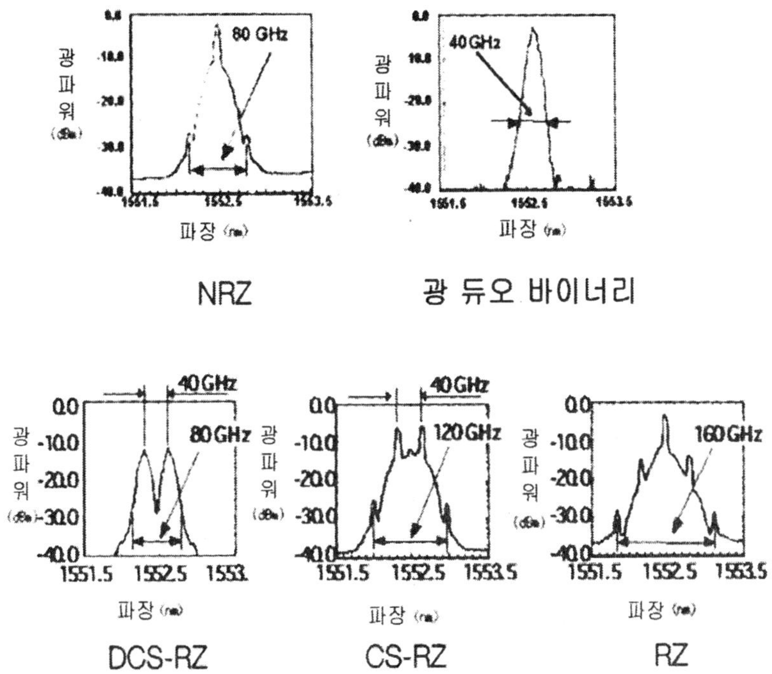

[그림 6-5] 변조 부호의 스펙트럼

이와 같은 새로운 부호 형식에 의해 채널 간격이 100GHz 이하에서 실현된다면 주파수 이용 효율의 관점에서도 바람직하다고 말할 수 있다. 또한 CS-RZ/DCS-RZ 부호는 RZ 부호 전송의 고감도 특성을 유지하고 있고, 스펙트럼 대역을 RZ 부호와 비교하여 소형화할 수 있기 때문에 100GHz 간격 고밀도 파장 다중에 적당한 부호 형식으로 되어 있다. 더욱이 CS-RZ/DCS-RZ 부호에서는 캐리어(광 DC) 성분이 억압되어 있기 때문에 RZ 부호에 비하여 높은 광 파워를 광섬유 속에 입력해도 비선형 신호 열화와 파장 사이의 상호 작용에 의한 신호 품질 열화가 어렵기 때문에 장거리 다중계 전송에 적합한 부호 형식이라 말할 수 있다.

제2절 광통신 응용

1. 개 요

레이저 발견이후 처음 몇 년 동안 광섬유 통신의 응용들이 너무 느리게 개발되어, 레이저는 풀어야 하는 문제의 해답으로 설명되었는데 광섬유 공학이 실질적 기술로서 출현만에 따라 이러한 말이 따라 붙지 않게 되었다.

최초의 대규모 응용은 전화 링크용이었다. 그 후 서비스를 늘리기 위한 노력과 음성통신에 대한 광섬유의 적합성이 사용할 수 있는 전화장비의 설계와 테스트를 가속화시켰으며 전화 시스템의 경험은 광통신 시스템의 실용성과 신뢰도를 입증하고 또한 이러한 경험은 다른 응용 분야에서 사용될 수 있는 소자와 시스템 설계를 제공하였다.

광섬유의 적은 크기와 큰 정보전송용량은 전화시스템에서 사용된 2선의 동케이블의 대안으로 매력적이다. 동축선에 비하여 광섬유는 매우 가벼워서 상대적으로 수송과 설치가 손쉽기 때문에 수중 케이블 응용에 장점이 있다.

Hi-OVIS(Higashi-IKoma 광영상 정보시스템)는 일본에서 개발되었으며 이 시스템은 광전송선으로 연결된 센터, 부센터와 가정단말기로 구성되었으며 회선이 컴퓨터와 영상장비를 연결한다. 각 가정의 단말기는 TV, 카메라, 마이크와 키보드를 갖고 있으며 양방향 상호통신이 이루어진다. 가입자 서비스는 전통적인 안테나 수신에 비하여 우수한 영상과 음향을 공급하는 TV프로그램의 직접수신이다.

지역 TV프로그램 방송은 예를 들어 지역 경찰서, 소방서, 지역 쇼핑정보를 방송하며 가입자가 중앙 저장소의 송신 가능한 특정한 영상카세트를 요청할 수 있는 영상요청서비스에는 가정학습코드와 지역이벤트, 의료시설, 기차시간표 등에 관한 정보를 제공하는 정지화상 등도 있다. 이러한 서비스는 광대역 전송시스템의 큰 대역폭을 필요로 하는데 광통신 시스템은 충분한 대역폭을 갖고 있다.

HI-OVIS는 다음의 2가지 분야를 개척했다. 여러 형태의 음성과 영상위 광섬유 통신을 가능하게 하여 각 가정에 매우 확장된 서비스를 제공하도록 하였다. 전세계적으로 여러 지역공동체들은 광섬유 도시의 영역과 서비스구역을 확장하였으며 약 50에서 1000이상의 가정을 서로 연결한 한정된 범위의 FTTH(Fiber To The Home) 이 테스트되고 있는 수많은 지역공동체가 있다.

전기철도를 따라 설치된 금속통신링크는 전기 열차의 전자기간섭 때문에 지장을 받는데 비해 광섬유는 EMI를 배제하기 때문에 철도를 따라 사용가능하다. 마찬가지로 광섬유가 고압 변전소를 지나도 영향을 받지 않으므로 전력선 타워에 직접 사용하는데 이에 대한 한가지 대안으로 도체 케이블 하우징 내부에 광섬유를 매설해서 쓰기도 한다. 벼락 방지를 위한 피뢰침은 종종 고전력 전송선의 꼭대기에 위치하는데 이러한 장소가 광섬유를 매설하기에 적당한 장소이다.

주로 영상 응용 분야에는 TV방송, 유선텔레비전(CATV), 원거리모니터, 감시 카메라 등이 있다. TV방송국에서는 짧은 링크에 광섬유 전송을 사용한다.

유선TV 시스템은 많은 수의 컬러채널을 수신하고 분배하는데 송신할 범위는 수십 m로부터 수십 km가 된다. CATV시스템은 신호를 다양한 정보원으로부터 수신하는데 여기에는 위성지구국, 마이크로 웨이브링크, 주변 송신기의 방송을 수신하는 안테나, 프로그램이 만들어지는 지역 스튜디오 등이 있으며 이와 같은 방송원들은 중앙분배장소(CATV 헤드엔드)에 광섬유로 연결된다. CATV는 일반적으로 약 20MHz의 대역폭을 갖는 주파수 변조된 영상화면을 사용한다.

광섬유는 CATV 분배시스템의 여러 부분에서 사용되기 때문에 CATV 헤드엔드로의 광섬유에 의한 전송 뿐만 아니라 가입자의 가정으로의 마지막 링크를 포함한 영상분배 시스템 전체의 어느 곳에서도 사용할 수 있다.

광섬유 연장전송은 감시와 원격 감시 시스템에도 응용된다. 예를 들어 발전소, 철도 통행우선권의 임계통제점, 주차장, 군사시설 등의 감시이다.

광섬유 시스템은 특히 컴퓨터에 의해서 만들어진 것과 같은 디지털 데이터의 전송에 적합하여 CPU와 주변기기, CPU와 메모리, 또는 CPU끼리 상호 연결할 수 있다. 좋은 예로 고층 빌딩 전체에 위치한 수백개의 CRT단말기를 한 층에 위치한 프로세서에 연결하는 것이 있다. 근거리통신망은 같은 빌딩에 위치하는 경우가 될 수 있는데 광섬유를 사용하여 다양한 망구조를 근거리 통신망 구성에 적용할 수 있다.

제어 데이터의 광섬유 전송은 고전압이 있는 장소에서 유용하며 그러한 환경은 레이저 유도된 융합 실험이 수행될 때 존재한다. 레이저를 방출하는 순서와 레이저 증폭기를 제어하는 마이크로프로세서들은 금속도체에서 발생하는 고전압에 의한 간섭을 제거하기 위하여 광섬유를 사용하여 연결한다.

광섬유는 통신, 함정과 항공기를 제어하고 지휘하는 링크, 위성과 지구국간의 데이터링크, 전략지휘본부로의 전송링크 등 군사용으로도 사용된다. 항공기와 함정에서 충격의 격감, 화재 불꽃위험 등은 중요한 요소로 부식에 강한 이점이 함정 또는 해상에서 광섬유 사용을 편리하게 하며 응용에서 경량의 광섬유를 신속하게 설치할 수 있다.

전략통신은 단거리 링크로부터 장거리링크(60km 경로 길이) 범위를 말한다. 한가지 예는 광섬유로 유도되는 미사일이다. 광섬유는 미사일이 비행하는 동안 풀어지며 이 광섬유로 통하여 미사일로부터 영상정보를 지상으로 송신하고 제어신호가 지상으로부터 미사일로 다시 전송된다.

통신망이라고 할 수는 없지만 광섬유 센서는 또 다른 주요한 응용 분야이다. 광섬유 센서는 온도, 압력, 회전과 성형 위치, 액체의 레벨을 측정하기 위하여 사용하는데 이와 같은 소자에서 광섬유는 이중의 목적으로 사용된다. 즉 센서 그 자체가 광섬유의 특성을 가지며 모아진 정보를 필요한 장소로 광섬유를 통해서 송신한다. 여기서 두 가지 센서 응용에 대하여 설명하기로 하는데 바로 광섬유 자이로스코프와 광섬유 하이드로폰이다

자이로스코프는 회전운동을 측정한다. 링레이저 광 자이로스코프의 개발전까지는 실제로 사용된 소자 모두는 기계적으로 회전하는 자이로스코프였다. 광자이로스코프는 움직이는 부분이 없다는 장점을 갖고 있다. 즉 레이저 링은 저회전율에서 발생하는 록인(rock-in)현상 때문에 시스템이 복잡해지지 않고는 이러한 저회전율을 검출할 수가 없는데 비해 광섬유 자이로스코프는 이러한 록인 현상이 발생하지 않는다. 기본적인 센서는 양방향으로 진행하는 광신호의 긴 광섬유 코일로 반대 방향으로 전파하는 빔의 위상차를 측정하는데 코일이 움직이지 않은 경우에는 차이는 0이 되며 코일이 회전하는 경우에는 위상 차이는 회전율의 척도가 된다.

<표 6-4>는 광섬유 응용 분야를 나타내었다.

〈표 6-4〉 광섬유 응용 분야

주요영역	활용 분야
음 성	전화트렁크, 사무실 상호간
	도시 상호간, 대양횡단
	가입자 서비스, 광대역 서비스
	가정까지의 광섬유 연결
	발전소주변, 전력선
	전기철도현장에서의 통신
영 상	TV방송
	TV미니카메라
CATV	소스로부터 헤드엔드 트렁크 선
	분배, 가입자 탭, 감시용
	원거리 모니터링
	광섬유 유도된 미사일
	가정가지의 광섬유 연결
데이터	컴퓨터, CPU에서 주변기기
	CPU 대 CPU, 근거리 통신망
	사무실 상호간의 데이터 링크
	가정까지의 광섬유 연결
	항공기 배선, 위성 지상국
센 서	자이로 스코프, 하이드로폰
	위치, 온도, 전기/자기장

2. 광 랜/기가비트 이더넷

인터넷은 세계 속의 기업과 대학 등의 LAN을 WAN에 의해 상호 접속한 세계 규모의 네트워크 인프라이고, 앞으로도 다양한 사회적, 기업적, 개인적인 활동을 지원해 주리라 기대되고 있다. 이 인터넷의 폭발적인 성장을 유지해온 요인의 하나가 LAN의 급속한 진전이고, 그 LAN의 주요 기술 중 하나가 이더넷이다.

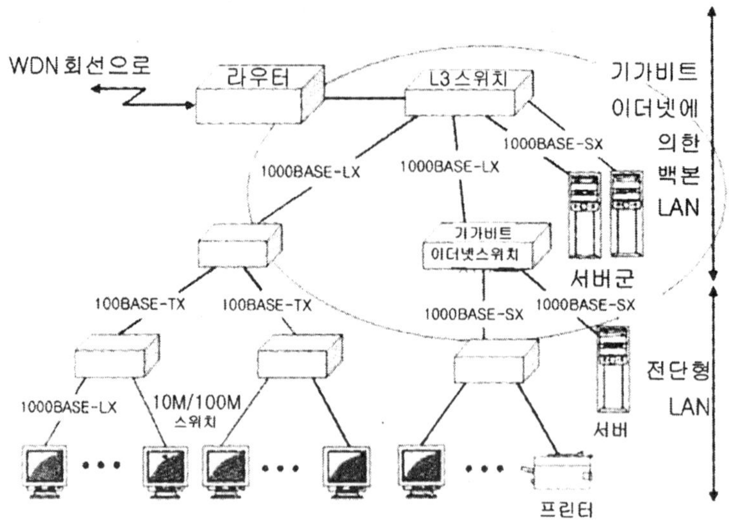

[그림 6-6] 기가비트 이더넷을 사용한 LAN 시스템 구성 예

인터넷은 10Mb/s, 100Mb/s, Gb/s로 고속화되어 왔고, 이것들을 사용한 LAN 구성 예를 [그림 6-6]에 보였다. 일반적으로 LAN은 최종 사용자 PC 등을 접속하는 전단형(Front-End) LAN과 이것들의 상호 접속과 서버, WAN으로의 접속 등을 해주는 기간(Backbone) LAN으로 계층화된다. 현재는 전단형 LAN으로 10Mb/s, 100Mb/s 이더넷이 폭넓게 사용되고 있고, 기간 LAN에 기가비트 이더넷이 보급되고 있거나 보급을 시작하고 있는 단계라고 말할 수 있다.

기간 LAN에는 고속성과 광역성(장거리화)이 요구되며 광을 이용하게 된 커다란 동기가 되었다. 10Mb/s, 100Mb/s의 이더넷에서도 광매체가 규정되어 있지만(10BASE-FL/ FB, 100BASE-FX 등) LAN에 광을 폭넓게 보급하기 시작한 것은 기가비트 이더넷부터이다.

가. 기가비트 이더넷

(1) 기가비트 이더넷 표준 패밀리

<표 6-5>와 같이 기가비트 이더넷에서는 4종류의 규격이 IEEE 표준 802.3에 규격화되어 있다.

〈표 6-5〉 Giga Bit 이더넷 표준 패밀리

패밀리 구성	1000BASE-X(IEEE802.3z)			1000BASE-T (IEEE802.3ab)
	1000BASE-SX	1000BASE-LX	1000BASE -CX	
데이터부호화	8B/10B	8B/10B	8B/8T	8B/1Q4
전송로부호화	NRZ	NRZ	NRZ	
전송매체 특 징	MMF 0.85μm단파장 레이저	MMF/SMF 1.3μm장파장 레이저	2심 동축케이블	UTP (Category-5)
최 대 전송거리	220m(62.5μm, 160MHz) 270m(62.5μm, 200MHz) 500m(50μm, 400MHz) 550m(50μm, 500MHz)	550m(62.5μm, 500MHz) 550m(50μm, 400MHz) 500m(50μm, 500MHz) 5000m(SMF)	25m	100m

주) 1000Base-CX는 보통 LAN환경에서 거의 사용되지 않는다.
8B/10B : 8bit, 10bit 8B/1Q4 : 8bit 1 5진 4비트/바이트
NRZ : Non-Return to Zero SMF : Single Mode Fiber
MMF : Multi-Mode Fiber UTP : Unshielded Twist Pair

전송 매체와 송수신기 등을 규정하는 물리층에 광섬유 채널 기술을 응용한 1000BASE-X(802.3z)는 규격화를 추진한(802 위원회에서는 태스크 포스라 칭한다) 그룹의 이름과 전송 매체로서 카테고리(Category)-5의 UTP(Unshielded Twisted Pair Cable, 차폐되지 않고 꼬여진 케이블 쌍)를 이용한 1000BASE-T (802.3AB)로 대별된다. 전자는 0.85μm 레이저를 이용한 단파장 방식 1,000 BASE-SX, 1.3μm 레이저를 이용한 장파장 방식 1000BASE-LX, 2심 동축케이블을 이용한 동축 방식 1000BASE-CX 세 가지로 나눠진다.

현재는 구내 기간 LAN에 SX가 많이 사용되며, 장거리 부분에는 LX가 적용되고 있다. 1000BASE-T는 저렴한 가격으로 인해 데스크톱까지 보급될 것이다. 이 책에서는 광 LAN에, 특히 광기술을 사용하는 1000BASE-X에 초점을 맞춰 설명하겠다.

(2) 기가비트 이더넷의 기능 구성

기가비트 이더넷의 기능 계층 구성을 [그림 6-7]에 보였다. OSI 참조 모델이란 물리층과 데이터 링크층의 MAC 부층(Sub Layer)에 해당하는 부분이다.

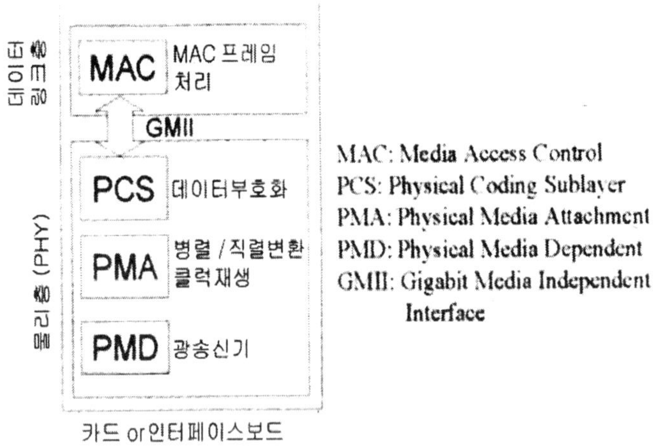

[그림 6-7] 기가비트 이더넷 기능 계층 구성

(가) MAC(Media Access Control) 부층

매체 접속 제어를 정의하는 부층으로 구체적으로는 MAC 프레임(이더넷 프레임)의 구성을 규정한다.

(나) PCS(Physical Coding Sub-layer, 물리 부호화 부층)

주로 데이터 부호화를 행하는 부층으로 1000Base-X의 데이터 부호화에는 뒤에 설명할 8B/10B 부호가 사용된다. PCS에서는 그밖에 자동 협상(Auto-Negotiation : 전이중, 반이중 전환 등)을 규정한다.

(다) PMA(Physical Media Attachment, 물리 매체 접속부)

전송로 부호화, 직렬화, 병렬화, 수신측의 클록 재생 등을 정의한다. 1000Base-X의 전송로 부호는 NRZ 부호이다.

(라) PMD(Physical Media Dependant, 물리 매체 의존부)

송수신기의 광 규격, 전송로 매체와 거리, 커넥터 종류 등을 규정한다.

(마) GMII

GMII(Gigabit Media Independent Interface, 매체에 의존하지 않는 기가비트 인터페이스)는 다른 4가지 물리층을 공통의 부층에서 이용하기 위한 공통 인터페이스(선택사항)이다.

(3) MAC 프레임

레이어2 스위치와 브리지는 MAC 주소를 보고 스위칭과 필터링을 하지만 이러한 주소는 보내고자 하는 데이터와 함께 MAC 프레임에 들어가 있다([그림 6-8]).

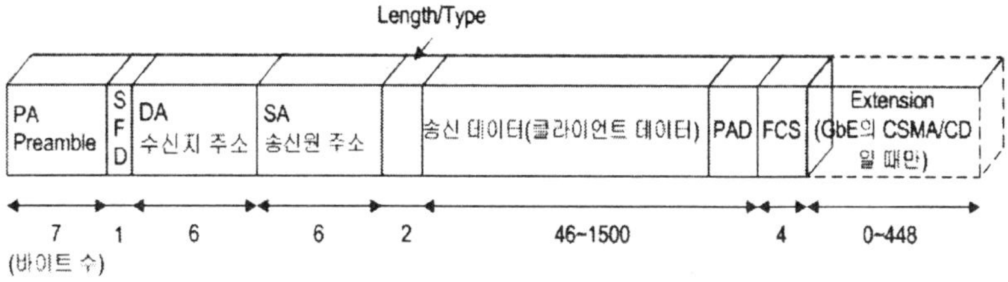

PA (PreAmble) : 비트 동기 확립용 필드
SFD(Start of Frame Delimiter) : MAC 프레임 선두를 표시하는 필드
DA(Destination Address) : 수신지 주소 필드
SA(Source Address) : 송신원 주소 필드
Length : 다음에 계속되는 송신 데이터의 길이 또는 형태를 나타내는 필드
PAD(PAdding Bit) : 길이 조정용 필드
FCS(Frame Check Sequence) : 에러 검출용 필드
Extension : 캐리어 확장(GbE의 CSMA/CD 방식일 때, 충돌 검출을 위해 부가된 더미 필드

[그림 6-8] MAC 프레임(IEEE 802.3)

프리앰블(PA : Preamble)은 이더넷 초기에 비트 동기를 확립하기 위한 필드였다.(기가 이더넷에서는 사용되고 있지 않다) SFD(Start of Frame Delimeter)가 프레임 시작을 나타내고, 그 후에 DA(Destination Address, 수신지 주소)가 이어진다. Length/Type 필드는 뒤로 이어지는 데이터 필드의 길이 또는 타입을 나타낸다. PA와 SFD를 제외한 프레임 길이는 64바이트에서 1518바이트까지로 정해져 있고, 프레임 길이가 64바이트 미만일 경우에는 더미 바이트가 PAD 필드에 삽입되어 64바이트 길이가 되도록 조정된다.

FCS(Frame Check Sequence)는 부호 에러 검출을 위한 필드로, DA에서 데이터 필드까지의 데이터에 대한 CRC(Cyclic Redundancy Check) 값이 들어있다. 수신측에서 같은 모양으로 CRC 값을 계산하여 FCS 내의 값과 같으면 수신하고, 같지 않으면 프레임을 폐기한다. 또한 기가비트 이더넷에서는 MAC 프레임에 반송파 확장(Carrier Extension) 필드(최대 448 바이트)가 부가되었다. 이것은 CSMA/CD(Carrier Sense Multiple Access with Collision Detection 또는 반이중) 방식을 할 때 충돌을 올바르게 검출하기 위해서는 어느 정도 시간이 필요하고, 실효 프레임 길이를 길게 하기 위한 더미 필드이다.

그러나 기가비트 이더넷에서는 전이중 방식이 주류이고 CSMA/CD 방식은 거의 사용되지 않는다. 이더넷이 버스형에서 스타형이 되고 더욱 고속화가 요구됨에 따라 전이중 방식이 주류가 되고 비트 동기와 프레임 개시의 인식은 뒤에 설명할 데이터 부호화가 그 역할을 완수하고, 프리앰블과 SFD의 필요성은 없어졌다. 그러나 MAC 프레임 구성은 10Mb/s, 100Mb/s, Gb/s, 10Gb/s 이더넷의 표준화에 부드러운 시스템 이송을 위해 변경하지 않고 오늘에 이르고 있다.

(4) 데이터 부호화(8B/10B 부호화)

1000Base-X에서는 송신 데이터(MAC 프레임)를 8B/10B로 부호 변환하여 신호를 전송한다. 8B/10B 부호화에 의해 MAC부층에서 오는 8비트 데이터를 10비트 데이터로 변환하기 위해 1Gb/s 데이터 속도는 1.25Gb/s의 신호 속도로 상승한다. 이 8B/10B로 변환하는 목적은 ① 클록 재생을 위한 신호 변화(0-to-1, 또는 1-to-0) 빈도와 DC 밸런스의 확보, ② 제어용 특수 부호의 확보 두 가지이다.

<표 6-6>에 8B/10B 변환 예를 보였다. 256개의 8비트 데이터를 1024개 있는 10비트 데이터 중에서 1, 0 개수가 5개씩인 것(표에서 D0.0), 4개 6개/6개 4개(표에서 D3.0)인 것에 대응시킨다. 이때, 하나의 10B 데이터 속에 1 또는 0이 5비트 이상 계속되는 것을 배제하고(뒤에 설명할 특수 부호의 일부에서는 1 또는 0이 5비트 연속하는 것이 있다), 임의의 2개 10B 데이터 경계에서도 1 또는 0이 6비트 이상 계속되는 것을 배제하고 있다. 이것에 의해 연속하여 똑같이 부합되는 최대 값을 5로 억제하여 클록 발생을 쉽게 한다.

〈표 6-6〉 8B/10B 부호화 예

코드 그룹명	8B	10B	
		Current RD^-	Current RD^+
D0.0	00000000	1001110100	0110001011
D3.0	00000011	1100011011	1100010100

※ 코드 그룹명 : 각 데이터에 붙이는 이름
※ RD : Running Disparity

더구나 모든 8비트 데이터를 1, 0 개수가 반대인 두 개의 10B 데이터에 대응시킨다. <표 6-6>에서는 Current RD^-와 Current RD^+이고 D3.0 코드인 경우

전자는 1, 0 개수가 6, 4(속성 +2), 후자가 4, 6(속성 −2)이고, D0.0 코드인 경우 전자 후자 같이 5, 5(속성 0)이다. RD 값이란 초기 값(예를 들면 전원 투입시)을 −1로 하고 그 다음에 출력한 모든 10B 데이터 속성을 적산한 것이다.

Running Disparity란 이 RD 값이 +1, −1 값만 취하도록 현재의 RD 값을 보고 다음에 송출할 10B 코드를 Current RD^-나 Current RD^+으로부터 선택하는 제어 방법을 말한다. 이것에 의해 송신 부호 비트열의 1, 0 출현 빈도를 균등화하여 DC 밸런스를 유지하고 있다.

256개의 8비트 데이터를 10비트화하는데 사용되지 않았던 나머지 10비트 데이터군을 표준화하는데 있어서는 12개의 특수 부호를 정의하고 이 중 5개를 단독 또는 일부의 데이터 코드와 조합하여 제어 정보로 사용한다. 이것을 순서 세트(Order Set)라 한다.

MAC 프레임이 8B/10B로 변환되는 모양을 [그림 6-9]에 보였다. 여기서 특수 부호 또는 순서 세트는 유휴(Idle) /I/(MAC 프레임 사이에 만들어지는 최저 12바이트의 무신호 기간인 인터프레임 갭(Inter-frame Gap)을 메운다), 캡슐화의 /S/와 /T/R/ 또는 /T/R/R/(프레임의 선두와 후미에 붙는다) 등이다.

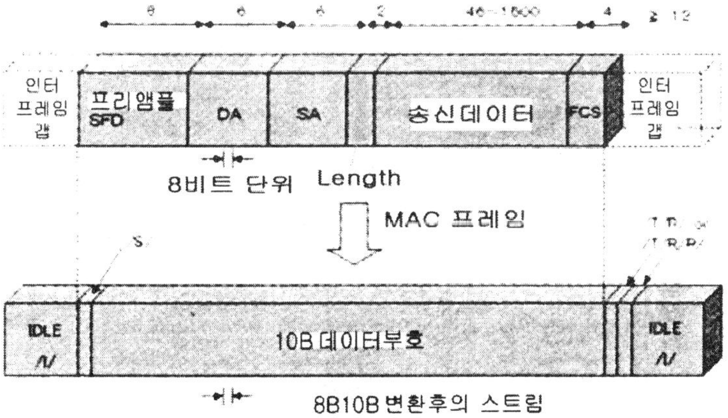

[그림 6-9] MAC 프레임의 8B10B 부호 변환

특수 부호 또는 순서 세트는 이 외에도 에러 전파, 자동 협상 등에 사용된다. 또한 유휴 /I/는 콤마 부호(001111 또는 110000)를 포함하고, 이 7비트 패턴은 어떤 코드 안이나 경계에서도 나타나지 않으므로 10비트 코드의 동기에 쓰인다. 기가비트 이더넷의 광 매체(1000BASE-SX, LX)에서는 8B/10B로 부호화된 신호를 NRZ 신호로 변환한다. 광전송의 관점에서 보면 10B 부호의 신호 변화 빈도와 DC 밸런스에 의해 클록 재생과 비트 동기를 보증하고, 일부 특수 부호(예를 들면 유휴 /I/)에 포함된 콤마 부호에 의해 바이트 동기를 보증하고 있다. 유휴 /I/는 정상 시에 반드시 존재하므로(MAC 프레임 사이의 인터프레임 갭은 필수이다) 콤마 부호는 어느 정도의 빈도로 10B 스트림에 존재하게 된다.

3. 광무선 LAN

가. 개요

광무선 LAN은 전파 무선에 의한 LAN과 같이 무선에 의한 시스템으로서 이용되고 있다. [그림 6-10]은 광무선 LAN의 기본 구성도이다.

인터넷과 인트라넷의 이용은 이미 모든 기업활동과 학문, 연구 분야에서 필수가 되어 있고, 이러한 네트워크는 동일 건물 안이나 조직 내(Local Area)에서 거의 이더넷을 이용하고 있다. 이더넷은 본래 유선 통신의 규격으로 미리 배선을 고려해 놓은 건물 이외에서는 PC(Personal Computer)와 프린터 등의 단말과 허브(신호 분배장치) 사이의 배선만으로도 엄청나게 많은 배선수가 되며 마루위와 천정 등에 상당한 공간을 필요로 한다. 또한 실내의 구조 변경에는 배선을 수정하는 데에도 큰 품이 필요한 작업이 된다. 무선 랜은 이러한 유선 통신에서 발생하는 재배치 작업과 공간 비율, 또는 미관상 채용되는 예가 많다.

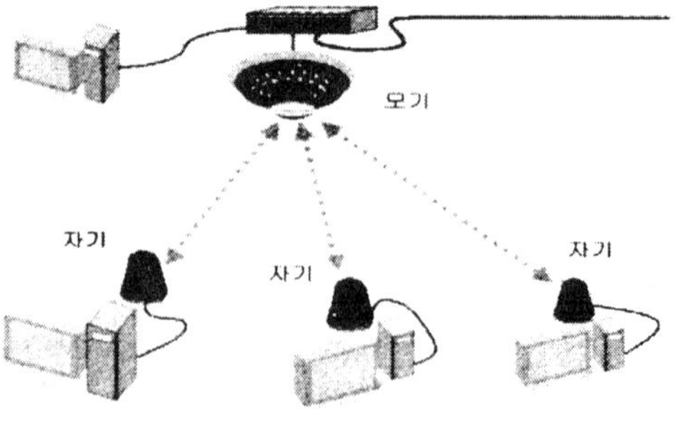

[그림 6-10] 광무선 LAN의 기본 구성 예

전파 무선 랜은 비금속 벽면 등을 쉽게 투과한다는 것과 비교적 넓은 지역에서 한정된 단말기기를 사용할 경우 쉽게 설치할 수 있다는 이유로 사무실용도만이 아니라 가정에서도 사용되고 있다. 한편 광무선 랜은 그 직진성, 벽면에 대한 비투과성이라는 특질 때문에 좁은 지역에서의 무선 통신에 쓰이고 넓은 지역에서는 내부를 복수의 조각으로 분할하여 다수의 단말을 그룹으로 나누어 통신을 하는 사용법에 적합하다. 전파에 의한 무선통신에 비해 조각으로 분할하기 쉽고, 보안을 확보할 수 있다는 점에서 우수하다. 또한 그 직진성을 이용하여 일대일 통신의 응용 예도 많다. 특히 일대일 통신은 수십 미터부터 수십 킬로미터의 옥외통신에 사용되는 예가 많고, 이 분야에서는 집광의 용이성과 전송효율, 보안 양면에서 전파 무선보다 우위에 있다. 또한 광무선 통신의 전파 무선에 대한 우위점으로서 전파법 규제를 받지 않고 광대역 신호를 무선 전송할 수 있는 점에 있고, 이미 최대 전송용량으로서 2Gb/s 이상의 시스템도 존재한다.

나. 광무선 기기의 구성

일본 국내에서는 주로 옥내용 기기에 관하여 전파 산업계에서 1997년 2월에 표준 규격화되어 있다. 이 규격은 물리층, 즉 전송 매체와 그 구동 방식에 대해서만 규정하고 있고, ISO/ANSI 8802.3:1996에 규정되어 있는 이더넷 규격(CSMA/CD 방식)과의 상호 호환을 염두에 둔 규격이다.

그러나 이 규격에서는 신호 전송 속도는 아직 10Mb/s가 상정되어 있고 이미 100Mb/s 제품이 상품화되고 있는 현재, 새로운 규격의 제정이 검토되기 시작하고 있다. STD-50에서는 20m정도의 1대1형 통신 시스템, 수 m 정도의 거리에서 행하는 1대n(복수대)형 통신 시스템 및 1m 정도의 거리에서 행하는 1대1 통신 시스템이라는 3가지 통신 기기 구성에 대해 예시하고 있다.

1대1 통신 기기는 2대의 기기를 대향시켜 배치하고 쌍방 모두 협각 발광, 협각도 수신을 한다. 서비스 지역은 사무용으로 한정하면 수 m에서 20m 정도로 충분하다고 할 수 있지만 FA용과 옥외에서 쓰이고 있는 장거리용 통신 시스템에서는 100m를 넘는 것도 있다. 옥외용 장거리 시스템에 대해서는 반드시 한 쌍으로 사용되어 상호 호환될 필요가 없기 때문에 현재까지는 규격화의 움직임은 없다. 또한 근거리형 일대일 시스템은 많은 노드 PC에 장비 되어 있는 IrDA로 대체하도록 제안되었지만 실용화된 예는 거의 찾아볼 수 없다.

1대n형 시스템에서 1대의 모기(母機)는 보통 사무실 천장에 배치되고 복수의 자기(子機)는 PC 단말 장치에 가까운 책상 위에 배치하는 경우가 많다. 모기 1대가 지원하는 서비스 지역은 천장 높이에 따라 다르다. 빛은 그 차광특성 관계상 모기에서 본 복각이 20° 이하가 되면 사람의 왕래와 사무실 내 장해물이 방해물이 되는 경우가 많고, 최대 통신거리는 모기 바로 밑의 점에서 반경 5m 정도까지 범위인 것이 일반적이다.

다. 광무선 통신의 동작 원리

옥내 광무선 통신인 경우 거의가 눈의 안정성 및 광축 조정의 용이성, 적당한 확산성이 좋은 발광원으로서 LED(발광다이오드)를 이용하는 경우가 많다. 한편 서비스 지역이 수 ㎞까지도 도달하는 원거리용 옥외무선일 경우는, 발광소자로서 LD(Laser Diode)를 사용하는 예가 많다.

[그림 6-11]에 광무선을 이용한 옥내 이더넷 구성법의 예를 보였다. 이것은 앞에서 설명한 1대n형 시스템의 배치 예이지만 넓은 사무실에서는 복수의 조각으로 지역 전체를 커버하는 예가 많다. 모기는 적외선을 이더넷 신호로 변조한 신호 광을 확산 발광하고, 자기는 같은 형식으로 변환된 적외빔 광을 모기의 수광소자를 향해 발광한다. 모기의 수광소자는 광각 수광이 가능하도록 집광 렌즈를 쓰던가 복수의 수광소자를 이용하고 있다. 한편 자기의 수광부는 형광등 등의 잡음 성분과 모기에서 나오는 신호광의 멀티 패스 성분을 제거하기 위해 협각으로 수광한다.

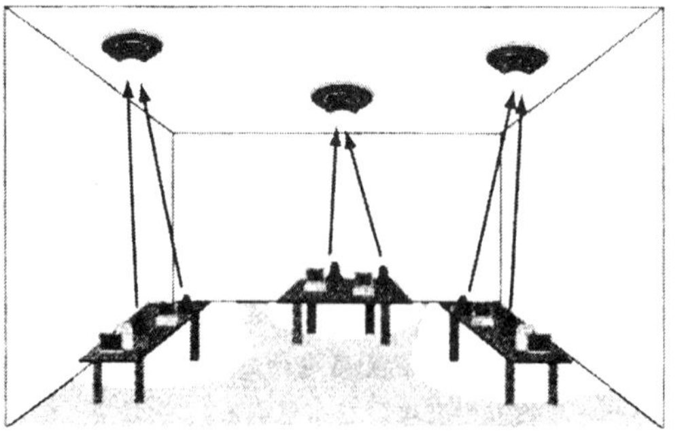

[그림 6-11] 복수 세그먼트의 배치 예

또한 반사광에 의한 멀티 패스의 영향이 있기 때문에 고속 통신에는 맞지 않지만 복수의 광통신 장치를 천장으로 향하게 하여 서로의 반사광을 이용하여 통신하는 시스템도 상품화되어 있다. 이 방식은 빛 차단에 의한 영향이 적다는 점, 천장 등에 모기를 설치할 필요가 없어 배치에 자유롭다는 점이 호감을 받고 있다.

광무선 통신기기 안, 장거리 전송에 쓰이는 1대1 통신용 기기는 빔(Beam) 상태로 압축한 광속(光束)을 이용하기 때문에 쌍방향에서의 신호광 간섭이 없고 2회선의 독립 선로로 사용가능하며 완전한 전2중 회선을 구성할 수 있다. 이를 위해 광섬유와 메탈 케이블을 단순하게 바꿀 수가 있고, 100Mb/s 이더넷의 신호계와 155Mb/s ATM의 광변조 방식을 그대로 쓸 수 있다. 또한 LD는 광량의 진폭변조 특성이 양호한데다가 파장 다중기술을 사용할 수 있고, 10Gb/s 정도의 시스템도 개발 가능하다.

단, 통신 거리에 비해 광속을 극히 가늘게 압축하기 위해 건조물 관리의 요인인 진동, 온도변화 등에 의한 광축의 차이가 발생하기 쉽고, 원거리 통신에서는 광축을 맞추기 위한 서보 기능이 꼭 필요하다. 한편 옥내용의 통신 시스템에서는 앞에서 설명한대로 LED를 이용하기 위한 진폭변조 특성은 100MH정도이고 LED를 이용하는 한 100Mb/s가 성능상의 상한선이라 생각된다.

SDT-50에서는 10Mb/s의 유선 이더넷에 준한 "1"에서 Up, "0"에서 Down인 맨체스터 부호(Manchester Code) 방식의 신호가 규정되어 있다.

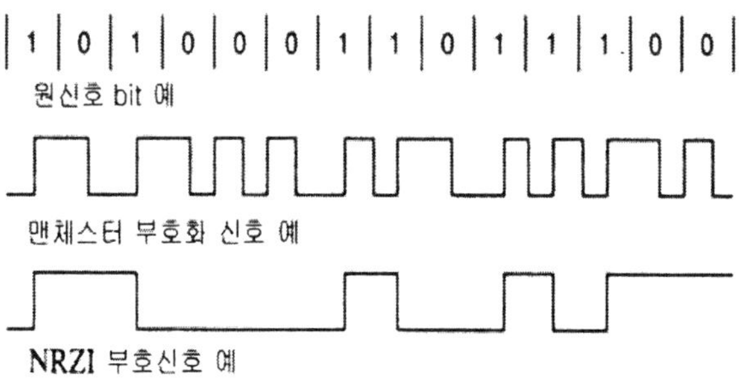

[그림 6-12] 10Mb/s 이더넷 부호방식(가운데)과 100Mb/s 이더넷 변조방식

100Mb/s의 광무선 신호는 광섬유용 이더넷 규격(100Base-FX)의 신호 방식을 이용하고 있다. 100Base-FX는 직류성분 축적에 의한 일그러짐을 회피하기 위한 4B5B 변환과 대역 절약을 위한 NRZI 변조방식("1"에서 레벨 반전, "0"

에서 레벨 반전하지 않음)을 조합한 신호, 이 두 값에 휘도 변조를 걸어서 전송하는 방식이다([그림 6-12] 참조).

수신은 실리콘 계의 PD(Photo Diode)를 사용하는 것이 많지만 감도 향상과 광대역화를 노리고 APD(Avalanche Photo Diode) 소자를 사용하는 제품도 늘고 있다.

라. 광무선의 문제점(반사 방지, 눈의 안전)

1대n형 시스템에서는 모기가 확산 발광하기 때문에 반사광의 수광부로 재입력을 초래하고, 자기로부터의 신호가 마스크 되어 수신을 할 수 없다. 이를 위해 반사광의 회피 방법이 시스템을 실현하는데 최대 과제가 된다. 회피 방법에는 반사광의 반환 성분을 예측하고 수광신호에서 감산하는 방법, 모기와 자기로부터의 신호광을 다른 파장의 빛으로 보내서 광학 필터로 반사광을 제거하는 방식(파장 다중)과 광신호의 동시 사용을 회피하여 광회선을 반이중 회선으로 사용하는 방법 등이 있으며, 각각 실용화되어 있다. 또한 확산광을 사용하지 않고 모기의 수광기, 발광기를 여러 개 준비해놓고 모든 자기와의 사이에 여러 개의 1대1 통신로를 확립하는 방법도 제안되고 있다.

또 한 가지 광무선 통신에서의 중요한 과제로서 눈의 안전성 문제가 있다. 앞에서 설명한 바와 같이 LED의 주파수 응답 특성을 LD와 비교하면 눈에 띄게 낮다. 동작특성을 생각하면 LD에 의한 광대역 통신의 실현이 요망된다. 그러나 LD는 극히 작은 지점에 집광이 가능하고 높은 에너지를 모을 수가 있기 때문에 사람의 망막을 손상할 위험이 있다. 레이저광에 대해서는 IEC 60825-1에 안전성 기준이 제정되어 있어 기준이 명확하고 안전하다는 범위(Class1)에서 사용할 필요가 있다.

마. 향후 발전방향

광무선 LAN은 유선 케이블과 광섬유에서 사용되어 온 신호를 그대로 공간 전송하는 예가 많고, 상위의 통신 프로토콜에 관계없이 사용할 수 있는 유연성이 높은 방식이다. 또한 설치에 있어서 불요파를 복사하지 않고 전자파의 영향도 받기 어렵기 때문에 병원과 전파시설 또는 공장과 같은 장소에서도 사용하기 쉽다. 옥내용 무선 LAN에서 사용할 경우 1400nm 이상의 파장을 가진 레이저광은 눈에 손상을 주기 어렵다는 점, 파장 다중으로 사용하면 반사의 영향도 피하기 쉽다는 점에서 좋은 선택이 된다. 단, 가격면에서 기간 회선 이외에 사용하는 것은 어렵고, 가격이 내려가는 것을 기다리는 상태이다.

한편 민생용을 생각해 보면 일반 가정 내에서 차광의 영향을 배제하는 것은 어렵고, 천장 반사 등을 이용한 확산형의 고속화가 기대된다. 확산 반사에 의한 멀티 패스의 제거 수단으로서 전파 무선에서도 쓰이고 있는 OFDM과 CDMA에 의한 많은 비트, 저속 기호에 의한 전송 방식이 제안된 것도 있지만 광전 변환의 직선성이 남은 과제이다.

4. FTTx

가. 개 요

FTTx(Fiber to the x)란 접속계의 광화(光化) 정도를 나타내는 용어로 센터/국으로부터 x의 장소까지 광화되어 있는 것을 의미한다. x에는 일반적으로 Cab, C, B 및 H가 사용되고 각각 FTTCab(Fiber to the Cabinet), FTTC(Fiber to the Curb), FTTB(Fiber to the Building), FTTH(Fiber to the Home)이라 한다.

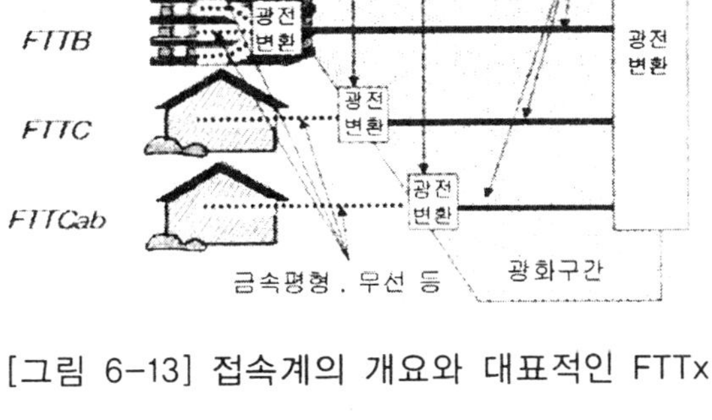

[그림 6-13] 접속계의 개요와 대표적인 FTTx

[그림 6-13]에 보인 바와 같이 접속계는 대개 3가지 구간으로 나누어지고 센터/국으로부터 차례로 급전(Feeder), 배선(Distribution), 인입(Drop)이라 한다. 이들과 앞에서 설명한 FTTx의 광화 구간과의 관계는 [그림 6-13]에 표시한 바와 같이 FTTCab에서는 대개 급전 구간이, FTTC에서는 거듭 배선 구간이, 그리고 FTTB에서는 사용자 빌딩까지, FTTH에서는 사용자 주택까지 전 구간을 광화하는 것에 대응한다.

각 FTTx의 특징을 크게 잡아 비교해 보자. 접속계 각 구간의 수용 규모는 대략 급전선으로 수백~천명의 사용자 정도, 배선에서 십~백정도 이하, 그리고 인입은 사용자 개별이기 때문에 1~수명의 사용자(빌딩일 경우는 수 십명의 사용자 이하)이다. 각 FTTx는 광화구간의 모든 사용자를 다중 전송하기 때문에 FTTCab에서는 큰 전송 용량이 필요하고, FTTH에서는 작은 용량이어도 된다. 한편 광화 설비가격은 다중화할 사용자수로 똑같이 나눌 수 있으므로 사용자당 경비는 일반적으로 FTTCab이면 낮고, 사용자 집까지 개별로 광섬유를 포설하는 FTTHs이면 높게 된다.

이와 같이 FTTx의 전송 용량과 사용자당 설비비용은 대개 조건을 동시에 맞추기 힘든 관계에 있다. 또한 옥외에 설치할 기기의 급전과 보수 등도 FTTCab와 FTTC의 중요한 과제이다. 따라서 설비비용과 요금의 균형, 제공 서비스의 확장성과 운용성이라는 다양한 관점에서 적절한 FTTx가 선택, 적용되어야 한다.

다음에 광화되어 있지 않은 구간(광화구간으로부터 사용자 주택까지 또는 주택 안의 사용자 단말까지 구간으로, First Mile 또는 Last Mile이라고 하기도 한다)에서는 어떤 설비를 쓸까? 실은 이것도 제공 서비스에 의존하며 서비스의 경향이 최근 급변하여 여러 방식을 이용하는 움직임이 뚜렷해지고 있다. 종래 연구되어 왔던 서비스는 전화(POTS/ISDN)를 중심으로 한 통신계 서비스였기 때문에 이미 설치된 메탈 케이블을 그대로 유용할 생각이 일반적이었다. 최근에는 인터넷 붐을 배경으로 수백 kb/s~Mb/s 정도의 중고속 인터넷 접속 서비스가 각광받기 시작하였고 메탈 평형 케이블도 고속 전송이 가능한 xDSL과 HomePNA의 적용이 검토, 도입되고 있다. 더욱이 준 mm파대의 FWA와 무선 LAN, 그리고 전력선 전송 시스템 등을 사용한 실험/상용 서비스도 각지에서 제공되기 시작하고 있다. 전자의 전송계 시스템에서는 양단에 무선기기를 설치하는 것만으로 건설이 가능한 간편함이, 후자는 이미 설치된 전력 배선을 유용할 수 있다는 도입의 용이성이 주목을 받는 이유이다. 이와 같은 기술적 특징을 따라 국내외 접속계 통신사업자는 제공 지역의 속성과 서비스 전략 등을 감안하여 FTTx와 First Mile을 선택, 도입하고 있다. 다음 장에서는 각 FTTx의 특징과 최근의 동향을 설명하겠다.

나. 각 FTTx의 특징과 적용 예

(1) FTTCab

FTTCab(Fiber to the Cabinet)은 주로 급전 구간을 광화하는 것으로 수백 사용자 정도의 단위로 다중하는 광접속 시스템이 사용되고 있다. 사용자 집까지 수백 m~1km정도의 배선과 선을 끌어 놓는 구간은 메탈 평형 케이블에서 사용자 개별 설비로 하는 경우가 많다. 전화 등의 통신계 서비스를 제공하는 FTTCab으로서 일본 국내에서는 NTT의 RT(Remote Terminal)/RSBM(Remote Substrate Terminal) 시스템이 이용되고 있다. 한편 접속 구간이 넓은 북미에서는 중고속 인터넷 접속 서비스를 제공하기 위해 원격 DSLAM을 실장한 NGDLC(Next Generation Digital Loop Carrier) 시스템이 도입되고 있다.

또한 수요 밀도가 높은 구역(Zone)까지의 광화를 FTTZ(Fiber to the Zone)이라 부르는 경우와 CATV에서의 HFC(Hybrid Fiber Coax) 망에 대해 사용자 근처까지의 광화를 FTTN(Fiber to the Neighborhood)라 하기도 한다.

(2) FTTC

Curb는 도로변의 연석이라는 의미로, FTTC(Fiber to the Curb)는 급전 구간에 배선구간을 포함하여 사용자 주택 근방의 도로변까지 광화하는 것에 대응한다. FTTC용의 광 접속 시스템은 수십~수 사용자 정도 단위의 전송 용량을 가진 것이 많다. 통신 서비스를 제공하는 FTTC의 예에 인입 구간에 메탈 평형 케이블을 NTT의 π시스템이 있다. 한편 중고속 인터넷 접속 서비스 제공을 지향한 최근에는 인입구간의 다양성이 특히 눈을 끈다. VDSL(미국의 일부 ILEC), 무선 LAN(일본의 전력계 CLEC), 그리고 전력선 전송(유럽과 일본의 전력계 CLEC)이 대표적인 예이다. 전자유도와 간섭 영향의 명확화 등이 각각의 보급에 열쇠라고 생각한다. 또한 전신주까지 광화하는 FTTC를 특히 FTTP (Fiber to the Pole)라고 하는 경우가 있다.

(3) FTTB

사용자 빌딩의 기계실 등 빌딩까지 광화하는 경우를 FTTB(Fiber to the Building)라고 한다. 빌딩 안의 복수 사용자로 광화에 필요한 비용을 분담할 수 있기 때문에 경제적인 광화 수단의 하나로 생각되고 있다. 빌딩 내부의 배선에는 메탈 평형 케이블과 UTP 등 이미 설치된 금속선과 무선 LAN을 사용하는 것이 많다.

또 FTTB는 종래의 업무용 빌딩이 중심이었지만 근래에는 일반 사용자 대상의 집합 주택에 UTP와 Home-PNA 등과 조합하여 도입한 인터넷 맨션이 주목받고 있다.

(4) FTTH

독채의 주택과 빌딩마다 광화하는 경우를 FTTH(Fiber to the Home)라 한다. 특히 업무용 빌딩일 경우, 빌딩 안의 각 사무실까지 광화하는 것을 FTTO (Fiber to the Office), 책상 단말까지 광화하는 것을 FTTD(Fiber to the Desktop)라고 하는 경우도 있다. 광섬유의 고속성, 안전성 및 확장성을 최대한 발휘할 수 있다는 것 때문에 접속계 강화의 최종 형태라 여겨지고 많은 실험과 시험적인 도입이 계속되어 최근에는 본격적인 도입이 시작되고 있다. 이 FTTH에서서는 두 종류의 광접속 시스템이 사용되고 있다.

하나는 세계의 통신 사업자가 개발을 진행해온 PDS(Passive Double Star) 아키텍처를 적용한 것이고, 다른 하나는 LAN 시장에서 보급되고 있는 매체 변환기를 이용한 것이다. NTT에서는 1997년부터 CATV 영상 전송 서비스에 PDS를, 2001년 8월부터의 "B플렛(B Flets) 서비스(일본 NTT의 지역회사에서 사용하고 있는 광섬유를 이용한 일반 가정용 데이터 통신 서비스)의 제공으로 양 광접속 시스템을 적용하고 있다.

다. 광접속 시스템의 아키텍처

광접속 시스템에서서는 [그림 6-14]에 보인 바와 같이 대략 3종류의 아키텍처가 있다.

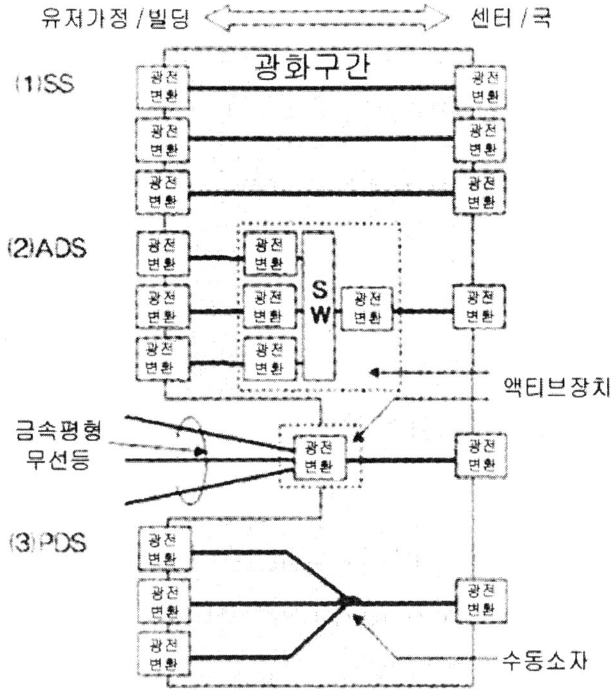

[그림 6-14] 광접속 시스템의 아키텍처

(1) SS

SS(Single Star)는 사용자 집/빌딩과 센터/국의 광전변환부와를 1대1로 접속한 형태이다. 양 광전변환부 사이의 광섬유를 점유하므로 사용자당 설비비용이 가장 비싼 한편 광전변환부 사이의 프로토콜이 간편하다는 것과 함께 네트워크 관리도 쉽다는 장점이 있다. 비즈니스 사용자용 전용선 서비스와 FTTB에 사용되는 경우가 많다.

(2) ADS

매체 변환기를 이용한 FTTH에서는 SS에 더하여 ADS(Active Double Star)가 적용되고 있다. 센터/국과 사용자 사이에 능동(Active) 장치를 배치하여 센터/국쪽의 광설비를 복수 사용자가 공용하고, 사용자쪽의 설비는 사용자 개별로 하는 일대다의 접속 형태를 구성한다.

이와 같이 센터/국과 도중에 놓인 능동 장치에 의해 2단의 스타 구성이 되기 때문에 ADS라 불린다. 센터/국과 도중까지의 용량을 복수 사용자로 공유하기 때문에 SS에 비하여 경제적인 반면에 이 구간이 가장 바쁠 때, 병목 현상이 생기지 않도록 용량 설계, 도중에 있는 능동 장치로의 급전 및 유지관리 비용이 실용상 중요한 과제이다. 또한 같은 그림에 보인 능동계 광화구간을 복수 사용자로 공유하고 사용자쪽의 설비에는 금속 평형 케이블과 무선, 전력 배선 등을 사용하는 경우도 ADS라 한다.

(3) PDS

PDS(Passive Double Star)는 센터/국과 사용자 사이에 앞에서 소개한 능동 장치 대신에 수동(Passive) 디바이스인 광분기 회로(분배기(Splitter)라고 한다)가 삽입된 것으로 1대 다의 접속 형태이다. 분배기에 의해 센터/국쪽의 설비를 복수 사용자가 균등 배분하는 경제 효과는 ADS와 같은 형태이다.

5. 광케이블 TV

가. 개 요

"전파 장애 지역에서의 난시청 해소를 위한 공동 안테나 TV 설비"라는 의미인 CATV(Community Antenna TV)로 시작한 CATV 시스템은 그 후 자주 방송, 쌍방향 기능이 더해져, 현재는 협의의 CATV에 구애되지 않고 "케이블 TV"라는 이름 아래 시스템을 구축하고 있다.

1990년대 후반에 단번에 진전된 HFC화에 의한 케이블 TV 시스템의 고도화는 광전송 기술이 만들어낸 것이다. 이것에 의해 450MHz 정도의 설비에서 770MHz로 대역이 확대됨과 동시에 상승 유합 잡음(Streamed Noise)이 감소되고 다채널 디지털 TV 방송 및 쌍방향 광대역 서비스를 제공할 수 있는 인프라로서의 성능을 갖게 되기에 이르렀다.

나. 케이블 TV의 시스템 구성

[그림 6-15]에 케이블 TV 시스템 구성 예를 보였다. 종래의 아날로그 TV에 추가하여 디지털 TV, 케이블 인터넷 서비스를 제공하게 되었고 헤드엔드 (Head-End) 설비는 다양화하고 있다. 방송 서비스는

① 지상파 아날로그 방송의 VSB-AM(Vestigial Side Band-AM) 신호
② BS/CS로부터의 아날로그/디지털 방송의 재변조에 의한 VSB-AM 신호
③ 자주 방송(민간 방송국이 광고주 없이 자기 부담으로 기획, 편성하여 방송하는 프로)의 변조에 의한 VSB-AM 신호의 아날로그 다채널 신호
④ BS/CS로부터의 아날로그/디지털 방송의 재변조에 의한 64QAM (Quadrature AM) 신호
⑤ 자주 방송의 MPEG 부호(Encode) 변환 후 변조에 의한 64QAM 신호
⑥ 2003년부터 개시 예정인 지상파 디지털 방송의 재송신에 의한 OFDM (Orthogonal FDM) 신호의 디지털 다채널 신호

가 사용된다. 방송서비스 신호는 배신망, 부헤드엔드, 분배망을 경유하여 사용자에게 전송된다.

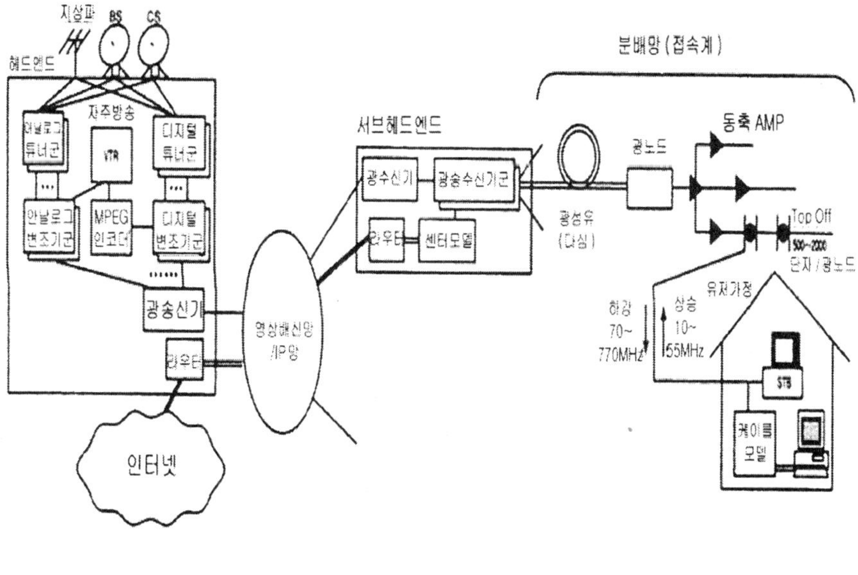

[그림 6-15] 케이블 TV 시스템의 구성(대규모 HFC 방 구성 시)

케이블 인터넷 서비스에는

① 케이블 모뎀에 전송하는 하강 신호인 64QAM 신호
② 케이블 모뎀으로부터의 상승 신호인 QPSK/16QAM 신호(잡음 상태에 따라 선택)

이 사용된다.

보통 케이블 모뎀용 신호는 보조 헤드엔드로 종단되고 배신(配信)망에 겹친 망으로 헤드엔드에 집약된다.

다. HFC 네트워크

HFC(Hybrid Fiber Coax) 네트워크는 케이블 TV 시스템의 분배망에서 보조 헤드엔드로부터 사용자로 가는 도중까지 광화한 것이다. 보조 헤드엔드로부터의 다심 광섬유(상승, 하강, 예비 등)를 전신주 위의 광 노드에 접속한다. 광 노드에서 하부는 동축망이 된다. 광 노드 하부의 동축망에는 500에서 2000단자가 수용된다. 이와 같이하여 동축망의 크기를 작게 함으로써 광대역화와 상승 유합 잡음의 저감을 꾀하고 있다. 광 노드와 동축 AMP는 동축망을 이용한 급전계에 의해 급전된다. 보통 고주파 TV신호에 중첩한 상용 전원 주파수의 AC 60V 전원을 사용한다.

라. SCM 전송기술

이 HFC에 사용되고 있는 광전송 기술이 SCM(Subcarrier Multiplexing)이다. FDM의 광대역 신호를 아날로그 광변조하는 것이며 선형성이 높은 광변조 기술에 의해 실현할 수 있게 되었다. 사용되는 변조형식이 다양한 케이블 TV의 광전송에 정합시킨 기술이다.

FDM 신호 대역은 일본의 경우 하강이 70∼770MHz, 상승이 10∼55MHz이다. 미국의 경우는 하강이 54∼864MHz, 상승이 5∼42MHz이다.

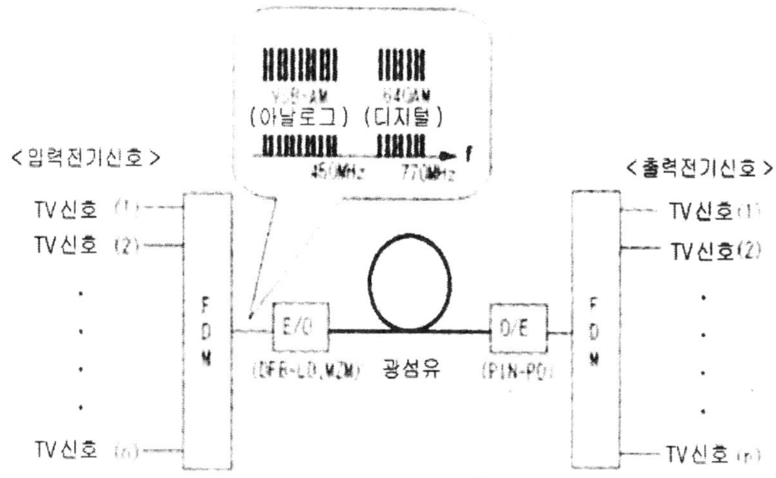

[그림 6-16] SCM 전송기술(하향 TV 전송 시의 예)

사용되는 주파수는 각국 지상파 TV 방송에 사용되는 전파할당의 영향을 받고 있다. 또한 하강의 상한 주파수는 광 노드 하부 동축망 비용을 고려하여 사업자마다 다를 수 있다. SCM 전송 기술은 사용하는 주파수에 대해서도 자유도가 높고 형편이 좋다.

마. 광송수신 디바이스

SCM에 직용된 송신 디바이스로는 DFM 레이저와 LiNbO3를 사용한 MZM (Mach- Zehnder Modulator)이 있다. DFB 레이저는 파장이 1.3㎛대, 광출력 레벨은 +6dBm 정도인 것이 일반적이다. MZM은 광대역, 저잡음, 낮은 처프(Chirp) 특성을 갖고 있기 때문에 헤드엔드용 고품질 변조기로서 사용되고 있다. 원리적으로 비선형성을 가지고 있기 때문에 피드백형의 왜곡 보상 회로를 실장한 것이 사용되고 있다. 1.5㎛대에서 EDFA(Erbium Doped Fiber Amplifier)와 조합하여 고출력화한 것도 있다.

상승 신호 전송에는 경제성을 고려하여 Uncooled(펠티에 냉각기 없음)의 DFB 레이저가 사용되고 있다.

광수신기는 PIN-포토 다이오드가 사용되고 있다. 높은 CNR을 얻기 위해 0dBm 근처의 높은 수광 레벨에서 사용되는 것이 많다. 광입력 레벨 조정은 커넥터형의 고정광 ATT가 사용된다.

광 노드는 옥외의 전신주 위에 설치되기 때문에 환경조건이 가혹하지만 종래의 동축망에서 사용해온 알루미늄 다이캐스팅 광체(기기류를 넣는 상자)를 사용하여 충분한 실적을 올리고 있다.

바. FTTH

[그림 6-17]에 FTTH에서 분배망(접속계)을 구성한 경우의 예를 보였다. SCM 신호와 광증폭 기술, 광분기 기술을 적용함으로써 다수의 분기망을 만든다. PON이 사용되는 것이 많다. 별도의 파장(보통 1.3㎛대)에서 통신형 서비스를 다중할 수 있으므로 다채널 방송 서비스와 광대역 통신 서비스를 제공할 수 있다.

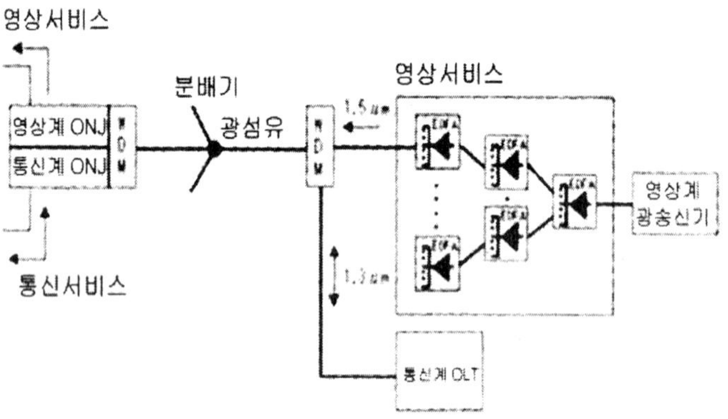

[그림 6-17] FTTH에 의한 분배망(접속계)

(1) 광증폭 분기

광증폭에는 EDFA가 사용되고 있다. 파장은 1.5㎛대이다. EDFA는 현재 상태 레벨의 쌍방향 여기 AMP에서도 +20dBm 이상의 광출력이 얻어졌기 때문에, EDFA 출력을 광분기에 의해 포트를 많이 만들어 경제적이고 다루기 쉬운 형태(안정성을 고려하여 보통 +17dBm 이하)로 하고 있다.

(2) 고감도화 기술

최근 기술로서 770MHz 케이블 TV 신호를 일괄하여 FM 변조하고 6GHz의 광대역 FM 신호로 광전송함으로써 수신감도 향상을 꾀하는 방식이 개발되고 있다. 반도체 레이저의 입력전류에 의한 파장 변화(=주파수 변화)의 특성을 이용한 광기술에 의해 송신기를 구성하고 있다([그림 6-18](a), (b)).

수신쪽에서는 전기 디바이스에 의한 고속의 지연 선형 FM 복조기에 의해 소형, 경제화를 꾀하고 있다([그림 6-18](c)).

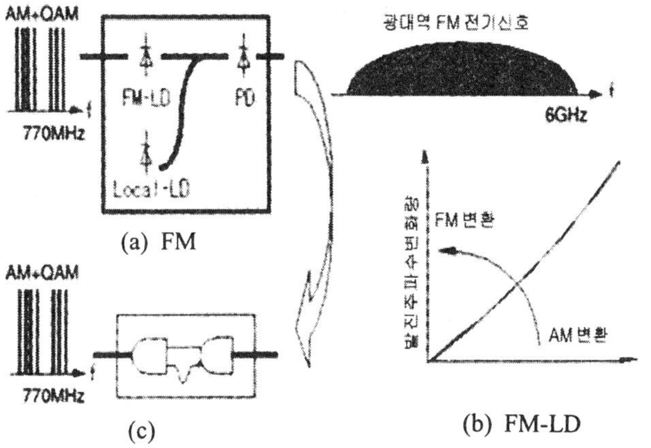

[그림 6-18] FM 변환용 좁은 선폭 LD를 이용한 AM의 FM 일괄 변환

사. WDM의 적용

배신망에서는 DWDM 기술을 사용하여 VOD 케이블 인터넷과 같은 내로우캐스트(Narrow Cast : 대중을 대상으로 한 방송에 대해 특정 지역의 다양한 관심사를 공유하는 사람들을 위해 정보를 발신하는 것)를 대상으로 한 쌍방향 서비스 대역을 확대하기 위한 검토가 진행되고 있다. 아날로그 TV 신호의 WDM 전송에서는 광섬유 전파(傳播) 중의 누화가 고품질을 필요로 하는 VSB-AM에서는 무시할 수 없기 때문에 디지털 신호인 64QAM의 WDM 전송에 의한 시스템이 검토되고 있다.

분배망(접속계)에서 HFC의 구성은 광 노드까지 다심 광섬유를 끌어넣었기 때문에 지금 상태에서 WDM의 필요성은 그리 높지 않다. 그러나 동축 전송에서는 전기 레벨에서의 상승 신호 대역이 한정되어 있기 때문에 케이블 인터넷 대역을 대폭 확대하기 위해서는 광 노드 하부의 동축 분배계를 보다 세분화하고 사용자당 대역을 넓힐 필요가 있다.

제 7 장

광수동 · 광능동소자

제1절 광수동소자

1. 개 요

광수동소자는 입력 혹은 출력 광이 다른 물질과의 사이에 에너지의 변환 작용을 하지 않은 광부품으로, 어떠한 경우에도 그 부품에 입력한 광파워의 총량보다 출력 광파워의 총량이 크지 않는 광 부품으로 정의한다. 즉 광신호의 발생/재생 역할은 하지 않고 특정파장만을 통과시키든지 광신호를 한 방향으로만 흐르게 하는 등의 역할을 수행하는 소자를 광수동소자라 한다.

광수동소자는 주요 기능은 광분기합성(Branching, Splitter, Coupler), 광합파분기(파장다중분리 : WDM), 비상반기능(일방통행 : Isolator, 광로환원 : Circulator), 분기보상(Chromatic/Polarization Mode Dispersion Compensator), 회로절환(Switch), 파장선택(Filter), 광감쇠(Attenuator)로 분류된다.

가. 광수동소자의 요소기술

광능동소자는 그 기능이 광반도체에 있는 것이 많은 것에 대하여 광수동소자는 상기 기능을 실현하기 위해 유전체 필터(간섭막 필터) 결정/도파로(전기광학효과, 자기광학효과, 열광학효과) 광의 흡수, 간섭, 회절, 반사 등의 효과를 이용하고 있다. 광수동소자는 주 구성요소 및 기술로부터 분류되며 <표 7-1>과 같다.

〈표 7-1〉 광수동소자의 요소기술 대 분류

미소 과학형 (micro-optics)	렌즈, 광섬유 등을 정밀하게 광축 정렬하여 조립한 기능은 유전체 필터, 결정 회절격자 등으로 얻는다.
광섬유형	광섬유 융착, FBG(Fiber Bragg Grating), 분산보상 광섬유 등
광도파로형	기판에 기술을 이용하여 코어를 형성하고 분기, 간섭 등의 기능을 갖는다.

미소 광학(Micro-Optics)형은 일반적으로 기능재료의 선택폭이 넓고, 많은 기능을 실현되며, 또한 복수의 기능 복합화도 가능하다. 그러나 다기능화 할 경우 렌즈의 결합손실이 크고, 제조 원가가 큰 결점이 있다.

광섬유형 광수동소자는 일반적으로 저손실이나 실현할 기능이 한계가 있다. 기능 복합화가 곤란하고 복합화 또는 다단계할 경우는 광섬유의 곡률반경의 제한 때문에 수용면적이 역으로 크게 되는 등의 문제가 있다.

광도파로는 선택한 기판 재료에 의존하나 일반적으로 손실이 큰 결점이 있다. 그러나 공정기술을 사용하기 때문에 양산성이 우수하다. 또 칩으로 복수 회로를 구성하는 것이 가능하기 때문에 어레이화한 광소자를 실현하는 것은 적합하다.

나. 재료기술에서 본 광수동소자

도파로 재료는 석영 LN(이온 질산리듐) 이 주로 사용된다. 결정은 복굴절률 재료가 사용되는 것이 많다. <표 7-2>에 재료마다의 특징과 용도를 나타냈다.

〈표 7-2〉 광수동소자 재료

재 료	특 징	광소자
석영 (도파로)	광도파로 재료는 저손실, 광섬유 등의 접속이 용이, 굴절률이 낮고 곡률반경이 크다(도파로의 대형화	다분기, AWG(간섭효과), 광스위치(열광학효과), 가변감쇠기 어레이(열광학효과)
LN (도파로)	전기적 효과가 크다 운반손실이 크다(대형화에 불리) 편광 의존성이 크다. 구동전력이 작다.	강도변조기(EO효과) 광스위치 (EO효과) 파장가변필터(AO효과)
수지 (도파로)	가공이 용이, 운반손실이 크다. TOgy과는 석영에 비해 저소비전력	광스위치(열광학 효과) 가변감쇠기 어레이(열광학 효과)
광섬유	저손실	분기 및 분피(광섬유융착) 광필터(FBG) 분산보상, 감쇠기(금속도핑광섬유)
결정재료	Micro-optics 기술과 결합한 기술이 많다. 회절격자, AOth자, 편광자 등의 기능을 실현한다. 대형화, 접적화가 곤란하다.	AOqus조기, 편광자로 광아이솔레이터, 광서큘레이터
유전체막	Micro-optics 기술과 결합한 기술이 많다.	광필터, 무반사막, 전반사막 등

2. 광합/분파기

광합/분파기(Optical Multiplexer/Demultiplexer)는 파장이 다른 여러 개의 입사광을 여러 개의 입력단자로부터 입사하고 1개의 출력단자에 출력하는 (1본의 광섬유에 결합한다) 합파기능과 1본의 광섬유에서 전송한 파장의 여러 파장의 입사광을 각 파장에 대응한 복수의 출력단자에 출력하는(파장마다 분배한다) 분파기능을 가지는 소자로서 광다중 분파회로라고도 한다.

광합/분파기는 합파기능을 갖는 것이 광합파기, 분파기능을 가진 것이 광분파기이다. 광합파기는 광분파기의 입출력 방향을 역으로 하여도 좋고, 또한 편방향 전송하면 파장선택성이 필요 없기 때문에 광커플러를 사용하는 것이 가능하다.

〈표 7-3〉 광합/분파기의 원리

방 법	특 징			
	다중도	파장간격	특성 예	기 타
파장선택성 반사 투과막 간섭막 필터 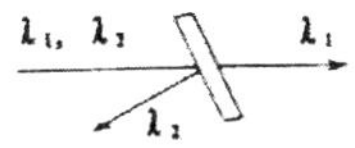	소 2~4파 WDM용	수백 nm	삽입손실 : 2~5dB 영역 : 50dB	다중수중기로 필터수가 증가
각도분산소자 회절격자(AWG) 프리즘 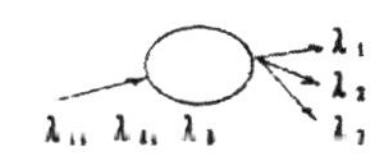	중 10~40파 WDM용	수 nm~ 수백 nm	삽입손실 : 2~4dB 영역 : 50dB	DWDM용 등
방향성결합기 융착광섬유, 광도파로 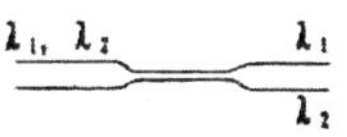	소 2파 WDM용	수 nm	삽입손실 : 0.5dB 영역 : 15~20dB	광섬유 증폭 기용 등
march-Zender 광도파로 스타커플러+광증폭기 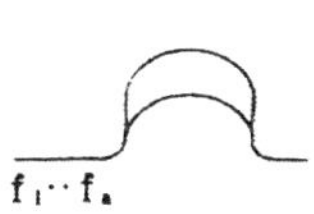	~수백파 FDM용 (>수GHz)	0, 수 nm	삽입손실 : 0.5dB 왜곡 : -8~-25dB 채널간격 : 5GHz	

<표 7-3>은 광합/분파기의 원리를 나타내었으며 파장선택성이 있는 유전체 다층막으로부터 만든 간섭막 필터, 각도 분산소자에 대한 회절격자와 프리즘, 방향성 결합기의 융착 광섬유와 광도파로, 마하젠더 간섭계의 분파소자를 이용한 것 등으로 분류된다.

간섭막 필터형은 [그림 7-1]에 표시한 것처럼 2개의 렌즈 간에 간섭막 필터를 협소한 형태로 입출력용 광섬유와 같이 고정 일체화시킨 4보드 소자이다. 간섭막 필터는 유리기판위에 굴절률이 다른 유전체 재료(SiO_2, TiO_2)를 1/4파장 또는 1/2파장의 정수배의 두께로 상호 적층 중첩한 다층막간의 간섭을 이용한 것으로서 특정 파장영역의 신호광만을 통과시키는 것이다.

다른 파장 λ_1, λ_2의 신호광은 간섭막 필터로 투과한 파장 λ_1과 반사하는 파장 λ_2의 신호광에 분파시킨다. 이것을 다단으로 구성하여 다중도를 증가하는 것이 가능하다.

[그림 7-2]에 융착 광섬유형 합/분파기의 원리를 나타내었다. 융착형 광섬유 커플러와 같은 모양으로 2본의 광섬유를 병렬로 접합한 상태로 가열, 용융, 일체화하여 상원추상의 테이퍼를 형성한 것이다.

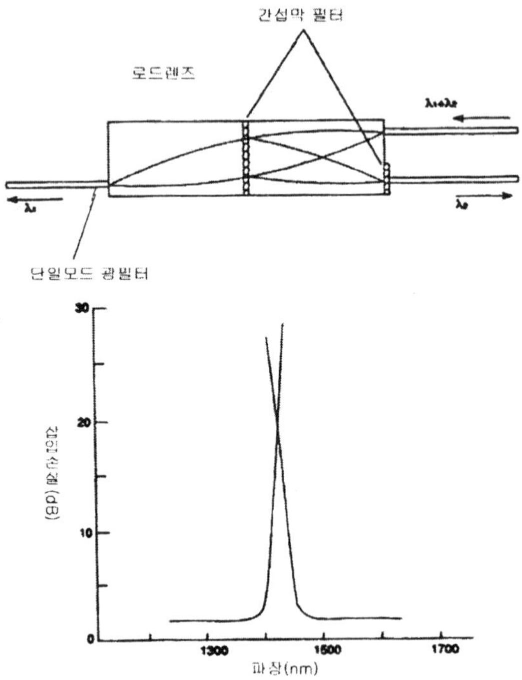

[그림 7-1] 간섭막 필터형 광합/분파기의 구조

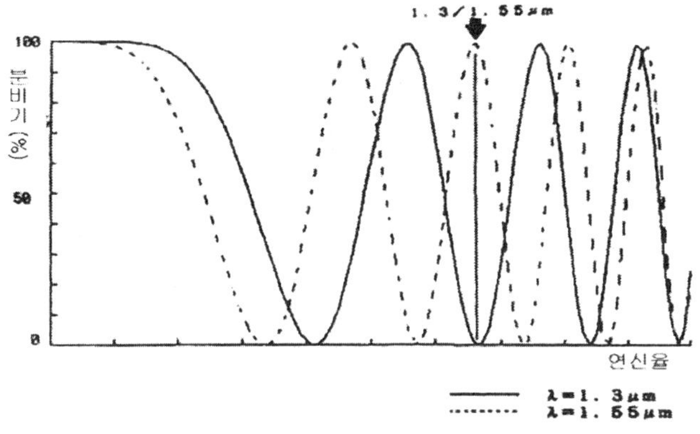

[그림 7-2] 융착 광섬유 커플러형 광합/분파기의 원리

테이퍼부에는 코어경이 작아서 광이 들어가는 것이 약하고 광섬유 코어가 근접하여 있기 때문에 다른 코어에 광파워를 나누고 데이터부를 전송할 때에 에너지가 이동하는 분포 결합(비대칭결합)을 이용한 것이다. 이 부분 결합은 파장 의존성이 있으므로 두 가지 다른 파장에서 분기비가 반대되는 연장, 신장 길이([그림 7-2]에서는 파장 1.3㎛와 1.55㎛일 때 하나의 출력포트에서의 출력을 표시한다)를 설정하여 분파기능을 갖도록 하였다. 또 광섬유에 회절격자를 형성하고 그의 Brag 파장과 일치하는 광만을 반사시키는 광섬유 격자도 만들어 이용하고 있다.

광도파로 상에 격자를 형성시킨 것 중에 석영평면회로를 이용한 어레이 도파로 회절격자(AWG : Arrayed Waveguide Grating)형 광합/분파기가 실용화되어 있다. [그림 7-3]에 표시한 것처럼 2개의 슬리브 도파로에 길이가 다른 복수의 어레이 도파로군에서 회절광의 간섭을 이용한 것도 있다. 온도 무의존화에 따라 파장제어를 할 때 히터 등은 필요가 없다. 또한 굴절률이 큰 InP계의 반도체를 사용함에 따라 소형화를 이루어 제작하고 있다. 그 외에도 석영 광도파로에 형성한 2개의 방향성 결합기를 결합한 도파로의 길이를 변화하게 하여 임의의 주파수를 선택하는 마하젠더 간섭계형의 주기필터도 있다.

WDM 쌍방향 시스템의 광가입자계에서 적용을 고려하여 반도체 레이저(LD)와 수광소자의 광 포토다이오드(PD)와 간섭막 필터를 Bulk 목적으로 일체 모듈화시킨 것과 광섬유 증폭기용으로 합파 기능의 아이솔레이터와 편파합파 등을 일체화 복합 모듈로 실용화되고 있다.

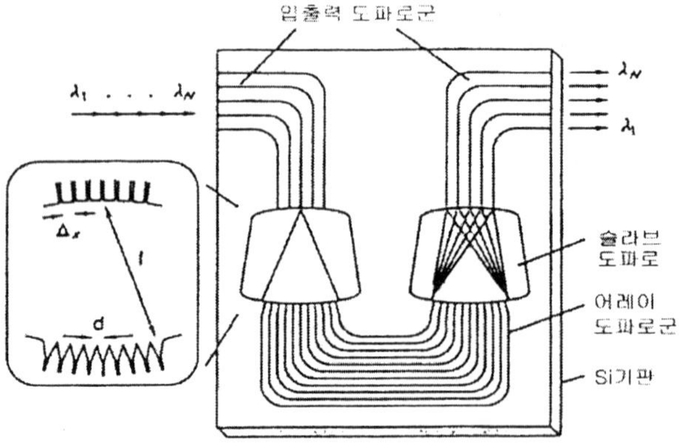

[그림 7-3] AWG형 광합파 분파기의 원리

3. 광서큘레이터

광서큘레이터는 광섬유에 입사한 광과 광섬유로부터 돌아온 광을 분리하는 광 비상반성을 가진 광부품으로 광통신 시스템에 사용하는 중요한 수동부품 중의 하나이다. [그림 7-4]에 나타낸 포트 1에서 입사한 광은 포트 2에 출사하고 포트 2로부터 입사한 광은 포트 3에 출사한다. 이 기능을 이용하여 반사형 광부품과 조합하여 쌍방향 광회로 중에서의 방향 분리소자로 이용되며 주로 광 ADM(Add-Drop Multiplex)와 광증폭기 등에 사용된다.

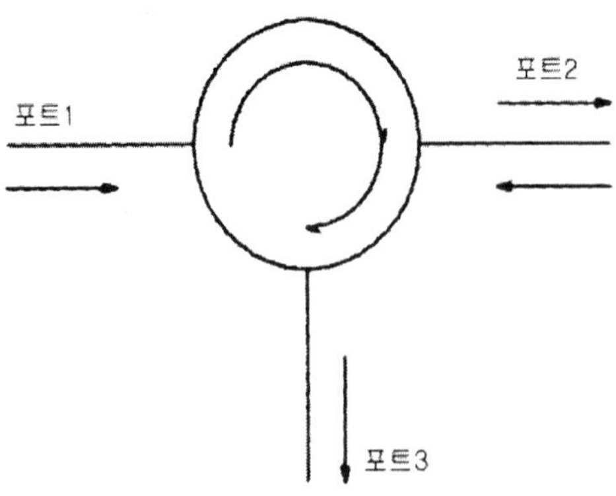

[그림 7-4] 광서큘레이터의 기본기능

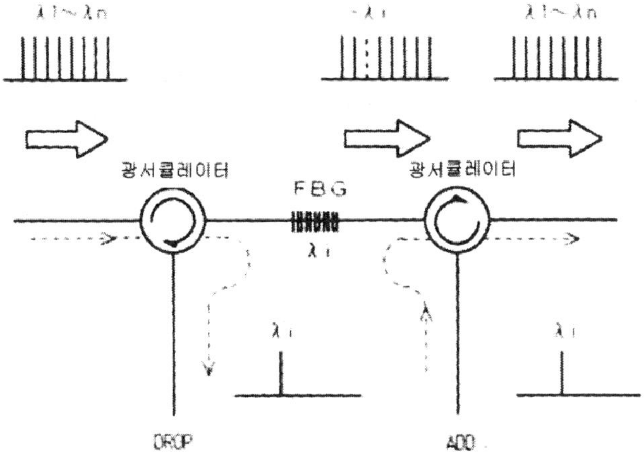

[그림 7-5] 광ADM회로

[그림 7-5]는 광ADM에 사용한 경우의 예를 나타내고, 특정파장의 신호 광을 반사하는 광섬유 격자(FBG)와 조합함으로써 WDM 전송에서 임의의 신호광을 분기하며 합파하는 회로를 구성할 수 있다.

[그림 7-6]은 분산보상기의 예를 나타내며 광서큘레이터의 제2포트와 각 파장용 FBG의 거리에 따른 시간차를 가진 분산을 보상하는 것이 가능하다.

광서큘레이터는 기본적으로는 비상반성을 가지기 위해서 비상반 소자, 그의 비상반 소자에 따른 편파면 회전을 공간적으로 분리하기 위한 편광 분자소자로 구성된다. 또 각각의 기능을 개별소자로 구성한 Bulk형, 기판 상에 광도파로를 구성한 광도파로형, 그것의 편광분리 소자를 사용하지 않은 간섭형이 있다. 또한 포트 3에서 입사한 광을 포트 1에 출사한 기능이 있으며 4포트 이상의 순환기능이 있는 것도 있다.

현재에는 Bulk형 특히 비상반소자인 페러데이 회전자와 복굴절 결정에 따른 편광분리소자(이하, 복굴절 편광자)를 사용한 구조가 주로 사용되고 있다. 이 소자에 파장판과 렌즈, 광섬유의 광학계 등을 조합하여 구성시킨다. 직방체의 케이스로부터 원통형의 Ø5.5mm~Ø6.5mm 정도의 콤팩트한 형태가 주류를 이루고 있다. 광서큘레이터는 광입출사 포트가 광섬유와 접속하기 위해 기본적으로 편광 무의존형이 실용화되어 있다.

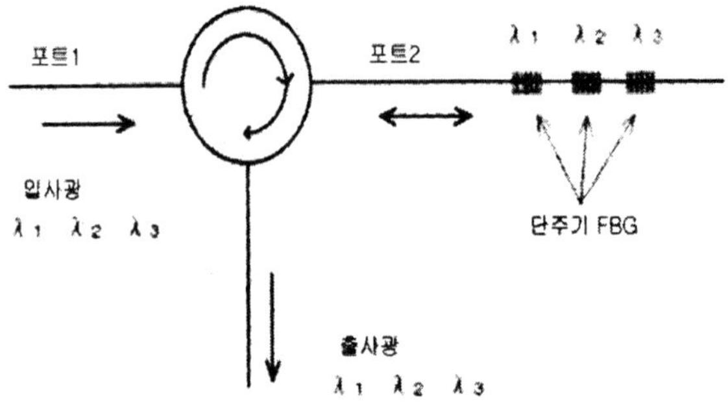

[그림 7-6] 분산 보상회로

4. 광커플러

광커플러(Optical coupler)는 1개의 입력단자에 입사한 광을 복수의 출력단자에 출사하는 분기·분배 기능과 복수의 입력단자에 입사한 광을 1개의 출력단자에 출사한 결합 기능을 가진 광소자로서 광분기 결합기(광분기 삽입기)라 한다.

가. 광커플러 기능

[그림 7-7]에 광커플러의 기능을 나타내었다. 4단자로 2입력 2출력 또는 3단자로 2입력 1출력의 광방향성 결합기(Optical directional coupler), 1입력 N출력은 광분배기(Optical divider/splitter) 또는 광분기기, N입력 1출력은 광 결합기(Optical coupler), N입력 M출력은 광스타 커플러(Optical star coupler)라 한다.

광결합기의 다수는 입출력단자를 역으로 하여 광분기기로 사용한다. 광방향성 결합기는 1:1(3dB coupler), 기타 1:10(10dB coupler), 1:100(20dB coupler) 분기 등이 있다. 광스타 커플러는 투과형과 반사형이 있으며 투과형은 임의의 입력 N단자에 광을 입사하여도 M출력단자에 전부 출사하고 반사형은 N단에 광을 입사하여 다른 N-1단자로부터 출사하는 것이다. 광분배기를 광스타 커플러라고 하는 것이 많다.

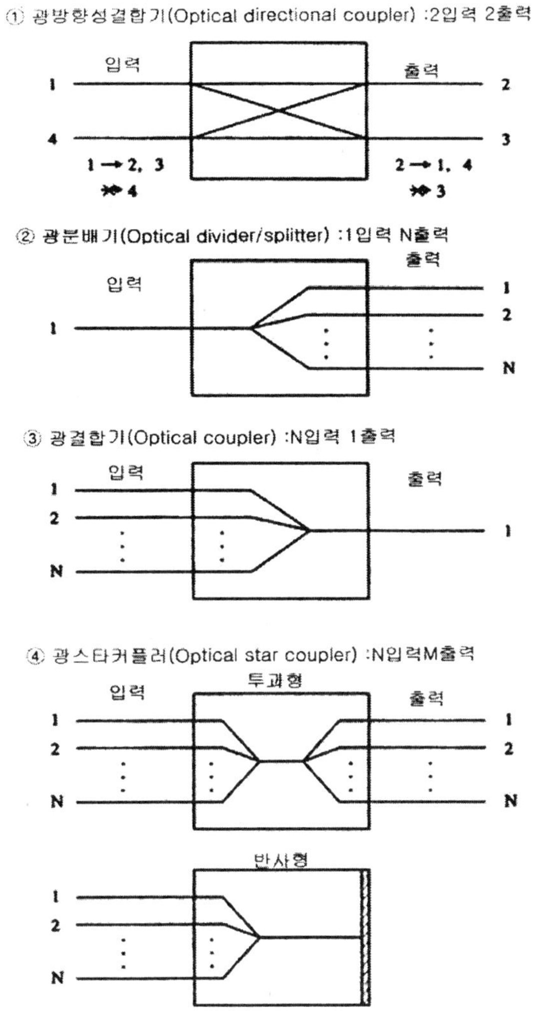

[그림 7-7] 광커플러의 기능

나. 광커플러의 원리

형태는 로드 렌즈와 유전체 다층막을 이용한 Bulk형 광섬유 융착에 따른 광섬유형, 유리 등으로 형성한 광도파로형이 있다. 원리적으로는 집중결합과 분포결합으로 나누어지고, 광섬유를 융착시킨 것과 광도파로로 방향성 결합기를 형성한 경우는 광이 전송됨으로써 결합상태를 변경하는 분포결합을 이용한다.

융착형 광섬유 커플러는 [그림 7-8]에 나타난 것처럼 2본의 광섬유를 병렬로 접속한 상태로 가열, 용융, 일체화하여 쌍원추상의 테이퍼를 형성시킨 것이다. 분기비는 연신시에 출력광을 모니터하면서 설정한다. 테이퍼부에는 코어 직경이 작은 것에 광이 약하며 광섬유 동축의 코어가 근접되어 있기 때문에 다른 코어에 광파워 분포가 걸려서 테이퍼부를 전송하는 에너지(파워)가 이동하여(분포결합 : 불균형분포결합) 분기된다.

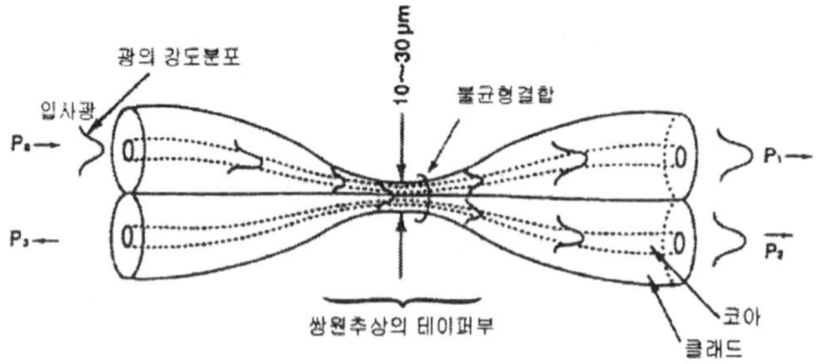

[그림 7-8] 융착형 광커플러의 원리 구조

Bulk의 집중결합형은 한 단면에 유전체 다층막의 반사막을 형성한 로드렌즈와 또 한 개의 로드렌즈를 반사막을 협소한 형태로 입출력용 광섬유와 함께 고착 일체화시킨 내부 반사막형은 기본적인 4포트 소자이다. 그 외 다중모드의 플라스틱 광섬유에 적용 가능한 광커플러로 개발되어있다.

광스타 커플러는 광섬유를 여러 가닥으로 묶어 융착한 것, 다각추 등을 로드렌즈사이에 삽입한 것과 고분자 필름 중에 단일 선택적 광중합을 이용한 모드 광섬유 등이 있다.

5. 파장 분할기

WDM 전송시스템은 파장 채널수를 증가시키는 것으로 정보전송용량의 수요증대에 대응하기 위해 신규 광섬유 케이블의 증설과 비교하여 경제성이 우월하기 때문에 최근들어 주로 사용되고 있다.

증대하는 정보전송용량에 대한 수요를 충족하기 위해 AWG (Arrayed Waveguide Grating) 등의 광합/분파기들이 다채널화를 위한 방법으로 DWDM 전송시스템에 따른 다채널화가 진행되었다. 그러나 이러한 방법에는 채널간의 파장

간격을 협소하게 할 필요가 있기 때문에 근접한 채널간의 신호를 정확하게 분리하고 채널의 원하는 특성을 가진 광합/분파기를 제작하는 것이 매우 곤란하다. [그림 7-9]는 파장 스플리터(Splitter)의 사용 예이다.

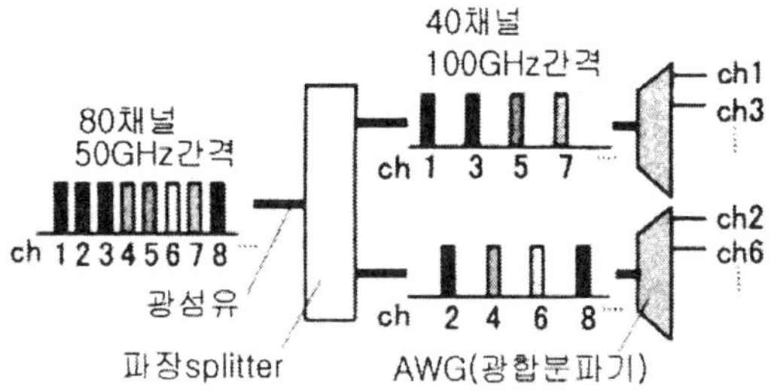

[그림 7-9] 파장 분할기의 사용 예

따라서 파장 분할기는 인접한 채널 신호를 배의 파장 간격을 갖는 2개의 포트에 분리 기능을 가지며 [그림 7-9]와 같이 파장 분할기와 AWG를 조합하면 50GHz 이하의 협대역 채널 간격의 WDM 전송시스템을 용이하게 구축할 수 있다. 또한 역사용법도 가능하여 2개의 신호계열을 1개의 신호계열로 할 수 있는 기능도 있다.

파장 분할기는 개설의 WDM 전송 시스템의 채널 증설과 채널 증설이 용이한 새로운 시스템 구축이 가능하며, 시스템의 확장성을 높이는 기능도 있기 때문에 이후에도 수요가 증가할 것이 예상되고 있다.

6. 광스위치

광스위치(Optical switch)는 다수의 입출력 단자를 가지며 임의의 입력단자로 부터의 광을 외부전기 신호등에 따라 임의의 단자 출력에 전환하는 광로절환기이다. 입력단자에서의 광을 ON/OFF하는 광로의 개폐기인 광셔터는 위의 광스위치의 한 단자 간를 사용하는 경우로 1입력 1출력의 광스위치라고 할 수 있다.

광스위치는 절환의 구동방법에 따라 가동방식과 비가동방식이 있다. 가동방식은 프리즘과 거울 등의 광학소자의 광빔의 굴절과 반사등을 이용한 것으로 이 광학소사를 가동체로 하여 전자석등으로 구동시킨 광로를 전환한다.

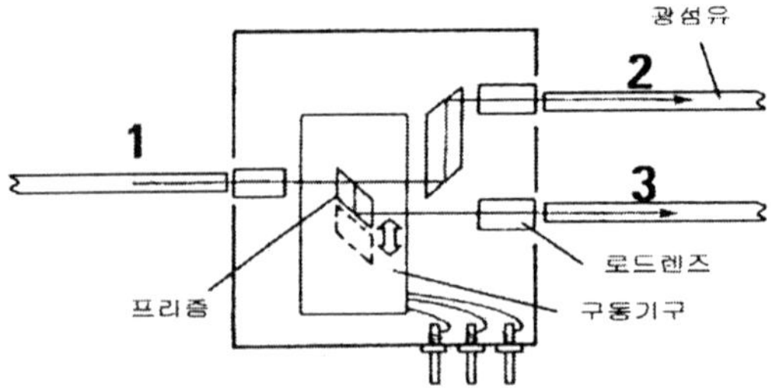

[그림 7-10] 가동식 광스위치의 구동 예

[그림 7-10]은 프리즘을 전자석으로 이동하는 것으로 병행 광 빔을 얻는 로드렌즈를 이동하는 것으로 병행 광빔을 얻는 로드렌즈를 배치하여 광 스위치 간 결합손실의 저감을 그림과 같이 한다.

자성막을 장착한 광스위치 선단을 전자식으로 이동시켜 다른 고정광섬유에 선택적으로 결합된 광섬유 가변형 광스위치는 [그림 7-11]과 같이 소형으로 저소비 전력이다. 최근 유명시된 MEMS(Micro Electro Mechanical System) 광스위치는 반도체 제조기술과 마이크로 머신 기술을 응용하여 집적한 미소 거울과 정전 엑추에이터를 사용한 것도 있다.

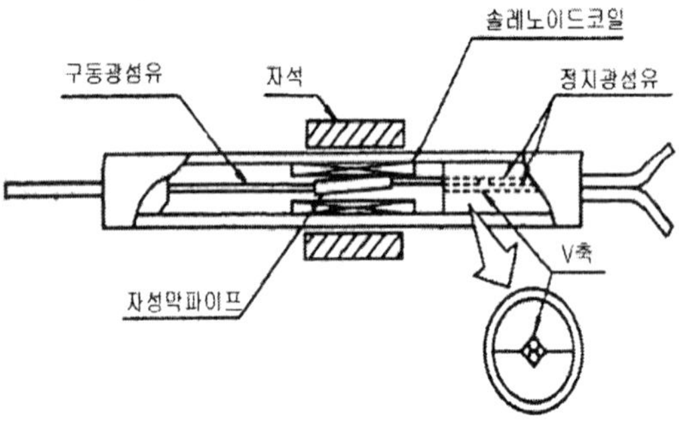

[그림 7-11] 광섬유 가변형 광스위치의 구조

비가동방식은 광학결정의 전기광학(EO : Electro Optic) 효과와 음향광학(AO : Acousto Optic) 효과, 열광학(TO : Thermal Optic) 효과 등의 굴절률 효과를 가진 물리효과를 이용한 가동체가 아닌 것도 있으나, 구조면에서 Bulk형과 도파형으로 나누어진다. Bulk형은 광학결정에의 회절과 편광의 회전을 이용한 것이 주류이다. $PbMoO_4$ 등의 결정에서의 AO 효과에 따른 격자회절을 이용한 AO스위치가 있다. EO 효과를 갖는 $LiNbO_3$ 등의 결정과 MO 효과를 갖는 YIG 등의 결정중에 편광을 회전시켜 그것의 결정의 전후에 편광을 분리

합성한 방해석 등의 복굴절 재료와 편광 프리즘을 배치한 것도 있다.

도파로형은 TO 효과와 EO 효과 등을 이용하고 있다. 평면 석영 도파로와 GaAsrP, InP계 화합물 반도체, $LiNbO_3$ 등의 강유전체 재료의 기판에 방향성 결합기와 March-Zender 간섭계 등을 광회절로를 형성하고, 근접한 2개의 광도파로의 굴절률을 변하여 광의 결합상태를 변화시켜 광로를 전환한 것도 있다.

7. 광아이솔레이터

광아이솔레이터는 일방향의 광을 투과시키는 것을 특색으로 한 광부품으로 편광에 대해 작용하는 편광자와 편광방향을 회전시켜 비상반소자인 패러데이 회전자를 조합함에 따라 실현된다. 반도체 레이저 모듈에 대해서는 오는 광에 따라 잡음증가를 억제하고 발진을 안정시키기 위해서 광아이솔레이터가 사용된다. 또한 광섬유 증폭기에는 증폭기내외의 반사에 발진을 억제하고 ASE (Amplified Spontaneous Emission)으로 잡음증폭을 억제하기 위해서 광아이솔레이터는 필요 불가결 하다.

가. 광아이솔레이터의 종류와 용도

광아이솔레이터는 그 형상에 따라 Bulk형, 광도파로형, 광섬유 집적형으로 분류한다. 현재는 Bulk형이 주류이나 광아이솔레이터를 기판상에 형성한 광도파로형도 각종 연구・개발되고 있으며 모드 변환형과 비상반 이상형에 나누어진다. 광섬유 집적형은 광섬유 중에 직접 광아이솔레이터를 삽입한 것으로 헨드프리, 얼라이먼트 프리의 기술에 적용되고 있다.

신호광의 발진광원과 광섬유 증폭기의 여기광원인 반도체 레이저 모듈은 각 구성요소의 접속점과 광섬유 자체에서 돌아온 광을 제어하고 레이저의 보호와 잡음을 억제하여 발진을 안정시키기 위해서 광아이솔레이터가 이용되고 레이저의 직후에 배치시킨다. 반도체 레이저에서 사출시킨 광은 방향이 정해진 직선편광이기 때문에 특정의 편광에만 기능이 있으나 구조의 간단한 편광의존형이 사용되고 있다. 최근에는 폐룰과 일체형의 소형 광아이솔레이터와 레이저 칩의 직후에 위치하고 초소형인 SMT 타입도 실용화되어 있다.

광아이솔레이터에는 증폭기내의 잔유반사 및 증폭기 내외의 반사에 의한 발진 및 잡음 발생을 억제하기 위해서 광아이솔레이터가 이용되며 기본적으로 광섬유 증폭기의 입출력단에 배치시킨다. 광섬유 증폭기에서 광섬유의 중간에 삽입된 광아이솔레이터는 임의 편광이 존재하기 때문에 편광에 의해 투과특성이 변화하지 않게 편광 의존형이 사용되었다.

나. 광아이솔레이터의 기본특성

광아이솔레이터의 기본특성은 삽입손실, PDL(Polarization Dependent Loss), 아이솔레이션, 반사손실, PMD(Polarization Mode Dispersion)이 있다.

삽입손실은 순방향에서의 투과손실이며, 광섬유 증폭기에 대해서는 신호이득, 출력신호광량, 잡음지수 등이 직접 열화되는 요인이다. 아이솔레이션은 역방향에서의 투과손실(역방향손실)과 투입손실의 차가 있으며 광아이솔레이터의 능력을 표시한다. 반사손실은 순방향 또는 역방향에서 광을 입력한 다음의 반사된 광량이다. 또한 PDL, PMD는 편광 무의존형으로서 PDL은 편광의 삽입손실 변동으로 광섬유 증폭기의 편광특성을 열화시킨다. PMD는 편광에 따른 광의 통과시간 차의 것으로 신호광을 왜곡시키는 요인이 된다.

제2절 광능동소자

1. 개 요

광능동소자는 광통신용 빛(광신호)을 발광 또는 수광, 재생 등을 할 수 있는 소자를 말하며 광증폭기, 발광소자, 수광소자, 광송신/수신 모듈이 있다.

2. 광통신용 광원

광통신은 IT 사회를 지탱하는 중요한 인프라로서 고속화 · 대용량화가 강하게 요구되며 인프라 정비가 급속히 추진되고 있다.

가. 발광 디바이스 기본 동작원리

[그림 7-12]에서는 반도체, 특히 직접 천이형 반도체에 대한 빛 흡수와 발광을 모식도로 보였다. 전도대, 가전자대와 금지대(밴드 간격 : Band Gap)로 이루어진 밴드 구조에서 임의의 온도에 대하여 상태 밀도와 페르미 디락(Fermi-Dirac) 분포로 결정되는 전자와 홀이 전도대와 가전자대에 각각 존재하는 열평형 상태(도핑으로 크게 영향)에서 밴드 간격보다 높은 에너지를 가진 빛이 입사되면 그 빛을 흡수하여 전자와 홀의 쌍(Pair)을 생성한다.

열평형 상태에서 임의의 방법으로 전자가 여기된 상태에서는 [그림 7-12](c)에 보인 바와 같이 홀과 전자가 열평형 상태로 돌아오려고 하는 과정으로 직접 천이형 반도체일 경우 밴드 간격에 상당하는 에너지를 갖는 빛을 발광하고 전자와 홀은 소멸한다. 이 과정을 자연 방출 과정이라고 한다.

전자가 여기되어 있는 상태([그림 7-12](b)에서 빛이 반도체에 입사하면 전자와 홀은 재결합하여 그 빛과 위상이 같은 빛을 방출한다. 이 상태를 반전 분포라 하고 입사된 빛은 증폭된다.

[그림 7-12](c), (d)의 발광 과정이 광원의 기본 동작원리이다. 이 발광 과정의 효율, 유도 방출일 경우는 증폭 이득을 증대시키기 위해 전자와 홀을 고밀도로 임의의 영역에 가두어 강한 반전 분포를 형성할 필요가 있다. 이를 위해서 [그림 7-12](a)에 보인 밴드 간격이 적은 반도체를 큰 반도체에 끼워 넣은 구조(이중 헤테로 : Double Hetero)가 채용되고 있다.

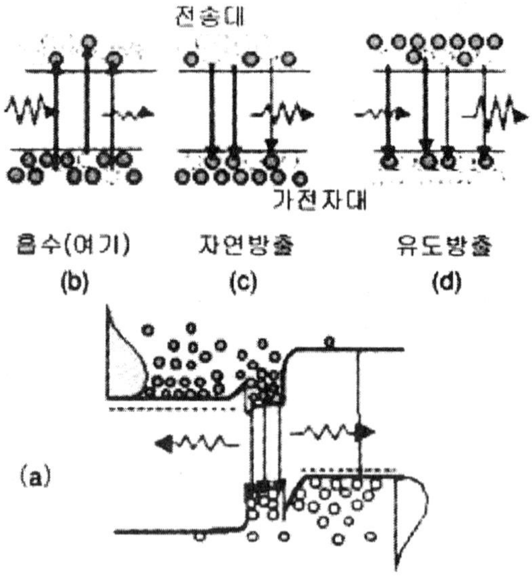

[그림 7-12] 광흡수와 발광과정과 이중 헤테로 구조

나. 반도체 레이저(LD)와 발광다이오드(LED)

레이저의 기본적인 구성은 유도방출 매체를 대향하는 두개의 반사경 사이에 끼워 넣은 것이다. [그림 7-13]에 고체 레이저와 나란히 반도체 레이저의 개략도를 보였다. 고체 레이저의 개략도에서는 기본 구성요소가 각각 개별적으로 분리 기재되어 있고 LD도 같은 구성으로 되어 있다. 유도방출을 일으키는 매체에 해당하는 것이 발광층(활성층)이다. 고체 레이저와 LD와의 차이는 반전 분포를 형성하는 방법이 빛에 의한 원소 여기인지, 전류에 의한 홀과 전자의 주입 때문인가의 차이이다. 반사경은 고체 레이저에서 어떤 거울이라도 사용할 수 있고 LD에서는 결정 단면이 그대로 반사경으로 작용한다. 실제로는 다층 유전체막을 표면에 형성하여 반사율을 제어하고 있다.

레이저 동작은 위에 설명한 구성을 이용한 빛의 발진 현상이다. 빛이 대향(서로 마주봄)하는 거울에 의해 1왕복할 때, 강도와 위상이 초기 상태가 되는 것이 발진을 뜻한다. 레이저로부터의 광출력이란 이 피드백 현상으로 광공진기에서 반사경(반사율<100%)을 통하여 외부에 부분적으로 방출되는 빛이다. 이 빛에서의 공진현상은 전자회로에 대한 공진회로와 같은 형태로 생각할 수 있다. 트랜지스터로 증폭한 전압의 진폭이 내부에서의 손실과 밖으로 빠져 나

온 전력손실을 거쳐 입력 쪽으로 피드백되었을 때, 강도와 위상이 입력과 만나면 발진상태가 된다는 것과 같은 동작이다. 한편 LED는 대향하는 반사경이 없고, 발진에 이르지 않은 상태에서 발광을 하여 빛을 출력하는 소자이다.

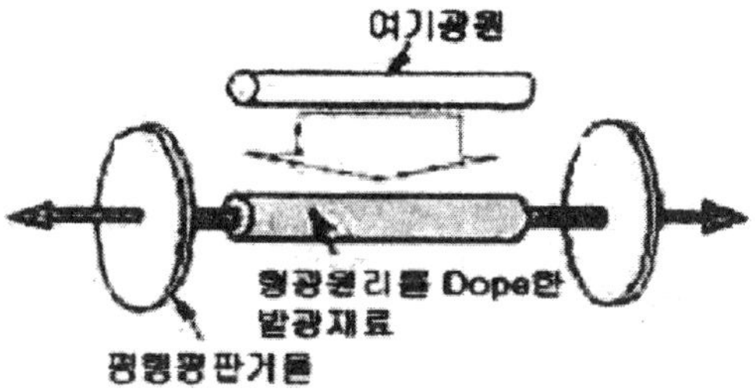

(a) 고체 레이저

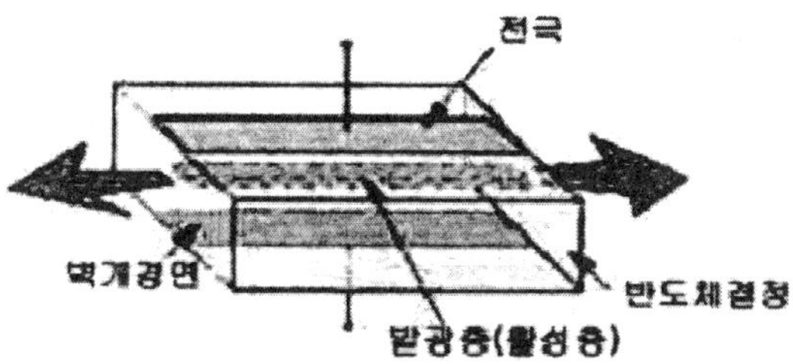

(b) 반도체 레이저

[그림 7-13] 반도체 레이저의 기본 구조

LD에서 발광하는 파장은 우선 사용되는 반도체 재료로 결정된다. 광통신용 광원재료로서 석영계 광섬유를 전제로 하면 저손실 대는 1.2㎛~1.7㎛ 범위이고, 기판을 InP로 한 InGaAsP 결정이 넓게 쓰이며 요즘은 InGaAlAs, InGaAsN 등의 새로운 재료를 이용한 LD 개발도 활발하다. 더욱이 양자 우물 구조를 갖는 활성층을 이용함으로서 파장도 변화시킬 수 있고, 그 이상의 양자효과에 의해 여러 가지 특성을 향상시킬 수 있다. 특히 LD일 경우 반도체 가공 기술과 결정 성장 기술에 의해 기본적인 레이저 구성요소에 기능과 변화를 주어 새로운 기능을 겸비하게 할 수 있다.

예를 들면 반사경을 파장 선택성이 있는 반사경으로 바꿈으로써 발진 스펙트럼을 더욱 정밀하게 제어할 수 있는 LD를 만들 수 있다. 반사경을 회절격자(Grating)로 하고 Bragg 반사를 이용한 것을 분포 반사형 반도체 레이저(DBR-LD)라고 한다. 활성층 그것에 회전격자를 형성하여 분포저으로 활성매질 내부에서 광 귀환을 일으킨 레이저를 분포 귀환형 레이저(DFB-LD)라고 하고 현재 아주 중요한 광통신용 광원이 되어 있다. 더욱이 공진기 방향을 [그림 7-13]에 보인 구조와 거꾸로 반도체 표면과 뒷면에서 공진기를 구성한 (VCSEL) 것도 있다. 또한 이 레이저는 2차원 배열 구조가 쉽다는 특징과 공진기를 극단적으로 짧게 할 수 있기 때문에 파장 제어성과 파장 가변성도 회절격자를 사용하지 않고 실현할 수 있는 특징을 갖는다.

3. 반도체 레이저

가. Febri-Perot형 반도체 레이저

Febri-Perot형(FP) 반도체 레이저는 결정의 특정 방향을 따라 자른 면을 이용한 반사경 속에 활성 영역을 배치한다. 이 구조는 각종 반도체 레이저 구조 중에서도 가장 간단하고 복잡한 제작공정 없이 싸게 제조할 수 있다는 장점이 있다. 이 때문에 CD, DVD용의 저장매체 광원으로서, 또 622Mb/s 이하인 비교적 저속, 단거리용 직접 변조용 광원으로 널리 사용되고 있다.

최근 들어 광섬유 앰프용 여기 광원으로 다시 평가되어 500mW를 넘는 고출력 동작이 보고되고 있다. 이런 고출력 반도체 레이저는 DWDM(Dense Wavelength Division Multiplexing) 광통신 시스템의 주력 소자로서 다수 채용되고 있다.

[그림 7-14]는 반도체 레이저 활성층 주변의 밴드 다이어그램을 보였다. 활성층은 밴드 간격 E_g가 큰 P, N형 반도체 사이에 끼어있는 구조로 되어 있다. 이와 같이 E_g가 다른 반도체에 끼워 넣은 것을 이중 헤테로 구조라고 한다. 순방향으로 전류가 흘러 활성층과 P형 클래드(Clad)층 경계면에 존재하는 전위(Potential) 장벽 때문에 활성층에 갇히게 된다.

P형 클래드층으로부터 주입된 정공도 같은 방식으로 갇히고, 이 효과적인 캐리어의 감금으로 인하여 이중 헤테로 구조의 활성층에서는 비교적 낮은 전류밀도로 전류가 흐르게 되어 고밀도 여기 캐리어가 형성된다. 일반적으로 E_g가 적을수록 굴절률이 커지기 때문에 클래드층에 비해 E_g가 적은 활성층은 굴절률이 높게 되고, 캐리어 감금에 더하여 활성층에 빛을 가두는 것도 동시에 이루어진다.

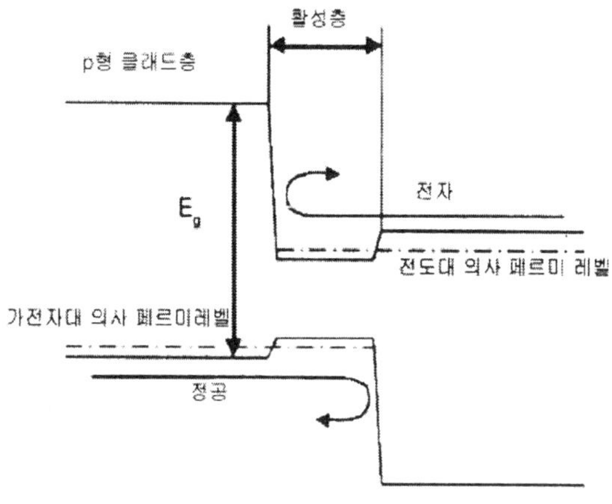

[그림 7-14] 반도체 레이저의 밴드 다이어그램

[그림 7-15]는 장파대 반도체 레이저에서 널리 채용되고 있는 매립형 반도체 레이저의 단면 구조도이다. 주입된 전류는 활성층 양 옆에 형성된 PNPN 사이리스터(Thyristor)에 의해 제한되며 이것을 통과하지 않고 효과적으로 활성층에 주입된다. 게다가 활성층보다 높은 밴드 간격의 반도체를 이용하여 매립함으로써 가로 방향의 빛 차단도 동시에 이루어진다. 이 레이저 구조의 특징은 안정된 횡모드와 낮은 역치전류에 있고, 장파대 반도체 레이저 구조로 널리 채용되고 있다.

에칭(Etching)에 의한 활성층의 손상과 매립 성장 시의 재성장 경계면 오염이 걱정될 경우는 활성층을 에칭하지 않는 돌출부 도파관(Ridge Waveguide)에 의한 가로 방향의 빛 삼금 등이 이용되고 있다. [그림 7-16]은 돌출부 도파관형 반도체 레이저의 단면 구조도이다.

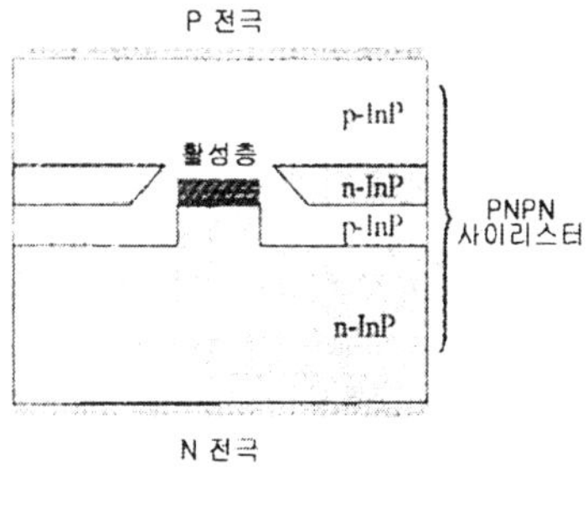

[그림 7-15] 매립형

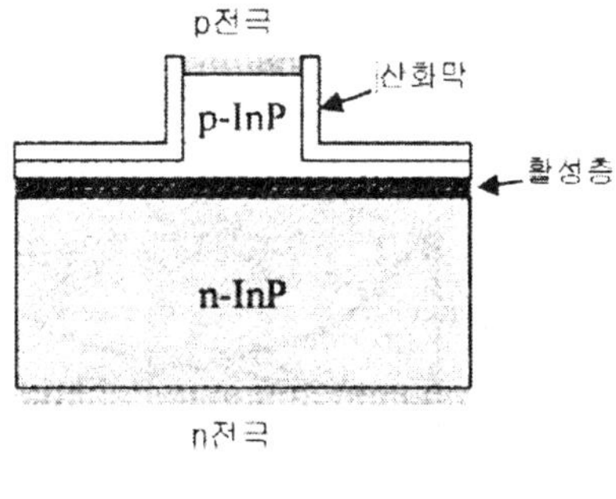

[그림 7-16] 돌출 도파로형

전류를 주입하는 발광부의 상부만 두껍게 클래드 층을 형성하고 그 외의 부분은 클래드층을 거의 제거하여 구성한다. 이에 따라 세로 방향의 굴절률이 발광부분에서는 높고 클래드층을 제거한 부분에서는 공기를 감지하여 낮게 되며, 양자의 굴절률 차에 의해 세로 방향의 빛을 감금하게 된다. 따라서 전류 주입은 클래드층을 형성한 부분에만 함과 동시에 전류 제한도 하여 발광부분에 효율적으로 전류를 주입한다. 가시광에서 단파장의 반도체 레이저는 거의 대부분 활성층에 Al을 넣는다. 이 재료는 쉽게 산화하고, 이것이 전위발생원이 될 가능성이 높다. 따라서 활성층의 에칭 없이 Al계 재료를 산화시키지 않고 빛 감금과 전류 감금을 할 필요가 있는 돌출부 도파관형의 여러 구조가 많이 제안되고 있다.

나. 파장 가변 반도체 레이저

발진 파장을 동조(Tuning)할 수 있는 반도체 레이저의 연구 개발은 오래 전부터 진행되어 왔다. 반도체 레이저의 발진 파장을 제어하는 방법으로서는 주로 열에 의한 굴절률 변화, 캐리어 주입에 의한 굴절률 변화, 전계 인가에 의한 굴절률 변화, 기계적인 공진기 구조 변화에 의한 방법을 들 수 있다.

(1) 온도제어에 의한 파장 가변 레이저

DFB 레이저의 소자 온도를 펠티에(Peltier) 소자 등을 이용하여 제어하는 간단한 방법으로 파장을 변화시킬 수 있다. 이 방법은 단일 종모드에 우수하고 제작 공정과 신뢰성이 확립되어 있는 DFB 레이저를 이용할 수 있다는 특징이 있다. 그러나 DFB 레이저 발진 파장의 온도에 대한 변화율은 약 0.1nm/K이고, 활성층 이득 최대(Peak) 파장 변화율의 약 1/3이기 때문에 소자 온도의 상승과 함께 발진 파장이 이득 최대 파장으로부터 벗어나버리고 발광효율 자체의 저하도 초래하게 된다. 이를 위해 파장 가변 범위는 2nm 정도로 제한된다. 이 제한을 넘기 위해서 DFB 레이저를 배열하기도 하고, 백금 저항체 등을 이용하여 활성층을 국소적으로 가열하는 방법 등이 있다.

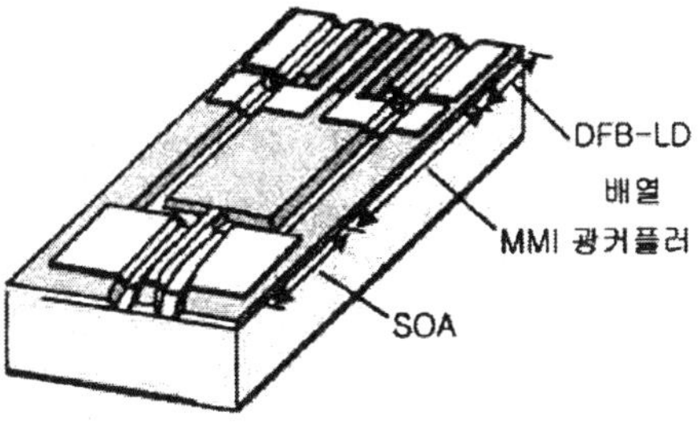

[그림 7-17] DFB 레이저 배열 구조

[그림 7-17]은 DFB 레이저 4소자를 배열하고, 합파기와 반도체 광증폭기를 집적한 파장 선택 광원의 구조이다. 4개의 DFB 레이저 배열 발진 파장이 같은 온도에서 약 3nm씩 이동하도록 회절격자 피치가 변조되고 있다. 구동하는 DFB 레이저를 선택하고, 소자 온도를 10℃에서 40℃까지 변화시킴으로써 50GHz 간격의 WDM 신호 23채널분(파장 범위 약 9nm)을 선택할 수 있다. 광섬유 광 출력은 10~20mW, 인접모드 억압비도 40dB 이상 얻을 수 있다. 이런 온도제어에 의한 파장 가변 레이저는 동조 방법이 비교적 간단하지만 동조 속도는 수십 msec 이상이 필요하다.

(2) 전류 주입에 의한 파장 가변 레이저

전류 주입에 따른 굴절률 변화(플라스마 효과)는 캐리어 수명에 상당하는 nsec 정도의 고속 동조가 가능하다. 대표적인 구조는 DBR 레이저이고 분포반사(DBR) 영역으로 전류 주입에 의해 파장 동조 동작이 얻어진다. 그러나 플라스마 효과에 의한 굴절률 변화율 Δn/ΔN은 10~20cm^{-3}정도이고 캐리어 주입에 의한 DBR 흡수손실 증가도 초래하기 때문에 굴절률 변화는 1% 정도에 머물며 파장 가변범위는 10nm 정도로 제한된다. 이것을 개선하기 위해서 주기가 다른 두 가지 DBR을 이용한 SSG(Super-Structure-Grating) 또는 SG (Sampled-Grating) 구조가 제안되었다.

[그림 7-18]는 소자 구조와 동작 메커니즘(Mechanism)이다. 전후방 DBR의 회절격자 피치가 다르기 때문에 주기적으로 생기는 반사율 스펙트럼의 최대값이 일치하는 파장에서 레이저 발진이 일어난다.

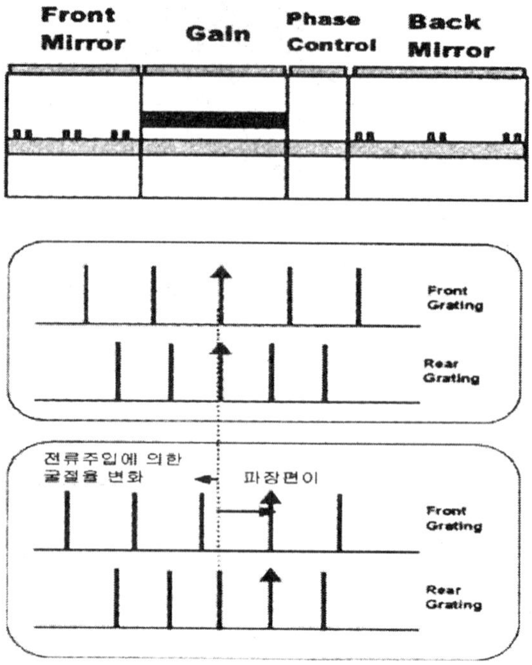

[그림 7-18] 레이저의 구조 및 파장가변 메커니즘

(3) 공진기 제어에 의한 파장가변 레이저

FP 반도체 레이저와 외부 거울로 이루어진 공진기 구조를 형성하고 기계적으로 공진기 길이를 변화시켜 파장을 동조하는 방법도 널리 검토되고 있다. [그림 7-19]는 외부 공진기형 파장가변 레이저의 구성도 이다. 외부 회절격자를 회전함으로써 발진 모드를 선택한다.

외부 공진기 구조 특유의 연속 동조 동작(30nm 이상)과 좁은 스펙트럼 선폭(1MHz 이하)을 얻을 수 있는 특징이 있다. 또 요즘 발전이 두드러지는 것이 면발광 레이저(VCSEL)에 마이크로 머신 기술(MEMS)을 집적한 구조이다. VCSEL 한쪽 반사경을 외팔보(Cantilever)로 구성하고 정전력 등을 이용하여 반사경 위치를 변화시킨다.

공진기 길이가 두 자리 수 짧은 VCSEL의 특징인 넓은 종모드 간격을 살려 30nm 이상의 연속 동조 동작을 얻을 수 있다. 광 출력이 하나의 과제였지만, 반도체 레이저에 의한 외부 광 여기를 이용하여 20mW 출력도 실현하고 있다.

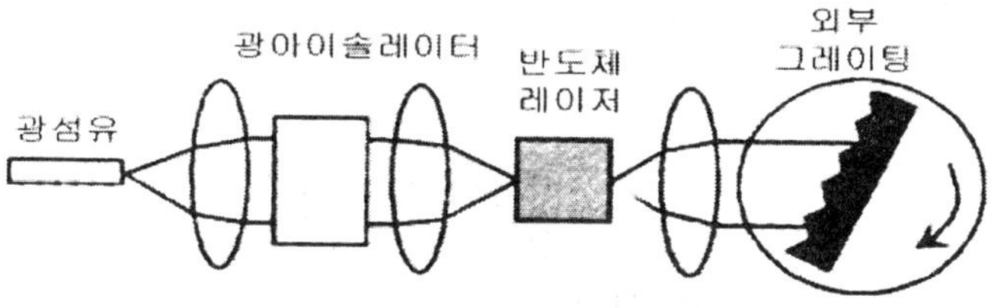

[그림 7-19] 외부 공진기형 파장가변 레이저의 구성

다. 면발광 레이저

면발광 레이저는 저소비전력으로 동작하고, 2차원 배열화가 쉬우며 저가격화가 가능한 광원이기 때문에 고속 광데이터 링크(기가비트 이더넷(GbE), 10기가비트 이더넷(10GbE) 등), 병렬 광 상호접속, 광디스크 메모리의 광 멀티빔 헤더, 레이저 프린터 등에 응용이 진행되고 있다.

또한 기판 면에 수직으로 레이저광을 출력하는 레이저로, 특히 기판에 수직 방향으로 레이저 공진기를 구성하고 있는 면발광 레이저를 수직 공진기형 면발광 레이저(VCSEL : Vertical Cavity Surface Emitting Lasers)라고 한다.

VCSEL은 종래의 단면 발광형 레이저에 비해 저 역치 전류, 단일 모드성, 광섬유와 결합이 쉽고,(낮은 복사각으로 원형 빔) 저가격화 가능(높은 생산성, 웨이퍼 레벨에서 칩 선별 가능), 배열화가 쉽다는 우수한 특성을 가지고 있다. 이 때문에 VCSEL의 실용성이 실증되고 있는 0.85㎛대 외에 여러 가지 파장 영역에서 VCSEL 개발이 진행되고 있다.

(1) VCSEL의 구조

[그림 7-20]은 VCSEL의 구조이다. VCSEL은 주로 상하 반사경과 활성층을 포함한 공진기부 및 전류 협착부로 구성되어 있다. 반사경은 굴절률이 다른 2종류의 층을 $\lambda/4n$(λ : 발진 파장, n : 막의 굴절률) 층 두께로 번갈아 적층한 다층막 거울(DBR : Distributed Bragg Reflector)로 구성되는 것이 많다. 이 DBR이 반도체로 형성될 경우, 1회의 결정 성장으로 공진기부와 거울부를 형성할 수 있기 때문에 생산성이 높은 VCSEL을 얻을 수 있다.

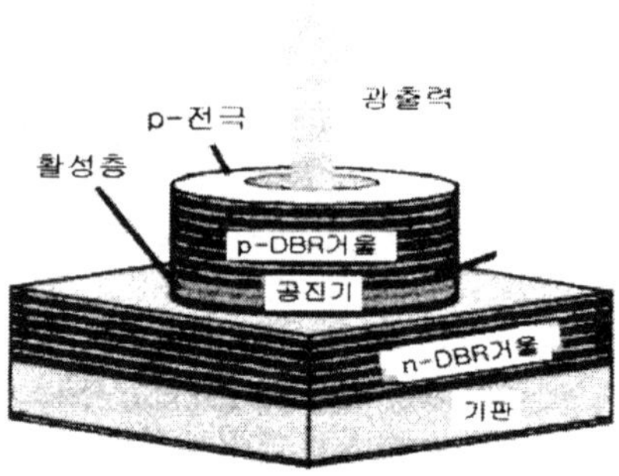

[그림 7-20] 면발광 레이저 구조

레이저의 발진 파장은 주로 공진기부의 광학 길이에 좌우되므로 정밀한 막 두께 제어가 필요하다. 보통 공진기부의 광학 길이(Σ(굴절률×층 두께))는 mλ/2(m : 2 이상의 정수)로 구성되기 때문에 이 공진기부를 λ-cavity와 2λ-cavity라고 표현하는 경우가 있다.

공진기 길이가 파장 차수로 되어 있기 때문에 쉽게 단일축 모드를 얻을 수 있다. 전류 협착부는 웨이퍼 성장 후의 처리 공정으로 형성되고, 구조로서 에어 포스터형(미소한 메사구조) 양자 조사형(H+에 의한 절연층 형성), 매립형, 선택 산화층형 등 여러 종류가 있다. 그 중에서도 선택 산화층형 구조는 작은 전류 협착경(~수㎛ 이하)을 형성하는데 적당하며 VCSEL의 저 역치화, 고속 변조화 때문에 요즘 많이 사용되고 있다.

이 구조에서는 P형 반도체 속의 AlAs 등 산화하기 쉬운 반도체 층을 선택적으로 메사 측면부터 산화하여 절연체(알루미나)로 바꾸고 중심 부분만 전류를 통하게 하는 반도체층을 남겨 전류 협착을 한다. 또한 남겨진 중심의 반도체 굴절률은 절연체의 굴절률(약 1.5)보다 크므로 빛도 동시에 중심부에 가둘 수 있고, 이 빛 감금 효과도 VCSEL의 고성능화에 기여하고 있다.

(2) 광통신용 VCSEL

광통신에 이용되는 VCSEL에는 주로 단파계(0.85㎛와 0.98㎛)와 장파계(1.3㎛와 1.55㎛)가 있다. 파장 0.85㎛와 0.98㎛대의 VCSEL은 다중 모드 광섬유(MMF)와 조합하여 SAN과 같은 단거리 데이터 통신과 2차원 광 상호접속에 이용된다. 이러한 단파계 VCSEL에는 GaAs 기판 위 GaAs/AlAs의 DBR과 GaAs, InGaAs 등의 활성층이 이용되고 이미 양호한 특성이 실현되고 있다.

또한 단파계 VCSEL에서는 실용화도 진행되어 있고, 저비용성을 배경으로

GbE용 광원의 약 9할 정도가 0.85㎛ VCSEL이 점하고 있다. 한편 1.3㎛와 1.55㎛대인 장파계 VCSEL은 단일 모드 광섬유(SMF)와 조합하여 10Gb/s LAN, MAN용 광원과 차세대 광통신망에 필요 불가결한 광대역 파장가변 광원으로 응용이 가능하다.

라. 양자 반도체 레이저

양자구조는 그 상태 밀도를 벌크(Bulk) 결정으로부터 바꿀 수 있기 때문에 반도체 광소자에서 전자 소자까지 광범위하게 이용할 수 있는 연구가 진행되고 있다. 그리고 원자층 레벨에서 제어된 박막을 성장할 수 있는 분자선 성장법(MBE법)과 유기 금속 기상 성장법(MOVPE법)의 발달로 1차원 방향의 크기가 전자를 양자적으로 감금하여 작은 양자 우물구조를 만들어 양자 우물 반도체 레이저가 실용화되었다.

또한 [그림 7-21]과 같이 양자 효과의 방향이 2차원(양자 세선(細線)), 3차원(양자 도트)으로 증가함에 따라 상태 밀도가 첨예화하고 레이저 특성이 대폭 향상되는 것을 이론적으로 예상할 수 있다. 특히 요즘, 양자 도트 구조를 성장 기술만 사용하는 자기 형성법에 의해 제작할 수 있게 되었기 때문에 양자 도트 레이저의 연구가 활발해지고 있으며 양자 우물 레이저를 능가하는 특성도 나타나기 시작했다.

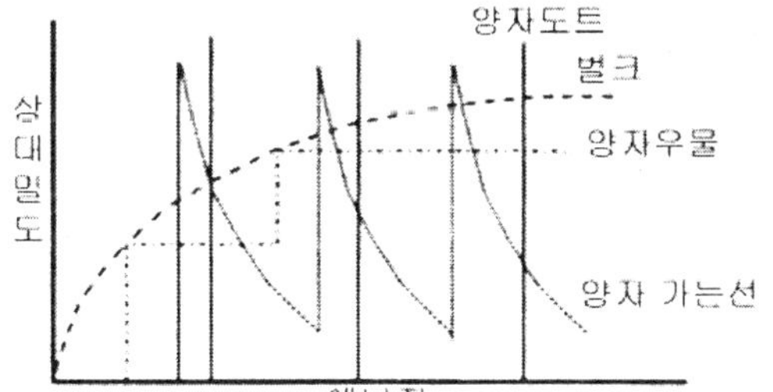

[그림 7-21] 양자구조의 상태밀도 함수

(1) 양자 우물 레이저

양자 우물 레이저는 MBE와 MOVPE를 사용하여 1970년대부터 만들어지기 시작했지만 1980년대에 들어와서 다중 양자 우물 구조를 채택하여 종래의 벌크 반도체 이중 헤테로 구조에 비해 역치가 1/3로 감소한 것에 널리 주목받게 되었다. 이 저역치화는 변형 양자 우물 구조에 의해 더욱 발전하였다.

역치가 감소한 이유는 이것을 변형시켜 가전자대 홀 질량을 저감시키면 반전 분포에 필요한 캐리어 밀도가 낮아지기 때문이다. 1.3, 1.55㎛대 광통신용 반도체 레이저에서는 InGaAsP/InP의 격자 정수차를 이용하여 적극적으로 변형시키고, 1990년대에는 보통 이중 헤테로 레이저보다 한자리수 낮은 $100A/cm^2$ 정도의 역치전류 밀도가 얻어지고 있다.

(2) 양자 도트 레이저

3차원 영역에 전자를 가둔 양자 도트(Dot) 구조는 구극의 양자 미세구조라고 부른다. 이 구조에서는 전자가 취할 수 있는 에너지가 양자화 준위 열에 집중하는 것으로 양자 우물과 비교해도 매우 뛰어난 레이저 특성이 기대된다. 지금까지 특성 온도의 개선(이론적으로는 무한대), 변조대역의 증가, 역치전류의 저감 등에 대한 예측이 보고되고 있다.

이런 매력적인 예측에도 불구하고 지금까지 실제 소자에 응용 가능할 정도의 고품질 양자 도트는 실현되지 않았다. 결정 성장 기술의 발전에 의해 초박막 형성 기술은 대폭적으로 진전을 이루었지만, 3차원 구조인 양자 도트 실현에는 새로운 돌파구가 필요했다.

이를 해결할 기술은 이전부터 알려진 변형 반도체의 결정 성장에서 표면에 형성되는 점 구조를 적극적으로 양자 도트로 사용하는 방법이 나타났고 당초 레이저의 발진파장은 In(Ga)As/GaAs계 자기형성 양자 도트를 사용하여 1㎛ 부근이지만 변형 완화 양자 도트에 의해 1.3㎛, InAs/InPrP 양자 도트에 의해 1.55㎛ 통신용 파장대 발진이 가능하게 되었다.

마. 광섬유 레이저

희토류 원소를 코어에 첨가한 광섬유 레이저는 가시에서 적외까지 여러 가지 발진 파장을 가지고 있기 때문에 광통신, 신호처리, 계측, 분광 등 여러 분야에서의 응용이 기대되고 있다. 그 중에서도 에르븀(Erbium) 광섬유 레이저는 석영(Silica)계 광섬유의 전파(傳播) 손실이 최소가 되는 1.5㎛대 파장 영역에서 발진하고, 30nm 이상의 대역을 갖고 있기 때문에 광통신용 짧은 펄스

광원으로서 이용되고 있다. 광섬유가 레이저로서 적당한 조건으로는

① 저손실 광 도파로일 것
② 코어 직경이 가늘기 때문에 광 강도 밀도를 높게 할 수 있을 것
③ 상호 작용 길이가 길 것
④ 분산 제어가 가능할 것
⑤ 펄스 압축 등 솔리톤(Soliton) 효과를 이용할 수 있을 것

등을 들 수 있다.

광섬유 레이저에는 연속 발진하는 레이저와 펄스 발진하는 레이저가 있고, 이용하는 방법이 서로 다르다. 연속 발진 레이저는 간섭성 광원으로서 계측, 파장 표준 등에 응용된다. 한편, 펄스 레이저는 펄스 변조에 의해 디지털 신호를 송신할 수 있으므로 통신에 이용할 수 있다.

바. 모드 동기 광섬유 레이저

[그림 7-22]에서와 같이 광섬유 레이저의 모드 동기에는 두 종류가 있다. 하나는 수동 모드 동기이고, 다른 하나는 능동형 또는 강제 모드 동기이다. 수동 모드 동기는 공진기 내에 가포화 흡수체를 놓고 외부로부터의 제어 없이 자기 스위칭에 의해 짧은 펄스를 발생시키는 방법으로 이득 대역을 넓게 이용하여 펨토초 펄스를 발생시킬 수 있는 장점이 있다. 그러나 펄스의 반복은 공진기 길이에 의해 결정되기 때문에 100MHz 이하로 낮아진다.

한편, 강제 모드 동기는 공진기 내의 광변조기에 변조 신호를 인가함으로써 펄스를 발생시키는 방법이다. 이 경우, 펄스 반복은 공진기 길이로 결정되지만 변조 주파수를 기본 반복의 정수배로 설정하면 반복 횟수가 높은 GHz대의 펄스를 발생할 수 있다는 특징이 있고, 이를 고주파 모드 동기라고 부르고 있다.

이 방법에서는 기본 반복이 수십 MHz임에도 불구하고 수십 GHz의 반복 펄스를 출력할 수 있기 때문에 고속 광전송 실험에 최적이다. 단, 펄스폭은 스위칭 시간, 게이트 폭이 광변조기 대역으로 결정되기 때문에 수동 모드 동기법으로 발생하는 펄스보다 길어진다.

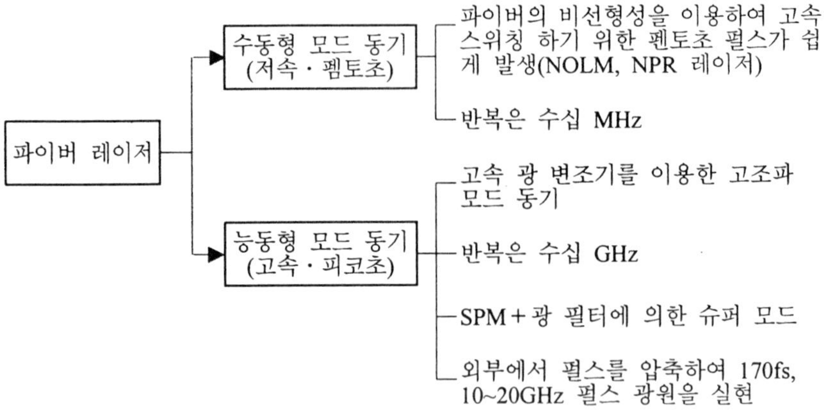

[그림 7-22] 모드 동기 광섬유 레이저의 분류

4. 초연속 광원

초 연속(SC : Super Continuum)이라는 용어는 비선형 매질 중에 강한 광펄스가 입사했을 때 여러 가지 광학적 비선형 현상의 상호 작용에 의해 생성되는 광대역 스펙트럼을 가리킨다. 단파장 영역에서는 액체 · 고체 · 기체의 수많은 매질을 이용한 초 연속의 생성이 보고되고 있다.

광섬유 전송에서 이용되고 있는 석영 유리 광섬유에 광펄스를 입사했을 경우에도 군속도 분산과 광 커어 효과(Kerr Effect), 라만(Raman) 효과, 자기 급준(急峻) 효과 등의 비선형 효과와의 상호 작용에 의해 광대역 스펙트럼이 발생한다.

그러나 파장 1.55㎛대에 대해서 광섬유 통신용 광원으로 응용이 검토되고 있는 것은 주로 군속도 분산과 광 커어 효과로 인한 자기 위상변조(SPM)와의 상호 작용에 의해 생성되는 초연속 광원이다.

광섬유에 펄스를 입사하여 발생하는 SC는 파장 다중 광통신(WDM)용의 다파장 광원과 초단 펄스 광원으로 이용할 수 있다.

[그림 7-23]은 SC를 이용한 초단 광펄스 발생 원리를 보이고 있다. SC가 발생할 때 스펙트럼 확산 과정에서 펄스 세로 모드 사이의 가 간섭성이 유지되고 있으면 넓어진 각 스펙트럼 성분의 위상을 동 위상이 되도록 조정하여 푸리에 변환 한계의 초단 광 펄스를 합성할 수 있다. 스펙트럼폭이 넓을수록 좁은 펄스폭이 얻어진다.

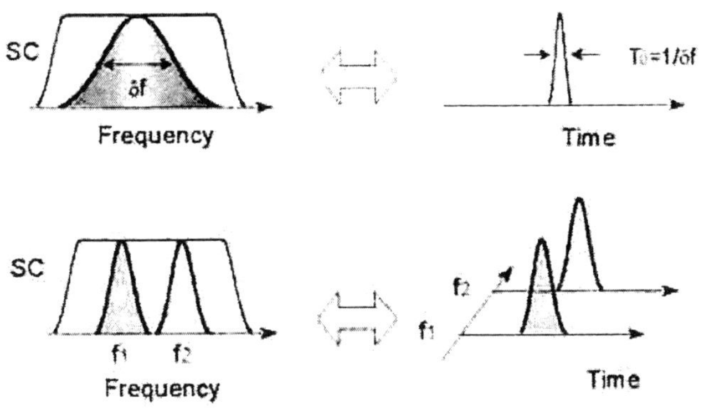

[그림 7-23] 초단 광 펄스발생원리

광대역 스펙트럼의 거의 모든 대역을 사용한 초단 펄스 및 AWG 등의 다봉성 필터로 잘라낸 다파장 펄스 광원으로 광대역 SC 스펙트럼을 배열 도파관형 회절격자 등의 다봉성 필터로 잘라내고, 단일 여기용 펄스 광원으로부터 파장 다중 광통신용의 다파장(주파수) 광원을 얻을 수 있다. SC스펙트럼으로부터 펄스 광원의 세로 모드 하나하나를 잘라낼 때에는 다파장(주파수) CW 광원이 얻어진다. 이 때, 주파수 간격은 여기용 펄스 광원의 반복 주파수로 결정되어지며, 자동적으로 주파수 간격 안정화를 꾀할 수가 있다.

또 잘라낸 대역에 세로 모드가 여러 개 포함되어 있을 때에는 각 주파수 채널의 출력광은 펄스열이 된다.

다파장 광원을 응용할 때 필요로 하는 대역은 C밴드를 커버하는데 30nm 정도, L밴드와 S밴드를 커버하는데 90nm 정도이다. 스펙트럼 전 대역을 이용하여 초고밀도 WDM 광원으로 이용할 경우 전 대역에 걸쳐 평탄한 스펙트럼이 요구된다.

5. 광증폭기

광섬유 통신에서 주로 이용되고 있는 광원은 반도체 레이저와 광섬유 레이저이다. 그 이유는 장시간에 걸쳐 안정하게 동작하는 신뢰성과 소형이면서 소비전력이 적은 저비용성이 통신용에서 중시되기 때문이다. 레이저 광원은 원리적으로 광증폭을 이용하고 있으므로 레이저와 같은 종류의 방식으로 광증폭기가 실현 가능하다.

지금까지 광섬유형과 반도체형에서 수많은 방식이 우열을 다투면서 연구되어 왔지만, 현재까지는 에르븀 첨가 광섬유 증폭기(EDFA)가 가장 많이 보급되어 있다. 이것은 고효율이면서 저잡음 증폭기로서의 기본 성능이 뛰어나다는 것, 증폭 파장대가 광섬유의 최저손실 파장대와 일치하고 있고 게다가 증폭용 광섬유가 전송로용 광섬유와 같은 석영계 광섬유로 실현할 수 있기 때문에 접속이 쉽다는 것 등 여러 가지 좋은 조건이 갖춰진 결과이다.

광섬유형에서는 EDFA의 대표적인 증폭기로 광섬유에 첨가된 희토류 첨가 광섬유 증폭기와 광섬유를 구성하는 유리의 비선형 산란을 이용한 광섬유 라만 증폭기가 잘 알려져 있다. 전자는 직경이 가는 광섬유 코어 제조 기술과 여기용 반도체 레이저의 성능 향상에 의해 실용화에 충분한 고효율을 얻을 수 있어 1990년에는 상용 시스템이 도입되었다. 후자는 효율이 나빠 사용을 피하여 긴 세월동안 실용화에 이르지 못하였으나 분포형 증폭기로 이용할 경우 뛰어난 성능이 재인식되어 상용 도입을 전제로 한 개발이 진행되고 있다.

광섬유 통신의 초기 단계에서는 반도체 레이저 광원의 실용화가 다른 방식보다 빨랐기 때문에 반도체 광증폭기는 실용적인 방식이 되리라고 기대했고 소형이면서 효율이 높다는 특징은 실현되고 있다. 그러나 요즘의 기간계 장거리 시스템에서 주류가 되어 있는 파장 다중방식(WDM)에서는 파장이 다른 복수 신호의 일괄 증폭과 고출력 특성이 요구되고 있고, 이것에 적합하지 않은 반도체 광증폭기는 단일 채널용과 게이트 스위치 등 다른 용도로의 응용이 활발해지고 있다.

(1) 광증폭기 원리

광증폭의 원리는 2가지 전자 준위 사이의 반전 분포에 의해 생기는 유도방출을 이용하는 것과 분자의 포논(Phonon)을 매개로 하는 비선형 산란에 의한 유도 산란을 이용하는 것으로 크게 나누어진다. 희토류 첨가 광섬유 증폭기와 반도체 광증폭기는 전자에 속하고 광섬유 라만 증폭기는 후자에 속한다.

[그림 7-24]에 희토류 이온을 이용한 광증폭 모델을 보였다. 여기에서는 광여기로 높은 에너지 준위에 존재하는 캐리어 수를 증가시켜 반전 분포를 형성하고 낮은 에너지 준위로 유도 방출 천이를 이용하여 광증폭을 한다.

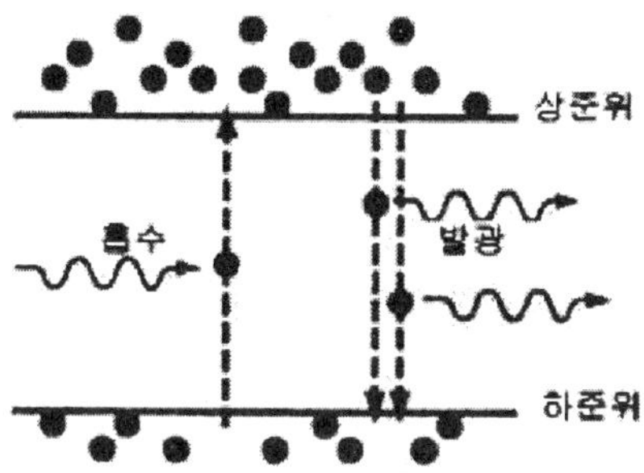

[그림 7-24] 희토류 이온을 이용한 광증폭 모델

[그림 7-25]에 반도체를 이용한 광증폭 모델을 보였다. 반도체에서는 전류 주입에 의해 전자-정공 쌍의 수를 증가시켜 반전분포를 형성하고 전자와 정공의 재결합에 의한 방사를 이용하여 광증폭을 한다. 이 계에서는 반전 분포의 정도가 증폭기의 잡음특성을 좌우한다. 즉 여기광과 주입 전류가 변하면 반전 분포 상태가 변하고 신호광 흡수와 증폭비율도 변한다. 신호광을 흡수 매질로 사용하는 것은 신호 대 잡음비율을 열화시키는 것이 되기 때문에 증폭기 잡음지수가 나빠진다.

다음에 비선형 산란을 이용한 광증폭 모델을 [그림 7-26]에 보였다. 이 모델은 가상적인 전자 준위와 실제로 있는 포논 에너지 준위를 조합하여 표현하고 있다. 입사광이 비선형 산란을 일으키면 분자의 포논이 여기되어 입사광 자신의 에너지가 감소하여 포논의 에너지양만 주파수가 낮은 빛이 되어 산란된다.

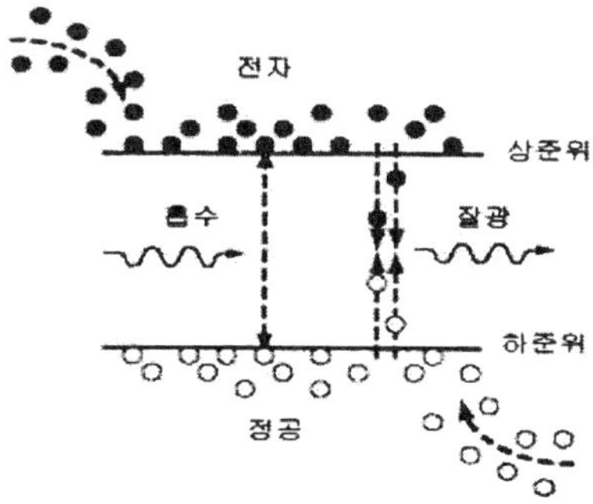

[그림 7-25] 반도체를 이용한 광증폭 모델

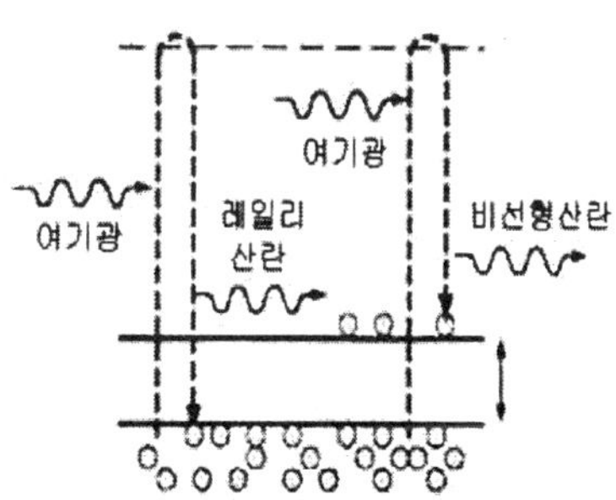

[그림 7-26] 비선형 산란을 이용한 광증폭 모델

산란광과 같은 주파수의 빛이 동시에 입사되고 있을 때는 이 비선형 산란이 유도를 발생시켜 광증폭이 실현된다. [그림 7-26]에서 여기광은 전자를 가상 준위로 여기하고 있지만, 이 준위는 안정하지 않으므로 신호광에 대한 흡수는 거의 일어나지 않는다. 이 때문에 여기광이 감소하면 비선형 산란이 일어날 확률이 줄어들고 이득은 적어지지만 여기광이 흡수매질로 작용하지는 않는다.

따라서 여기광 강도에 관계없이 항상 저잡음 증폭을 처리할 수 있다. 이것은 증폭에 따른 잡음의 기여가 실제 여기 준위를 이용한 광증폭기 그것과는 크게 다르다는 것을 보여주고 있지만, 어떤 방식이라도 잡음지수의 이론 한계는 3dB이다.

<표 7-4>에 주요 광증폭기의 증폭 원리와 기본 구성을 보였다. 어떤 광증폭기에서도 소신호 영역에서는 적어도 20dB, 대신호에서는 30dB 이상 이득이 실현되고 있다.

〈표 7-4〉 주요 광증폭기의 종류

명 칭	증폭원리	주 증폭 파장대
에르븀 첨가 광섬유 증폭기	에르븀 이온 전자준위 사이의 유도 방출 천이	1.53㎛대 1.55㎛대 1.58㎛대
툴륨 첨가 광섬유 증폭기	툴륨 이온 전자준위 사이의 유도 방출 천이	1.45㎛대 1.5㎛대
프라세오디뮴 첨가 광섬유 증폭기	프라세오디뮴 이온 전자준위 사이의 유도 방출 천이	1.3㎛대 1.6㎛대
광섬유 라만 증폭기	유리 분자의 유도 라만 산란	여기파장을 바꾸어 임의로 설정가능
반도체 광증폭기	반도체 중의 전자 · 정공 재결합에 의한 유도방출	재료 조성을 바꾸어 임의로 설정 가능
평면 도파로형 광증폭기	희토류 이온 전자준위 사이의 유도 방출 천이	첨가할 이온의 유도 · 방출 천이에 대응

(2) 광증폭기 구성

광섬유형에서는 한 가닥 증폭용 광섬유에 여기광과 신호광을 입사시켜 광섬유속에서 생기는 유도 방출과 유도 산란을 이용하여 빛을 증폭한다.

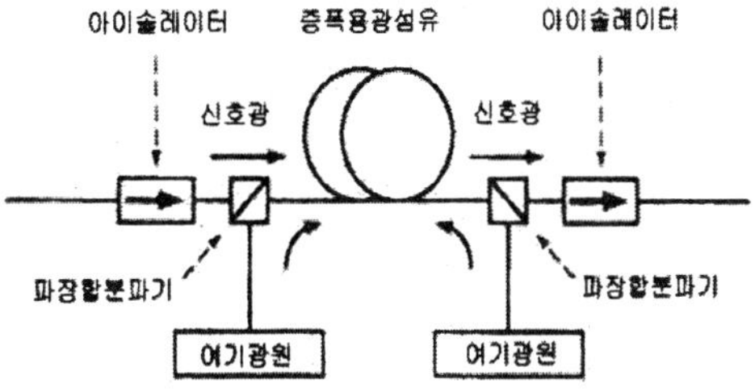

[그림 7-27] 광섬유 증폭기 기본 구성

[그림 7-27]에서는 여기광이 증폭용 광섬유속을 양방향으로 전파하는 구성을 보여주고 있지만, 신호광에 대해서 순방향(전방 여기) 또는 역방향(후방 여기)만을 이용하는 구성도 있다. 일반적으로 전방 여기는 광SNR(신호 대 잡음비)를 높게 유지할 수 있고 후방 여기는 출력 파워를 크게 할 수 있다. 라만 증폭기일 경우 광증폭 처리가 매우 빠르기 때문에 전방 여기에 이용하는 여기 광강도 잡음은 충분히 적게 해야 한다.

반도체 광증폭기는 기본적으로 반도체 레이저의 전후 양단에 반사 방지막을 설치한 칩에 광섬유와의 결합계를 조합하여 모듈화한다. 광섬유와의 결합 손실이 증폭기 잡음지수를 악화시키기 때문에 전류 주입에 의해 반전 분포를 발생시키는 활성영역 이외에 광섬유와의 결합 효율을 올리기 위한 스폿 크기 변환영역이 집적화되어 있을 경우가 많다. 그 밖에 증폭용 매체로서 집적형 광도파로에 희토류 이온을 첨가한 것을 이용하여 구성한 평면 도파로형 광증폭기가 있다.

6. 광송수신 모듈

광통신에서는 전송할 전기신호를 광신호로 변환하고 광섬유를 통하여 광신호 전송 및 전송되어 온 광신호를 전기신호로 재변환 하는 것이 기본 구성이다. 전기→광, 광→전기변환 부분을 모듈화한 것이 광송수신 모듈이고, LD 등에 의해 빛으로 변환된 신호를 광섬유에 결합할 부품이 광송신 모듈, 광섬유를 통해 온 광신호를 PIN 등의 수광소자로 받아 전기신호로 변환하는 부품이 수신 모듈이다. 또 송신 및 수신부를 일체화하여 하나의 패키지로 한 것을 광송수신기라고 한다.

광송수신 모듈은 광섬유에 연결하는 광 입출력 인터페이스와 전기회로에 연결하는 전기 인터페이스 쌍방향을 갖고 있다. 구성으로는 광섬유와 광소자를 광학적으로 결합하기 위한 렌즈 등의 광학계 부품, 광소자를 구동시키기 위한 구동 IC 및 그 패키지로 이루어져 있고 장기간 매우 안정된 광학계가 필요하다는 것이 다른 전기 부품과 크게 다른 부분이다. 광송수신 모듈은 적용영역과 사용목적에 따라 여러 가지 구성과 구조가 있다.

(1) 단일 기능 모듈

광송수신 모듈로는 발광, 수광소자를 광섬유에 광학적으로 결합시킨 기구로, 전기신호 인터페이스로서 전기신호용 단자를 외부로 꺼낸 구조가 가장 기본적이다. LD와 PD의 광반도체 소자에서 광신호는 전류로 변환되기 때문에 전기 인터페이스는 전류가 된다. 실장 구조로는 나비형(Butterfly), 동축형, 표면 실장형으로 분류된다. 나비형은 광결합 부분을 블록화 하여 조립하고 금속제 패키지 내에 순차 탑재한 구성이고, 고효율 결합과 LD로 반사되어 돌아오는 빛을 억제하기 위한 아이솔레이터 내장, 냉각소자(펠티에) 탑재의 편리성, 고속 신호선을 꺼낼 수 있기 때문에 고속, 장거리 용도로 이용되는 경우가 많다([그림 7-28] 참조).

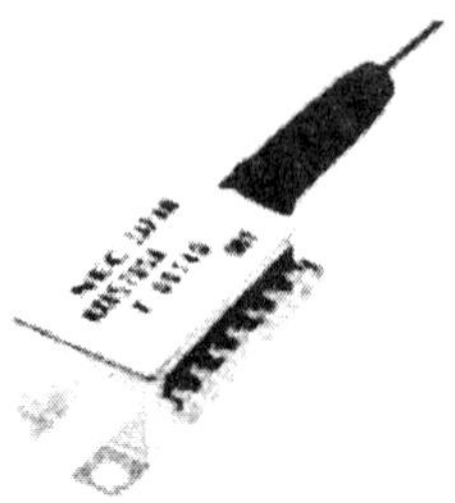

[그림 7-28] 나비형 모듈의 외관

[그림 7-29] 동축형 모듈 외관

동축형은 광소자를 창유리 부착 CAN형으로 패키지화하고 패키지 위에 렌즈 및 광섬유 단말을 순차 적층하여 모듈화한다. 패키지 기술은 확립되어 있고, 비냉각형에서 일반적으로 이용되고 있다. 2.5Gb/s의 단거리 용도까지 이 타입이 사용되고 있다([그림 7-29] 참조).

표면 실장형은 Si 벤치 위에 LD 소자와 광섬유로 이루어진 광학계를 구성하고, 반도체 패키지에 탑재한 모듈로 소형이면서 프린트 기판에 Reflow Soldering이 가능하다는 것이 특징이다.

(2) 광입출력 인터페이스 구조

광송수신 모듈의 광섬유 접속부는 접속부 구성이 다르기 때문에 접속용 광섬유(Pigtail)형과 소켓(Receptacle)형 두 가지가 있다. 접속용 광섬유형은 모듈의 광 입출력부에 광섬유가 부착되어 있어 전송로의 광섬유와 광커넥터로 결합시킨 구조이며 나비형 모듈과 아이솔레이터를 내장한 비냉각 동축형 모듈 등을 사용할 필요가 있는 고속, 장거리 대응 광송수신기에서는 접속용 광섬유형이 주로 사용된다.

또한 기기를 넣을 상자에 실장할 경우와 뒷면에서 전기커넥터와 일괄 접속하는 장치일 경우에는 보통 플러그인(Plug-In)형 광커넥터가 적용된 접속용 광섬유가 사요되고 있다. 한편, 전송로쪽의 광커넥터가 직접 광모듈에 부착하게 된 구조의 소켓형이라고 하는 구조가 있다. LAN 등의 장치에서는 장치 전면에 광커넥터를 부착하는 것이 많고 종래에는 2련의 SC 커넥터가 서로 맞물려 있는 타입이 많이 이용되어 왔다. 최근에는 전기 커넥터인 RJ-45 커넥터와 같은 MT-RJ 커넥터와 2련 LC 커넥터가 서로 맞물릴 수 있게 된 광송수신기가 개발되고 있고, SSF(Small Form Factor), SFP(Small Form Pulagable)라는 표준(De facto Standard)화가 진행되고 있다.

(3) 모듈 광학계(LD)

보통 고효율 결합을 얻는 데는 LD의 스폿 크기를 광섬유에 맞춰 변환시켜 줄 필요가 있어 비구면 렌즈 등이 이용되고 있다. 고효율 광결합 특성이 필요없을 경우는 광섬유를 직접 LD 단면에 근접시키는 버트 커플링(Butt Coupling) 방식과 볼 렌즈 등이 이용되고 있다. 저효율 광결합에서 어떤 결합계를 적용할 것인지는 광송신 모듈의 실장 구조와 밀접한 관계가 있고, 동축형에서는 CAN 패키지와 광섬유 단말과 거리가 떨어진 구조이기 때문에 볼 렌즈를 이용하는 경우가 많으며 표면 실장형에서는 Si 벤치 위에 LD를 실장하고 Si 위에 설치된 V홈 위에 광섬유를 정렬시키는 것이 가능하기 때문에 버트 커플러가 이용되고 있다.

(4) 구동회로 일체형 광송수신 모듈

이런 단일 기능 모듈에 회로와의 접속을 쉽게 하기 위해 수신 모듈에서는 전단 증폭기(Pre-Amp)까지 내장하기도 하고, LD 드라이버 회로와 수신회로를 탑재하여 전기 인터페이스가 규격화된 디지털 신호로 변환한 것도 송신기, 수신기 또는 광송수신 모듈이라고 하기도 한다. 구성으로는 나비형과 동축형 등의 단일 기능 모듈과 별도로 구동, 수신회로가 실장된 프린트판을 조합하여 하나의 패키지로 만든 타입도 Si 벤치 기술을 응용하여 하나의 패키지 안에 광 및 전기회로를 혼성하여 집적한 구조가 있다.

7. 광링크

광링크는 전기신호와 광신호를 변환하는 기기로써 전기에서 광으로 변환하는 E/O 변환기(Optics Electricity)와 광에서 전기로 변환하는 O/E 변환기가 있으며 네트워크에서 광섬유에 데이터를 부호화한 후, 전기신호를 광신호로 변환하고 데이터는 광섬유를 통하여 전송하여 수신쪽에서 광신호를 본래의 전기신호로 되돌려 다시 데이터 링크에 데이터를 보내는 원리이다. 광송수신 모듈, 광섬유, 광커넥터 등으로 구성된다. 광링크의 설계에 있어서 전송할 속도 및 거리에 따라 사용할 발광, 수광소자, 증폭기가 결정되고, 광신호 파워의 감쇠, 신호의 잡음/왜곡을 고려하여 사용 광섬유가 결정된다.

(1) 광링크의 기본구조

전송할 신호의 속도, 전송거리에 의해 사용할 광원, 수광 소자, 광섬유 종류가 결정된다. 대표적인 예로서 LD 및 PIN을 이용한 광 링크 구성을 [그림 7-30]에 보였다. 부호 처리된 신호가 LD 구동 회로에 들어가 LD를 구동하는 전류로 변환되고, 다시 LD에서 광신호로 변환되어 광섬유로 입사된다. LD 광출력은 온도 등에 의해 변하기 때문에 항상 일정한 광출력을 얻기 위한 제어가 필요하고, 보통 APC(Auto Power Control) 회로에 의해 광출력을 모니터하여 광 출력을 일정하게 유지하도록 제어한다.

광섬유를 통해 온 신호는 수신기에 들어와 광→전기 변환한다. 입력 광신호는 보통 약하고 파형이 일그러져 있기 때문에 신호를 증폭하여 파형을 성형하고 본 신호의 타이밍으로 파형을 수정하여 원래의 전송신호가 재생된다(3R 기능 Re-generation, Re-shaping, Re-timing).

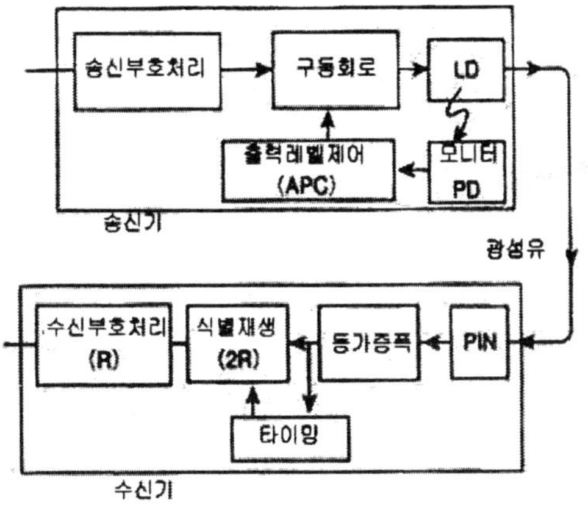

[그림 7-30] 2지점 간 광링크의 구성

(2) 광링크의 사용 예

(가) 10 Giga Bit Ethernet

10기가 비트 이더넷 규격의 하나인 파장 1.3㎛, DFB-LD를 이용한 직접 변조에 의한 10km 광링크 설계 예로서 LD 10기가 비트급에서의 직접 변조는 소자의 대역 한계에 가깝고 보통 8B/10B 부호화에서는 12.5Gb/s가 되는 곳을 64B/66B로 다시 변환하여 10.3Gb/s 변조 속도로 줄이고 있다.

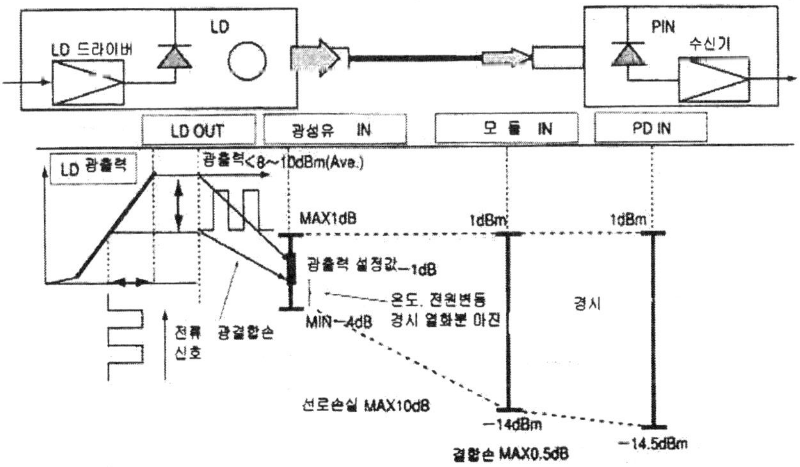

[그림 7-31] 기가비트 이더넷 링크 구성 예

[그림 7-31]은 광링크 구성 예이다. 단일 모드 광섬유에서의 전송 거리는 최대 10km로 커넥터 접속을 포함하여 10dB이다. 수신 감도는 바로 가까이에서 접속한 경우와 10km에서 가장 손실이 큰 경우가 있고 모듈 입력부에서의 수광 범위는 －1dBm에서 －14dBm이 필요하다. 송신 광출력은 온도 변동, 전원 변동, 경년 열화 등의 요인을 예상하여 －1dBm로 설정하고 있다. 필요한 LD 대역을 확보할 수 있는 구동전류 범위에서의 광출력에 대한 광출력 비가 LD와 광섬유의 결합 손실이 된다.

(나) WDM 모듈

보통 광링크에서 송 · 수신은 별도의 두 가닥 광섬유를 사용하지만, 광가입자 등에서는 한 가닥의 광섬유로 쌍방향 전송하여 광섬유의 관리 부하를 많이 줄일 수 있다. WDM(Wavelength Division Multiplexing) 모듈은 송수신에서 1.5㎛와 1.3㎛ 대의 두 가지 파장을 이용하고 한 가닥의 광섬유를 이용하여 쌍방향 전송을 하는 것이 있다.

WDM 모듈에서는 한 가닥의 광섬유를 송신 신호, 수신 신호가 통과하고 송신 · 수신 기능이 집적되어 있기 때문에 광 및 전기의 격리(Isolation) 특성을 확보할 수 있도록 설계되고 있다. ATM-PON에서 600Mb/s의 모듈이 실용화되고 있다.

8. 광변조기

광변조기는 투과 캐리어 신호광 강도와 위상을 외부 신호로 제어하는 광소자로서 인가한 전계강도에 비례한 굴절률 변화(Pokels 효과)를 나타내는 전기광학 결정을 이용하여, 투과 신호광의 위상을 전기적으로 변화시키는 LN 광변조기와 전계강도에 따라 화합물 반도체의 흡수 계수가 증가하는 현상(전계흡수 효과)을 이용하여 투과 신호광의 강도를 변화시키는 EA 광변조기로 크게 나눌 수 있다.

가. LN 광변조기

LN 광변조기는 니오븀산 리튬($LiNbO_3$, LN)을 이용한 것으로 그 동작은 굴

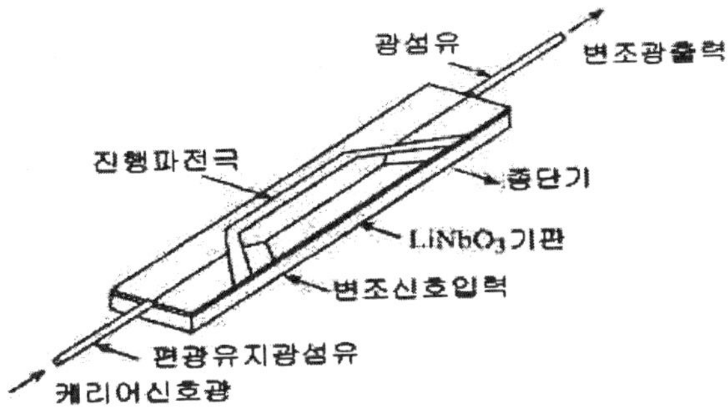

(a)

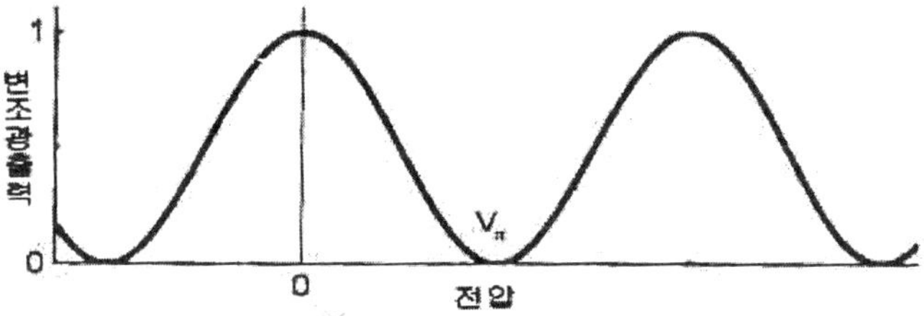

(b)

[그림 7-32] Mach-Zehnder형 광변조기

절률 변화를 사용하는 관계로 광위상 변조가 기본이지만, 실제로는 기존의 직접검파계에서도 복조 가능한 광강도 변조를 실현할 수 있도록 [그림 7-32]와 같이 Mach- Zehnder 간섭계에 위상 변조기를 내장한 분기 간섭형 광변조기가 대부분이다. 전자에서는 변조 광출력의 위상 변화가 변조 전압에 비례하고, 후자에서는 변조 광출력이 변조 전압에 대하여 정현적으로 변화한다.

구동전압 감소는 중요한 과제이며 신호광과 높은 전계를 효율좋게 상호 작용되도록 Ti 확산 광도파로를 끼워 바로 옆에 전극을 배치하는 도파관형 구조가 폭넓게 사용되고 있다.

전압을 낮추기 위해서는 변조 신호광과의 상호작용 길이를 확보하는 전극 길이를 길게 하는 것도 좋지만, 신호광 통과 시간에 비해 전압 변화가 빠르면 전극 전체에 걸쳐 균일한 전계가 가해지지 않기 때문에 변조 효율이 간단히 개선되지 않는다. 그래서 전극 자체를 전송 선로로 취급하는 신호광과 변조 신호를 같은 방향으로 전파시키는 진행파 구조로 하는 것이 일반적이다. 이 경우 변조 효율은 양자의 위상속도 차에 따라 저하한다.

LN은 마이크로파대에서 비유전율이 매우 높고 양자의 위상속도에 약 2배

간격이 생기기 때문에 속도 정합을 꾀해야 할 변조 신호의 실효 굴절률을 낮추기(위상속도를 올리는) 위한 여러 가지 구조가 제안되고 있다.

한편 LN 변조기는 구동전압의 높이(~5V), 모듈의 크기(>10cm), 신뢰성(DC 드리프트) 등의 문제를 안고 있지만, 조광 파형의 분산내력면에서 우수하기 때문에 장거리 전송용으로는 잘 이용된다.

나. EA 광변조기

광도파로 코어에 전계흡수 효과를 가진 재료를 이용하여 광강도 변조를 실현한 EA(전계흡수형) 광변조기는 소형, 낮은 전압구동, 광원(DFB-LD)과의 모놀리식 집적이라는 LN 광변조기에 없는 특징을 가지고 있다.

EA 광변조기는 높은 굴절률의 언도프(Undoped)된 광흡수층을 PN 도프된 낮은 굴절률의 상하 클래드층 사이에 두어 반도체 레이저와 같은 모양의 PIN 구조를 하고 있으며, 이것을 역바이어스하여 전계흡수에 필요한 100kV/cm 급 강전계를 쉽게 인가할 수 있다.

또 집중정수형 소자로서 구동되는 것이 일반적이기 때문에 광대역화에는 용량 감소책이 필요하며 메사 스트라이프(Mesa Stripe)쪽 벽을 반절연성 반도체와 유전율이 낮은 재료로 매립한 구조가 이용된다.

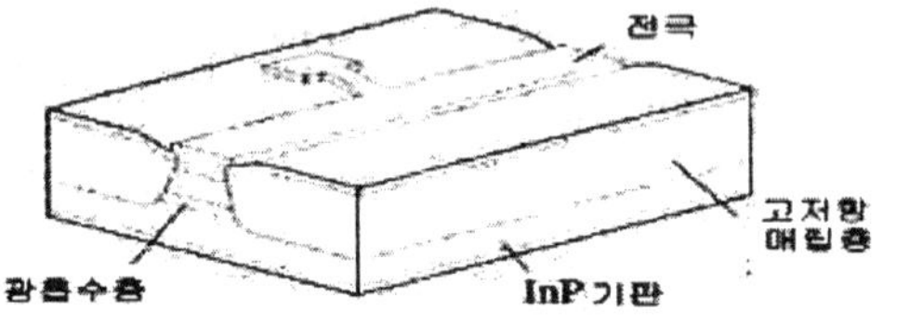

(a)

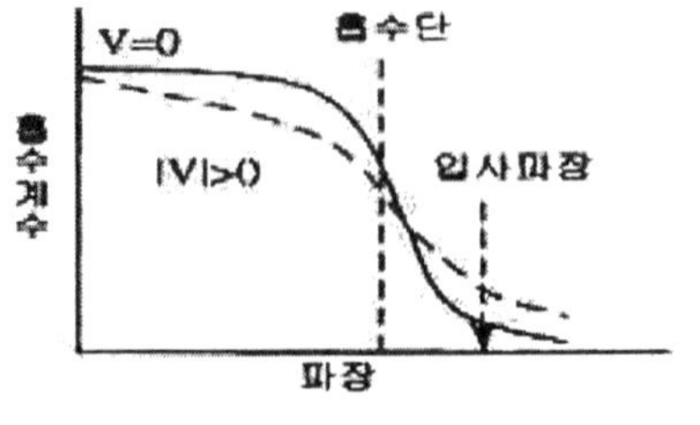

(b)

[그림 7-33] EA 광변조기

[그림 7-33]에서는 밴드 간격이 온도 의존성을 보이기 때문에 소자의 온도 조절 기능은 필수이다.

높은 전계 아래에서 반도체의 기초 흡수단이 낮은 에너지로 이동하는 Franz-Keldysh 효과를 응용한 벌크형 EA 광변조기는 편광 무의존화에 유리한 한편, 밴드 간격 파장 근처에서 흡수 스펙트럼 아래 부분의 끌어당김은 약간 크다. 또한 입사 파장으로서는 파장 1550nm의 신호광에 대하여 광흡수층 조성을 1500nm보다 조금 부족하게 설정하는 것이 일반적이다.

9. 광집적회로

광집적회로(Photonic Integrated Circuit)는 여러 가지 기능을 가진 광소자를 집적하여 이전에는 힘들었던 새로운 기능의 실현과 소형이면서 견고하며 안정된 동작을 하는 기능 모듈을 제공하고 있다.

광집적회로에는 크게 나누어 모두 동일 재료(특히 반도체)로 실현하는 모놀리식 집적구조와 평면 광파 회로(PLC) 위에 반도체 광디바이스를 실장한 혼성(Hybrid) 집적구조가 있다. 광집적소자 중에서 가장 단순한 구조는 반도체 레이저에 수동 도파로를 집적한 구조이다.

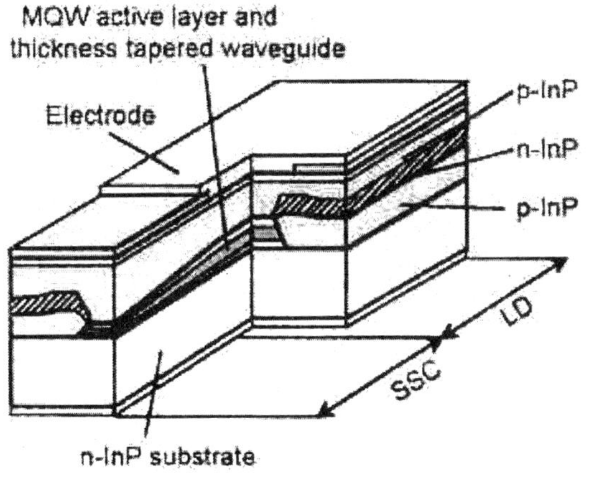

[그림 7-34] SSC-LD의 구조

[그림 7-34]에 스폿 크기 변환(SSC : Spot-Size Converter) 도파로를 집적한 반도체 레이저의 구조를 보였다. SSC 도파로의 코어층 두께가 출사 단면에 가까워질수록 테이퍼(Taper) 상태로 얇게 되어 있어 스폿 크기가 확대되기 때문에 평단면 광섬유와 석영 도파로와의 직접 결합에 있어 결합 효율과 위치 벗어남에 대한 허용오차가 높다는 특징이 있다. 이와 같이 층이 두꺼운 테이퍼 도파로는 선택 성장 기술을 이용하여 형성할 수 있다.

이외에 반도체 광증폭기(SOA)의 양쪽에 SSC 도파로를 집적한 예도 보고되고 있다. 또 현재 제품화되어 있는 낮은 처프 광원으로 전계흡수형(EA) 반도체 광변조기를 집적한 DFB 레이저가 있으며, 대규모의 광집적 소자로서 DFB 레이저 배열과 광커플러, SOA 및 EA 변조기를 집적한 배열형 파장선택 광원이 있다.

[그림 7-35]는 4가지의 DFB 레이저 중 하나를 동작시켜 SOA로 증폭한 후, EA 변조기로 2.5Gb/s 변조를 하는 구조이다. 동작시킬 DFB 레이저의 선택 및 온도에 의한 파장제어에 의해 23파의 WDM 신호를 임의로 선택할 수 있는 기능을 가지고 있다. 이런 소자는 어느 것도 밴드 접속(Joint) 기술 또는 선택 성장기술을 이용하여 제작되고 있지만 선택 성장기술을 사용하면 에칭(Etching), 재성장 공정이 필요 없기 때문에 복수의 활성층, 광흡수층, 광도파층을 일괄 형성할 수 있다는 특징이 있다.

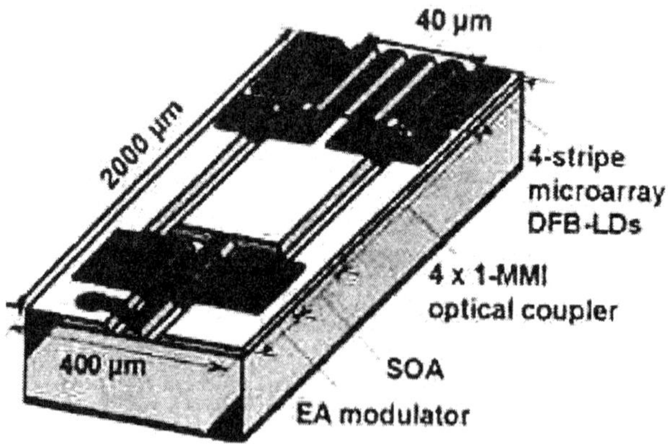

[그림 7-35] DFB 배열 파장선택 광원의 구조

또 기판면 내에서 밴드 간격 에너지를 넓은 범위로 변화시킬 수 있기 때문에 다른 파장의 광원을 일괄 형성할 수 있다는 특징도 가지고 있다. 이밖에 광커플러와 포토다이오드, 동조용 DFB 레이저 등을 한 소자에 집적한 광헤테로다인 수신기와 1.3㎛ 레이저, 수광기 및 WDM 커플러를 집적한 쌍방향 광통신용 단말 등도 있다.

[그림 7-36]은 64CH WDM용 채널 선택기의 소자 구조를 보였다. 입력된 64CH의 파장 다중신호는 우선 1×8AWG로 8CH씩 8포트에 파장 분파된 후 전단의 SOA 게이트로 1포트가 선택된다. 선택된 1포트(8CH 다중)의 신호는 8×8AWG로 1포트씩 분파되고, 후단의 SOA 게이트에서 1CH이 선택되어 출력된다. SOA에서 광손실을 보상하고 있기 때문에 삽입손실이 거의 없는 64CH 선택 동작이 실현되고 있다. 이와 같이 대규모 집적구조이면서 소자 크기는 7.0mm각으로 제한되어 있다.

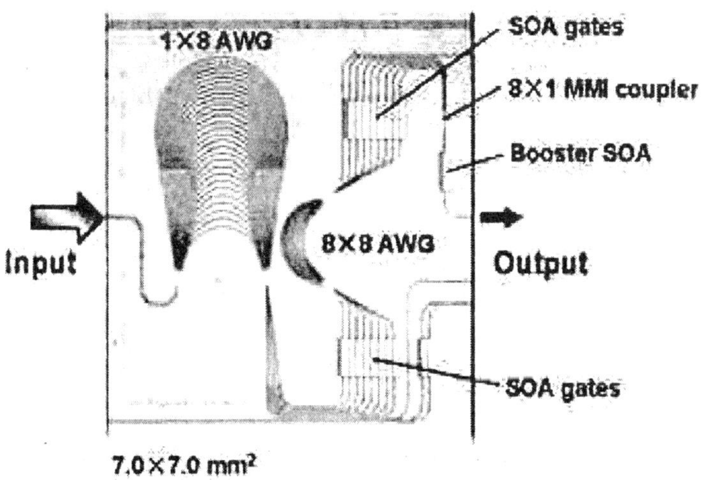

[그림 7-36] 64CH WDM 채널 선택기의 구조

제 8 장

광전자 응용

제1절 광전자 응용기술 개요

1. 개 요

광부품(Optics) 분야에서는 다양한 형상의 반사경, 렌즈를 비롯한 응용 부품, 광부품 광원재료, 광부품 연마 및 가공장비, 연마재 및 커팅툴, 코팅 및 후처리장치 등 각종 반사경 및 렌즈 등 기초 광부품 제조, 광섬유를 이용한 광통신부품 응용 분야, UV광을 이용하는 MEMS 기술에 의한 마이크로 렌즈 어레이 관련 옵틱스가 많이 개발되었고, 3차원 형상 실현을 위해 홀로그래픽 렌즈, 렌티큘라 렌즈와 같이 비구면 자유곡면을 갖는 옵틱스 개발에 많은 진전을 보이고 있다.

〈표 8-1〉 광산업 주요 품목

분 류		주요 품목
광통신	광미디어	광섬유
	광통신 부품	광커넥터, ONU, 광증폭기, 송수신기
	광통신 시스템	광전송 시스템, 광교환기
광정보기기	광기록 부품	광픽업, 광다이오드
	광기록 매체	MOD, DVD, CD-ROM
	광입출력 장치	스캐너, 레이저 프린터
광정밀기기	레이저 발생기기	산업용 레이저, 레저용 레이저
	정밀기공	절단·용접기, 마킹, 반도체 가공기
	광계측기기	광센서, 광계측기기
	의료광학기기	레이저응용 치료기, 영상진단기
광원응용	광 원	산업용 광원, 고효율 광원
	광변환기기	태양전지, CCD
	디스플레이 소자	LCD, FED, PDP, LED
광소재	광소재	렌즈재료, 광섬유재료, 광촉매
광학기기	화상기록재생	카메라, 복사기, 팩시밀리
	관측검사기기	쌍안경, 현미경, 야시경
	광학 부품	렌즈, 프리즘, 반사기

광응용 분야는 Integrated Optoelectronic Devices, Lasers and Applications in Science and Engineering, Biomedical Optics, Micromachining and Microfabrication 분야로 나누어진다.

2. 광전자 응용기술 분류

가. 광전자 응용기술 분류

〈표 8-2〉 광전자 응용기술 분류

분 류	광전자 응용기술
광통신 시스템 및 네트워크	파장다중 광통신, 솔리톤, novel transmission format, 초고속 광전송, 전광 네트워크, Metro 네트워크, 광교환,광인터넷, Access network, 초고속 Ethernet, FTTH, Home network, Microwave Photonics, 광무선 기술 등
광섬유 및 관련 소자/재료	광섬유 설계/제작/분석, 광자결정 광섬유, 광섬유 격자, 광섬유 센서, 비선형 광섬유, 광섬유 응용시스템, 광섬유 소자, 광섬유 재료, 광섬유 증폭기, 광섬유 미세가공 소자 등
광소자	평면 도파로소자(실리카+폴리머), 발광/수광 소자, 광센서, 광 PCB, 집적 광소자, 광결정 소자 등
광정보처리 및 디스플레이	광신호처리, 회절광학소자(DOC) 및 설계 기술, 홀로그래피 응용, 3차원 스테레오스코피, 광디스플레이, 의료용 광시스템, 광계측, 광상관기 및 영상 추출 기술, 광Pickup 구동장치 및 시스템, LDV 등
LCD	전자회로, 신호 및 시스템, Digital 및 Analogue 회로설계, Digital 신호처리, Video 화상제어, Micro-Processor 응용기술, 광전자공학 관련 유전체물성, 광학, 박막 관련, 광학설계, 액정 관련, TFT 부문(a-Si / p-Si TFT 설계, TFT 구동회로, Display Drive IC 설계, System on Panel 설계)
AMOLED	OLED 소자 물리학, OLED 증착 및 봉지 공정, OLED 소자 및 패널 광학 설계, 소자 열화 분석 및 패널 불량 분석, Laser 광학 설계, Color Filter / BM 제조, Ink-Jet Process(유기, 메탈), Poly Si및 신규 TFT 패널, TFT 회로설계, 드라이버 IC 개발 및 설계, TFTTFT-LCD 또는 AMOLED 종합 공정, Poly-Si 결정화 기술, AMOLED 재료 및 소자, 박막공정, AMOLED 봉지기술, 재료 및 구조 불량 분석, 유기 EL 재료, 디스플레이 기술 LTPS 패널 및 회로설계, LTPS 공정, TFT/반도체 공정,패널 및 소재, MOLED 패널개발, Mobile Display Module 개발

분 류	광응용기술
생산기술	구조해석(진동, 열유체 관련 CAE 해석), 위치제어(시스템 동적 위치 제어), 최적설계(시스템 최적화, Analysis based System design), 유변학(점성유체 유동해석 및 CFD 해석), 자동화, Vision 응용기술, 전력전자, 아날로그 회로설계, 디지털 회로설계, PLC 프로그래밍, 광학계 설계, 레이저 재료가공, 레이저 마이크로머시닝, MEMS 응용, Optical Lithography, Nano Patterning, DPSS 레이저, Femto Second Laser, High Power IR/Green/UV 레이저, PVD(스퍼터링, 증착, 이온빔), 장치설계, 공정개발, 산화막/금속막 개발, Dry Etcher 기술, 플라즈마 물리, 나노 파우더 생성 프로세스
전자재료	플라즈마 물리, 박막(dielectric, semiconductor, metal) 재료 및 공정, OLED 재료 및 소자, PDP MgO막, Rheology, Sol gel

나. 광전자 응용기술의 특징

(1) 광계측기술

광산업은 과학적으로 규명된 빛의 고유한 성질을 이용하여 기술적으로 개발함으로써 제품화하는 업종으로 빛의 생성, 전환, 제어, 응용 등의 기술혁신을 통한 지식 기반산업 분야이다. 광산업의 용도는 통신, 정보처리, 정보저장, 정밀가공, 계측, 의료, 우주과학, 방위산업, 오락 등 다양한 산업적 응용에 활용되고 있다. 광산업에 기반을 둔 광계측기술은 산업활동이나 연구개발 분야에서 인간의 오감과 두뇌와 같은 역할을 하는 것으로, 제품의 질과 연구개발 결과에 직접적인 영향을 주게 된다. 또한 오늘날 우리 산업의 당면 과제인 자동화, 시스템화에서 핵심 역할을 하며 이에 따라 과거의 단순측정 기능으로부터 복합측정 기능으로 전환되고 있다. 광계측기는 빛의 물리적 성질을 이용하여 피측정물의 여러 가지 특성을 알아내는 장비이다.

광계측산업은 기술적 측면으로는 광공학을 중심으로 전자공학 및 기계공학과 결합하거나 융합한 형태를 나타내고 있으며, 또는 이 세 가지 공학의 결합이나 융합에 의해 보다 높은 고도의 산업기술 및 제품을 지향하고 있는 것으로 인식하고 있다. 아울러 이를 지원하는 기술 및 요소기술 즉, 소자, 재료, 설계이론, 가공기술과 이들을 위한 소프트웨어 등을 포함하는 것으로 보고 있다.

적용분야는 기계, 생물, 화학 등 전반적이다. 특히 광산업 제품의 경우 광을 이용하여 그 제품 및 재료, 특성평가, 검사 등을 측정하여야 하는 경우가 많고, 또 광이용 분야의 하나인 만큼 광산업의 특징과 계측산업의 특징을 동시에 가지고 있는 분야이다. 특히, 21세기를 주도할 반도체, 정보통신, 신소재, 생명공학, 의료공학, 항공우주산업 등에서의 고정밀도 측정의 필요성은 크게 증가할 것이며, 이에 따라 관련 계측기 수요가 급속히 증가할 것으로 예상된다. 실로 계측기술의 바탕이 없는 산업활동이나 연구개발 활동은 상상할 수 없으며, 선진국에서 일찍부터 계측기산업이 꽃을 피운 것도 이러한 수요와 필요성이 있었기 때문이다.

(2) 홀로그래픽 광메모리 기술

홀로그램 본연의 성질을 이용하면 각각 다른 참조광을 가지고 저장 매질의 같은 장소에 많은 홀로그램을 기록함으로써, 작은 입방체 내부에 방대한 데이터를 저장하는 홀로그래픽 광메모리가 가능하다. 이러한 홀로그램을 이용한 광 저장장치를 홀로그래픽 데이터 저장장치(HDS : Holographic Data Storage)라 부르고 수천억 byte의 용량을 저장할 수 있다. 미국 및 일본 등의 기술 선진국에서는 미국의 NSIC(National Storage Industry Consortium), 일본의 SRC(Storage Research Consortium) 등과 같이 정부의 주도 하에 벤처기업과 대기업간의 전략적 제휴에 의한 기술연합의 형태를 중심으로 여러 기업 및 연구 기관들의 산학연 컨소시엄을 결성하여 공동 개발을 추진하고 있다.

(3) 레이저 기술

1960년 미국 휴즈항공사의 Maiman에 의해 개발된 레이저는 획기적인 발명품의 하나로서, 최근에는 레이저 응용기술이 더욱 발전하여 통신, 정보처리, 가공, 계측, 의료, 생활기기, 원자력 발전, 우주과학 분야 등에 중요한 역할을 하고 있으며, 앞으로 개발해야 할 범위도 넓다고 할 수 있다. 특히, 레이저 가공기는 금속, 목재, 아크릴, 석영유리를 비롯하여 신소재, 세라믹에 이르기까지 재질에 관계없이 자유자재로 용접, 절단 및 가공할 수 있는 첨단기기로서, 세계적으로도 10여개국 만이 생산능력을 갖추고 있으며, 반도체, 자동차, 메카트로닉스, 항공우주 등 고품질의 부품이 필요한 첨단산업의 경우에는 레이저 가공기를 이용한 부품가공이 필수적인 것으로 여겨지고 있다.

따라서, 21세기에는 광통신과 더불어 레이저 가공의 기반기술 확보가 국가 경쟁력의 중요한 인자가 될 것으로 전망되고 있다. 현재, 레이저 가공기의 전 세계 시장은 39억 달러 정도로서 시장규모가 매우 크며, 2010년에는 현재의 2.8배 수준인 110억 달러를 넘을 것으로 예측되고 있어 지속적인 고도성장이 예상되는 산업이라 할 수 있다. 또한, 레이저 가공기 산업은 기술의 정도에 따라 고부가가치화가 가능한 기술집약적 산업으로서 다가올 지식기반 산업사회에 적합한 기술이라 할 수 있으며, 기술의 기반이 물리학, 화학 등 자연과학 분야에서 기계공학, 전자공학, 소재공학 등의 응용학문까지 범위가 다양한 복합기술이기 때문에 산학연 및 정부가 체계적이고 전략적으로 육성해 나가야 하는 산업이라 할 수 있다.

레이저는 용접뿐만이 아니라, 휘발유 및 디젤과 같은 연료의 분무에 의한 제반 형상 규명, 차량 엔진 효율 향상, 코로나 방전이나 배리어 방전에 의하여 발생한 분자 혹은 라디칼을 정량화하는 연구는 물론, 개인용 컴퓨터(Personnel Computer)와 디지털 카메라에 의한 사진 데이터 처리, 비디오테이프에 교체되는 영상기록 등 대용량 및 고속전송의 기억장치로서 자기 디스크와 드라이브가 사용되고 이들의 초정밀 가공에도 레이저가 응용되고 있다. 고분자의 표면 개질, 대기압 방전 플라스마의 진단 등 그 응용 분야가 무궁무진한 기술이다.

(4) 나노 해상도의 초소형 액추에이터 기술 및 광통신 소자 응용

현재의 탐침의 구동에는 압전 소자가 주로 사용되고 있으나, 향후에 보다 넓은 응용 범위, 정밀한 조작 및 위치제어의 필요성에 대비하기 위해서는 구동기의 초소형화 및 고성능화가 반드시 선행되어야 한다. 이를 위하여 MEMS (Micro Electro Mechanical System)에서 미소화가 더욱 진행되어 나노 크기 또는 나노 해상도를 가지는 구동기술이 연구되고 있다.

나노 기술의 산업화 관점에서 보면, 원자 또는 분자의 조작 기술보나 나노 해상도를 가진 초소형의 정밀 구동기에 의한 새로운 부품 기술이 먼저 상품화될 것으로 예측되며, 그 예가 나노 해상도를 요구하는 광통신용 레이저 광원의 파장 변환소자이다.

이와 같은 나노 해상도의 초소형 정밀 구동기에 대한 세계적인 연구 동향이며 기술을 이용하여 광통신용 레이저 광원의 파장을 변환하는 기술이 연구되고 있으며 현재의 기술 수준은 실제로 요구되는 나노 해상도에 충분히 이르지 못한 상태이므로, 본 분석에 있어서는 그와 같은 연구 방향에 맞거나 기술적으로 가능성이 있다.

(5) 광전집적 회로 기술동향

현재 광모듈, 광시스템에는 하이브리드 집적에 의한 부품의 수요가 많으나 향후에는 점진적으로 모노리딕 집적형태의 부품으로 대체될 것이다. 특히 정밀조립을 필요로 하는 광부품의 경우 집적화·복합화를 통한 부품수를 줄이는 방향으로 기술 개발이 전개되고 있다. 현재는 광변조기, 광스위치, 광도파로 등 수동부품과 전자회로와 집적화가 이루어져 있다. 그러나 광원에 해당하는 레이저 다이오드를 집적하는 데는 많은 기술적 어려움이 있다.

광전집적 기술은 초고속 통신망의 구축에서 필요로 하는 핵심 부품의 개발을 위해서 보유되어야 할 핵심기술이다. 시장 규모는 폭발적으로 증가할 것으로 예상되고, 수입 대체 효과 및 이를 통한 유관 분야의 기술력 향상이 예상된다. 광전집적 기술력 확보를 통하여 통신 분야의 기술 개발이 용이할 것이다. 또한 광통신용 부품의 자립에도 크게 기여할 것이다. 통신 분야의 기술적 우위를 유지하려면, 핵심 부품 분야, 특히 광전집적회로의 기술력이 확보되어 시스템의 설계의 바탕이 되어야 한다.

국내에서 광통신 및 광통신 네트 관련 기술력은 선진국과 비교하여 전(全) 광통신 시스템의 개발을 위한 중장기의 기술개발 및 국내의 연구 개발 인프라를 구축하는 것이 필요하다. 광전집적회로 기술은 재료기술, 소자설계기술, 부품 패키징 기술 등 관련 분야의 기술이 통합적으로 필요한 융합기술이다.

(6) 유기 반도체 태양전지

고효율이면서 가격이 저렴하게 생산할 수 있는 유기 태양전지는 반도체 강국을 위한 제2의 대안이 될 수 있을 것이다. 특히 유기 반도체는 파급효과가 커서 세계 각국에서 대규모 연구를 수행하고 있다. 그러므로 에너지 대량소비국인 우리나라는 환경친화적인 에너지원인 태양광전지의 개발이 절실하다.

(7) 나노소재를 이용한 전자소자

탄소 나노튜브는 낮은 수준의 집적이 요구되는 곳에 응용되어 수조원의 자금이 요구되는 통신장비 등에 응용될 수 있으므로 경제적인 장비를 제작하기 위한 기술이 될 수 있다. 공정 기술의 미세화에 따른 집적 기술의 한계점을 가지고 있는 현재 시점에서 탄소 나노튜브와 나노 와이어를 이용한 기술개발은 매우 중요하다.

(8) 전자종이

전자종이는 아직 시장이 제대로 형성되지 않았으나, 우리나라가 선도해 나갈 가능성이 높은 디스플레이 분야 제품으로, 기술적 타당성, 시장성, 경제적 타당성이 있다.

(9) 자동차용 광센서

자동차는 2만여개의 부품이 조립되어 이루어지며, 자동차용 센서는 쾌적한 실내환경 제공, 안전성의 증대 등을 만족하기 위해 고기능화·지능화되고 있는 자동차의 전자화 추세에 발맞추어 그 수요가 급속히 증대되고 있다. 자동차에서 센서는 제어에 필요한 인자들을 모니터링하여 얻어진 정보로부터 최적의 제어가 가능하도록 하는 매우 중요한 역할을 담당하고 있다. 향후에는 사고를 회피할 수 있도록 하거나, 사고발생을 줄이기 위한 목적의 다양한 센서들도 채용될 것으로 전망되고 있다. 따라서, 자동차용 센서는 센서의 수요분야 중에서도 가장 시장성이 크고 앞으로도 높은 성장세를 보일 것으로 전망되고 있다.

제2절 광전자 응용기술 활용

1. 나노급 에칭기술

가. 식각공정

나노급(<100nm) 반도체 소자 칩 제조에서 있어서 식각공정의 중요성이 대두되고 있다. 식각공성 분야 중 유전막/절연막 건식 식각(Dielectric/Oxide Etch)공

정은 식각공정 분야 중 60% 이상을 차지하고 있으며 80nm급의 새로운 장비 기술개발이 되고 있다.

저압 고밀도 플라스마에서는 Oxide/PR의 식각 선택비를 8 : 1 이상 높게 유지하기가 힘들다. 80nm급 이하에서 적용이 예상되는 ArF Photoresist(PR)의 경우 PR에 함유된 탄소의 양 및 Phenyl Group 밀도가 감소하면서 플라즈마 식각에 대한 저항성은 감소하고, 짧은 파장에 대한 투과성이 감소하므로 PR의 두께는 점차 감소되고 있다. 따라서 PR의 두께가 점점 얇아지면서 PR에 대한 낮은 식각 선택비 문제를 해결하지 않고는 양산 적용이 불가능하다.

또한 플라즈마 식각공정시 생기는 변형에 의해서 Edge Roughness가 증가하고 CD 제어가 어렵게 되어 ArF PR 변형기구를 밝히고 이에 대응할 수 있는 식각공정 개발이 요구되고 있다. 또한 Contact Hole의 Dimension이 점점 더 축소되면서 식각시 반응 라디칼 및 반응 부산물의 재증착 등 기존에 발생되지 않았던 문제들이 발생한다.

현재 반도체 제조 공정 중 건식 식각공정(Dry Etch Processing)에서 소자(Device) 크기가 작아짐에 따라 고선택비와 엄격한 CD 균일도(Critical Dimension Uniformity) 등이 큰 이슈화되고 있는 상황이다. 특히 유전막(Oxide, Nitride)에 대한 감광제(Photoresist)의 높은 선택비와 감광제의 변형을 최소화 시키면서 동시에 패턴의 매끈한 측벽을 유지하면서 유전막의 높은 식각률을 달성하기 위해 장비업체 및 소자업체들이 R&D 개발에 박차를 가하고 있다.

나. 유전막과 실리콘 식각 기술

193nm 리소그라피의 도입으로 80nm급 이하 식각 단계에서 ArF PR 내성약화와 변형의 역학적 안정화 감소와 KrF(248nm) PR에 비해 상대적으로 두께가 줄어든다. KrF(248nm)에서 ArF(193nm)로 광원의 파장 이동은 초점심도(Depth of Focus)를 낮추는 결과를 초래하며 이는 사용되는 감광제의 두께를 4500~6000Å에서 3000~3500Å이내로 요구하게 된다.

이와 같이 감광제의 두께가 종래에 비해 대폭 감소되는 경우보다 훨씬 선택적인 식각공정이 필요하게 된다. 소자업체 및 장비업체에선 금속 하드마스크(Metal Hard Mask), 새로운 식각 화학적 성질 그리고 식각전 처리 등과 같은 새로운 집적구조에 대응하는 식각기술을 개발 진행 중에 있다.

193nm의 광원에서 사용되는 감광제의 경우는 종래의 감광제에 비하여 고분자 조성에 큰 변화를 겪게 되었으며, 이를 통해 UV 광원에 대한 감도는 증가하였지만, 내식각성(Plasma Etch Resistance)과 기계적인 안정성이 현저하게 떨어지게 되어 식각과정 중 변형(Agglomeration, Wiggling, Striation)과 이로 인한 손상을 유발하게 된다. 이러한 현상은 고종횡비 산화막식각, SAC(Self Aligned Contact), DD(Dual Damascene)과 같이 감광제와의 매우 높은 선택비를 요구하는 공정에서 크게 문제시 되게 된다.

종래에 248nm 광원에서 사용되었던 감광제의 플라즈마 식각 과정 후의 전자현미경 분석 결과이다. 반면 193nm 광원에서 사용되는 감광제의 경우 심각한 변형이 생겼음을 알 수 있다. 이러한 식각 과정 중에 감광제의 변형은 부가적인 문제를 유발하기도 한다. 193nm 광원에 사용되는 감광제를 이용하여 플라즈마 식각 후 식각된 면에 남아 있는 미세한 손상을 보여주고 있다.

거칠게 된 193nm 감광제 마스크는 밑에 있는 Organosilicate(OSG) 절연체 계층의 ~20nm 작은 구멍을 만드는 결과를 초래하였다. 따라서 위에서 상술한 바와 같이 차세대 산화막/유전막 식각공정 시에는 최종 식각 결과가 사용되는 감광제의 종류와 특성에 따라 크게 달라지기 때문에 각 조건에 부합하는 최적 조건을 도출하기 위한 연구가 매우 중요하게 된다.

플라즈마 특성, 화학적 메카니즘과 공정변수들을 이용하여, 80nm급 이하 식각공정의 목표는 전 식각공정을 통해 감광제를 보호할 수 있는 공정 방법을 개발하는 것이다. 장비업체에선 80nm급 이하 패턴을 예상하고 시스템의 미세조정과 수정 공정과 하드웨어 개발하는 것은 어려운 작업이다. ArF 감광제(193nm)를 사용하면서 선폭 감소에 따른 식각과 선폭의 모서리 거칠기와 낮은 선택비의 한계에 부딪치고 있다. 또한 소자업체 입장에서 CD 바이어스 균일도(CD Bais Uniformity)를 줄이는 방향으로 제어하기 원하고 있는 상황이다. 장비업체에서는 유전막과 실리콘 식각 응용 분야 둘다 개발하여 가치있는 생산성을 향상하기 위해 기술개발을 진행 중이다.

80nm급 범위에서 선폭의 두께와 깊이에서 작은 변화에도 복잡하게 얽혀 있고, 측벽의 깨끗함에 한계에 부딪치고 있다. PR 보전과 장비 설계는 챔버와 챔버 사이(CTC), Lot과 Lot 사이(LTL)와 웨이퍼와 웨이퍼 사이(WTW)의 CD 균일도를 설정하는 데 있어 기초가 된다. 80nm급 이하에선 식각 전과 후의 웨이퍼 단면의 CD 범위가 3σ로 5nm 이하로 제한되어야 한다.

KrF PR(248nm)와는 다르게 ArF PR(19nm)는 연하여 패턴 모서리에서 쉽게 손상을 받으며, 하부 박막층을 들쭉날쭉하게 전이시킨다. 게이트 구조와 이중 다마신과 STI 구조의 도랑(Trench)에서 측벽에 따라 선폭 모서리 거칠기(LER : Line-Edge Roughness)가 나타난다. Via Contact에서도 비슷하게 PR의 줄무늬(Striation)가 나타난다. 도랑이나 Via Contact에서 일어나는 이런 변형의 전이는 좋지 않은 밀착력으로 인해 얇은 박막의 연속성에 영향을 주므로 소자의 특성을 근원적으로 안 좋게 할 수 있다. 이런 PR 변형을 방지하기 위해 무른 PR 필름은 식각공정 시 재생성되는 부산물(By-Product)인 폴리머와의 상호 작용의 제한으로 보호층을 쌓는 것이다.

Dielectric Etch의 주 응용 분야는 이중 다마신(Dual-Damascene) 공정 분야에 50% 이상 사용되는 후단(BackEnd)공정에 활용된다. 저유전막(Low-k) 필름은 80nm급 기술 개발에 새로운 물질로 부각되고 있다. Dual-Damascene(DD) 공정은 한 개의 도랑과 Via 식각으로 이루어진 많은 수의 복잡한 마스크 과정(11개의 금속까지)으로 구성되어 있다. 두 개의 임계 식각공정은 평탄한 식각 앞면(Flat Trench Etch Front)과 균일한 도랑 깊이를 포함한다. 중간의 식각 중지층(Etch Stop Layer)의 사용을 점차적으로 제거하면서, 식각공정은 도랑의 깊이 제어를 통하여 균일하여야 한다. 미세한 도랑이 없는 평탄한 도랑 앞면은 장벽의 보호와 구리 종자층(Copper Seed Layer)이 필요하다.

웨이퍼상 도랑의 깊이 5% 이하의 변위는 구리 도선의 저항과 소자의 성능에 영향을 준다. 더욱이 선폭이 작을수록 도랑의 깊이는 상대적으로 얕아져 5% 이하의 균일도는 전체적으로 큰 비율이 되고 소자 성능의 문제의 원인이 된다. 중앙과 가장자리의 식각 불균일도가 2% 이내의 도랑 식각이 되도록 각 국외 장비업체에서 식각 깊이 제어 연구 개발을 진행 중에 있다.

도랑은 오염입자의 저장소가 될 수도 있어 구리 증착에서 장벽층의 연속성을 중지할 수 있다. ITRS에서는 식각의 한계 극복과 더불어 오염입자의 크기가 감소하면 대체적으로 입자의 수가 증가한다는 사실로 보다 작은 크기의 작은 수의 입자로 오염입자의 기준을 마련하였다. 80nm급 이하에서 최소 오염입자 크가기 0.045㎛이고, 이는 현재 나와 있는 검출장비의 사양(≤0.08㎛) 이하이다. 소자에 치명적인 입자 크기는 직경 0.12㎛이다.

오염입자의 근원은 식각공정 시 CF 계열 기체와 반응한 폴리머 부산물로부터 나온다. 이 폴리머는 챔버벽에 누적되어 웨이퍼 식각공정 시 재충착될 수 있다. 그러므로 오염입자의 제어를 위한 이상적인 설계는 챔버벽으로부터 떨어지도록 플라즈마를 감금하거나, 새로운 기술이 요구되고 있다.

유전막 식각은 유기물과 무기물의 Low-k 필름 등을 구색에 맞추어 사용하여 왔고, 오늘날 소자업체에선 복잡한 구성으로 Fluorinated Silicate Glasses (FSG)와 OSG, Organic Low-k 등 혼합형 스텍 구조를 사용하고 있으며, 융합 구조로 하드마스크(Hard Mask)와 감광제 사이에 다양하게 구성된 융합 구조로 식각공정이 변경되고 있다. 이런 식각공정을 하기 위해선 식각 시스템은 낮은 압력과 높은 압력에서 낮은 RF 전력과 높은 RF 전력 등의 넓은 범위의 공정 조건에서 작동되어야 한다. 동시에 식각 시스템은 공정의 영향이 없도록 공정 방법(Recipe)의 변화를 다루는 공정 범위, 안정화, 유연성을 갖추고 있어야 한다.

다. 고선택비를 위한 유전막 식각 기술

D램공정에서는 캐패시터와 같은 구조처럼 식각의 패턴 종횡비가 증가하고 있다. 100nm에서 80nm 이하로 패턴이 미세해지면서 깊이가 깊고(>2.5㎛), 감광제를 보호하고, 만족할만한 프로파일과 줄무늬 모양이 없는 개선된 공정을 통해 좋은 선택비를 유지하는 것이 난관으로 대두되고 있다. 이런 난관을 해결하기 위해서 폴리실리콘 또는 다중 감광제 마스크 등을 포함한 희생층인 새로운 마스크 구조로 공정 단계가 변경되어 가고 있다.

현재 193nm 감광제는 생산 중인 진보된 소자를 식각하기 위해선 선택비가 부족하다. 적정한 선택비 없이 중간층인 마스크 수준의 희생층(Sacrificial Layers)을 도입해 하며, 이는 공정의 복잡성과 가격의 증가를 초래한다. 게다가 추가적인 마스크 수준은 일부 전단 마스크 식각을 위해 2:1에서 6:1 정도로 식각 모양의 종횡비(Aspect Ratio)가 증가해야만 한다. 따라서 일반적으로 긴 공정 시간과 추가적인 공정 단계로 생산가격과 팹 순환 시간(Fab Cycle Time)이 증가하게 된다.

추가적인 공정 단계를 제거하는 방법은 PR의 플라즈마 내성 및 관리를 개선시키는 것이고, 식각공정 동안 선택비를 증가시키는 것이다. 유전막 식각에서 선택비를 증가시키기 위해 다양한 접근이 시도되고 있다. 이 중 하나는 폴리머 기체의 양을 증가시키는 것이다.

이것은 폴리머의 초과량이 식각 깊이 성능을 제한하기 때문에 원하지 않은 방법으로 너무 이른 식각 중지가 일어나고, 감광제 선폭을 변형시키는 원인이 된다. 또한 증착된 폴리머의 많은 양은 감광제에 응력을 야기시킨다. 이를 선 왜곡(Line Distortion) 또는 꼬불꼬불 뒤흔듦(Wiggle)이라고 한다.

실질적인 해법은 식각공정에서 보호막으로서의 폴리머 발생과 사용을 관리 및 조절하는 것이며, 공정 기체의 해리와 폴리머 형성 공정을 제어하는 것이다. 이 방법의 목적은 챔버벽에 폴리머가 퍼짐을 최소화하고 웨이퍼상에 최적의 폴리머 양을 전달하는 것이다. 이 방법은 국외 장비업체들이 하드마스크 식각과 고종횡비 우물패턴(HARC : High Aspect Ratio Contact) 식각 등의 공정 연구 개발에 박차를 가하고 있다.

10:1 이상 종횡비의 유전막의 식각을 위해서, CD를 유지하도록 충분한 마스크 보호를 통해 1㎛ 이상 깊이를 식각하는데 높은 에너지의 이온을 제공하도록 매우 균형있게 반응기의 설계와 플라즈마 화학(Plasma Chemistry)을 고려해야 한다. 국내외 장비업체 및 소자업체의 HARC 식각이 도달하고자 하는 목표는 10nm 이하 CD 변위(Variation)로 20:1 이상 접근하는 것이다.

라. 금속 도체 식각 기술

높은 선택비를 얻는 요구는 식각에 있어 일반적인 이슈이며, 매우 다른 공정 영역과 화학식을 사용하므로 유전막과 실리콘 식각과는 다른 해법으로 풀어야 한다. 80nm급 이하에서 Space 식각은 게이트와 STI 식각과 게이트와 STI 식각과 관련 있는 전통적인 접근으로는 선택비의 개선이다.

금속 도체 식각(Conductor/Metal Etch)은 전단(Front-End) 공정으로 진화되어 왔고 소자 성능에 직접적인 영향을 주며, 다양한 재료의 박막 식각공정이 있다. 금속 도체 식각공정에선 좀더 좋은 정확도와 정밀도를 성취하기 위해 엄격한 공정 개발이 필요하다. 미세화되는 새로운 기술의 식각을 위한 설계룰(Design Rule)은 게이트에 인접한 위치에 있는 Spacer의 두께뿐만 아니라, 게이트 산화막(Gate Oxide)과 Oxide Line의 두께에 대응하는 영향을 준다.

차세대 소자는 12Å이하의 게이트 산화막을 가지고, Spacer의 두께는 100Å에 접근한다. 직선형의 프로파일인 Spacer를 식각하기 위해서 그리고 Spacer의 위쪽에 “Pull-Down”을 제어하기 위해선 10:1 이상의 산화막 대 실리콘의 선택비를 요구한다. 더 나아가서 점점 얇아지는 Spacer는 웨이퍼 균일도 사양 내에 엄격한 식각이 요구된다.

아주 얇은 게이트 산화막의 고유전율(High-k) 재료의 출현으로 게이트 식각의 중요성이 부각되고 있다. Hafnium과 Aluminum Oxides와 같은 고유전막 필름은 SiO2보다도 더 단단하고 더 강한 화학적 내성을 갖고 있어, 식각시 게이트 측벽상에 재증착될 수 있고 챔버를 오염시킬 수 있는 부산물이 나올 수도 있다. 아주 얇은 게이트와 고유전 필름의 집합은 게이트 식각, Spacer 식각과 고유전 박막 제거시 소스/드레인(Source/Drain)의 실리콘이 움푹하게 들어가는 부분을 더욱더 악화시킬 수 있다. 실리콘의 손실은 게이트 형성시에 특히 관련있다. 움푹하게 들어가는 영역의 가장자리에 혼잡하게 형성되는 게이트 영역에 직렬 저항이 증가하게 된다. 동작 전류에 붕괴는 80nm급 이하 소자에선 아주 중요하다. 따라서 고유전 공정은 새로운 식각의 화학적인 성질과 고선택비가 요구된다. 국외 장비업체 및 소자업체에선 이 재료에 따른 게이트 산화물에 관련하여, 산화물과 실리콘의 선택비 개선은 식각공정의 범위 및 유연성 확대로 화학적 성질과 시스템 하드웨어를 개발하고 있다.

마. CD 균일도 확보를 위한 공정 제어 기술

식각공정의 복잡성과 가격 상승으로 인해 공정 결함 검출법이 요구되고 있다. 300mm 웨이퍼상에 200mm보다 두 배 많은 수의 소자를 생산하기에 공정 문제점들을 가능하면 미리 검출하는 능력이 중요하다. 개선된 공정 제어는 시스템 사이의 상호작용에서 뿐만 아니라 장비 상태에서 문제점을 파악하는데 있어 중요한 의미를 갖는다. 예를 들면, 잘못된 공정 방법이 진행되어 식각된 웨이퍼가 검출 및 측정장치를 거쳐 측정 후에 결점이 검출되면 다음 웨이퍼의 식각을 멈추게 한다. 집적된 광 CD 계측기는 도랑 깊이와 CD Bias에서 엄격한 균일도 사양에 맞추도록 65nm 기술에서 요구되는 추세이다.

전 공정 과정에서 또는 다음 공정 과정에서 계측된 실험 자료 피드백을 공정장비가 받아 비균일도가 보상되도록 공정장비의 변수를 조정한다. 최적화하는 공정기체 분포, 화학적 성질, 전극의 온도 등 공정 챔버 내에서의 다른 변수들은 CD 균일도를 지속적으로 향상시킬 수 있다. 그런데 전 공정 단계인 리소그라피 단계에서 진행된 비균일도는 광 CD 계측기로 상쇄할 수 있다. 이 기술의 효과는 WTW CD 변위 제어 등에서 얻을 수 있을 것이라고 본다.

CD 식각 균일도는 균일한 공정기체의 분포와 특히 상대적으로 낮은 바이어스 전압을 가진 균일한 플라즈마 분포를 모두 만족하는 공정 챔버 설계에 큰 영향이 있다. 설령 균일도 보정을 통해 플라즈마 균일도가 개선된다 하더라도 상당히 좁은 공정 영역으로 인해 만족할 수 없는 재현성의 위험이 올 수 있다는 것이다. 동시에 웨이퍼 가장자리 프로파일(Wafer Edge Profile)도 문제화되고 있다. 가장자리 패턴 프로파일 제어는 웨이퍼 크기와 무관하고 일반적으로 장비 설계시 고려해야 하며, 플라즈마 균일도가 아주 좋다고 하더라도 웨이퍼 가장자리 균일도는 보정해야 한다.

이론적으로 2nm 이하의 CD 제어는 다양한 방법으로 할 수 있지만, 수직하고 매끈한 모서리 프로파일을 갖도록 동시에 좋은 선택비와 최소의 마이크로로딩(Micro-Loading)의 특성을 가지면서 플라즈마에 의한 손상이 없도록 수행해야만 한다. 특히 중요한 것은 하부막의 실리콘에 손상없이 게이트 식각공정을 완벽하게 제어할 수 있는 무손상 공정이 필요하고, 개발해야 한다.

CD 축소와 새로운 게이트 유전층을 다루는데 있어 어려운 난관을 계속 해결해 나가야 한다. 프로파일 제어를 공정 루프 계측기와 매우 얇은 게이트 유전막층에서 식각이 멈출 수 있는 실시간 식각 모니터링은 1nm 이하의 CD 제어를 성취하기 위한 새로운 표준 기술로 대두되고 있다. 이런 CD 제어와 새로운 게이트 유전층 식각을 위한 개선된 또는 새로운 플라즈마 소스 개발이 요구되어 일반적으로 최적의 플라즈마 밀도가 1011cm^{-3} 영역인 플라즈마인 ECR 및 ICP 등의 장비와 공정도 대안으로 대두되고 있다.

바. 생산성 유지 기술

새로운 차세대 기술에서 높은 웨이퍼 처리량, 높은 MBTC와 높은 MTBF인 생산성을 유지하는 것이 중요하게 요구되고 있다. 현재 국외 장비업체들이 제작하고 있는 식각 시스템은 재현성과 생산성 가치를 지니고 있다. 그런데 공정의 복잡성이 증가되어 생산을 향상시키는데 어려움이 예상된다.

이에 효율 개선과 가격 감소 및 기능 감소에 초점을 맞추어 생산성을 유지하는데 식각 장비업체들이 부단한 노력을 기울이고 있다. 소자 제조 가격을 감소하는 방법으론 한 공정 챔버에 다중 공정 단계를 조합하는 실시간 동시공정(In Situ Processing)을 하는 것이다. 예를 들면 도랑 형성시 산화물 도랑식각, 감광제 제거(Photoresist Removal), 그리고 질화물(Nitride) 또는 탄화물(Carbide) 라이너(Liner) 식각을 한 챔버에서 수행하는 것이다.

거기에 단일 반응기에서 감광제 축소 손질(Photoresist Trim), ARC 개방(Open), 유전막 개방, 패드 산화물 식각(Pad Oxide Etch), 실시간 스트립(In

Situ Strip), 그리고 얇은 도랑 식각(Shallow Trench Etch) 등의 공정을 수행하는 것이다. 식각 장비에서 생산성의 기여는 총경비, 인력, 순환 시간을 감소시키는데 있고 이를 줄이는 방향으로 장비업체에선 부단한 기술적 노력을 하고 있는 중이다.

사. 플라즈마 식각 기술

플라즈마 식각 환경은 반응성 라디칼 종, 에너지를 지닌 이온, 자유전자, 자외선 방사 등에 의해 특성화된다. 각각은 잠재적으로 유해한 방법에서 재료와 함께 상호작용을 할 수 있다. 전형적인 유전막 식각공정 조건은 플라즈마에 인가되는 수천 W이고, 탄화불소(Fluorocarbon) 라디칼, 수백 eV 에너지를 지닌 이온, 적외선에서 열 X-ray까지 범위의 방사에너지를 생성한다. 식각에 요구되는 같은 플라즈마 라디칼과 이온은 감광제를 거칠게 손상시킨다. 감광제 손상을 방지하는 키는 공정 제어이다.

식각 관점으로부터 라디칼적으로 다른 193nm 화학적 성질의 아주 중요한 영향은 KrF PR에 대해 플라즈마의 구성에 따른 측정 변화이다. 광학적인 방출 스펙트럼과 자외선-가시광선 흡수 스펙트럼과 같은 플라즈마 진단계가 감광제의 영향에 관한 연구에 필요하다. 이들 비접촉식 탐침은 플라즈마 내에서 라디칼 종의 농도를 측정한다. 공정 요구조건은 계속적으로 엄격해지므로 광분석 기술과 다른 진단법은 식각 집적을 위해 필요한 장치이다.

기판을 식각할 때 플라즈마는 감광제와 상당히 상호작용을 한다. HARC와 Via공정은 웨이퍼 진 영역의 몇 %만이 전형적으로 포함한다. 그러므로 감광제와 플라즈마의 상호작용으로 나온 부산물은 깊은 연관관계를 가지고 있다. 이러한 상호작용으로 라디칼 생성과 중요한 관계가 있는 플라즈마 소스의 선택이 중요하다. 장비업체 및 소자업체에서는 차세대 공정 개발에 있어 ArF 등의 PR 변형없이 HARC 및 Via, DD, SAC 등의 유전막/산화막을 식각할 수 있는 플라즈마 소스 개발 연구를 진행 중에 있다.

현재까지는 반도체 식각장비에서 각 공정에 사용되고 있는 플라즈마 소스는 ICP1), CCP2), ECR3) 등의 종류가 일반적이며, 유전막/산화막 식각은 주로 CCP 플라즈마 소스가 사용되고 있으며 실리콘 및 도체, 금속 식각은 주로 ICP 플라즈마 소스가 사용되고 있다.

장비업체별로는 AMAT사에서 유전막 식각장비(Dielectric Etcher)로 MERIE 형태의 식각장비에서 VHF 주파수를 인가한 CCP(Capacitively Coupled Plasma) 장비를 개발 중에 있으며, 실리콘 및 금속 식각장비(Silicon /Metal Etcher)는 ICP(Inductively Coupled Plasma)와 RIE(Reactive Ion Etching)가 혼재된 장비가 출시되어 소자업체의 양산 라인에서 사용되고 있는 상황이다.

LRC사에서는 유전막 식각장비로 이중 주파수를 사용하고 있는 CCP 방식으로 장비가 출하되어 소자업체에서 사용되고 있고, 차세대 식각공정을 위한 플라즈마 소스 및 장비 개발도 진행 중에 있으며, 실리콘 및 금속 도체 식각장비로는 ICP 방식의 플라즈마 소스로 TCP(Transformer Coupled Plasma) 장비가 사용되고 있다. TEL사는 유전막/산화막 식각장비로 MERIE(Magnetic Enhanced Reactive Coupled Plasma) 방식에서 이중 주파수 CCP 형태로 전환하여 소자업체에서 사용되고 있다. 국외 장비업체들에선 현재 생산되고 있는 장비를 더 개선하는 방향으로 또는 새로운 플라즈마 소스를 개선/개발하는 방향으로 80nm급 이하 공정에 적용할 장비에 박차를 가하고 있다.

플라즈마 식각장치의 설계 및 플라즈마 공정 조건 등도 웨이퍼의 패턴에 플라즈마에 의한 전하 손상(Charging Damage)을 최소화하는 방향으로 개발되야 하며, 업계에선 진행 중에 있다.

차세대 기술은 지속적인 차세대 공정 기술과 하드웨어 기술개발이 요구되고 있다. 다공성 저유전(Low-k) 필름과 같은 새로운 재료는 2.2 이하 유전상수 k값을 제공하고, 새로운 식각공정을 개발해야 한다. 다공성 재질 그 자체는 식각시 보기 드문 비균일도를 만들게 되어, 소자 구조상 측벽을 미끈하게 만드는 것이 어렵다. 재료의 기공은 식각 기체와 공정 부산물의 저장소 역할을 하여 다음 공정 단계에 영향을 준다. 이 부서지기 쉬운 재료는 식각공정을 하는 동안 에너지가 있는 이온으로 손상을 쉽게 받을 수 있고, 감광제 제거와 같은 후 공정 처리로 유전상수 k값이 증가하는 방향으로 재료의 화학적 성질 변화를 야기시킬 수 있다.

향후 80nm 이하급 식각 기술 개발은 엄격한 CD 균일도와 높은 선택비에서부터 매끈한 측벽과 실리콘 움묵한 곳 제어(Silicon Recess Control)까지로 서술할 수 있다. 현재도 패턴이 미세함에 따라 식각장치 개발이 진행되고 있지만, 향후 식각장치 개발에 있어 해결해야 될 기술은 고선택비 공정, CD 축소와 공정 제어 기술개발이 시급하다. 저유전막(Low-k), 고유전막(High-k), 금속 게이트와 같은 새로운 박막 재료, 차세대 감광제 개발과 더불어 감광제 축소

처리(Resist Trim) 등과 같은 CD 감축 기술 개발 등도 향후 OPC(Optical Proximity Correction)와 PSM(Phase Shift Mask)과 같은 개선된 리소그라피(Lithography)와 더불어 식각기술에 관한 연구 개발이 이루어져야 될 것으로 본다.

100nm 공정을 지나 80nm 공정으로 진행됨에 따라, 반도체 제조업체에서는 식각공정에서 이와 같은 많은 문제점들이 발생하고 있다. 이에 외국계 장비업체에서는 막대한 연구비를 투자하여 현재의 문제점들을 보완하며 나아가 3~4년 후의 시장을 대비하고 있다. 그러나 Device 크기가 80nm급으로 줄어들면서 위 이슈들에 대한 정확한 진단 및 해결책을 제시하지 못하고 있다. 그동안 Trial&Error 방식의 장비 개발이 거의 한계에 다다른 것이다.

만약 국내 장비업체에서 위의 문제점들을 개선할 수 있다면 유전막/산화막/실리콘 건식 식각공정 장비(Dry Etcher) 시장에 바로 진입할 수 있을 것이다. 또한 소자의 기술뿐만 아니라 이를 뒷받침하는 장비의 제작 기술도 국외의 수준 이상으로 높이는데 연구의 필요성이 있으며 이를 통하여 국내의 반도체 제조장치의 인프라 구축뿐만 아니라 부품 소재업체의 기술 발전 및 차세대 성장동력 기술개발의 인프라 구축에 기여할 수 있을 것이다.

2. 레이저 응용기술

가. 레이저를 이용한 거리 측정

적외광에 의한 광식 거리 센서로 기준 투광 신호와 상대방에게 설치한 반사판보다 반사되는 수광 신호와의 위상차이에 의해 2점간의 거리를 연산해 그 데이터를 아날로그로 출력하며, 임의에 거리 설정할 수 있는(출력 설정 스윗치에 의한다) 콤퍼레이터 출력(2 출력)과 검출외에서 출력하는 경보 출력이 있다.

나. 레이저를 이용한 마킹기

렌스를 이용해 레이저 빛을 작은 면적에 집중시켜 빠른 속도로 마킹하는 기기로서, 고속 마킹 속도로 생산성 향상은 물론 10㎛ 단위의 고분해능 실현

[그림 8-1] 레이저를 이용한 마킹기

으로 각종 문자나 로고, 도형, 바코드, 사진, 벡터 이미지 등의 마킹이 가능하다. CO_2 Laser Marking system, Nd:YAG Laser Marking system 등이 있다.

원자에 양자 역학을 응용하여 높은 전기에너지를 인위적인 장치에 의해 유도방출시켜, 그 빛을 고밀도 에너지로 집적시켜 가공에 이용하는 방법으로 0.2㎜ 이내의 초정밀 가공이 가능하기 때문에 종전의 가스나 플라즈마 절단에서는 불가능했던 정밀 형상의 절단이 가능하고, 절단후 2차, 3차(사상, 드릴링, 밀링 등) Machining 가공이 필요 없으며, 난삭재의 가공도 용이할 뿐만 아니라, 금형비 부담이 없어지고 절단, 용접, 드릴링, 표면처리, 열처리 등의 다양한 가공이 이루어지므로 점차 다품종 소량 생산화되어 가는 산업 환경에 최적의 효과를 가져다 주는 가공 시스템이다. Laser Marker는 빛의 파장과 에너지에 따라 물질 표면에 상이한 형태로 음각 식각이 되는 원리를 이용하여 반도체 및 Wafer의 Chip 표면 또는 FPD 기판(유리) 내부 등 각종 재질의 표면에 그것의 종류, Logo 및 상호, 조립된 날짜 등 각종 정보를 레이저로 새겨 넣는 방식이다. 레이저 마킹 방식은 레이저광에 의한 비접촉 마킹 방식으로 정전기 발생이 없고, 초당 천자까지의 고속 마킹으로 높은 생산성을 보장하며, 장비의 Compact화, 자동화가 용이하여 In-line 장비의 구성이 용이하다.

또한 마킹 시 작업 현장이 청결하고 잉크에 의한 공해 발생의 여지가 없다는 장점을 가지고 있다. Laser Marking의 형태는 레이저 가공방법은 마킹 소재에 따라 금속, 플라스틱, 실리콘, 나무, 종이, 가죽, 유리 등으로 나뉘어지며 소재를 절단 하는가 혹은 표면을 마킹하는가에 따른 방법으로 크게 이분되고 표면을 마킹하는 방식에 따라 양각, 음각의 형태를 띄며, 가공 표면의 홈을 파서 각인이 되게 하는 방법과 소재의 표면을 변색시켜 마킹이 되게 하는 방법, 가공할 표면을 부풀려서 마킹효과를 얻어내는 방법 이렇게 크게 3가지로 나뉜다. 그 외에 응용되는 분야로는 절단, 용접이 있다.

레이저 가공의 특징은 세라믹, 유리, 타일, 대리석 등의 고경도 및 취성 재료의 가공이 용이하며 비접촉가공이므로 가공 중 소재에 반력이 없고, 플라스틱, 천, 고무, 종이 등의 재질이나 극히 얇은 판 등을 변형 없이 고정도로 가공 가능, 컴퓨터 혹은 NC 제어로 자유곡선 등의 복잡한 형상을 쉽게 가공, 비접촉이므로 가공소음 발생이 작다.

3. 광통신 응용기술

가. 광통신 능동형 부품

광통신용 능동형 부품으로 대표적인 것이 광변조기와 광스위치를 들 수 있다. 광변조기는 여러 종류의 데이터를 광송신기를 통해 전송해 줄때 전기 신호를 광신호로 변환하는 소자이며, 반도체 기판상에 광의 도파로를 형성하여 도파로에 걸리는 전압에 의해 도파로에서의 광의 흡수량을 변화시키는 장치이다. 광스위치는 광전송로의 도중에 연결되어 전송신호의 통과/차단, 혹은 전송신호의 경로 등을 외부에서 전기신호 등에 의해 제어하는 기능을 수행을 수행하는 광수동 부품이다.

광통신용 능동형 부품은 향후 WDM 기술의 전개 및 2005년 FTTH 계획으로 인하여 급격한 시장의 확대가 예상되는 매우 유망한 품목이며, 보호용, Protection, OXC용, OADM 용 등이 스위치 용도의 90% 이상 점유하고 있다. 광변조기의 2002년 세계 시장규모는 19,000백만엔, 2007년에는 76,000백만엔의 시장이 형성될 것으로 전망된다. 2002년 광 스위치 세계시장 규모는 35,000백만엔, 2007년에는 99,000백만엔의 시장이 형성될 것으로 예상되며, 국내 광통신용 능동형 부품의 2005년 내수 규모는 100억원 정도였다.

나. 광통신 수동형 부품

광수동 부품은 광의 경로를 바꾸거나, 세기를 줄이거나, 특정한 파장의 광을 추출하거나, 광섬유와 광섬유 또는 광 부품을 연결하는 광통신 시스템 부품이다. 1990년대 후반 WDM의 개발, 인터넷 데이터 트래픽의 폭발적 증가 등을 배경으로, 대용량 통신이 가능하도록 광통신 기술을 이용한 백본 네트워크 구축이 이루어짐에 따라 광통신 부품 산업은 비약적으로 발전하게 되었다.

그러나 2001년 세계경제의 장기적인 불황, 광 인프라에 대한 투자 냉각, 생산량 증대에 따른 가격하락 등으로 광통신 부품 시장은 급격히 축소되기 시작하였다. 세계 광수동 부품 시장은 2004년 후반기부터 회복되기 시작하여 향후 완만한 성장을 이룰 것으로 전망되고 있다. 향후 주요 광수동 부품 시장의 성장촉진 요인은 세계시장의 회복, 설비투자 회복, 트래픽 량의 증가, FTTH 수요 확대 등이고, 성장억제 요인은 단가하락, 일부 제품의 시장축소 등이다.

우리나라의 광수동 부품 시장은 광커넥터를 제외하고는 그 동안 대부분 정체 상태에 있었다. 주요 제품의 시장규모를 2003년 기준으로 살펴보면, 생산은 광커넥터 167억원, 광감쇠기 29억원, 광 합파분파기 12억원, 스플리터 17억원, 광커플러 34억원 이었으나, 수요는 광커넥터 90억원, 광감쇠기 6억원, 광합파 분파기 7억원, 스플리터 2억원, 광커플러 30억원으로, 수출 비중이 높은 편이다. 향후에는 세계 광통신 시장의 완만한 회복과 함께 국내 광수동 부품의 시장규모도 증대될 것으로 전망되고 있다. 주요 제품의 기술개발 측면에서는 고성능화, 집적화, 모듈화, 저가격화의 개발이 추진되고 있다.

다. 광통신 렌즈

광통신 렌즈는 광통신 시스템에 있어서 송신단과 수신단에 사용되는 부품으로 집광/발산의 결상기능을 지니며, 광회로 부품과 광섬유 또는 수발광소자인 LD/PD와 광섬유를 효율 좋게 저손실로 접속하는 기능을 수행한다.

광통신용 렌즈는 기본적으로 마이크로 렌즈이며, 구 렌즈, GRIN 렌즈, 비구면 렌즈 등의 종류가 있고, 소형화, 저가격화, 고초점율화 및 1렌즈화하는 방향으로 기술 발전이 이루어지고 있다. 광통신 시스템이나 부품의 소형화 추세에 따라 지속적인 렌즈의 소형화는 지속될 것이다. 또한, LD 모듈, 광아이솔레이터 및 어플리케이션의 소형화에 따라 렌즈도 2 렌즈 제품에서 1렌즈화로 진행되고 있다. 1렌즈 제품은 저가격화를 이루기 위해 볼 렌즈를 주로 사용하고 있으며, 또한 2렌즈 제품도 계속적으로 소형화 및 고초 점율화되고 있는 추세이다. 한편, 광통신용 렌즈의 시장은 2001년에 전년대비 52.4% 감소한 4,380만개로 크게 감소하였고, 2002년에는 약 70% 감소한 1,335만개로 추정되며 2년간 약 85% 대폭 감소하였다. 이는 광통신 시스템시장 및 광통신용 부품시장의 대폭적인 감소와 공급과잉으로 재고량의 대량 발생에 기인한 것으로, 특히 GRIN 렌즈에 의해 2000년에 과잉 공급된 측면이 있다.

향후, LD 모듈의 고기능제품과 저가격제품의 양극화 현상이 심해질 것으로 예상되며, 이에 따른 렌즈의 채용이 결정될 것으로 보인다. 고기능 제품에서는 초점효율이 높은 비구면 렌즈가 채용될 것으로 판단되며, 저가격 제품에서는 1렌즈화가 진전되어 볼 렌즈가 다수 사용될 것으로 예상된다.

라. 광커플러(Optical Coupler)

광커플러는 하나의 광화이버로부터 입사된 광을 복수(*N*개)로 분기하는 기능과, 복수(*N*개)의 광화이버로부터 입사된 광을 하나의 출사 화이버로 결합하는 기능을 갖는 광디바이스인데, 광섬유에서 광신호를 분배 결합하는 부품으로 광통신망, 광통신 계측시스템, 스위치 등에 사용되며, 특히 기존 전용회선에 쓰이는 구리선을 대체하는 광전송 시스템에 대한 요구가 높아짐에 따라, 광커플러에 대한 국내외 시장 수요는 계속 증가할 것으로 예상되고 있다.

광커플러의 용도는 장거리 광통신, 케이블 TV, 가입자 네트워크 장비, 광섬유 증폭기 등에 사용되고 있으며, 광커플러 세계 시장규모는 1999년 3억9천400만달러 규모에서 2008년에는 약 17억5천만달러에 달할 것으로 추정하고 있고, 일본 시장규모는 2001년 509억엔(504만개)이었으나, 2001년은 시스템 수요의 감소에 의해 시장이 크게 축소되었으며, 한국의 시장규모는 2001년 약 50억원 정도였다. 한국의 주요업체로서는 히로세고리아, 지누스, 포스텍, 신한포토닉스, 오랜텍, 고려오트론, 두일전자통신 등이 있고, 국내 광커플러 생산업체들은 대부분이 소규모 벤처기업들로 이루어져 있으나, 2004년 이후 Long Haul의 회복에 의해 다파장화와 광앰프의 고출력화 광대역화의 움직임과 FTTH(Fiber to The Home)의 보급은 시장성장 촉진요인으로 작용할 것으로 예상되고 있다.

마. OADM(Optical Add/Drop Multiplexer)

OADM은 AWG, 광감쇠기, 광스위치 등의 개별 소자를 하나의 집적회로에 통합한 차세대 개념의 광소자로, 광통신 소자 부문의 대세로 부각되고 있다.

OADM의 필요성은 다음과 같다. DWDM 전광 네트워크에서 광/전 변환없이, 여러 파장에 실려 전송되는 광신호 정보를 보내고 받기 위해서는 기존의 전자식 ADM(Add-Drop Multiplexer)과 동일한 기능을 갖는 광ADM(OADM)이 필요하며, 다 채널 시스템의 크기 및 대용량의 초고속 광통신망 구성을 위해서 OADM은 매우 중요한 광소자이다. 만약, DWDM 시스템에 있어 신호의 분기삽입을 하는 하나의 구성방법으로 각 노드에 있어 모든 파장을 광으로부터 전기신호로 변환하여 전기퍼스의 편집을 하고 다시 광신호로 변환하여 발신하는 구성을 생각할 수 있다. 이것은 파장수에 비례하여 장치수가 증대되기 때문에 중계 전송로의 경제성 관점에서 바람직하지 못한 구성이다.

일반적으로 OADM 장치가 ring상에 접속되고 있는 네트워크의 경우 어떤 노드에서 평균적으로 drop되는 트래픽은 20~50%로 나머지는 through되고 있는 경우가 대부분이다. 파장다중신호의 경우도 마찬가지로 일부만 drop시키고 대부분을 through하려면 광영역에서 선택분기하고 나머지의 파장은 그대로 광증폭 중계하는 구성이 필요하며, 이것이 OADM 구성의 가장 큰 동기의 하나이다. 특히 향후 IP처리를 하는 대규모 라우터는 2.4G/10G 등의 고속인터페이스를 가지며, 패킷을 편집하여 행선지마다에 파장을 지정하는 경우에는 OADM을 이용하여 효율적인 네트워크 구성이 가능하다.

OADM은 네트워크의 Protection에 관해서도 전기 스위치로 변환을 하는 것을 광스위치로 변환하여 대응하는 광Protection이 구성 가능하다. 광 영역에서의 변환제어를 수행함으로써 포맷이 상이한 신호, 전송속도가 상이한 신호를 통일적으로 처리할 수 있는 open적인 기능을 제공할 수 있다. OADM은 기존의 파장분할 다중/역다중화기(AWG) 기능에 add /drop 파장선택 기능을 부가하여 한정된 파장 채널수의 재사용에 따른 광통신 시스템의 전송 및 교환 용량의 증대효과가 있다. 또한, 효율적인 네트워크 구성, 유연성과 확장성 부여, 파장채널의 효율적 사용, 네트워크의 신뢰성과 장비가격의 절감을 도모할 수 있게 되었다.

바. 광송수신 모듈(Optical Transceiver)

광통신 장비에 사용되는 광송수신 모듈이란 광신호와 전기신호를 상호 변환해주는 핵심부품이다. 광송수신 모듈은 전기적 절연성, 고속성, 고기능성을 가지고 있어 그 응용이 선진국을 중심으로 고품질의 기기에 실용화되고 있다.

선진국에서는 초고속 대용량의 정보통신 수단으로 광을 이용한 광통신, 광 CATV 시스템의 보급이 수년 전부터 상용화가 이루어져 광전변환 모듈의 개발 및 상품화가 미국의 AT&T, PCO, 영국의 BT&D, 일본의 NEC, 후지쯔, 미쯔비시 등에서 가입자용 광송수신 모듈을 중심으로 이루어지고 있다.

국내 출연 연구기관과 삼성 및 LG 등 대기업을 중심으로 개별 소자 기술에 대하여는 기반 기술이 구축되어 있고, 155Mbps 송수신 모듈기술도 시제품 수준에서 기술이 확보되어 있는 상태이나 전반적으로 가격경쟁력이 약하고, 양산기술이 부족한 상태이다.

전통적인 유선전화망을 근간으로 시작된 국내 통신산업은 초고속 광대역 전송망 구축에 이르기까지 꾸준히 발전을 거듭해왔다. 특히 지난 1992년을 전후로 PDH 전송방식에서 SDH 기술기반의 동기식 전송방식으로 진화하면서 본격적인 광대역 서비스 체제로 전환하게 되었다.

SDH 기술은 품질향상과 채널확장을 가능하게 하여 광통신 장비 개발을 촉발시켰다. 기간망에서도 1994년 155Mbps의 SMOT-1 SDH 광전송 장비가 상용화되면서 본격적인 광통신 시대가 도래하였다. 이후 622Mbps SMOT-4 장비에 이어 2.5Gbps의 SMOT-16, 10Gb ps의 장비가 상용화되었다. 그러나 통신 서비스 사업자들의 신규 투자 감소와 전송 장비업체들의 수요예측 실패로 인한 지나친 공격적인 경영은 세계 광전송 장비 시장의 위축을 초래시켰다. 그 결과, 2001~2002년 국내외 모두 심각한 시장위축을 경험하였다. 그러나 2004년부터 통신시장이 점차 회복세로 돌아서면서 SONET/SDH, WDM 세계 시장도 2004년 기준 1.6조엔 규모로 전년대비 3.9%의 성장이 기대된다.

이러한 회복추세는 당분간 지속되어 연평균 5.9%의 성장으로 2007년 기준 세계 시장규모는 1.9조엔 규모에 이를 것으로 예상된다. 한편, 국내의 경우도 지난 2002년 이후 정체 상태에서 MSPP 전송시험망 구축과 상용화 추진으로 서서히 활기를 되찾고 있다. 2007년 기준 국내 PDH, SONET/SDH, WDM 시장은 2,800억원 규모로 2003년 기준 연평균 5%대의 증가가 예상된다.

사. 광집적회로

광집적회로는 광IC라고도 하며, 광과 전자가 갖는 각각의 성질과 기능적 특징을 한 장의 반도체 기판상에 집적한 것이다. 현재 광통신용 송수신기에서는 광소자와 그것들의 구동용 전자소자 등이 하이브리드로 구성되어 있으며, 광소자와 전자소자는 반도체 기판상에 집적해 새롭고 우수한 기능을 갖는 광전집적회로가 요구되는데, 이를 충족시켜 주는 것이 광IC이다.

광집적회로에 사용되는 반도체는 갈륨비소, 인듐인 반도체 등 화합물 반도체로 실리콘 IC와는 달리 반도체 광디바이스의 집적화는 매우 어려운 고도의 제조기술이 요구된다. 미국의 시장조사기관인 Communications Industry Researchers사가 발표한 자료에 따르면, 세계 광집적회로 시장은 2002년 7,300만 달러 규모인 것으로 추정되며, 2005년에는 26억 달러를 상회하는 큰 시장을 형성할 것으로 전망하고 있다. 광집적회로 응용 분야별 시장점유율을 보면, 2001년 현재 트랜스미터, 트랜시버 등 능동 집적제품 분야가 전체시장의 41%를 차지하고 있으며, 2005년에는 능동 집적제품 분야가 전체 시장의 약 61%를 차지하고, 새로운 응용 분야에 대한 비중이 크게 늘어날 것으로 예상하고 있다.

국가별로는 미국이 광전부품 분야에서 세계적으로 최고의 기술을 보유하고 있으며, 유럽과 일본에서도 많은 연구개발이 진행되고 있다. 현재 광집적회로는 초고속 광통신, 광컴퓨팅, VLSI간 또는 고성능 프로세서간의 대단위 광연결 등 그 응용 분야가 매우 다양하게 전개되고 있다. 그러나 아직 해결해야 할 여러 가지 기술적인 문제점들이 남아 있으며, 현재는 제한적 구조를 갖는 소규모 집적회로만이 실용화되고 있다.

참고문헌

[1] 이형옥, “반도체공정 및 장치기술”, 도서출판 상학당, 2005.

[2] B. G. Bovard, Thin Films for Optical Systems, edited by F.R.Flory, M. Dekker, Inc. 1995.

[3] A.Inoue et al., "Optimization of Fiber Bragg Grating for Dense WDM Transmission System", IEICE Trans. Electron, vol. E81-C, No8, Aug. 1998.

[4] S. Kodamma, K. Kuroda;IEEE Trans. IM. Vol. 39, No 1, PP 230-232, Feb. 1990.

[5] H. J. Kim, J. W. Cho, H. J. Chang, K. B. Lee, H. S. Kim, G. H. Lee and J. S. Kim, “Studies of Jet Configuration for AAS and AES Jet Enhanced Sputtering Cells.” Pittsburgh Conference, Poster, 306p, 1993.

[6] Cheon Seog Rim, Sang Soo Lee, Choong Sun Park and Jai Soon Kim, “ Optical Design of a Zoom Eyepiece.” The Journal of Optical Society of Korea, Vol 5, No 3, pp 356-363, 1994.

[7] Semiconductor Opto-electronic Devices : Introduction to Physics and Simulation, Joachim Piprek, ACADEMIC PRESS, 2003.

[8] Understanding Fiber Optics(4/e, 2002), Hecht, 홍릉과학출판사, 2001.

[9] 오 명 외 1, “레이저 응용” 청문각, 1987.

[10] 김도현 외 4, “일렉트로닉스” 문운당, 2003.

[11] 편집부, “옵토일렉트로닉스의 활용”, 기전연구사, 1998.

[12] H. Meixner 외 1, “Fundamentals of Pneumatic Control Engineering", Festo Didactic KG, 1990.

[13] F. Ebel 외 1, “Sensors for handling and processing technology", Festo Didactic KG, 1992.

[14] 이종락 역, “센서의 활용”, 도서출판 세화, 2003.

[15] “최신 광이용 측정장치”, 특허청, 2002.

[16] 강구홍 외 2, “광전자 통신실험”, 동일출판사, 2002.

찾아보기

광전자공학

2016년 2월 25일 1판 5쇄 발행

저 자 박문수 · 정종욱
장행종 · 손영윤
발행인 남 승 우

발행처 도서출판 상尙 학學 당堂
서울시 동작구 사당로9가길 6(사당동)
TEL : 02) 595-1692 ~ 4
FAX : 02) 595-1394
E-mail : namdoo6@unitel.co.kr
신고 : 2-155호 (1968. 11. 29)

정가 22,000원

ISBN 978-89-85437-74-5 93560